普通高等院校化学化工类系列教材

化工设计

范　辉　李　平　张鹏飞　主　编
张晓瑞　邵秀丽　张晓光　副主编

清华大学出版社
北京

内 容 简 介

本书详细介绍了化工设计的基本原理、设计程序、设计规范、方法和步骤,以及工艺设计图纸的绘制要求、方法和规范。全书共分 9 章,主要包括:化工设计基础知识、化工工艺流程设计、物料衡算与能量衡算、化工设备的工艺设计与选型、化工厂布置、化工管路设计、非工艺专业设计、化工项目的技术经济分析及计算机辅助化工设计。

本书涵盖工艺设计主体内容,强调方法与规范的应用,可帮助读者建立工程概念,提高工程设计能力。本书可作为高等院校化学工程与工艺、应用化学、制药工程、轻化工、生物化工、能源化工、环境化工等专业的教材,也可作为化工设计、开发研究和化工生产工程技术人员的培训或参考用书。

图书在版编目(CIP)数据

化工设计/范辉,李平,张鹏飞主编.—北京:清华大学出版社,2023.12(2025.2重印)
普通高等院校化学化工类系列教材
ISBN 978-7-302-64956-4

Ⅰ.①化… Ⅱ.①范… ②李… ③张… Ⅲ.①化工设计-高等学校-教材 Ⅳ.①TQ02

中国国家版本馆 CIP 数据核字(2023)第 242170 号

责任编辑:冯 昕 王 华
封面设计:傅瑞学
责任校对:欧 洋
责任印制:杨 艳

出版发行:清华大学出版社
   网 址:https://www.tup.com.cn, https://www.wqxuetang.com
   地 址:北京清华大学学研大厦 A 座 邮 编:100084
   社 总 机:010-83470000 邮 购:010-62786544
   投稿与读者服务:010-62776969,c-service@tup.tsinghua.edu.cn
   质量反馈:010-62772015,zhiliang@tup.tsinghua.edu.cn
印 装 者:三河市铭诚印务有限公司
经 销:全国新华书店
开 本:185mm×260mm 印 张:20.75 字 数:500 千字
版 次:2023 年 12 月第 1 版 印 次:2025 年 2 月第 2 次印刷
定 价:59.80 元

产品编号:078311-01

前 言

"化工设计"是高等院校化学工程与工艺、能源化工、精细化工、应用化学等专业的必修课。课程以化工工艺设计为重点,介绍国内通用的化工设计原则、方法、程序、内容及化工设计技术的发展前景等,是一门综合性、实践性很强的课程。通过本课程的学习,学生能够运用化工专业基础知识、化工设计的基本理论与方法及技术经济观点,并按照国家与行业标准、规范的规定,系统地分析和解决实际工程问题。

根据新工科人才培养和工程教育理念,编者结合多年教授"化工设计"课程的体会和指导毕业设计、全国大学生化工设计竞赛等的经验,编写了本书。为促进课程思政与专业课程的融合,本书增加了工程伦理、环境影响评价、安全评价、节能评价等方面的内容。全书以化工车间(装置)的工艺设计为主线,重点阐述工艺流程设计、物料和能量衡算、化工厂(车间)布置、管路设计,并介绍了非工艺专业设计、化工技术经济、化工设计软件在化工设计中的应用等内容。本书力求系统性和实用性,书中所使用的代号、符号及图纸主要引自最新的国家或行业标准。

本书由宁夏大学范辉、李平、张鹏飞主编。全书共分9章,其中第1章、第5章、第7章由宁夏大学范辉撰写,第2章、第9章由宁夏工商职业技术学院邵秀丽撰写,第3章、第4章由宁夏大学新华学院张晓瑞撰写,第6章由宁夏大学李平撰写,第8章由宁夏大学张鹏飞、张晓光撰写;李平负责全书图纸绘制与校对,范辉负责全书统稿。本书在编写过程中,得到了宁夏工业设计院工程师王庆庆的指导及大力支持,在此表示感谢。

由于作者水平有限,书中不妥和疏漏之处在所难免,敬请读者提出批评和改进意见。

主　编

2023 年 3 月 26 日

目 录

化工设计基础知识

本章主要内容:
- 化工设计的类型。
- 化工设计的工作程序与基本内容。
- 工程伦理的基本准则。

化学工业(chemical industry)、化学工程(chemical engineering)、化学工艺(chemical technology)都简称为化工。人类早期的生活更多地依赖于对天然物质的直接利用。渐渐地这些物质的固有性能满足不了人类的需求,于是产生了各种加工技术,人类有意识有目的地将天然物质转变为具有多种性能的新物质,并且逐步在工业生产的规模上付诸实现,直至形成了国民经济的重要基础产业——化学工业。化学工业包括石油化工(petrochemical engineering)、农业化工(agrochemicals)、化学医药(chemical pharmaceutical)、高分子化学(polymer chemistry)、涂料工业(coating industry)、油脂工业(oil industry)等。化学工程是研究化工产品生产过程共性规律的一门科学。化学工艺是指运用化学方法改变物质组成或结构,或合成新物质的化学生产技术。人类与化工的关系十分密切,有些化工产品在人类发展历史中起着划时代的重要作用,其生产和应用甚至代表着人类文明的某一历史阶段。

化工设计是化工建设项目的重要环节,是将实验室的研究成果转化为工业生产的一项具有创造性的劳动,是科学与艺术相结合的产物,是一项系统工程。

化工设计的原则为:符合国家的经济政策和技术政策,合理运用国家的财富和资源;工艺上可靠,经济上合理;尽可能吸收最新科技成果,力求技术先进,经济效益更大;不造成环境污染;符合国家工业安全与卫生要求。

化工设计的特点是:各专业人员集体设计,工艺专业人员起组织汇总的作用,必须对各专业进行技术交底,提出工艺要求、条件;以图纸、说明书、表格作为最终设计成果;不断创新,及时采用新技术、新信息。

因此,设计人员应能够运用化学工程与工艺及其他相关专业的基础知识创造性地解决化学工程中的有关问题:在工程能力方面,应具有查阅资料、搜集数据(文献和现场)的能力,并能进行汇总与应用;在业务素质方面,应具备技术与经济、劳动安全与环境保护相结合的观点,并具备通过运用这些观点去观察、分析和解决问题的能力;应熟悉设计中所涉及的规范、标准;应具有工程计算的能力;应具有与其他专业配合的能力;应具有用文字、图纸、表格表达设计思想的能力;应具有高度的责任心(工程道德)、工匠精神和沟通协作能力。

1.1 化工设计的类型

1.1.1 根据项目性质分类

1. 新建项目设计

新建项目设计包括新产品设计和采用新工艺或新技术的产品设计。这类设计往往由开发研究单位提供基础设计,然后由工程研究部门根据建厂地区的实际情况进行工程设计。

2. 重复建设项目设计

由于市场需要或者设备老化,有些产品需要再建生产装置,由于新建厂的具体条件与原厂不同,即使产品的规模、规格及生产工艺完全相同,还是需要由工程设计部门进行设计。

3. 已有装置的改造设计

化工厂旧的生产装置,由于其产品质量或产量不能满足客户要求,或者因技术原因,原材料和能量消耗过高而缺乏市场竞争能力,或者因环保要求的提高,为了实现清洁生产与节能减排,而必须对已有装置进行改造。已有装置的改造包括去掉影响产品产量和质量的"瓶颈"、优化生产过程操作控制、提高能量的综合利用率和局部的工艺或设备改造更新等。这类设计通常由生产企业的设计部门进行设计,对于生产工艺过程复杂的大型装置可以委托工程设计部门进行设计。

1.1.2 根据化工开发程序分类

1. 概念设计

概念设计是工程研究的一个环节,是在应用研究进行到一定阶段后,按未来的工业装置规模所进行的假想设计。概念设计的内容包括:

（1）以投产两年后市场需求为依据,提出建立工业化规模生产的方案,包括过程分析与合成、工艺流程、流程叙述、物料和能量衡算、消耗定额、设备清单、生产控制、"三废"处理、人员组成、投资及成本估算等工作的方案。

（2）讨论实现工业化的可能性。对可进入中试的项目提出中试方案。

（3）提出对将来进行基础设计的意见。

2. 中试设计

当某些开发项目不能采用数学模型法放大,或者其中有若干研究课题无法在小试中进行,一定要通过相当规模的装置才能取得数据或经验才需进行中试设计。中试设计的主要内容包括:

（1）检验和修改小试与大型冷模试验结果所形成的综合模型,考察基础研究结果在工业规模下实现的技术、经济方面的可行性。

（2）考察工业因素对过程和设备的影响。

（3）消除不确定性,为工业装置设计提供可靠数据。

因此,中试可以不是全流程试验,规模也不是越大越好。中试要进行哪些试验项目,规模多大为宜,均要由概念设计来确定。中试设计的内容基本上与工程设计相同,但由于中试装置较小,一般可不画出管道、仪表、管架等安装图纸。

3. 基础设计

基础设计是过程开发的成果形式,是工程设计的基础。基础设计的主要内容包括:

(1) 一般的工艺条件。

(2) 大量的化学工程方向的数据,特别是反应工程方面的数据。

(3) 运用系统的理论和计算机模拟技术对工艺流程和工艺参数进行优化,力求降低定额和产品成本,提高项目的经济效益。

在基础设计的基础上,工程单位结合建厂条件进行完整的工程设计。

4. 工程设计

工程设计是将基础设计转化为工业装置建设所需的施工图。根据工程的重要性、技术的复杂性和技术的成熟度以及计划任务书的规定,其按设计阶段划分可分为三阶段设计、两阶段设计和一阶段设计。对于重大项目和使用比较复杂技术的项目,为了保证设计质量,按三个阶段进行设计,包括初步设计、扩大的初步设计及施工图设计。一般技术比较成熟的大中型工厂或车间的设计,可以分为扩大的初步设计及施工图设计两个阶段进行。对于技术上比较简单、规模较小的工厂或车间的设计,可直接进行施工图设计,即一阶段设计。

1) 初步设计

初步设计是对设计对象进行全面的研究,寻求在技术上可能、经济上合理的最符合要求的设计方案。在全局性的设计原则下,确定设计标准和设计方案,水、电、汽(气)的供应方式和用量,关键设备的选型及产品成本、项目投资等技术经济问题。

编制初步设计说明书,其内容和深度应能使对方了解设计方案、投资和基本出处。详见《化工工厂初步设计文件内容深度规定》(HG/T 20688—2000)。

2) 扩大初步设计

根据已批准的初步设计和有关行业规范,解决初步设计中的主要技术问题,使之明确、细化。编制扩大初步设计说明书能满足控制投资或报价使用的工程概算等方面的需要。

3) 施工图设计

施工图设计的任务是根据扩大初步设计审批意见,解决扩大初步设计阶段待定的各项问题,并以它作为施工单位编制施工组织设计、编制施工预算和进行施工的依据。

施工图设计的主要工作内容是在扩大初步设计的基础上,根据行业标准《化工工艺设计施工图内容和深度统一规定》(HG/T 20519—2009),结合建厂条件,在满足安全、进度及控制投资等前提下完善流程图设计和车间布置设计,进而完成管道配置设计和设备、管路的保温及防腐设计,其成果是详细的施工图纸和必要的文字说明及工程预算书。工艺专业施工图设计的主要内容包括设计说明书、附图和附表。

1.2　化工设计的工作程序与基本内容

1.2.1　基本建设程序

　　化工设计的工作程序如图 1-1 所示,国内通常是以现有的生产技术或新产品开发的基础设计为依据提出项目建议书;然后经业主或上级主管部门认可后写出可行性研究报告;再经业主或上级主管部门批准后,编写设计任务书,进行初步设计或扩大初步设计;最后经业主或上级主管部门认可后进行施工图设计。

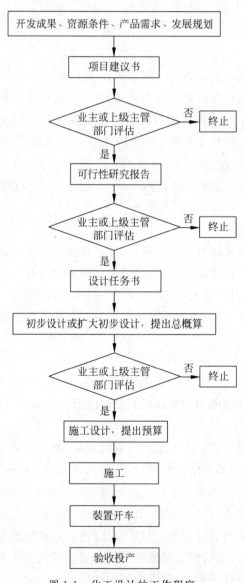

图 1-1　化工设计的工作程序

1.2.2　项目建议书

项目建议书是进行可行性研究和编制设计任务书的依据,应根据《化工建设项目建议书内容和深度的规定》(修订本)中的有关规定制订。

项目建议书应包括下列内容:

(1) 项目建设的目的和意义,包括项目提出的背景和依据,投资的必要性及经济意义;

(2) 市场初步预测分析;

(3) 产品方案和生产规模;

(4) 工艺技术初步方案,包括原料路线、生产方法和技术来源;

(5) 原材料、燃料和动力的供应;

(6) 建厂条件和厂址初步方案;

(7) 公用工程和辅助设施初步方案;

(8) 环境保护方案;

(9) 工厂组织和劳动定员估算;

(10) 项目实施初步计划;

(11) 投资估算和资金筹措方案;

(12) 经济效益和社会效益的初步评价;

(13) 结论与建议。

1.2.3　可行性研究

可行性研究是投资项目前期工作的重要内容。可行性研究是对拟建项目进行全面分析及多方面比较,对其是否应该建设及如何建设做出论证和评价,为上级机关投资决策和编制、审批设计任务书提供可靠的依据。可行性研究报告应根据《化工投资项目可行性研究报告编制办法》(2012 年修订版)中的有关规定制订。

1. 总体要求

项目可行性研究报告的总体要求如下:

(1) 可行性研究报告由投资项目主办单位或项目法人委托有资格的咨询单位编制;

(2) 可行性研究必须实事求是,坚持科学、客观和公正的原则,对投资项目的各要素进行认真的、全面的调查和详细的测算分析;

(3) 可行性研究报告应符合国家、行业和地方的有关法律、法规和政策,符合投资方或出资人有关规定和要求;

(4) 可行性研究报告编制的依据要充分,附件要齐全;

(5) 进行可行性研究要以市场为导向,围绕增强核心竞争力做工作,以经济效益为中心,最大限度优化方案,提高投资效益;对确实难以实现投资目标的项目,应做出实事求是的结论性意见;

(6) 可行性研究报告要全面反映研究过程中的不同意见和存在的主要问题,以确保可行性研究的科学性和严肃性;

(7) 可行性研究报告的研究过程,应对各个方面研究内容进行多方案比选,必要时,对

部分内容应编制方案技术经济必选专篇;

(8) 在进行多方案比选的过程中,编制单位要及时向投资方或出资人反馈实现投资目标需要的条件,对现实条件、可得条件、可实现条件加以分析,在推荐方案中,对影响巨大的可得条件和可实现条件做出风险提示;

(9) 可行性研究报告中的财务分析,要按照国家有关《投资项目经济评价方法》的规定和行业有关规定编制;

(10) 可行性研究报告中的投资估算,要按照行业有关《投资项目可行性研究投资估算编制办法》的规定编制。

2. 项目可行性研究报告的基本内容

1) 总论

总论包括概述和研究结论。

概述包括项目名称;承办单位名称、性质及责任人;投资项目性质及类型;经营机制及管理体制;中外合资、合作项目,应注明投资各方单位全称、注册国家(地区)、法定地址、法人代表及国籍等;主办单位基本情况,改建、扩建和技术改造项目要说明现有企业概况,包括企业各生产装置、生产能力、原料供应、产品销售、员工状况、资本结构、财务状况以及企业目前存在的主要经营发展问题等;项目提出的背景,投资的目的和意义、必要性和理由;可行性研究报告编制的依据、指导思想和原则;研究范围,指研究对象、工程项目的范围,列出整个项目的工程主项,当有多家单位共同编制时,要说明各单位分工情况。

研究结论包括研究的简要综合结论及存在的主要问题和建议。研究的简要综合结论,从项目建设的必要性、装置规模、产品方案、市场、原料、工艺技术、厂址选择、公用工程、辅助设施、协作配套、节能节水、环境保护、投资及经济评价等方面给出简要明确的结论性意见。报告需简要说明投资项目是否符合国家产业政策要求,是否符合行业准入条件,是否与所在地的发展规划或城镇规划等相适应;提出可行性研究报告推荐方案的主要理由;列出项目的主要技术经济指标;提出投资项目在工程、技术及经济等方面存在的主要问题和主要风险;提出解决主要问题和规避风险的建议。

2) 市场预测分析

市场预测分析包括国外市场、国内市场、区域市场和目标市场等多个层次。对于规模较小,且市场较为确定的项目,其重点是分析区域市场或目标市场,研究其竞争优势和竞争力。应对主要产品的市场供需状况、价格走势以及竞争力进行预测分析。对于技术改造和改扩建项目等项目产品增量不大、对原有市场影响较小的,预测分析内容可以适当简化。对于项目规模较大,市场竞争激烈的产品、新兴产品及市场具有不确定性的产品,其市场预测分析,应当进行专题研究,在做可行性研究报告之前,应先完成市场报告。对项目影响较大的原材料、燃料、动力,必要时也应进行市场预测专题报告。

市场预测分析内容包括产品市场分析、产品的竞争力分析、营销策略、价格预测和市场风险分析。

3) 生产规模和产品方案

根据市场预测与产品竞争力、资源配置与保证程度、建设条件与运输条件、技术设备满足程度与水平、筹资能力、环境保护以及产业政策等确定生产规模和产品方案。列出多方案建设规模和产品方案比选表。改扩建和技术改造项目要描述企业目前规模和各装置生产能力以及配套条件,结合企业现状确定合理改造规模并对产品方案和生产规模做说明和方案比较,进行优选。对改造前后的生产规模和产品方案进行列表对比。

4) 工艺技术方案

对于由多套工艺装置组成的大型联合装置,需要另编工艺装置分册对工艺技术进行详细叙述,以下只对各工艺装置进行简要概括性介绍。

(1) 工艺技术方案的选择。

① 原料路线确定的原则和依据:简述国内外不同工艺的原料路线,包括现状、特点、发展变化趋势及前景等,经综合比选,提出推荐的原料路线。

② 国内、外工艺技术概况:国外工艺技术概况介绍国外技术现状、特点和主要技术经济指标、商业化业绩或所建装置数量、技术覆盖率、发展变化趋势及前景等,国际先进技术特点介绍;技术引进的可能性和条件介绍;国内工艺技术概况介绍国内技术现状、特点和主要技术经济指标、商业化业绩或所建装置数量、技术覆盖率、发展变化趋势及前景等。

③ 工艺技术方案的比较:对国内外不同工艺技术从来源、产品质量、主要技术参数、原料路线合理性、消耗、投资及成本等方面进行对比,评价其技术的先进性、可靠性、适用性、安全性、商业化程度及经济合理性并列表;在综合比选的基础上提出推荐技术路线,简述推荐的理由。

④工艺技术描述:简述推荐技术的工艺流程,介绍其特点,分析存在的问题、提出解决问题的建议。

(2) 工艺流程和消耗定额。

① 工艺流程概述:ⓐ确定装置规模和年操作时数(或日操作时数),当生产不同规格产品对装置生产规模有影响时,应按产品规格分别列出并给出最可能的产品方案下的装置规模和对应的年操作时数(或日操作时数),或者按照行业习惯,给出代表性的产品或折算成某一产品的规模。ⓑ装置组成,包括生产单元(或工序)和为生产装置直接服务的辅助生产单元、生活设施等;大型联合装置按照不同产品列出生产装置,根据工艺特点,按照工序列出每套装置组成;独立单元生产装置,根据工艺特点,按照工序列出装置组成。ⓒ列出项目所需的主要原料、辅助材料、燃料和动力的数量以及规格(性质)。ⓓ说明产品、副产品及主要的中间产品执行的质量标准;列出项目产品、副产品的数量和规格;对重要的中间产品,列出其数量和规格。ⓔ工艺流程说明中简述主要工艺过程、操作参数和关键的控制方案,分装置画出工艺流程图。

② 物料平衡说明:详细计算全厂各装置的物料平衡、燃料平衡和必要的热平衡,尤其对大型联合装置要说明各装置间的物料互供关系,要以总工艺物料平衡表和方块物料平衡图表示(物料平衡图应显示出原料进量、装置组成和产品、副产品量);改扩建和技术改造项目,要分别列出改造前后物料平衡情况,并根据改造方案,叙述改造后(有项目)、无项目和增量的物料情况。

③ 工艺消耗定额及与国内外先进水平比较:简述各装置同类工艺国内外消耗定额,并对主要产品列表表示其消耗定额。

(3) 主要设备选择。包括简述设备概况,对主要设备分类汇总;采用的标准规范;关键设备方案比选;依托与利旧。

(4) 自动控制。包括概述工艺生产过程对自动化的要求;控制系统的选择;仪表的选型；控制室的设置；仪表的供电和供气；安全技术措施；标准和规范。

（5）装置界区内公用工程设施。根据工艺装置特点和工艺技术要求，当界区内需要单独配置公用工程或辅助设施时，应予以描述，说明其设置的必要性，并向相关专业部门提供条件。

（6）工艺装置"三废"排放与预处理。对于多套工艺装置组成的大型联合装置，在工艺装置分册的编制中需完成以下内容：

① 废水。简述废水排放情况，如排放点、排放量、组分等并列表；

② 废气：简述废气排放情况，如排放点、排放量、组分等并列表；

③ 固体废物（废液）：简述固体废物（废液）排放情况，如排放点、排放量、组分等并列表；

④ "三废"预处理：根据"三废"成分和浓度等特性，要求进行预处理的，应说明预处理方案，给出预处理后的数量和浓度以及组分构成。对于存在其他污染的投资项目如电磁污染、噪声污染、放射性污染等，应根据污染排放情况，提出解决方案和防范措施。

（7）装置占地与建（构）筑物面积及定员。简述工艺装置占地、建（构）筑物面积、层数、层高及结构形式并列表；给出装置定员和岗位定员。

（8）工艺技术及设备风险分析。工艺技术风险及设备风险是任何投资项目所存在的风险之一，应根据项目的具体情况从下面几个方面做尽可能的分析。

① 风险因素识别及风险程度分析：产品及其规模受产业政策、发展趋势的风险、资源依存度风险、技术路线、装备技术发展的风险，国家对安全环保节能等方面的法规进一步要求风险等识别，同时要定性或定量预测各种风险因素的风险程度。

② 风险防范与反馈，根据风险程度，预测对项目的影响，确定是否进行风险对策研究。研究风险对策，提出针对性的风险规避对策，避免风险的发生或将风险损失降低到最低程度。研究风险对策，将信息反馈到有关专业人员或投资者，指导改进设计方案、落实有关对策，为投资者能够得到最大的经济利益提出建设性和可实施性的建议。

5）原材料、辅助材料、燃料和动力供应

其中包括主要原材料、辅助材料、燃料的种类、规格、年需用量，主要原辅材料市场分析，矿产资源的品位、成分、储量等初步情况，水、电、汽（气）等其他动力供应，供应方案选择与资源利用合理性分析。

6）建厂条件和厂址选择

对于改扩建和技术改造项目，说明企业所处的厂址条件，对在原厂址进行改扩建进行论述，分析优缺点，根据方案比较结果确定改造方案。在开发区或工业园区建设，同样需要按照厂址选择的原则和内容要求进行方案比选，但根据开发区或工业园区具体的条件情况，部分内容可以适当简化。

（1）建厂条件。建厂条件包括建厂地点的自然条件、建厂地点的社会经济条件、外部交通运输状况、公用工程条件、用地条件及环境保护条件。

① 建厂地点的自然条件：ⓐ厂址的地理条件，包括厂址地理位置、区域位置、距城镇距离、四邻关系等。介绍区域道路交通情况。附厂址地理位置图和厂址方案区域位置图（包括原料进厂管线、水源地、进厂给水管线、热力管线、发电厂或变电所、电源进线、储灰渣场、废水接纳水体、铁路专用线、港口码头、生活区等规划位置）。ⓑ地形、地貌条件。ⓒ工程地质、水文地质条件，地震烈度、设防等级，区域地质构造情况等。ⓓ自然、气象条件，包括气温、相

对湿度、降雨量、雷电日、蒸发量、大气压力、风力与风向等。气象条件要给出历史极端值、月平均值、年平均值，分析极端值出现的概率。附风玫瑰图。ⓔ洪涝水位，建厂地域的洪水位（50 年、100 年一遇），防涝水位及泥石流情况。

② 建厂地点的社会经济条件：ⓐ调查建厂地区社会人文经济条件及发展规划，研究其对投资项目产生的影响，提出存在的问题和建议采取的办法。存在风险因素的，要进行风险分析。ⓑ结合项目的要求，调查地区或城市社会、经济等状况，说明建设地点是否符合当地规划部门的要求，建厂地区的协作配合条件及生活福利条件。ⓒ区域设备制造能力与水平，机、电、仪等维修水平与能力情况。ⓓ区域建筑施工队伍情况与水平，建筑、设备材料制造水平与能力，市场配套状况等。ⓔ在少数民族地区或具有特殊风俗文化的地区建厂，要说明当地的风土民情和文化，避免与其冲突。ⓕ属于经济特区、经济技术开发区、工业园区等区域或属于三资企业、国际组织、政府贷款或投资的项目，应结合项目具体情况说明可享受的有关优惠政策。

③ 外部交通运输状况：调查建厂地区交通运输条件及发展规划，说明港口、码头、车站管道等能力和吞吐量，目前运量平衡现状，潜在的能力。研究其对投资项目的影响。

④ 公用工程条件：ⓐ调查建厂地区公用工程动力供应和资源条件，说明各种资源的供需平衡现状和潜在能力以及发展规划，研究对投资项目的影响。ⓑ说明本工程水源可选方案，对于重大水源方案应进行方案比选。本工程最大用水量，拟选水源的供水能力，可供本工程使用的水量，可否满足本工程需要，并说明水源的水质情况以及水源地距厂址距离等。ⓒ说明本工程的最大排水量，接纳水体的情况，包括水体的流量、接收标准、距厂址的距离等。ⓓ电源与供电情况，说明地区电网、发电厂、区域变电所等区域位置，实际容量、规划容量、可为本项目提供容量，距项目的距离。ⓔ电信情况，市话网现状，地区电话局、长途局至厂的距离，采用交换机程式及对用户线路电阻限制值等系统通信对本工程的要求。无线通信信号情况，网络建设情况等现代通信设施基础情况。ⓕ供热工程情况，供热现状及发展规划，现有管网情况，热源距离本工程的距离，可供本工程的热负荷及参数和价格情况。ⓖ各种气源，区域空分装置配套情况，气价情况及供应稳定性。ⓗ消防设施情况，最近的消防队配备情况、规模以及到厂的距离和时间。ⓘ其他公用工程条件调查与叙述。

⑤ 用地条件：调查区域土地使用现状，说明占用土地的性质，是否属于经过土地资源部门批准的规划用地。说明获得土地使用权或征用土地的各种费用，补偿方式，税金，需要动迁的要说明搬迁的人口数量和补偿情况。需要动迁和拆迁补偿的，需要说明动迁人的态度，维护公众利益。

⑥ 环境保护条件：调查区域环境保护现状、环境容量状况以及环保法规情况、区域环境保护设施、接纳本项目的能力等。研究环境状况对投资项目的影响。

(2) 厂址选择。厂址选择包括渣场(填埋场)或排污场(塘)地的选择。大型联合装置、生产基地、工业园区的建设，其厂址选择要进行专题研究。厂址选择主要内容有厂址选择的原则及依据、厂址方案比选、厂址推荐方案意见。

① 厂址选择的原则及依据：ⓐ厂址选择应符合所在地区的规划，符合国家产业布局政策和宏观规划战略，符合国家、行业、地方抗震政策、法律、法规等要求。ⓑ厂址选择应有利于资源合理配置；有利于节约用地和少占耕地及减少拆迁量；有利于依托社会或依托现有设施；有利于建设和运行；有利于运输和原材料、动力供应；有利于环境保护、生态平衡、可

持续发展；有利于劳动安全及卫生、消防等；有利于节省投资、降低成本、增强产品竞争力、提高经济效益。ⓒ特殊化学品的厂址选择应符合国家有关专项规范要求。

②厂址方案比选：如存在多个可选厂址，应归纳各厂址方案的优缺点，对拟选厂址从地区条件、建设条件、投资和运行费用、环境保护等诸多方面进行定性和定量比较，必要时进行技术经济综合比较并做动态分析。通过多方面对比分析和方案比较，确定推荐厂址。

③厂址推荐方案意见：在厂址推荐方案意见中说明推荐理由，论述推荐方案的主要特点、存在的问题及对存在问题的处理意见或建议。附厂址区域位置图和推荐厂址方案示意图。

(3) 所在区域的土地利用规划情况和土地主管部门的意见。

7) 总图运输、储运、土建、界区内外管网

改、扩建和技术改造项目，要介绍原有企业总图、储运、土建等情况。对可利用的设施，要具体说明总体平衡情况。需要拆迁还建的或者结合新建项目综合考虑以新带老或合并考虑重建的要具体说明新的工程量，并进行具体方案比选。

(1) 总图运输。总图运输包括全厂总图和全厂运输。

① 全厂总图包括总平面布置、竖向布置及主要工程量。

ⓐ 总平面布置：

——工厂主要组成。说明厂区规划、总用地面积以及各装置、设施占地并列表；

——总平面布置原则及方案比较。简述总平面布置的原则。提出不同的总图布置方案，简述各方案的优缺点。附各方案总平面布置图。在进行分析比较的基础上提出推荐方案，介绍推荐方案的特点，列出推荐方案总图的主要参数指标，包括土地利用技术经济指标。土地利用技术经济指标，包括投资强度、场地利用系数、建筑系数、容积率、行政办公及生活服务设施用地所占比重、绿化率等。

——工厂绿化。因地制宜，提出工厂绿化方案及绿化面积。

——拆迁。提出拆迁工程量，需要还建或补偿的，根据相关政策或投资方与当地政府协商的政策，对还建方案和补偿方式进行说明。将拆迁工程量列表。

ⓑ 竖向布置：当新建厂区占地面积较大，或自然地形坡度较大，或施工、生产、运输等方面有特殊要求时，应做竖向方案比较；推荐的竖向布置方案及设防说明；工厂防洪标准及措施；场地排水方式；土石方工程量。

ⓒ 主要工程量：简述厂内铁路及广场、厂内道路、工厂围墙、土石方量、填方、挖方、余(缺)方、沟渠、堤坝、护坡、挡土墙、绿化等主要工程量。

② 全厂运输包括厂内外交通运输方案的比较和选择、运输方案基本情况、特殊化学品运输方案、大件运输方案和主要工程量。

ⓐ 厂内外交通运输方案的比较和选择：说明总的货物吞吐量，论述选择运输方式的原则，根据全厂运输量和各种物料的属性、形态和物理性质等确定运输方案，对主要物料运输方案进行比较，列出采用不同运输方式的运输量。根据目前市场情况，结合建厂所在地区特点，尽可能依托社会运输力量。对于建设规模较大，或建厂地区的协作条件较差的地区，应对自建和依托社会做技术经济比较。

ⓑ 运输方案基本情况：

——厂内道路及车辆选择。厂内道路应做到人流、货流分道行驶。

——公路运输。公路等级及长度,季节性原因对通行的影响,以地图表示的公路网。简述公路运量、运输装卸设施、计量和管理体制等。

——铁路运输。区域运输能力,编组站接纳能力,季节性原因对交通的限制,货物仓储能力,自备车辆选择和数量,机车库位置,运价执行的标准与运价表,以地图表示的铁路网,有关运输协议情况。简述铁路专用线、交接方式、工业站等情况,说明铁路运量、二次倒运装卸设施、计量和管理体制等。

——水路运输。水运航道和河流宽度及深度,通航能力,季节性原因对航道的影响,船舶包括自备船舶的选择、港口、码头位置、形式布置、吨位、吞吐能力及装卸设施,仓库和货栈及面积,执行运价标准和运输价格,以地图表示的航道网、河流、海洋和港口。有关运输协议情况。简述运输量、二次倒运装卸设施、计量和管理体制等。

——航空运输。机场规模和能力,运输状况,通航的地区和国家等。以地图表示的航道网。简述运输量、二次倒运装卸设施、计量和管理体制等。

ⓒ 特殊化学品运输方案:对于易燃、易爆、剧毒等特殊化学品运输,应根据有关规定制定特别运输方案。

ⓓ 大件运输方案:应委托专业公司,做道路调查专题报告,并说明大件运输方案、方式和采取的措施。

ⓔ 主要工程量:各种运输设施和运输车辆的确定与数量,附主要工程量表。

(2) 储运。大型石油化工项目、炼油项目或储存量较大的项目,储运作为一项重要内容,要专门研究论述。一般项目可适当简化。

① 储运介质及储运量:简述储运介质的性质、形态、规格、型号等,说明储运的要求和储运量。

② 储运方案:ⓐ储存系统。根据储存介质的性质、形态等确定储存方式,说明储存周期的确定以及储存量的确定理由。对储存方式和方案进行多方案比较,简述各方案的优缺点,选择最优方案。附储存流程示意图。ⓑ装卸系统。根据储存介质的性质、形态等确定装卸流程,结合运输方案确定装卸能力。对装卸方式和方案进行多方案比较,简述各方案的优缺点,选择最优方案。附装卸流程示意图。

③ 储运系统工程量:简述储运系统工程量。附主要设备表。

④ 储运系统消耗定额:列出储运系统主要消耗量。

(3) 厂区外管网。简述各种不同介质的管道,根据介质性质、输送压力等要求,说明各种管道的材质等主要参数。根据输送量,确定主要管道管径。根据总图布置,确定管线的长度,以延长米(延长米,又称延米,土木工程中用来测量地面空间的长度,延长米的计算长度=(弧线长度/90°)×360°,单位可以是米、千米或更大的长度单位。)表示。说明管线的敷设方式,进行方案比选。必要时列表进行比较。一般中小型项目或管网占投资比重较小时,该部分内容可以简化。

(4) 土建。土建包括工程地质概况、建筑设计、结构设计和全厂建(构)筑物的情况。

① 工程地质概况:简述工程地质概况,说明特殊地质问题等。

② 建筑设计:

ⓐ 建筑设计基本原则:应遵守国家现行标准、规范和规程,精心设计,确保工程安全可靠、经济合理、技术先进、美观适用。建筑设计应充分考虑当地的准入条件,因地制宜,积极

结合当地的材料、构件供应和施工条件,采用新技术、新材料、新结构。建筑风格力求统一协调。在平面布置、空间处理、构造措施、材料选用等方面,应根据工程特点满足防火、防爆、防腐蚀、防震、防噪声等要求。

ⓑ 建筑装修标准:描述屋面、墙体、楼面、地面、门窗、天棚吊顶、内墙装修、外墙装修等要求。

③ 结构设计:

ⓐ 设计原则:严格遵守国家和行业规范、标准,精心设计,做到安全可靠、技术先进、经济合理、施工方便。积极采用新技术、新材料、因地制宜结合当地情况优先考虑采用当地材料、构件等。地基处理根据当地的地质条件,结合上部结构要求确定安全、合理的处理方案。对于地震区域,根据抗震设防要求,确定合理的抗震结构型式和措施。

ⓑ 地基基础处理:根据工程地质情况,提出地基基础处理原则方案。

ⓒ 结构方案,描述主要构筑物基础和上部结构方案。

④ 全厂建(构)筑物的情况:将全厂建(构)筑物的名称、层数、占地面积、建(构)筑面积、结构形式等要素列表。

8) 公用工程方案和辅助生产设施

根据市场经济的规律,结合建厂所在地区的条件,坚持尽量依托社会力量配套服务的原则。对于改扩建和技术改造项目,要说明原有企业公用工程和辅助设施配套情况,说明原有企业供需总体平衡情况,提出富余量和潜在的能力,以及能为本项目提供的数量。在开发区、工业园区建设的项目,要提供开发区、工业园区配套能力、发展规划,说明为本项目提供的服务和供应量,供应条件、价格和有关协议。

9) 服务性工程与生活福利设施以及厂外工程

原则上尽量依托社会力量解决或通过市场运作。若需要建设,应根据项目具体情况,说明投资建设的理由。

10) 节能

(1) 编制依据。列出项目应遵循的主要法律、法规及设计标准,包括国家、项目所在地政府、项目所处行业及企业标准等。对外投资项目,应遵循项目建设地国家或地区、行业和地方有关法律、法规。

(2) 项目用能概况。列出项目所需能源的品种、数量。简述能源利用特点及合理性。技术改造与改扩建项目要给出现有装置用能状况。

(3) 能源供应状况。简述能源供应状况,分析能源来源、供应能力、供应方案、长期供应稳定性、在量和价方面对项目的满足程度、存在问题及风险。

(4) 项目节能分析与措施。

① 全厂综合性节能技术和措施。根据项目具体情况,从项目整体优化入手,调研原料、产品之间是否形成产业链、热能资源是否充分梯级利用,水资源是否合理充分利用等。分析项目总体用能是否合理。对节能技术改造项目,明确要达到的节能目标。

② 装置节能技术和措施。对全厂工艺装置、公用工程、辅助生产设施中主要耗能装置分别叙述各专业设计采用的节能措施和效果。包括工艺技术节能,公用工程、辅助生产设施节能措施,设备、材料节能,自动控制方案节能,电气方案节能,总体布置、装置布置和管道布置方案节能,采暖通风方案节能,建筑方案节能及其他节能措施。

（5）项目能耗指标。列出主要能源消耗量并折算能耗。汇总各种能耗得出项目综合能耗。根据项目具体情况，对项目单位产品综合能耗或习惯用可比能耗与行业或地方指标对比，有条件的应与国内外先进水平对比，说明其差距或先进性。部分产品能耗折算办法可参照国家、地方和行业数据及规定。对于产品可作能源使用的项目，应计算能源转换效率。

（6）能耗分析。

① 全厂能耗构成及分析。将全厂能耗构成按装置分别列表，分析能耗构成的合理性。技术改造与改扩建项目要按照"有项目""无项目"进行有无对比。分析项目完成后对企业总体能耗水平的影响。按照可比能耗，分析项目万元产值或工业增加值能耗指标是否达到国家、地方或行业规定水平。有条件的可与国际、国内或行业先进水平比较。综述能耗水平，对达到的该能耗水平作必要的分析与说明。

② 单位产品能耗分析。分品种简述能耗水平，按照可比能耗，分析项目单位产品能耗指标是否达到国家、地方或行业规定水平。有条件的可与国际、国内或行业先进水平比较，说明所处水平和形成的原因。

（7）能源计量和管理。叙述项目能源计量仪表配置原则、能源计量配置情况及项目的能源管理制度、机构设置。

11）节水

（1）编制依据。列出项目应遵循的主要法律、法规及设计标准。包括国家、项目所在地政府、项目所处行业及企业标准等。对外投资项目，应遵循建设地国家或地区、行业和地方有关法律、法规。

（2）项目用水概况。列出项目所需水资源的品种、数量。简述水资源利用特点及合理性。技术改造与改扩建项目要给出现有装置用水状况。

（3）水资源供应状况。简述水资源供应状况，分析水源、供应能力、供应方案、长期供应稳定性、在量和价方面对项目的满足程度、存在问题及风险。

（4）项目节水技术应用与措施。根据项目具体情况，从项目整体优化入手，说明项目总体用水和水资源利用的合理性。对技术改造项目，明确要达到的节水目标。对全厂工艺装置、公用工程、辅助生产设施中主要耗水装置分别叙述采用的节水措施和效果。

（5）水耗指标及分析。

① 水耗指标。列出项目新鲜水耗、项目万元产值或工业增加值水耗、主要产品的单位产品水耗指标、水的重复利用率、冷却水循环率、新鲜水利用系数、废水回用率。

② 水耗分析。根据项目用水的构成和用水特点，分析节水的潜力。根据项目具体情况，对项目单位产品综合水耗或习惯用可比水耗指标与行业或地方指标对比，有条件的应与国内外先进水平对比，说明其差距及先进性。部分产品水耗折算办法可参照国家、地方和行业数据及规定。

（6）用水计量和管理。叙述项目用水计量仪表配置、管理情况。

12）消防

（1）编制依据。国家、行业和地方颁布的有关消防的法律、法规和标准、规范。

（2）消防环境现状和依托条件。描述项目邻近单位和消防部门的消防设施和协作条件；对改扩建和技术改造项目要对原有消防系统进行描述，包括消防标准、消防体制、消防设施等；同时提出可依托的可能性。

（3）工程的火灾危险性类别。根据工程的原材料、中间产品及成品的物性，说明在储存、生产过程运输过程等各个环节的火灾危险性，根据工艺生产和辅助设施的运行特点，说明各生产部位、建筑物、厂房等产生火灾的危险性。根据火灾危险性确定工程各单项的火灾危险性类别。

（4）采用的防火措施及配置的消防系统。

① 工艺过程。论述工艺过程危险性分析及主要消防措施。

② 总图。主要说明总平面布置中功能分区、竖向布置、安全间距、消防道路、人流和车流组织、出入口数量等及工程周边建（构）筑物防火间距情况。

③ 建筑。主要说明建（构）筑物防火分区、防爆措施、安全疏散距离等。

④ 电气。说明供电的负荷等级、电源的数量及消防用电的可靠性，爆炸危险区域的划分，防雷击、防静电措施。

⑤ 采暖通风。说明采暖通风与空气调节系统的防火措施，建筑物防烟、排烟措施。

⑥ 消防系统。包括水消防系统和其他消防系统。其他消防系统如自动水喷淋、水喷雾系统，固定、半固定泡沫灭火系统，气体灭火系统，干粉灭火系统，蒸汽灭火系统及火灾报警系统的选择及方案简述。

（5）说明消防设施投资费用及所占投资比例。提出消防排水的收集措施，说明消防设施投资费用及所占投资比例。

13）环境保护

（1）项目所在地区、企业（工业园区）环境质量现状与分析。

① 项目所在地区环境质量现状与分析。简要说明投资项目厂址的地理位置、所在地区的自然环境和社会环境概况，说明投资项目可能涉及的环境敏感区分布和保护现状。简述投资项目所在地区的空气环境、水环境（地表水环境、地下水环境）、声环境、土壤环境和生态环境等质量现状及污染变化趋势，分析说明所在地区环境质量受污染的主要原因。简要说明投资项目所在地区环境容量，主要污染物排放总量控制及排放指标要求。

② 企业（工业园区）环境保护现状与分析。改扩建和技术改造项目应简述企业的环境保护现状，分析说明其存在的主要环境保护问题，以及是否需要采取"以新带老"措施。如投资项目拟依托企业已建或在建的环保设施，应简要说明拟依托设施的处理规模、处理工艺、处理效果和富余能力等。简述投资项目所在工业园区的环境保护现状，分析说明其存在的主要环境保护问题。如投资项目拟依托工业园区已建、在建或规划拟建的环保设施，应简要说明拟依托设施的处理规模、处理工艺、处理效果和富余能力等。

（2）执行的有关环境保护法律、法规和标准。

列出投资项目应遵循的国家、行业及地方的有关环境保护法律、法规、部门规章和规定。根据建设地区的环境功能区划，列出投资项目执行的环境质量标准和污染物排放标准，包括国家和地方标准。对于没有国内标准的特征污染物，可参考国外相关标准。

（3）主要污染源及主要污染物。

分析说明投资项目在生产过程中（包括正常工况和开停车、检修、工艺设备异常及一般性事故等非正常工况下）的主要污染源及主要污染物。

① 废水。汇总列表说明各装置（单元）及设施废水污染物的排放情况，包括废水排放源、排放量、污染物名称、浓度、排放特征、处理方法和排放去向等。

② 废气。汇总列表说明各装置(单元)及设施废气污染物的排放情况,包括废气排放源(有组织排放源和无组织排放源)、排放量、污染物名称、浓度及排放速率、排放特征、处理方法和排放去向等。

③ 固体废物及废液。汇总列表说明各装置(单元)或设施固体废物(废液)的排放情况,包括固体废物(废液)排放源、排放量、组成、固体废物类别、排放特征、处理方法和排放去向等。

④ 噪声。汇总列表说明各装置(单元)或设施噪声的排放情况,包括噪声源名称、数量、空间位置、排放特征、减(防)噪措施和降噪前/后的噪声值等。

⑤ 其他。汇总列表说明各装置(单元)或设施振动、电磁波、放射性物质等污染物的排放情况,包括污染源、数量、强度、排放特征和处理措施等。

(4) 环境保护治理措施及方案。

简述投资项目贯彻执行清洁生产、循环经济、节能减排和保护环境原则,从源头控制到末端治理全过程所采取的环境保护治理措施及综合利用方案,并说明预期效果。

① 废水治理。简述投资项目从源头控制到最终处理所采取的废水治理措施及综合利用方案,说明投资项目主要废水处理设施的处理能力、处理工艺(含流程示意图)和预期效果等;说明装置(单元)及设施内废水预处理设施与全厂性废水处理设施的关系,如投资项目拟依托企业(或工业园区)现有的废水处理设施,应说明投资项目废水排放与拟依托的废水处理设施的关系,并分析依托的可行性。说明投资项目废水的最终排放量、水质、排放去向和达标情况。

② 废气治理。简述投资项目从源头控制到最终处理所采取的废气治理措施及综合利用方案,说明投资项目主要废气处理设施的处理能力、处理工艺(含流程示意图)和预期效果等;说明废气预处理设施与最终处理设施的关系,如投资项目拟依托企业现有的废气处理设施,说明投资项目废气排放与拟依托的废气处理设施的关系,并分析依托的可行性。说明投资项目各股外排废气的达标情况和主要污染物的外排总量。

③ 固体废弃物(废液)治理。简述投资项目从源头控制到最终处理所采取的固体废物(废液)治理措施,包括综合利用、临时贮存、焚烧、填埋、委托第三方处理处置等;说明投资项目主要固体废物(废液)处理处置设施的处理能力、处理工艺(含流程示意图)和预期效果等;如投资项目拟依托企业及第三方的固体废物(废液)排放与拟依托的固体废物(废液)处理设施的关系,并分析依托的可行性。说明投资项目固体废物(废液)的综合利用量、项目自身处理处置量和委托第三方处理处置量及去向。

④ 噪声治理。简述投资项目采取的主要噪声控制措施,并分析说明预期效果。

⑤ 环境风险防范措施。简述投资项目采取的主要环境风险防范措施。

⑥ 其他措施。简述投资项目采取的地下水污染防治、振动治理、电磁波治理、放射性治理、绿化及生态环境保护等措施。

(5) 环境管理及监测。

① 环境管理。说明投资项目环境管理机构的设置情况,包括职责、定员等;如投资项目拟依托企业现有环境保护机构,应简要说明现有环境管理机构的设置情况,并说明投资项目的环境管理与现有环境管理机构的关系。

② 环境监测。说明投资项目环境监测计划,包括监测点、监测因子、监测频次和分析方

法等；提出排放口规范化设置的要求。说明投资项目环境监测机构的设置情况，包括职能、定员、仪器设备等；如投资项目拟依托企业现有环境监测机构或第三方环境监测机构，应简要说明现有环境监测与拟依托的环境监测机构的关系。

（6）环境保护投资。

汇总列表说明投资项目环境保护投资，包括环境保护设施名称、主要建设内容及处理规模、治理效率、投资额、计入比例等，说明环境保护投资占项目建设投资的比例。

（7）环境影响分析。

简述投资项目实施对环境（包括环境空气、水环境、噪声环境、生态环境等）及环境敏感区的影响。简要说明环境影响报告书（或报告表）及其批复意见的落实情况。可行性研究报告应落实环境影响报告书（或报告表）及其批复意见的要求。

（8）存在的问题及建议。

说明投资项目实施存在的主要环境保护问题，提出解决问题的建议和办法。

14）职业卫生

（1）执行的法律法规、部门规章及标准规范。

（2）职业病危害因素和职业病分析。

① 周边环境的职业危害因素分析。项目所在地自然环境及周边地区对职业卫生可能产生的影响或危害，如地方病、流行病等。

② 项目生产过程中可能产生的职业病危害因素和职业病分析。根据《职业病危害因素分类目录》和《职业病目录》的规定，分析本项目生产过程中可能产生的职业病危害因素和职业病。职业病危害因素应根据其分类，对其危害因素、接触限值等进行阐述。

③ 可能接触职业病危害因素的部位和人员分析。根据项目的情况，对装置可能产生的职业病危害因素的主要部位、可能接触人数、接触时间进行分析。

（3）采取的职业卫生措施。应根据项目生产过程中存在的职业卫生危害因素，从选址、总体布局、防尘防毒、防寒防暑、防噪声与振动、采光和照明、辅助用室等方面采取职业卫生防护措施。

（4）职业卫生管理机构。

应根据项目的具体情况，设置职业卫生管理机构，并配备专职或兼职的管理人员，建立相应的职业卫生规章制度。

（5）专项投资估算。

列出职业卫生防护设施的投资估算及占工程投资的比例。

（6）预期效果及建议。

简述项目所采取的职业卫生防护措施，能否使项目在职业健康方面达到有关法律法规、标准规范的要求，能否起到保护职业健康、防止职业病发生的作用。

15）安全

（1）采取的法律法规、部门规章和标准规范。

（2）生产过程中可能产生的危险有害因素分析。

① 危险化学品的特性分析。根据《危险化学品名录》，分析项目生产过程中可能存在的危险化学品（包括原材料、中间产品、副产品及产品、催化剂等），阐述其危害特性、分类，是否属剧毒品、高毒品、易制毒化学品、管控化学品等。

② 重点监管的危险化学品。根据国家重点监管的危险化学品的规定,分析项目中是否存在重点监管的危险化学品。

③ 重点监管的危险化工工艺。根据国家重点监管的危险化工工艺的规定,分析项目中是否存在重点监管的危险化工工艺。分析工艺安全性是否有保证,对于新工艺,建议采取危险和可操作性研究法进行分析。

④ 重大危险源分析。分析项目中是否存在重大危险源,并对重大危险源进行分级。

⑤ 生产过程中可能产生的危险有害因素分析。根据项目涉及的危险化学品特性、操作参数,进行预先危险性分析(preliminary hazard analysis,PHA),分析生产或贮存过程中可能产生的危险有害因素,如火灾爆炸、超压爆炸、中毒、高温烫伤、机械伤害、酸碱灼伤等,并对其产生的主要岗位进行阐述。

(3) 环境危害因素分析。

① 自然危害因素分析。项目所在地自然危害因素如地震、洪水、高温、雷电等对项目可能产生的危害分析。

② 周边环境危害因素分析。周边环境可能对项目产生的危害分析。

(4) 采取的安全措施。

根据项目中可能存在的危险有害因素分析,阐述从厂址选择、工艺安全、总平面布置、防火防爆等方面采取的主要安全措施:厂址的安全条件;危险化学品和危险工艺监管;最大危险源的监控;控制系统和安全仪表系统;消防系统设置;防火防爆措施;其他。

(5) 安全管理机构及人员配置。

应根据项目的具体情况,设置安全管理机构,并配备专职或兼职的管理人员,建立相应的安全管理规章制度。

(6) 安全专项投资估算。

列出安全设施的投资估算及占工程投资的比例。

(7) 预期效果及建议。

简述项目所采取的安全措施,能否使项目在安全方面达到有关法律法规、标准规范的要求,能否达到安全生产的目的。

16) 抗震

(1) 编制依据。

① 国家对抗震方面的有关政策、法规和标准;

② 地方对抗震方面的有关规定和要求。

(2) 工程地质地震灾害的概况。

工程地质概况、地形、地貌、工程地质特征。

(3) 抗震设防主要参数。

主要参数包括抗震设防烈度、工程场地类别、设计地震分组、设计基本地震加速度、工程场地水平地震影响系数(最大值)、地震特征、周期值等参数。

(4) 抗震设计原则及措施。

厂址选择和总图布置、建(构)筑物设计、主要设备、储罐、管道、电气等防范及其他等方面应符合抗震要求。

17）组织机构与人力资源配置

按照市场经济规则，企业组织机构要创新，按照现代企业制度要求设置管理机构，原则是高效、精干。人力资源配置要在符合法律法规的原则下，务求精简。

18）项目实施计划

介绍项目组织与管理、实施进度计划、项目招标内容、主要问题及建议。

19）投资估算与财务分析

投资估算包括投资估算编制说明、投资估算编制依据、建设投资估算、建设期利息估算、流动资金估算、总投资估算、利用原有固定资产价值等内容。财务分析包括产品和费用估算、销售收入和税金估算、财务分析、改扩建和技术改造项目的财务分析特点、外商投资项目财务分析特点、境外投资项目财务分析特点、非工业类项目评价特点等内容。

20）经济费用效益或经济费用效果分析

特大型项目或国家有关部门要求进行经济分析时进行。

21）社会效益分析

特大型项目或国家有关部门要求进行社会效益分析时，应按照有关要求去做。

22）风险分析

风险分析包括风险因素的识别、风险程度的估计、研究提出风险对策、风险分析结果的反馈等内容，并编制风险与对策汇总表。

23）研究结论

对可行性研究中涉及的主要内容，概括性地给予总结评价。对可行性研究中涉及的主要内容及研究结果，给出明确的结论性意见，提出项目是否可行。对项目可行性研究过程中存在的问题进行汇总，并分析问题的严重性以及对项目各方面的影响程度。明确提出下一步工作中需要协调、解决的主要问题和建议。提出项目达到预期效果需要满足的实施条件。

1.2.4 设计任务书

可行性研究呈报给上级主管部门，当被上级主管部门认可后，便可根据《化工工厂初步设计文件内容深度规定》编写设计任务书，作为设计项目的依据。

设计任务书的内容主要包括以下几点：

（1）项目设计的目的和依据。

（2）生产规模、产品方案、生产方法或工艺原则。

（3）矿产资源、水文地质、原材料、燃料、动力、供水、运输等协作条件。

（4）资源综合利用和环境保护、"三废"治理的要求。

（5）建设地区或地点，占地面积的估算。

（6）防空、防震等的要求。

（7）建设工期与进度计划。

（8）投资控制数。

（9）劳动定员控制数。

（10）经济效益、资金来源、投资回收年限。

1.2.5　化工工艺设计

化工工艺设计是指化工工艺专业工程师依据单一或数个化学反应(或过程),设计出一个能将原料转变为客户所需求产品的生产流程。化工工艺专业是化工设计的主要专业之一,无论是开发新的化工生产过程,还是设计新的化工装置,化工工艺设计直接关系到化工装置能否顺利开车、能否达到预计的生产能力和能否生产出合格的产品,最终关系到工厂能否获得最大的经济效益。对于正在运行的化工装置,化工工艺专业通过工艺分析,了解装置物料和能量消耗情况,分析设备运行中存在的问题,可为制定改进方案、降低原料和能量消耗、提高产品质量以及挖掘生产潜力提供依据。

1. 设计依据

化工工艺专业在项目前期的可行性研究阶段作为主要专业参加编制,其工作贯穿整个工程设计阶段。在工程设计阶段的工艺设计,主要依据是经批准的可行性研究报告及其批文、总体设计及其批文、工程设计合同书、化工工艺设计标准以及设计基础资料。表 1-1 列出了常用化工工艺设计标准。

表 1-1　常用化工工艺设计标准

标　准　名　称	标准系列号	标　准　名　称	标准系列号
《化工工艺设计施工图内容和深度统一规定》	HG/T 20519—2009	《化工装置设备布置设计规定》	HG/T 20546—2009
《化工装置管道布置设计规定》	HG/T 20549—1998	《工艺系统专业的职业范围与工程设计阶段的任务》	HG 20557.1—1993
《工艺系统专业在工程设计各阶段与其他专业的关系》	HG 20557.2—1993	《工艺系统专业工程设计质量保证程序》	HG 20557.3—1993
《工艺系统专业工程设计文件校审细则》	HG 20557.4—1993	《工艺系统专业工程设计资料管理办法》	HG 20557.5—1993
《工艺系统专业在工程设计有关重要会议中的职责和任务》	HG 20557.6—1993	《工艺系统专业接受文件内容的规定》	HG 20558.1—1993
《工艺系统专业提交文件内容的规定》	HG 20558.2—1993	《工艺系统专业设计成品文件内容的规定》	HG 20558.3—1993
《建筑设计防火规范》(2018 年版)	GB 50016—2014	《石油化工企业设计防火标准》(2018 年版)	GB 50160—2008
《化工建设项目环境保护工程设计标准》	GB/T 50483—2019	《化工建设项目噪声控制设计规定》	HG 20503—1992
《工业企业设计卫生标准》	GBZ 1—2010	《化工企业安全卫生设计规范》	HG 20571—2014
《工业金属管道设计规范》(2008 版)	GB 50316—2000	《石油化工仪表管道线路设计规范》	SH/T 3019—2016
《管道仪表流程图设计规定》	HG 20559—1993	《钢制管法兰、垫片及紧固件选用规定》	GB/T 43079—2023
《钢制化工设备焊接与检验工程技术规范》	HG/T 20593—2014	《变力弹簧支吊架》	HG/T 20644—1998

续表

标 准 名 称	标准系列号	标 准 名 称	标准系列号
《化工装置管道机械设计规定》	HG/T 20645—2022	《化工装置管道材料设计技术规定》	HG/T 20646.5—1999
《设备及管道绝热设计导则》	GB/T 8175—2008	《工业设备及管道绝热工程施工质量验收标准》	GB/T 50185—2019
《工业金属管道工程施工规范》	GB 50235—2010	《现场设备、工业管道焊接工程施工规范》	GB 50236—2011
《化工设备、管道外防腐设计规范》	HG/T 20679—2014	《工业设备及管道防腐蚀工程技术标准》	GB 50726—2023
石油化工仪表管线平面布置图图形符号及文字代号	SH/T 3105—2018	《管架标准图》	HG/T 21629—2021

2. 原始资料收集

接受设计任务后,设计人员必须认真周密地研究设计内容,构思设计对象的轮廓,考虑如何收集设计所需的一切数据及资料。设计对象的情况是不同的,有些产品已经大规模生产,所以收集资料比较容易;有些产品尚在试验阶段,只能向技术开发方收集基础设计的内容,查文献资料。但无论属于何种情况,为顺利开展设计工作,都必须收集有关资料。需要收集的原始数据及资料如下。

1) 基础资料

基础资料包括厂址区域的地形、气象、工程地质、水文地质等资料,人文及地理情况,矿产资源、技术经济条件,原材料、燃料及其他动力供应、交通运输及施工条件等情况。

2) 生产方法及工艺流程资料

各种生产方法及其工艺流程资料包括主要原料路线、操作规程、控制指标、主要设备及防腐措施、综合利用情况、生产安全可靠性情况、每个工序的主要参数等。

3) 各种生产方法的技术经济比较

各种生产方法的技术经济比较资料包括产品成本,原材料的用量及供应的可能性,水、电、汽(气)的用量及供应,副产品的利用,"三废"处理,生产自动化水平,基本建设投资,占地面积,主要基建材料的用量,设备制作的复杂程度等。掌握了这些生产方法的资料后,就可以着手进行分析。必须对该种产品的现有生产方法中所提出的新方法以及尚未实现的方法做出全面分析。反复考虑主观和客观的条件,最后找出技术上最先进、经济上最合理,符合我国国情,切实可行的生产方法。选择生产方法及其工艺流程是极为重要的,因为它决定整个生产在技术上是否先进、经济上是否合理,是决定设计好坏的关键性因素。

4) 工艺资料

工艺资料包括工艺计算的基本资料。物料衡算资料包括:生产步骤和化学反应,各步骤所需原料、中间体的规格和物理化学性质;产品的规格和物理化学性质;各反应步骤的转化率、收率;每批加料量等。热量衡算及设备计算资料包括:原料、中间体、产品的比热容、生成热、燃烧热、导热系数、传热系数等与传热计算有关的热力学数据;各种温度、压力、流量、液面等生产控制参数;设备的容积、结构、材质、主要设备图;设备材料对介质的化学稳定性等。车间布置资料包括:平面、立面布置情况;防火、防爆措施;设备的检修、吊装要求和配电室的布置等。

5）其他资料

其他资料包括：非工艺专业如自控、土建、电力、采暖通风、给排水、供热、废水处理等资料；概算资料；原材料供应，总图运输资料；劳动保护，安全卫生资料，废弃的排放及处理方法等。

上述资料的来源包括：设计单位的资料；向科学研究单位收集有关资料；向有关生产单位收集资料；向建设单位收集资料；在设计过程中为设计的开展而进行的试验研究的有关资料；有关产品、目录、样本销售价格等资料；有关手册、工具书、杂志等书籍文献和专利，各类化工过程与工艺设备计算书籍、各类生产调查报告、各类生产工艺流程汇集、各类化工设计书籍等。由于技术的保密以及专利的限制，在生产装置所需数据中最重要的工艺数据及化学工程数据，应该由建设单位及相关的研究单位提供。

3. 化工工艺设计的程序及内容

化工工艺设计的程序及内容如图1-2所示。

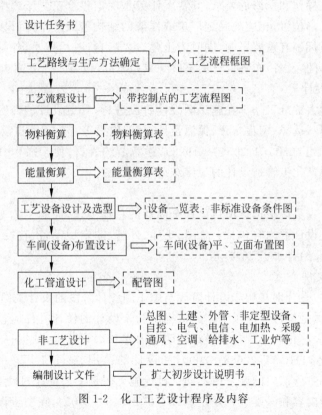

图1-2 化工工艺设计程序及内容

1）工艺流程设计

工艺流程设计指在方案设计的基础上，使操作过程和选用设备型号具体化的过程。方案设计的任务是确定生产方法和生产流程，是整个工艺设计的基础。要求运用所掌握的各种信息，根据有关的基本理论进行不同生产方法和生产流程的对比分析。工艺流程设计的结果是工艺流程图。

2）物料衡算与能量衡算

物料衡算与能量衡算意味着设计工作由定性转为定量。物料衡算和能量衡算是工艺设计的基础内容。物料衡算是质量守恒定律的一种表现形式。据此即可求出物料的质量、体积和成分等数据,在此基础上可以正确地进行能量衡算、设备选择与设计。根据能量衡算的结果,可以确定输入或输出设备的热量、加热剂和冷却剂的消耗量,同时结合设备设计,可算出设备传热面积。

3）工艺设备设计及选型

工艺设备设计及选型主要是通过工艺计算确定设备技术指标,对标准设备进行选型,对非标准设备进行设计。标准设备的设计是通过工艺计算,算出机、泵等类型设备的工作能力及技术特性,从而选择相应的厂家及设备型号;非标准设备的设计是通过工艺计算,算出设备的能力、外形尺寸、安装尺寸等,将这些要求作为非标准设备设计的依据提交给设备专业。工艺设备设计的最终结果是设备一览表和非标准设备条件图。

4）车间（设备）布置设计

车间（设备）布置设计应根据《化工装置设备布置设计规定》（HG/T 20546—2009）的有关规定,满足施工、操作和检修的要求,其主要任务是确定整个工艺流程中的全部设备在平面上和空间中的正确位置,相应地确定厂房或框架的结构型式。车间（设备）布置对生产的正常进行和经济指标都有重要影响,同时为土建、电气、自控、给排水、外管等专业开展设计提供重要依据。车间（设备）布置设计的最终结果是车间（设备）平、立面布置图。

5）化工管道设计

化工管道设计大部分工作都在施工图设计阶段进行,管道设计的内容包括各种介质的管道材质、等级、阀门选择、管道布置、保温设计、管架敷设等。化工管道设计应根据《化工装置管道布置设计规定》（HG/T 20549—1998）,注意节约管材,便于操作、检查和安装检修,而且做到整齐美观。化工管道设计的最终结果是配管图。

6）非工艺设计

工艺专业设计人员应根据该项目设计全局性的总体要求,向非工艺专业设计人员提供设计条件。非工艺设计的内容包括:总图、土建、外管、非定型设备、自控、电气、电信、电加热、采暖通风、空调、给排水、工业炉等。

7）编制设计文件

编制设计文件,是分别在初步设计阶段与施工图设计阶段的设计工作完成后进行的,它是设计成果的汇总,是进行下一步工作的依据。初步设计的设计文件应包括设计说明书和说明书的附图、附表。化工工厂初步设计说明书内容和编写要求,依据《化工工厂初步设计文件内容深度规定》（HG/T 20688—2000）和设计的范围（整个工厂,一个车间或一套装置）、规模的大小和主管部门的要求而不同。设计施工图是工艺设计的最终成品,应依据《化工工艺设计施工图内容和深度统一规定》（HG/T 20519—2009）,在初步设计的基础上进行编制。它由文字说明、表格和图纸三部分组成,编制每个独立的装置或主项施工图应参考该内容深度及设计规定。施工图设计说明由工艺设计、设备布置、管道布置、绝热、隔声及防腐设计说明构成。

1.2.6 环境影响评价

为了实施可持续发展战略,预防因规划和建设项目实施后对环境造成不良影响,促进经济、社会和环境的协调发展,根据《中华人民共和国环境保护法》《中华人民共和国环境影响评价法》和《规划环境影响评价条例》,环境影响评价是指对规划和建设项目实施后可能造成的环境影响进行分析、预测和评估,提出预防或者减轻不良环境影响的对策和措施,进行跟踪监测的方法与制度。环境影响评价工作应按照国家环境保护标准《规划环境影响评价技术导则　总纲》(HJ 130—2019)进行。

1. 环境影响评价的意义

环境影响评价是一项技术,是强化环境管理的有效手段。其对确定经济发展方向和保护环境等一系列重大决策都有如下重要作用。

(1) 保证建设项目选址和布局的合理性;

(2) 指导环境保护措施的设计;

(3) 为区域开发的社会经济发展提供导向;

(4) 促进相关环境科学技术的发展。

2. 环境影响评价的目的

环境影响评价的目的是鼓励在规划和决策中考虑环境因素,最终达到更具环境相容性的人类活动。

3. 环境影响评价的作用

环境影响评价明确开发建设者的环境责任及规定应采取的行动,可为建设项目的工程设计提出环保要求和建议,可为环境管理者提供对建设项目实施有效管理的科学依据。

(1) 为开发建设活动的决策提供科学依据;

(2) 为经济建设的合理布局提供科学依据;

(3) 为确定某一地区的经济发展方向和规模、制定区域经济发展规划及相应的环保规划提供科学依据;

(4) 为制定环境保护对策和进行科学的环境管理提供依据;

(5) 促进相关环境科学技术的发展。

4. 环境影响评价的层次和分类

环境影响评价主要分为三个层次:

(1) 现状环境影响评价。在项目已经建设、稳定运行一段时间后,产生的各类污染物达标排放,与周围环境已经形成稳定系统,根据各类污染物监测结果来评价该建设项目建设后对该地域环境是否产生影响,是否在环境可接受范围内。

(2) 环境预测与评价。根据地区发展规划对拟建立的项目进行环境影响分析,预测该项目建设后产生的各类污染物对外环境产生的影响,并做出评价。

(3) 跟踪评价。主要是针对大型建设项目和环评规划,在建设过程中或者建设后项目实施过程中进行跟踪评价,当项目出现了与预定的结果较大的差异时必须改进的一种评价制度,跟踪评价是现阶段环境管理的重要手段之一。

环境影响评价按照评价对象,可以分为规划环境影响评价、建设项目环境影响评价两类;按照环境要素,可以分为大气环境影响评价、地表水环境影响评价、土壤环境影响评价、声环境影响评价、固体废物环境影响评价、生态环境影响评价;按照评价专题划分,可以分为人体健康评价、清洁生产与循环经济分析、污染物排放总量控制和环境风险评价等;按照时间顺序,可以分为环境质量现状评价、环境影响预测评价、规划环境影响跟踪评价、建设项目环境影响后评价。

5．环境影响评价"三同时"的定义、内容及要求

建设项目"三同时"是指生产性基本建设项目中的劳动安全卫生设施必须符合国家标准的规定，必须与主体工程同时设计、同时施工、同时投入生产和使用，以确保建设项目竣工投产后，符合国家劳动安全卫生标准的规定，保障劳动者在生产过程中的安全与健康。"三同时"的要求是针对我国境内的新建、改建、扩建的基本建设项目、技术改造项目和引进的建设项目，它包括在我国境内建设的中外合资、中外合作和外商独资的建设项目。"三同时"生产经营单位安全生产的重要保障措施，既是一种事前保障措施，也是一种本质安全措施。

"三同时"的内容及要求如下：

1）可行性研究阶段

建设单位或可行性研究承担单位在进行可行性研究时，应进行劳动安全卫生论证，并将其作为专门章节编入建设项目可行性研究报告。同时，将劳动安全卫生设施所需投资纳入投资计划。在建设项目可行性研究阶段，实施建设项目劳动安全卫生预评价。对符合下列情况之一的，由建设单位自主选择并委托本建设项目设计单位以外的、有劳动安全卫生预评价资格的单位进行劳动安全卫生预评价。

（1）大中型或限额以上的建设项目；

（2）火灾危险性生产类别为甲类的建设项目；

（3）爆炸危险场所等级为特别危险场所和高度危险场所的建设项目；

（4）大量生产或使用Ⅰ级、Ⅱ级危害程度的职业性接触毒物的建设项目；

（5）大量生产或使用石棉粉料或含有10%以上游离二氧化硅粉料的建设项目；

（6）安全生产监督管理机构确认的其他危险、危害因素大的建设项目。

预评价单位在完成预评价工作后，由建设单位将预评价报告报送安全生产监督管理机构。建设项目劳动安全卫生预评价工作在建设项目初步设计会审前完成并通过安全生产监督管理机构的审批。

2）初步设计阶段

初步设计是说明建设项目的技术经济指标、运输、工艺、建筑、采暖通风、给排水、供电、仪表、设备、环境保护、劳动安全卫生、投资概率等设计意图的技术文件（含图纸）。我国对初步设计有详细规定，设计单位在编制初步设计文件时，应严格遵守我国有关劳动安全卫生的法规、标准，同时编制《劳动安全卫生专篇》，并应依据劳动安全卫生预评价报告及安全生产监督管理机构的批复，完善初步设计。建设单位在初步设计会审前，应向安全生产监督管理机构报送建设项目劳动安全卫生预评价报告和初步设计文件及图纸资料。初步设计方案经安全生产监督管理机构审查同意后，应及时办理相关审批手续。安全生产监督管理机构根据国家有关法规和标准，审查并批复初步设计文件中的《劳动安全卫生专篇》。

3）施工阶段

建设单位对承担施工任务的单位。除落实"三同时"规定的具体要求，还要负责提供必需的资料和条件。施工单位应对建设项目的劳动安全卫生设施的工程质量负责。施工严格按照施工图纸和设计要求，确实做到劳动安全卫生设施与主体工程同时施工，同时投入生产和使用，并确保工程质量。

4）试生产阶段

建设单位在试生产设备调试阶段,应同时对劳动安全卫生设施进行调试和考核,对其效果做出评价;组织进行劳动安全卫生培训教育,制定完整的劳动安全卫生方面的规章制度及事故预防和应急处理预案。

建设单位在试生产运行正常后,建设项目预验收前,应自主选择、委托安全生产监督管理机构认可的单位进行劳动条件检测、危害程度分级和有关设备的安全卫生检测、检验,并将试运行中劳动安全卫生设备运行情况、措施的效果、检测检验数据、存在的问题,以及采取的措施写入劳动安全卫生验收专题报告,报送安全生产监督管理机构审批。

5）劳动安全卫生竣工验收阶段

安全生产监督管理机构根据建设单位报送的建设项目劳动安全卫生验收专题报告,对建设项目竣工进行劳动安全卫生验收。

建设项目劳动安全卫生验收专题报告主要内容包括:

（1）初步设计中的劳动安全卫生设施已按设计要求与主体工程同时建成、投入使用的情况;

（2）建设项目中特种设备已经由具有法定资格的单位检验合格,取得安全使用证(或检验合格证书)的情况;

（3）工作环境、劳动条件经测试符合国家有关规定的情况;

（4）建设项目中劳动安全卫生设施经现场检查符合国家有关劳动安全卫生标准的情况;

（5）设立了安全卫生管理机构,配备了必要的检测仪器、设备,建立、健全了劳动安全卫生规章制度和安全操作规程,组织进行了劳动安全卫生培训教育,特种作业人员已经培训、考核,取得安全操作证,制定了事故预防和应急处理预案情况。

凡符合需要进行预评价的建设项目,在正式验收前应进行劳动安全卫生预验收或专项审查验收。对预验收中提出的劳动安全卫生方面的改进意见应按期整改。建设项目劳动安全卫生设施和技术措施经安全生产监督管理机构验收通过后,应及时办理相关审批工作。

1.2.7　化工安全评价

1. 化工安全评价的定义

化工安全评价是以实现化工生产的安全性为目标,以安全系统工程的理论和方法为技术手段,辨别分析化工工程、化工生产系统以及生产运营活动中潜在的危险因素、有害因素,并对其诱发事故或者造成职业危害的可能性、严重程度进行预测评估,提出科学合理、切实可行的安全对策措施的建议,做出评估结论的活动。

2. 化工安全评价的目的

化工企业通过实施安全评价达到以下四个方面的目的:

（1）企业内部系统工程在真正意义上实现生产安全化。

（2）发现企业在经营全过程中存在的问题和不足,及时提出切实可行的安全整改方案;了解化工工程系统存在的危险性,采取有针对性的安全管理方案。

（3）提出建立化工企业系统安全的优化措施,为决策者提供实施安全管理的参考。

（4）为化工企业实现安全生产、安全管理的标准化和科学化打下坚实的基础。

3. 化工安全评价的原则

鉴于化工安全评价的目的和作用，要遵循目的性原则、科学性原则和综合性原则进行化工工程的安全评价工作。

（1）目的性原则是指在保证化工企业生产工作的安全的大前提下，在宏观的角度构建化工企业的安全评价体系，把化工企业的安全隐患扼杀在萌芽状态。

（2）科学性原则是指为了预防误差较大的安全评价结论不能真实地反映企业安全事故防治工作的实际情况，确保安全评价结果中不同项目的分数和权重真实反映化工企业当前工作的重点，有必要依托科学的全评价体系的化工工程安全评价模式。

（3）综合性原则是指在进行化工企业的安全评价时，要考虑到不同安全评价方法的局限性，采取不同的安全评价方法，取其所长，弃其所短，综合考虑获取最真实可靠的安全评价结论。

4. 典型化工安全评价方法

在安全系统工程中，安全评价方法主要有安全检查表分析、预先危险性分析、故障形式和影响分析、危险和可操作性研究、事故树和事件树、作业危险条件分析法、危险指数评价法等。

1）安全检查表分析

该方法是针对化工系统或单元，将一系列分析项目列出安全检查表进行分析以确定系统的状态，这些项目包括设备、操作、控制、环保和安全等各方面。根据检查条款相关的标准和规范等，对已知的危险类别、设计缺陷以及与一般工艺设备、操作、管理有关的潜在危险性和有害性进行判别检查。作为一种定性或半定量的评价方法，安全检查表分析通常可提出一系列的提高安全性的可能途径并提供给管理者参考。

安全检查表分析方法的特点主要有：事先编制，有充分的时间组织有经验的人员来编写，能做到系统化和完整化，不至于漏掉能导致危险的关键因素；可以根据规定的标准、规范和法规，检查遵守的情况，提出准确的评价；表的应用方式是有问有答，给人的印象深刻，能起到安全教育的作用；表内还可注明改进措施的要求，隔一段时间后重新检查改进情况；简明易懂，容易掌握。

2）预先危险性分析

预先危险性分析主要用于对化工危险物质和装置的主要工艺区域进行分析。常常发生在过程发展的初期，在没有详细设计和操作程序资料时进行，通常是进一步危险分析的先导，在过程发展的初期使用这一方法最为有效。在实际评价中，通常在工艺装置的概念设计或研究和发展阶段使用，特别在进行厂址选择时非常有用，它还经常作为管道及仪表流程设计之前的设计检查工具。虽然预先危险性分析方法一般用于项目发展的初期阶段，此时对潜在的安全问题无经验可借鉴，但对于分析已投入运行的大型装置或者划分危险先后次序时，也是很有帮助的。

3）故障形式和影响分析

故障形式和影响分析起源于可靠性技术，是将系统分割为子系统、设备或元件，逐个分析各自可能发生的故障形式及其产生的影响，以便采取相应的防治措施，以提高系统的安全性,是一种定量评价方法。对于化工行业而言,该方法是通过识别装置或过程内单个设备或单个系统(泵、阀门、液位计和换热器)的故障形式以及每个故障形式的可能后果。故障形式描述故障是如何发生的(打开、关闭、开、关、损坏和泄漏等),故障形式的影响是由设备故障对系统的应答来决定的。故障形式和影响分析的目的是辨识单一设备和系统的故障形式及每种故障形式对系统或装置的影响。

故障形式和影响分析通常工作量较大,通常的步骤如下:

(1)确定分析对象系统,根据分析详细程度的需要,查明组成系统的子系统或单元及其功能。

(2)分析元素故障形式和产生原因。由熟悉情况、有丰富经验的人员,依据经验和有关的故障资料分析和讨论可能产生的故障形式和原因。

(3)研究故障形式的影响。研究和分析元素故障对相邻元素、邻近系统和整个系统的影响。

(4)填写故障形式和影响分析表格。将分析的结果填入预先准备好的表格,可以简洁明了地显示全部分析内容。

4) 危险和可操作性研究

危险和可操作性研究是以关键词作为引导,寻找工艺过程或状态的变化,再进一步分析造成此次变化的原因、可能的后果和预防对策措施。运用该研究分析方法,能查出系统中存在的危险和有害因素,并能以危险和有害因素可能导致的事故后果来确定,设备和装置中的主要危险和有害因素。

5) 事故树和事件树

事故树和事件树都属于用逻辑推理进行评价的定量安全评价方法。

事故树是一种描述事故因果关系的有方向的"树",它能对各种系统的危险性进行识别评价,是安全分析评价和事故预测的一种先进的科学方法。非常适合于高度重复性的系统。但是步骤较多,计算也比较复杂,在数据较少时进行定量分析还需要做大量工作。

事件树是一种自下而上的、从原因到结果的分析方法。即从一个初因事件开始,交替考虑成功与失败的两种可能性,然后再以这两种可能性作为新的初因事件,如此继续,直至找到结果为止。事件树是一种归纳逻辑图,可以看到事故发生的动态发展过程,可看作事故树的补充,它可将严重事故的动态发展过程全部揭示出来,可以用来分析系统故障、设备失效、工艺异常和人的失误等,因此应用比较广泛。

6) 作业危险条件分析法

作业危险条件分析法可以简单易行地评价人们在具有潜在危险性环境中作业时的危险性,是一种半定量化的评价方法。其基本原理:用与系统风险率有关的三种因素指标值之积来评价系统人员伤亡风险的大小,这三种因素为 L(发生事故的可能性大小)、E(人体暴露在这种危险环境中的频繁程度)和 C(一旦发生事故会造成的损失后果)。风险值$(D)=L \times E \times C$。这三种因素的准确科学数据的取得相当烦琐,所以为了简化评价过程,可以采取半定量计值法,给三种因素的不同等级分别确定不同的分值,再以三个分值的乘积 D 来评价危险性的大小。该方法简便易行,适合从化工企业保护劳动者健康和安全角度,评价作业环境对人体的危害大小和危险程度。

7) 危险指数评价法

危险指数评价法为美国陶氏化学公司(the Dow Chemical Company) 首创,是目前在化工领域应用最广的一种评价方法。该方法以物质系数为基础,再考虑工艺过程中的其他因素(如操作方式、工艺条件、设备状况、物料处理和安全装置情况等)的影响,来计算每个单元的危险度数值,然后按数值大小划分危险度级别,对化工生产过程中固有的危险进行度量。危险指数评价目的是从安全角度出发,对所要分析的问题,确定与工艺及操作有关的危险性,通过对工艺属性进行比较、分析、计算,进而确定哪一个区域的相对危险性更大,重点对关键区域单元,即危险性大的单元,进行进一步的安全评价补偿。

故障形式和影响分析、事件树和事故树属于概率的危险性评价方法,即可认为是全定量的分析方法。其余方法则认为是半定量的分析方法。全定量的危险性评价是一种以可靠性为基础的评价方法,通过查找出系统可能的故障或事故形式,并根据已经积累的故障和事故数据,计算出待评价系统的故障或事故发生概率,进而计算出系统的风险率和可接受的风险值,通过比较来评价系统是否安全。换句话说,全定量的危险性评价是运用风险率来衡量系统的危险程度的一种方法。这种评价方法的评价结果是根据大量数据统计资料,经科学计算得出的,能够较好地反映系统危险性的真实情况,但这些方法需要收集的资料较多,评价起来较为复杂。

各种化工安全评价方法都有其各自的评价目标、特点和适用范围,由于化工行业的生产工艺复杂多变,如生产装置大型化,过程连续化,原料及产品易燃、易爆、有毒、有害和易腐蚀等特点,即使针对特定厂区及工程阶段,安全评价方法也不是单一和确定的分析方法,安全评价方法并不是决定安全评价结果的唯一因素。在实际工作中,可针对具体情况将多种方法组合使用。此外安全评价方法的选择也依赖于评价人员对评价方法的不断了解和实际评价经验的积累。

1.2.8　节能评估

能源是制约我国经济社会可持续、健康发展的重要因素。解决能源问题的根本出路是坚持"开发与节约并举、节约放在首位"的方针,大力推进节能降耗,提高能源利用效率。固定资产投资项目在社会建设和经济发展过程中占据重要地位,对能源资源消耗也占较高比例。固定资产投资项目节能评估和审查工作作为一项节能管理制度,对深入贯彻落实节约资源基本国策,严把能耗增长源头关,全面推进资源节约型、环境友好型社会建设具有重要的现实意义。

依据《中华人民共和国节约能源法》《国务院关于加强节能工作的决定》《固定资产投资项目节能审查办法》等要求,固定资产投资项目节能审查意见是项目开工建设、竣工验收和运营管理的重要依据。政府投资项目,建设单位在报送项目可行性研究报告前,需取得节能审查机关出具的节能审查意见。企业投资项目,建设单位需在开工建设前取得节能审查机关出具的节能审查意见。未按本办法规定进行节能审查,或节能审查未通过的项目,建设单位不得开工建设,已经建成的不得投入生产、使用年综合能源消费量 5000t 标准煤以上的固定资产投资项目,其节能审查由省级节能审查机关负责。1t 标准煤,是按标准煤的热值计算各种能源量的换算指标,按照我国标准计算,发热量相当于 29307.6kJ(29.3076MJ/kg× 1000kg)。

节能评估是指根据节能法规、标准,对投资项目的能源利用是否科学合理进行分析评估。通过项目的节能评估,掌握项目生产中能源消耗的种类和数量,分析项目的能耗水平及其生产用能效率,将项目能耗与国际国内水平及行业准入条件进行比较;按国家和地方有关法律、法规、规划和政策,评价该项目能源利用的合理性、节能措施的可行性、工艺技术的先进性;以及是否符合国家和行业的节能设计标准与规范。通过项目生产对浪费能源可能造成的影响进行客观分析,评估项目建设合理利用能源和节能方案的可靠性,并根据促进技术进步的原则提出改进意见,以达到合理利用能源和节约能源的目的。

　　节能评估的主要内容包括:评估依据;项目概况;能源供应情况评估(包括项目所在地能源资源条件以及项目对所在地能源消费的影响评估);项目建设方案节能评估(包括项目选址、总平面布置、生产工艺、用能工艺和用能设备等方面的节能评估);项目能源消耗和能效水平评估(包括能源消费量、能源消费结构、能源利用效率等方面的分析评估);节能措施评估(包括技术措施和管理措施评估);存在的问题及建议等。

　　节能评估的主要方法有政策导向判断法、标准规范对照法、专家经验判断法、产品单耗对比法、单位面积指标法和能量平衡分析法等。

　　(1)政策导向判断法。根据国家及各地的能源发展政策及相关规划,结合项目所在地的自然条件及能源利用条件对项目的用能方案进行分析评价。

　　(2)标准规范对照法。对照项目应执行的节能标准和规范进行分析与评价,特别是强制性标准、规范及条款应严格执行。适用于项目的用能方案、建筑热工设计方案、设备选型、节能措施等评价。项目的用能方案应满足相关标准规范的规定;项目的建筑设计、围护结构的热工指标、采暖及空调室内设计温度等应满足相关标准的规定;设备的选择应满足相关标准规范对性能系数及能效比的规定;是否按照相关标准规范的规定采取了适用的节能措施。

　　(3)专家经验判断法。利用专家在专业方面的经验、知识和技能,通过直观经验分析的判断方法。适用于项目用能方案、技术方案、能耗计算中经验数据的取值、节能措施的评价。根据项目所涉及的相关专业,组织相应的专家,对项目采取的用能方案是否合理可行、是否有利于提高能源利用效率进行分析评价;对能耗计算中经验数据的取值是否合理可靠进行分析判断;对项目拟选用节能措施是否适用及可行进行分析评价。

　　(4)产品单耗对比法。根据项目能耗情况,通过项目单位产品的能耗指标与规定的项目能耗准入标准、国际国内同行业先进水平进行对比分析。适用于工业项目工艺方案的选择、节能措施的效果及能耗计算评价。如不能满足规定的能耗准入标准,应全面分析产品生产的用能过程,找出存在的主要问题并提出改进建议。

　　(5)单位面积指标法。民用建筑项目可以根据不同使用功能分别计算单位面积的能耗指标,与类似项目的能耗指标进行对比。如差异较大,则说明拟建项目的方案设计或用能系统等存在问题,然后可根据分品种的单位面积能耗指标进行详细分析,找出用能系统存在的问题并提出改进建议。

　　(6)能量平衡分析法。能量平衡是指以拟建项目为对象的能量平衡,包括各种能量的收入与支出的平衡,消耗与有效利用及损失之间的数量平衡。能量平衡分析就是根据项目能量平衡的结果,对项目用能情况全面、系统地进行分析,以便明确项目能量利用效率,能量损失的大小、分布与损失发生的原因,以利于确定节能目标,寻找切实可行的节能措施。

以上评估方法为节能评估通用的主要方法,可根据项目特点选择使用。在具体的用能方案评估、能耗数据确定、节能措施评价方面还可以根据需要选择使用其他评估方法。

1.3 工程伦理的基本准则

技术已经对我们的世界产生了深远而广泛的影响,而工程师在技术各个方面的发展扮演了核心角色。工程师创造产品与程序来提高食物产量、加强植物保护、节约能源消耗、提速通信交通、促进身体健康以及消除自然灾害等,也给人类生活带来更多的便捷并创造更多的美好。然而技术在带来益处的同时,也产生了环境破坏、生态失衡等负面影响,严重破坏了社会和自然环境,甚至危及人类自身的生存。技术的风险不应该被技术的好处所掩盖,同时技术的负面影响也不是简单地可以完全预见,除了基本的和可预见的技术影响,也存在潜在的二次影响。因此环境、生态等问题将长期存在,并且正在遭受伤害的人们也将长期受到危害。

这些技术的负面结果,在20世纪初、20世纪30年代大萧条时期,以及20世纪70年代和80年代都引起了越来越多的批评。这些批评也对工程师的工作产生很大影响。一些工程师针对这种现状积极地进行辩护,对于他们的工程活动从伦理角度进行深刻反思,这时工程伦理学应运而生。工程师通过强调工程的根本道德任务,试图加强和联合他们的职业,以促进工程师的职业化进程。最明显的是几乎各大工程师协会的章程都把"工程师的首要义务是把人类的安全、健康、福祉放在至高无上的地位"作为章程的根本原则。

工程伦理准则包含以下几个方面:

(1)以人为本的原则。以人为本就是以人为主体,以人为前提,以人为动力,以人为目的。以人为本是工程伦理观的核心,是工程师处理工程活动中各种伦理关系最基本的伦理原则。它体现的是工程师对人类利益的关心,对绝大多数社会成员的关爱和尊重之心。以人为本的工程伦理原则意味着工程建设要有利于人的福利,提高人民的生活水平,改善人的生活质量。

(2)关爱生命原则。关爱生命原则要求工程师必须尊重人的生命权,意味着要始终将保护人的生命摆在重要位置,意味着不支持以毁灭人的生命为目标的项目的研制开发,不从事危害人的健康的工程的设计、开发。这是对工程师最基本的道德要求,也是所有工程伦理的根本依据。尊重人的生命权而不是剥夺人的生命权,是人类最基本的道德要求。

(3)安全可靠原则。在工程设计和实施中以对待人的生命高度负责的态度充分考虑产品的安全性能和劳动保护措施,要求工程师在进行工程技术活动时必须考虑安全可靠,对人类无害。

(4)关爱自然的原则。工程技术人员在工程活动中要坚持生态伦理原则,不从事和开发可能破坏生态环境或对生态环境有害的工程,工程师进行的工程活动要有利于自然界的生命和生态系统的健全发展,提高环境质量。要在开发中保护,在保护中开发。在工程活动中要善待和敬畏自然,保护生态环境,建立人与自然的友好伙伴关系,实现生态的可持续发展。

(5)公平正义原则。正义与无私相关,包含着平等的含义。公平正义原则要求工程技术人员的伦理行为要有利于他人和社会,尤其是面对利益冲突时要坚决按照道德原则行动。

公平正义原则还要求工程师不把从事工程活动视为名誉、地位、声望的敲门砖，反对用不正当的手段在竞争中抬高自己。在工程活动中体现尊重并保障每个人合法的生存权、发展权、财产权、隐私权等个人权益，工程技术人员在工程活动中应该时时处处树立维护公众权利的意识，不任意损害个人利益，对不能避免的或已经造成的利益损害给予合理的经济补偿。

对化工设计进行伦理约束，可以提升工程师伦理素养，加强工程从业者的社会责任，推动可持续发展，促进人与自然的协同进化，协调利益关系，因此是非常有必要的。

本章思考题

1. 化工设计的原则和特点是什么？化工设计人员应具备哪些能力和素质？
2. 简述国内化工厂设计的工作程序。
3. 根据化工过程开发程序，我国化工工程设计可分为哪些类别？
4. 根据项目性质，我国化工工程设计可分为哪些类别？
5. 简述施工图设计的内容及设计成果。
6. 可行性研究可以为化工设计的哪些环节提供依据？
7. 项目建议书应包括哪些基本内容？
8. 环境影响评价的意义、目的和作用是什么？
9. 什么是化工安全评价？常用的化工安全评价方法有哪些？
10. 节能评估的主要内容有哪些？

答案

2

化工工艺流程设计

本章主要内容：
- 工艺路线选择。
- 工艺流程设计。
- 工艺流程图绘制。
- 化工典型设备的自控流程。

化工工艺流程设计总步骤：在工艺流程设计前首先进行工艺路线的选择和论证，当工艺路线和生产规模确定后，即可开始工艺流程设计，并且随着物料衡算、能量衡算、设备工艺计算等工作的开展，工艺流程设计也要由浅入深地不断修改、完善，相应地完成物料流程图、工艺流程图、工艺控制图和物料平衡表的绘制，最终根据工艺操作要求、说明等资料绘制完成各种版本的管道及仪表流程图（piping & instrument diagram，P&ID）。

2.1　工艺路线选择

化工生产的特点之一就是生产方法的多样性。同一化工产品可采用不同的原料和不同的生产方法制得，即使采用同一种原料，也可采用不同的生产方法、不同的生产工艺。随着化工生产技术的发展，可供选择的工艺路线和流程也越来越多，所以要科学严谨地选择工艺路线。某个产品若只有一种固定的生产方法，就无须选择；若有几种不同的生产方法，就要逐个进行分析研究，通过全面地比较分析，从中选出技术先进、经济合理、安全可靠的工艺路线，以保证项目投产后能满足各项指标的要求。

2.1.1　选择原则

1. 先进性

工艺路线的先进性体现在两个方面，即技术先进和经济合理，两者缺一不可。技术先进是指项目建设投产后，生产的产品质量指标、产量、运转的可靠性及安全性等既先进又符合国家标准；经济合理指生产的产品具有经济效益或社会效益。在设计中，既不能片面地考虑技术先进而忽视经济合理的一面，也不能片面地只求经济合理而忽视技术上是否先进。工艺路线是否先进应具体体现在以下几个方面：

（1）是否符合国家有关的政策及法规；

（2）生产能力大小；

（3）原、辅材料和水、电、汽（气）等公用工程的单耗；

（4）产品质量优劣；

（5）劳动生产率高低；

（6）建厂时的投资、占地面积、产品成本以及投资回收期等；

（7）"三废"治理；

（8）安全生产。

环境保护是建设化工厂必须重点审查的一项内容。化工厂容易产生"三废"，设计时应防止新建的化工厂对周围环境产生严重污染，给国家和人民造成重大的经济损失，并影响人民的身体健康，为此应避免采用"三废"污染严重的工艺路线。新建工厂的排放物必须达到国家规定的排放标准，符合我国环境保护法律法规的规定。

安全生产是化工厂生产管理的重要内容。化学工业是一个易发生火灾和爆炸的行业，因此要从技术路线上、设备上、管理上对安全予以重视，严格制定规章制度，对工作人员进行安全培训。同样，对有毒化工产品或化工生产中产生的有毒介质，应采用相应的措施避免外溢，从而达到安全生产的目的。

总之，先进性是一个综合性的指标，它必须由各个具体指标反映出来。

2. 可靠性

工艺路线的可靠性是指所选择的技术路线的成熟程度，只有具备工业化生产的工艺技术路线才能称得上是成熟的工艺技术路线。工厂设计工作的最终产品是拟建项目的蓝图，直接影响未来工厂的产量、质量、劳动生产率、成本和利润。如果所采用的技术不成熟，就会影响工厂正常生产，甚至不能投产，造成极大的浪费，因此工厂设计必须可靠。在工艺流程设计中对于尚在试验阶段的新技术、新工艺、新设备、新材料，应采取积极而又慎重的态度，防止只考虑新的一面，而忽视不成熟、不稳妥的一面。未经生产实践考验的新技术不能用于工厂设计。以往建厂的经验和教训证明，工厂设计必须坚持一切经过试验的原则，只有经过一定时间的试验生产，并证明技术成熟、生产可靠、有一定经济效益的，才能进行正式设计，不允许把生产工厂当作试验厂来进行设计。

3. 适用性

工艺路线的选择，从技术角度上，应尽量采用新工艺、新技术，并吸收国外的先进生产装置，进行综合考虑。

上述三项原则中可靠性是生产方法和工艺流程选择的首要原则，在可靠性的基础上全面衡量，综合考虑。设计人员必须在总结以往经验和教训的基础上，采取全面对比分析的方法，根据建设项目的具体要求，选择先进可靠的工艺技术，竭力发挥有利的一面，设法减少不利的因素，从而使新建的化工厂在产品质量、生产成本以及建厂难易等主要指标上达到较理想的水平。

2.1.2　工作步骤

1. 调查研究，收集资料

调查研究、收集资料是确定工艺路线及工艺流程设计的准备阶段。在此阶段，要根据建设项目的产品方案及生产规模，有计划、有目的地收集国内外同类型生产厂家的相关资料。内容包括各国的生产情况、生产方法及工艺流程；原材料的来源、产品及副产品的规格和性质以及各种消耗定额；安全生产和劳动保护以及综合利用与"三废"治理；工艺生产的机械化、自动化、大型化程度；水、电、汽(气)燃料的消耗及供应；厂址、地质、水文、气象等方面资料；车间(装置)环境与周围的情况等。

2. 落实关键设备

设备是完成生产过程的重要条件，在确定工艺路线和工艺流程设计时，必然涉及设备，而对关键设备的研究分析，对确定工艺路线和完成工艺流程设计是十分重要的。由于解决不了关键设备，或中断，或改变原定的工艺路线和工艺流程的情况时有发生。因此，对各种生产方法所采用的关键设备，必须逐一进行研究分析，看看哪些已有定型产品，哪些需要设计制造，哪些国内已有，哪些需要进口。如需要进口，从哪个国家进口，质量、性能和价格如何等；如需要设计制造，根据质量、进度、价格等要求落实到哪家工厂。这些都要研究和分析，最后做出具体方案。

3. 全面比较与确定

针对不同的工艺路线和工艺流程，进行技术、经济、安全等方面的全面对比，从中选出既符合国情又切实可行的生产方法。比较时要仔细领会设计任务书提出的各项原则和要求，要对收集到的资料进行加工整理，提炼出能够反映本质的、突出主要优缺点的数据材料，作为比较的依据。需全面对比的内容很多，一般要从以下几个主要方面进行比较：

（1）几种工艺路线在国内外采用的现状及其发展趋势；

（2）产品质量和规格；

（3）生产能力；

（4）原材料、能量消耗；

（5）综合利用及"三废"治理；

（6）建厂投资及产品最终成本。

2.2　工艺流程设计

2.2.1　工艺流程设计原则

工艺流程设计是一项复杂的技术工作，需要从技术、经济、社会、安全和环保等多方面考虑，并要遵循以下设计原则。

1. 技术成熟先进，产品质量优良原则

尽可能采用先进的生产设备和成熟的生产工艺，以保证产品的质量。技术的成熟程度是流程设计首先应考虑的问题，在保证可靠性的前提下，应尽可能选择先进的工艺技术路线。如果先进性和可靠性二者不可兼得，则宁可选择可靠性大而先进性可满足要求的工艺技术作为流程设计的基础。

2. 节能减排，资源合理利用原则

科学生产，努力从各方面提高利用率和生产率，从而降低原材料消耗及水、电、汽(气)的消耗，降低投资和操作费用，即降低产品的生产成本，以便获得最佳的经济效益。

3. 安全生产原则

生产过程中确保操作人员和机械设备的安全,充分预计生产的危险因素,保证生产的安全稳定性。

4. 环境保护原则

在开始进行工艺路线选择和流程设计时,就必须考虑生产过程中产生的"三废"的来源和防治措施,做到原材料的综合利用,变废为宝,减少废弃物的排放。如果是因工艺上的不成熟或工艺路线的不合理而导致污染问题不能解决,则绝不能建厂。

5. 经济效益原则

这是一个综合的原则,应从原料性质、产品质量和品种、生产能力以及发展等多方面考虑。

2.2.2　工艺流程设计中要解决的问题

工艺流程设计就是要确定生产过程的具体内容、顺序、组织方式、操作条件、控制方案,并确定"三废"治理方案和安全生产措施等,以达到加工原料制得所需产品的目的,其具体工作内容如下。

1. 确定工艺流程

工艺流程反映了由原料制得产品的全过程。首先确定工艺生产的全部操作单元或工序,进而确定每个操作单元或工序具体流程,再确定各个操作单元或工序之间的衔接。

2. 确定操作条件

根据工艺流程和生产要求来确定各个操作单元或工序的设备的操作条件,在安全生产的前提下,完成生产任务。

3. 确定控制方案

为了正确实现并保持各操作单元或工序的设备的操作条件,以及实现各个操作单元或工序的正确联系,需要确定合理的控制方案,选用合适的仪表。除正常生产外,还要考虑开停车、事故处理和检修的需要等,最终体现在管道及仪表流程图中。

4. 确定物料和能量的综合利用方案

要合理地做好物料和能量的综合利用,节能减排,提高各个操作单元或工序的效率,进而提高生产过程的总收率。

5. 确定环保方案

制定整个生产过程中"三废"的综合利用和处理方案,不可随意排放,污染环境。

6. 确定安全生产措施

应当对工艺生产过程中存在的安全危险因素进行安全评价,再遵照相应的设计规范、吸取以往的经验教训,制定出切实可行的安全生产措施。

7. 工艺流程的逐步完善

在确定整个工艺流程后,要全面检查、分析各个操作单元或工序,在满足安全生产的前提下,增补遗漏的管线、阀门、采样、放净、排空等设施。

8. 在工艺流程设计的不同阶段,绘制不同的工艺流程图

流程图种类有许多种,在不同的设计阶段,工艺流程图的内容及设计深度要求也不一样,要按相应的设计要求完成各阶段、各版本的工艺流程图。

2.2.3　工艺流程设计的方法与步骤

工艺流程设计的方法包括:根据现有的工程技术资料,直接进行工程化设计或在此基础上进行技术改进和完善;根据现有的生产装置进行工艺流程设计,如在工厂实习中,要求学生根据现场装置及技术人员的讲解,绘制工艺流程图;根据小试、中试的科研成果进行工艺流程设计。因为前两种设计方法比较简单,这里不再赘述,本书重点介绍由小试、中试的科研成果,自概念设计开始逐步完成各阶段工艺流程设计的过程。

根据实验室科研成果进行生产工艺流程设计的步骤如下。

(1)进行概念设计,根据反应式或工艺流程简述设计出方框流程示意图;

(2)在方框流程示意图的基础上进一步以设备形式定性地表示出各个操作单元的设备及各物流的流向,逐步修改、完善,设计出工艺流程草图;

(3)进一步修改、完善,设计出概念设计阶段的工艺流程草图;

(4)经物料衡算和能量衡算后,设计绘制出工艺物料流程图;

(5)当设备、管道计算及选型结束和工艺控制方案确定后,开始绘制基础设计或工艺包需要的管道及仪表流程图;

(6)将基础设计的流程图进一步工程化,设计出基础工程阶段的管道及仪表流程图;

(7)只有当车间设计结束,进一步修改流程图后才能最后绘制出正式的详细设计(施工图)阶段的管道及仪表流程图。

总之,工艺流程设计通过由浅入深,由定性到定量,分阶段进行设计,最后才能完成施工版的生产工艺流程图。

2.2.3.1　概念设计阶段

工艺流程概念设计的步骤是:将实验步骤工艺流程化,得到实验流程的方框流程示意图;将实验流程生产化,得到满足生产需要的方框流程示意图;方框流程图设备化,将方框流程图各个工序换成有形的设备,用物料线连接起来,转化为工艺流程简图;流程简图的工程化,按工程设计的需要,完成工艺流程的概念设计。

1. 实验步骤的工艺流程化

工艺流程化是指以方框图形式将产品生产的每个工序按流程顺序串联起来的过程。

根据反应原理或实验的工艺流程简述的内容,借助工艺学、化学工程、化工原理等专业知识,按照工艺流程简述将工艺过程流程化,然后再根据产品质量、工艺的需要,完善、细化工艺流程图。

2. 实验流程的生产化

为了满足实际工业化生产的需要,在实验流程基础上要增加原料的贮存、预处理,产品的计量包装及贮存等生产工序。考虑环保及经济效益,在生产流程设计上还要增加"三废"处理流程及副产品回收流程。

3. 方框流程图的设备化

在方框流程图中,每一方框代表一个工序、一个步骤或一个单元操作。有关单元操作的基础理论、工艺过程、设备结构,在化工原理、反应工程等理论课程中都有详尽介绍,可以利用所学到的知识,将每个单元操作过程的设备采用简图形式表示出来,然后再用物料流程线连接起来,就可得到工艺流程简图。对于单台设备能完成的单元操作,直接将该工序换成相应设备简图即可。图 2-1 是以煤为原料生产甲醇的方框流程图。

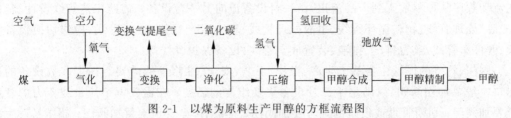

图 2-1　以煤为原料生产甲醇的方框流程图

流程简图画法参考本书附录 1 管道及仪表流程图中设备、机器图例。有些工序单元操作、干燥、浓缩等,不是单一设备能完成的,需要一套生产装置完成,那么就需要将该单元操作换成一套装置的设备简图。

4. 流程简图的工程化

根据上述得到的流程简图进行工艺计算和设备选型,然后将流程简图中设备外形进一步修改完善,得到与生产实际接近的流程简图。在此基础上还需要进一步对工艺管道进行补充完善,添加管件、阀门、仪表控制点、自动化控制等。管道、阀门、仪表、自动化控制的设计主要考虑工艺、操作、安全生产、事故处理、开停车、设备安装和检修等需要。补充完善后,得到概念设计的工艺流程简图。图 2-2 为 Lurgi 低压法甲醇合成工段的工艺流程简图。

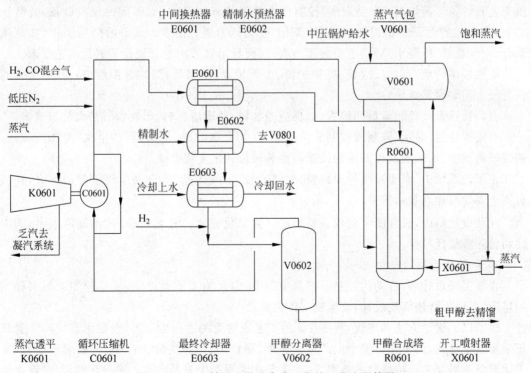

图 2-2　Lurgi 低压法甲醇合成工段的工艺流程简图

下面分别简单介绍管道、阀门、仪表、自动化控制的设计要求,以及自动化控制、公用工程、工艺流程方案的设计要求。

1) 管道和阀门的设计

管道设计包括主要工艺管道设计和辅助工艺管线设计。主要工艺管道设计是按物料工艺流动顺序从原料输入到产品流出,由一台设备流向另一台设备;辅助工艺管线设计,包括"三废"处理管线、物料循环管线、事故处理管线、安全生产管线、旁路管线、检修切换设备管线、开停车管线,还有排气、排液、装置放空管线,设备保护管线等。

阀门、管件的设计主要基于生产、操作、工艺、安全、维修等的需要。在大多数设备的进出口一般要加切断阀,以满足生产及设备更换维修的需要;在需要调节流量或压力的管道上要加阀门;切断管道或设备的地方要加阀门;排液、排净管道上要加阀门;超压易发生事故的地方要加安全阀,如锅炉、高压设备及管路;高压流体进入低压设备或管道处要加减压阀,低压设备或管道上还要加安全阀;排出冷凝水的地方要加疏水阀;在管道中存有高压流体,一旦设备停车,发生流体倒流易发生事故时,或其他不允许流体反向流动的管道上,要加止回阀;在容积式泵、压缩机进口要加管道过滤器,有旁路调节的需要加阀,出口要加安全阀;大管道与小管道相接加变径接头;有温升较大的管道要加管道膨胀节;需要观察管道流量变化的要在管道上加视盅。一般切断流体选球阀,调节流量选用截止阀,大管径的气体管道一般选闸阀、蝶阀。

2) 工艺流程中仪表的设计

仪表控制点的设计主要基于工艺、操作、生产、安全的需要进行设计。

有压力显著变化的管道和设备要加装压力表,如泵、压缩机、真空泵的出口,其目的是观察工艺及设备运转情况;需要观察、控制压力技术指标的地方(如密闭的反应设备)要装压力表;加热会产生压力的设备(如锅炉等)上要装压力表;在接入设备的公用工程(如蒸汽总管、空气总管、冷凝水总管)上要装压力表,以便显示管道中的介质是否满足工艺要求。

需要控温的地方(如反应釜、各种炉窑、干燥装置、蒸馏等)要加装温度表;有热交换的设备经常需要测温显示。

有需要计量或控制流量的地方(如反应釜加料、精馏塔进料、出料、回流)要加流量表。

有需要计量、显示、限制或控制液位的地方(如大型贮罐、中间罐、计量罐)要加液位计;精馏塔塔釜液、反应液液位高度的控制需要装液位计来实现。

在工艺系统中,需要对现场原材料、中间过程、中间产品、终产品取样检测的地方,在流程图上要加取样点表示符号。

在此设计阶段,流程图中的仪表符号可以简单化表示:用 ϕ10mm 的细线圆表示,圆内注明检测参量代号。

3) 自动化控制的设计

在施工图设计前,自动化控制一般简单画出,但在施工图设计中,尽量使图纸与工程实际接近,以便更好地满足设计、安装施工的需要。

根据以上设计方法和步骤,将图 2-2 的工艺流程简图进一步完善,根据生产实际装置修正主要设备形状,为了保证整个生产过程连续、稳定运行,在实际生产中,一般对压缩机、泵等运转设备需要考虑检修时的备用,这些需要在流程图中表示出来。进一步对流程、设备外形、管道连接修改完善,再添加阀门、仪表符号等,即得到带控制点流程简图的主体部分图,本书附录 2 中施工图自动化控制的图例供参考。

4）确定动力使用和公用工程的配套

在工艺流程概念设计阶段的后期,还要考虑反应流程中使用的水、蒸汽、压缩空气、导热油、冷冻盐水、氮气等公用工程,流程设计时要考虑周全,加以配套供应。

5）工艺流程方案比较,选出最优方案

组成工艺流程的操作单元或装置的顺序、选用的设备等可能有不止一种方案,对这些方案进行综合比较是十分必要的。通过物料衡算和能量衡算,从设备、工艺参数、人员操作、安全、环保、消防等方面对工艺流程进行综合评价,选择一个最优方案。

6）完善优化

进一步完善优化,使其达到基础设计、工艺包设计所要求的内容和深度。

2.2.3.2 初步设计阶段

初步设计就是在概念设计、基础设计的基础上,将流程深化,对工艺流程和各操作单元深入细致地加以完善。通过物料和热量衡算,对工艺流程进行逐步完善,查漏补缺,全面系统地研究物料、能量、操作、控制,使各化工单元过程完整地衔接和匹配,能量得到充分利用。在对化工工艺流程进行逐项工艺计算的同时,要确定各设备和各操作环节的控制方法和控制参数,从而系统、全面地完善工艺流程方案,直至设计出最终版管道及仪表流程图。

1. 初步设计阶段概念设计的完善

对工艺流程的概念设计,可从以下几个方面加以完善设计。

1）生产能力和操作弹性

在设计和完善流程方案时,首先考虑主反应装置的生产能力,确定年工作日和生产时间、维修时间、保养维护时间等,按照设计的主产品产量要求,设计留有一定的操作弹性,尤其是一些较复杂的反应,对于控制条件的不精确造成的生产不稳定,要做充分估计。

2）工艺操作条件的确定和流程细节安排

在初步设计中,最重要的工作是校审各工艺装置的工艺操作条件,包括温度、压力、催化剂投入、投料配比、反应时间、反应的热效应、操作周期、物料流量、浓度等。这些条件直接关系到流程中使用一些辅助设备和必要的控制装置,比如有些反应需要在一定的高压条件下进行,则流程中一定要有加压设备,如压缩机;有些反应要在负压下操作,则流程中要有真空装置;有的不仅是主反应过程,包括流程的各环节、各装置都有其特定的操作条件,也必定要有相应的供热、蒸汽稳压分配、供冷、计量、混合、进料、排渣、降温、换热、液位控制等装置或设施;有些反应过程中需要定期清理的装置,如旋风分离器、过滤器、压缩机等,还要考虑设备的平行切换;有些设备需要定期更换介质或需要再生辅助的装置,如酸(碱)吸收塔、干燥塔、分子筛吸附塔等,当工艺要求到某一浓度或规定工作多少时间即要求切换使用,也应有相应的再生装置和切换备用的流程线、排料收集装置等。如此通过对工艺操作条件的确定和落实,必然产生对流程细节的要求,在初步设计中应加以完善。

3）操作单元的衔接和辅助设备的完善

在化工计算,特别是对物料、能量和功的衡算中,应在充分利用物质和能量时,也考虑诸如废热锅炉、热泵、换热装置、物料捕集、废气回收、循环利用装置等其他因素。

在进行化工装置平面布置过程中,有时为了节省厂房造价和合理布置建筑物,并不片面追求利用位差输送物料,而是设计输送机械。有时在平面布置中,还会对工艺流程进行修改,如检修工作的安排、物料的进口和出口都可能要求适当地变动装置。

对于公用工程的安排,有时可能在流程中设计附加设备,如将水输入到高层厂房顶部的冷凝器,靠自然水压运输不可靠时,则应设计专门的高扬程水泵。通过全流程的工艺计算和设备计算、平面布置,可能对工艺流程做一些细节的补充、修正,使流程更趋于完善。

4)确定操作控制过程中各参数控制点

在初步设计中,考虑开车、停车、正常运转情况下,操作控制的指标、方式,在生产过程中取样、排净、连通、平衡和各种参数的测量、传递、反馈、连动控制等,设计出流程的控制系统和仪表系统,补充可能遗漏的管道装置、小型机械、各类控制阀门、事故处理的管道等,使工艺流程设计不仅有物料系统、公用工程系统,还有仪表和自动控制系统。

2. 初步设计阶段工艺流程的内容深度

初步设计工艺流程图主要反映工艺、设备、配管、仪表等组成部分的总体关系,至少应包括以下内容。

(1)列出全部有位号的设备、机械、驱动机及备台,有未定设备的应在备注栏中说明,或用通用符号或长方形图框暂时表示,应初步标注主要技术数据、结构材料等。

(2)主要工艺物料管道标注物料代号、公称直径,可暂不标注管道顺序号、管道等级和绝热、隔声代号,但要表明物料的流向。

(3)与设备或管道相连接的公用工程、辅助物料管道,应标注物料代号、公称直径,可暂不标注管道顺序号、管道等级和绝热、隔声代号,但要标明物料的流向。蒸汽管道的物料代号应反映压力等级,如 LS、MS、HS。

(4)应标注对工艺生产起控制、调节作用的主要阀门,管道上的次要阀门、管件、特殊管(阀)件可暂不表示;如果要表示,可不用编号和标注。

(5)应标注主要安全阀和爆破片,但不标注尺寸和编号。

(6)全部控制阀不要求标注尺寸、编号和增加的旁路阀。

(7)标注主要检测与控制仪表以及功能标识,标明仪表显示和控制的位置。

(8)标注管道材料的特殊要求(如合金材料、非金属材料高压管道)或标注管道等级。

(9)标明有泄压系统和释放系统的要求。

(10)必需的设备关键标高和关键的设计尺寸,对设备、管道、仪表有特定布置的要求和其他关键的设计要求说明(如配管对称要求、真空管路等)。

(11)首页图上文字代号、缩写字母、各类图形符号,以及仪表图形符号。

2.2.3.3 施工图设计阶段

该阶段以被批准的初步设计阶段的工艺流程为基础,进一步为设备、管道、仪表、电气、公用工程等工程的施工安装提供指导性设计文件。

在初步设计方案的基础上,完善管道和仪表的设计,各种物料、公用工程、全部设备、管道、管件、阀门、全部的控制点、检测点、自动控制系统装置及其管道、阀门的设计。作为安装施工指导的工艺流程设计,最终表现为绘制"管道及仪表流程图"。图 2-3 为甲醇合成工段管道及仪表流程图。

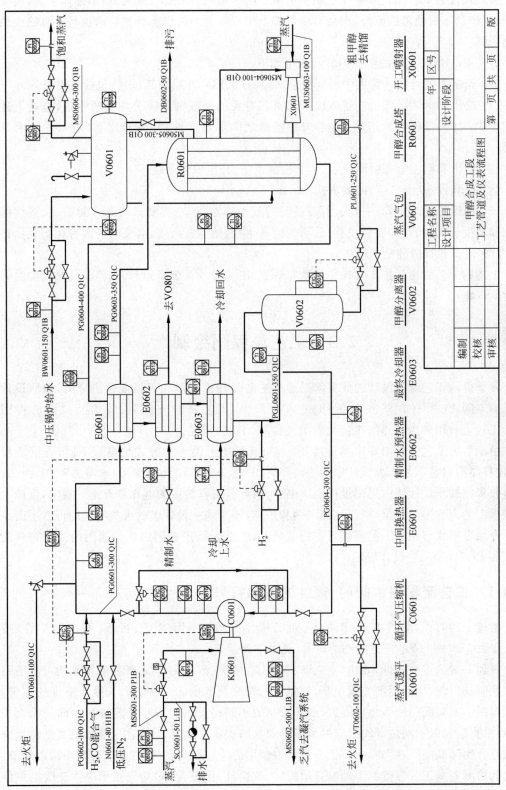

图 2-3 甲醇合成工段管道及仪表流程图

管道及仪表流程图是所有流程图中最重要的一张图,是施工、安装、编制操作手册,指导开车、生产和事故处理的依据,而且对今后整个生产装置的操作运行和检修也是不可缺少的指南资料。

　　有关 P&ID 施工版的主要内容和深度如下。

　　(1) 绘出工艺设备一览表中所列的全部设备(机器),并标注其位号(包括备用设备);

　　(2) 绘出和标注全部工艺管道以及与工艺有关的一段辅助或公用系统管道,包括上述管道上的阀门、管件和管道附件(不包括管道之间的连接件)均要绘出和标注,并注明其编号;

　　(3) 绘出和标注全部检测仪表、调节控制系统、分析取样系统;

　　(4) 成套设备(或机组)的供货范围;

　　(5) 特殊的设计要求,一般包括设备间的最小相对高差(有要求时)、液封高度、管线的坡向和坡度、调节阀门的特殊位置、管道的曲率半径、流量孔板等,必要时还需有详图表示;

　　(6) 设备和管道的绝热类型。

　　上述的工艺管道是指正常操作的物料管道、工艺排放系统管道和开、停车及必要的临时管道。

2.3　工艺流程图绘制

　　各个阶段工艺流程设计的成果都是通过绘制各种流程图和表格表达出来的,按照设计阶段的不同,先后有方框流程图、工艺流程简图、工艺物料流程图、管道及仪表流程图(p&ID),也有用带控制点的工艺流程图代替 P&ID 的情况。

　　由于各种工艺流程图要求的深度不一样,流程图上的表示方式也略有不同,方框流程图、流程简图只是工艺流程设计中间阶段产物,只作为后续设计的参考,本身并不作为正式资料收集到初步设计或施工图设计说明书中,因此其流程简图的制作没有统一规定,设计者可根据工艺流程图的规定,简化一套图例和规定,便于同一设计组的人员阅读即可。下面在简单介绍方框流程图和工艺流程简图的基础上,着重介绍现在国内比较通用的工艺物料流程图和 P&ID 的一些设计规定。

2.3.1　工艺流程图中阀门、管件的图形符号

　　管道上的阀门、管件和管道附件(如视镜、阻火器、异径接头、盲板、下水漏斗等)按 HG/T 20519.2—2009 规定的图形符号,见本书附录2。

　　其他一般的连接管件,如法兰、三通、弯头、管接头、活接头等,若无特殊要求均可不予画出。绘制阀门时,全部用细实线绘制,其宽度为物流线宽度的 4～6 倍,长度为宽度的 2 倍。在流程图上所有阀门的大小应一致,水平绘制的不同高度阀门应尽可能排列在同一垂直线上,而垂直绘制的不同位置阀门应尽可能排列在同一水平线上,且在图上表示的高低位置应大致符合实际高度。在实际生产工艺流程中使用的所有控制点(即在生产过程中用以调节、控制和检测各类工艺参数的手动或自动阀门、流量计、液位计等)均应在相应物流线上用标准图例、代号或符号加以表示。所有控制阀组都应画出。

2.3.2 仪表参数代号、仪表功能符号和仪表图形符号

仪表及控制点、控制元件的代号及图形符号应符合 HG/T 20505—2014 标准的规定。

1. 仪表控制点的代号和符号

仪表和控制点应该在有关管道上,大致按照安装位置,以代号、符号表示出来。常用的仪表功能标志的字母代号如表 2-1 所示。

表 2-1   仪表功能字母代号(摘自 HG/T 20505—2014)

	首位字母①		后继字母②		
	被测变量或引发变量	修饰词	读出功能	输出功能	修饰词
A	分析③		报警		
B	烧嘴、火焰		供选用④	供选用④	供选用④
C	电导率			控制	关位
D	密度	差			
E	电压(电动势)		检测元件,一次元件		
F	流量	比率			
G	毒性气体或可燃气体		视镜、观察⑤		
H	手动				高⑥
I	电流		指示		
J	功率		扫描		
K	时间、时间程序	变化速率⑦		操作器⑧	
L	物位		灯⑨		低⑥
M	水分或湿度				中、中间⑥
N	供选用④		供选用④	供选用④	供选用④
O	供选用④		孔板、限制		
P	压力		连接或测试点		
Q	数量	积算、累积	积算、累积		
R	核辐射		记录		运行
S	速度、频率	安全⑩		开关	停止
T	温度			传送(变送)	
U	多变量⑪		多功能⑫	多功能⑫	
V	振动、机械监视			阀、风门、百叶窗	
W	重量、力		套管,取样器		
X	未分类⑬	X 轴	附属设备,未分类⑬	未分类⑬	未分类⑬
Y	事件、状态⑭	Y 轴		辅助设备⑮	
Z	位置、尺寸	Z 轴		驱动器、执行元件、未分类的最终控制元件	

注:①"首位字母"在一般情况下为单个表示被测变量或引发变量的字母(简称变量字母),在首位字母附加修饰字母后,首位字母则为首位字母+修饰字母。

②"后继字母"可根据需要为一个字母(读出功能)、两个字母(读出功能+输出功能)或三个字母(读出功能+输出功能+读出功能)等。

③"分析(A)"指本表中未予规定的分析项目,当需指明具体的分析项目时,应在表示仪表位号的图形符号(圆圈或

正方形)旁标明。如分析二氧化碳含量,应在图形符号外标注 CO_2,而不能用 CO_2 代替仪表标志中的"A"。

④ "供选用"指此字母在本表的相应栏目中未规定其含义,可根据使用者的需要确定其含义,即该字母作为首位字母表示一种含义,而作为后继字母时则表示另一种含义。并在具体工程的设计图例中规定。

⑤ "视镜、观察(G)"表示用于对工艺过程进行观察的现场仪表和视镜,如玻璃液位计、窥视镜等。

⑥ "高(H)、低(L)、中(M)"应与被测量值相对应,而并非与仪表输出的信号值相对应。H、L、M 分别标注在表示仪表位号的图形符号(圆圈或正方形)的右上、下、中处。

⑦ "变化速率(K)"在与首位字母 L、T 或 W 组合时,表示测量或引发变量的变化速率。如 WKIC 可表示重量变化速率控制器。

⑧ "操作器(K)"表示设置在控制回路内的自动-手动操作器,如流量控制回路中的自动-手动操作器为 FK,它区别于 HC 手动操作器。

⑨ "灯(L)"表示单独设置的指示灯,用于显示正常的工作状态,它不同于正常状态的"A"报警灯。如果"L"指示灯是回路的一部分,则应与首位字母组合使用,例如表示一个时间周期(时间累计)终了的指示灯应标注为 KQL。如果不是回路的一部分,可单独用一个字母"L"表示,例如电动机的指示灯,若电压是被测变量,则可表示为 EL;若用来监视运行状态则表示为 YL。不要用 XL 表示电动机的指示灯,因为未分类变量"X"仅在有限场合使用,可用供选用字母"N"或"O"表示电动机的指示灯,如 NL 或 OL。

⑩ "安全(S)"仅用于紧急保护的检测仪表或检测元件及最终控制元件。例如"PSV"表示非常状态下起保护作用的压力泄放阀或切断阀。也可用于事故压力条件下进行安全保护的阀门或设施,如爆破膜或爆破板用 PSE 表示。

⑪ 首位字母"多变量(U)"用来代替多个变量的字母组合。

⑫ 后继字母"多功能(U)"用来代替多种功能的字母组合。

⑬ "未分类(X)"表示作为首位字母或后继字母均未规定其含义,它在不同地点作为首位字母或后继字母均可有任何含义,适用于一个设计中仅一次或有限的几次使用。例如 XR-1 可以是应力记录,XX-2 则可以是应力示波器。在应用 X 时,要求在仪表图形符号(圆圈或正方形)外注明未分类字母"X"的含义。

⑭ "事件、状态(Y)"表示由事件驱动的控制或监视响应(不同于时间或时间程序驱动),也可表示存在或状态。

⑮ "辅助设备(Y)"是指由"控制(C)"、"变送(T)"和"开关(S)"信号驱动的设备或功能,用于连接、断开、传输、计算和(或)转换气动、电子、电动、液动或电流信号;输出功能"辅助设备(Y)"包括但不仅限于电磁阀、继动器、计算器(功能)和转换器(功能);输出功能"辅助设备(Y)"用于信号的计算或转换等功能时,应在图纸中的仪表图形符号外标注其具体功能,在文字性文件中进行文字描述。

2. 测量点图形符号

测量点图形符号一般可用细线绘制。检测、显示、控制等仪表图形符号用直径约 10mm 的细实线圆圈表示,如表 2-2 所示。

表 2-2　测量点图形符号(摘自 HG/T 20505—2014)

序　号	名　称	图形符号	备　注
1	工艺管线上的仪表		测量点在工艺管线上,圆圈内应标注仪表位号
2	设备中的仪表		测量点在设备中,圆圈内应标注仪表位号
3	孔板		
4	文丘里管及喷嘴		
5	无孔板取压接头		
6	转子流量计		圆圈内应标注仪表位号
7	其他嵌在管路中的仪表		圆圈内应标注仪表位号

3. 仪表设备与功能的图形符号（表 2-3）

表 2-3　仪表设备与功能的图形符号（摘自 HG/T 20505—2014）

序号	共享显示、共享控制		C	D	安装位置与可接近性
	A	B	计算机系统及软件	单台（单台仪表设备或功能）	
	首选或基本过程控制系统	备选或安全仪表系统			
1	□○	◇	⬡	○	位于现场； 非仪表盘、柜、控制台安装； 现场可视； 可接近性——通常允许
2	□○	◇	⬡	○	位于控制室； 控制盘/台正面； 在盘的正面或视频显示器上可视； 可接近性——通常允许
3	□○	◇	⬡	○	位于控制室； 控制盘背面； 位于盘后的机柜内； 在盘的正面或视频显示器上不可视； 可接近性——通常不允许
4	□○	◇	⬡	○	位于现场控制盘/台正面； 在盘的正面或视频显示器上可视； 可接近性——通常允许。
5	□○	◇	⬡	○	位于现场控制盘背面； 位于现场机柜内； 在盘的正面或视频显示器上不可视； 可接近性——通常不允许

4. 仪表位号的编注

仪表位号由字母代号和阿拉伯数字编号组成。仪表位号中第一位字母表示被测变量，后继字母表示仪表的功能。数字编号可按装置或工段进行编制，不同被测参数的仪表位号不得连续编号，编注仪表位号时，应按工艺流程自左至右编排。

按装置编制的数字编号，只编同路的自然顺序号，如图 2-4 所示。

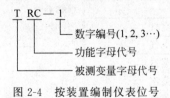

图 2-4　按装置编制仪表位号

按工段编制的数字编号，包括工段号和回路顺序号，一般用三位或四位数字表示，如图 2-5 所示。

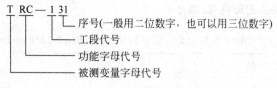

图 2-5　按工段编制仪表位号

5. 仪表位号的标注方法

上半圆中填写字母代号,下半圆中填写数字编号。检测仪表在工艺流程图上的图示与标注如图 2-6 所示。

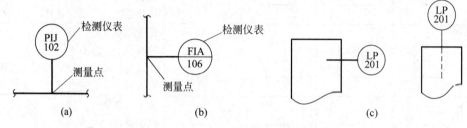

图 2-6　检测仪表的图示与标注
(a) 水平管道;(b) 垂直管道;(c) 设备

2.3.3　物料代号

工艺流程图中常见的物料代号见表 2-4。

表 2-4　工艺流程图中的物料代号(摘自 HG/T 20519—2009)

代号类别		物料代号	物料名称	代号类别		物料代号	物料名称
工艺物料代号		PA	工艺空气	辅助、公用工程物料代号	水	BW	锅炉给水
		PG	工艺气体			CSW	化学污水
		PGL	气液两相流工艺物料			CWR	循环冷却水回水
		PGS	气固两相流工艺物料			CWS	循环冷却水上水
		PL	工艺液体			DNW	脱盐水
		PLS	液固两相流工艺物料			DW	自来水、生活用水
		PS	工艺固体			FW	消防水
		PW	工艺水			HWR	热水回水
辅助、公用工程物料代号	空气	AR	空气			HWS	热水上水
		CA	压缩空气			RW	原水、新鲜水
		IA	仪表空气			SW	软水
	蒸汽、冷凝水	HS	高压蒸汽			WW	废水
		LS	低压蒸汽		燃料	FG	燃料气
		MS	中压蒸汽			FL	液体燃料
		SC	蒸汽冷凝水			FS	固体燃料
		TS	伴热蒸汽			LNG	液化天然气
						LPG	液化石油气
						NG	天然气

代号类别		物料代号	物料名称	代号类别	物料代号	物料名称
辅助、公用工程物料代号	油	DO	污油	辅助、公用工程物料代号	H	氢
		FO	燃料油		N	氮
		GO	填料油		O	氧
		HO	导热油		AD	添加剂
		LO	润滑油		CAT	催化剂
		RO	原油		DR	排液、导淋
		SO	密封油		FLG	烟道气
	制冷剂	AG	气氨	其他	FSL	熔盐
		AL	液氨		FV	火炬排放空
		ERG	气体乙烯或乙烷		IG	稀有气体
		ERL	液体乙烯或乙烷		SL	泥浆
		FRG	氟利昂气体		VE	真空排放气
		PRG	气体丙烯或丙烷		VT	放空
		PRL	液体丙烯或丙烷		WG	废气
		RWR	冷冻盐水回水		WS	废渣
		RWS	冷冻盐水上水		WO	废油

注：对于表中没有的物料代号，可用英文代号补充表示，且应附注说明。

2.3.4 工艺设备位号

设备位号由设备分类代号、主项代号、设备顺序号、相同设备的数量尾号等组合而成。主项代号一般为车间、工段或装置序号，用两位数表示，从 01 开始，最大 99，按工程项目经理给定的主项编号填写；设备顺序号按主项内同类设备在工艺流程中的先后顺序编制，也用两位数表示，从 01 开始，最大 99；相同设备的数量尾号，用以区别同一位号、数量不止一台的相同设备，用 A、B、C…表示。常用设备类别代号参见表 2-5。

表 2-5 常用设备类别代号（摘自 HG/T 20519—2009）

序号	设备类别	代号	序号	设备类别	代号
1	泵	P	7	塔	T
2	反应器	R	8	火炬、烟囱	S
3	换热器	E	9	起重运输设备	L
4	压缩机、风机	C	10	计量设备	W
5	工业炉	F	11	其他机械	M
6	容器（槽、罐）	V	12	其他设备	X

设备位号在流程图、设备布置图及管道布置图中,在规定的位置画一条宽度 0.6mm 的粗实线——设备位号线。线上方写设备位号,线下方在需要时写设备名称。

2.3.5　物料流程图

当化工工艺计算即物料衡算和能量衡算完成后,应绘制物料流程图,简称物流图,有些书中称为带物料衡算的工艺流程图。

物料流程图是在完成系统的物料和能量衡算之后绘制的,它以图形与表格相结合的方式表达了一个生产工艺过程中的关键设备或主要设备,关键节点的物料性质(如温度、压力)、流量及组成,通过物料流程图可以对整个生产工艺过程和与该工艺有关的基础资料有一个根本性的了解,为设备选型、原料消耗计算、环评等设计提供设计参数,为详细的 P&ID 设计提供依据。图 2-7 为甲醇合成工段的物料流程图。

2.3.5.1　图纸规格

应采用 A1 号、A2 号或 A3 号图,如果采用 A2 或 A3 号图,需要延长时,其长度尽量不要超过 1 号图的长度。

2.3.5.2　图纸内容及要求

图纸中内容应简明地表示出装置的生产方法、物料平衡和主要工艺数据。具体内容包括:主要设备;主要工艺管道及介质流向;主要参数控制方法;主要工艺操作条件;物料的流率及主要物料的组成和主要物性数据;加热及冷却设备的热负荷;流程中产生的“三废”,也应在有关管线中注明其组分、含量、排放量等。

2.3.5.3　设备的表示方法

以展开图形式,从左到右按流程顺序画出与生产流程有关的主要设备,不画辅助设备及备用设备,对作用相同的并联或串联的同类设备,一般只表示其中的一台(或一组),而不必将全部设备同时画出。常用设备的画法按本书附录 1 中的设备图例绘制,没有图例的设备参考实际设备外形绘制。设备大小可以不按比例画,但其规格应尽量有相对的概念。有位差要求的设备,应示意出其相对高度位置。有的设备(如换热器等)可简化为符号。

设备外形用细实线绘制,在图上要标注设备名称和设备位号,设备名称用中文写,设备位号是由设备代号和设备编号两部分组成。设备代号按设备的功能和类型不同而分类,用英文单词的第一个字母表示,设备代号规定见表 2-5。设备编号一般是由四位数字组成,第一、第二位数字表示设备所在的主项代号(车间/工段/装置),第三、第四位数字表示主项内同类设备的顺序号,如 R0318 表示第三工段(车间)的第 18 号设备。功能作用完全等同的多台设备,则在数字之后加大写的英文字母进行区分,如 R0318A、R0318B 等,详细标注方法见 2.3.7 管道及仪表流程图部分。

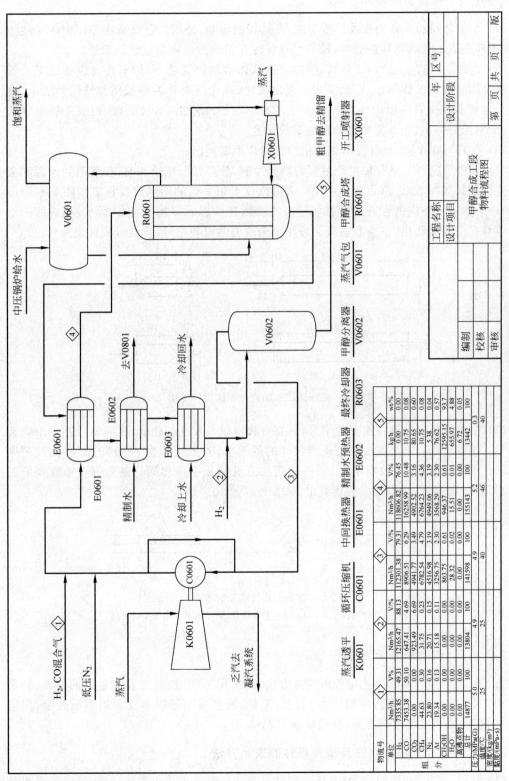

图 2-7 甲醇合成工段物料流程图

2.3.5.4 物料管线表示方法

（1）设备之间的主要物流线用粗实线表示，辅助物料、公用工程物流线等用中粗实线表示，并用箭头表示管内物料的流向，箭头尽量标注在设备的进出口处或拐弯处。

（2）正常生产时使用的水、蒸汽、燃料及热载体等辅助管道，一般只在与设备或工艺管道连接处用短的细实线示意，以箭头表示进出流向，并注明物料名称或用介质代号表示，介质代号与管道及仪表流程图相同。正常生产时不用的开停工、事故处理、扫线及放空等管道，一般不需要画出，也不需要用短的细实线示意。

（3）除有特殊作用的阀门外，其他手动阀门均不需画出。

（4）流程图应自左至右按生产过程的顺序绘制，分多张图纸绘制时，在管道的来源和去向处要绘制接续标志，进出装置或主项的管道或仪表信号线的图纸接续标志如图 2-8(a)所示，同一装置或主项内的管道或仪表信号线的图纸接续标志如图 2-8(b)所示，相应的图纸编号填写在空心箭头内，在空心箭头上方注明来或去的设备位号、管道号或仪表位号。

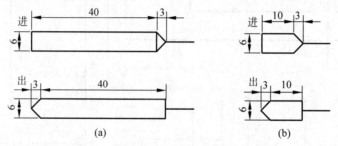

图 2-8　流程的始末端进出界区物料画法

（5）在图上要标出各物流点的编号，只要有物料组成发生变化的，就应该绘制一个物流点编号。绘制方法：用细实线绘制适当尺寸的菱形框，菱形边长为 8～10mm，框内按顺序填写阿拉伯数字，数字位数不限，但同一车间物流点编号不得相同。菱形可在物流线的正中，也可紧靠物流线，也可用细实线引出，如图 2-9 所示。

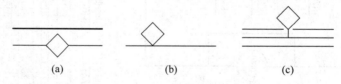

图 2-9　物流点在管道上的表示

(a) 菱形在物流线的正中；(b) 菱形紧靠物流线；(c) 菱形用细实线引出

2.3.5.5　仪表的表示方法

工艺流程中应表示出工艺过程的控制方法，画出调节阀、控制点及测量点的位置，如果有联锁要求，也应表示出来，一般压力、温度、流量、液位等测量指示仪表均不予表示，即进 DCS 的仪表要画，主要控制要画，就地仪表不表示。

2.3.5.6　物料流率、物性及操作条件的表示方法

（1）原料、产品(或中间产品)及重要原材料等的物料流率均应表示，已知组成的多组分

混合物应列出混合物总量及其组成。物性数据一般列在说明书中,如有特殊要求,个别物性数据也可表示在物料流程图中。

(2) 装置内的加热及冷换设备一般应标注其热负荷及介质的进出口温度,但空冷器可不标注空气侧的条件,蒸汽加热设备的蒸汽侧只标注其蒸汽压力,可不标注温度。

(3) 必要的工艺数据,如温度、压力、流量、密度、换热量等应予表示。表示方法以细实线绘制的内有竖格隔开的长方框或它们的组合体表示,并用细实线与相应的设备或管线相连。在框内竖格的左面填写工艺条件对应的单位名称,例如温度可填写摄氏度($^\circ$C)或开尔文(K);压力可填写帕斯卡(Pa),换热量可填写焦耳每小时(J/h),以此类推。在框内竖格右面填写数值,该长方框的尺寸一般采用(5~6mm)×(30~40mm)。在同一张图内尽可能采用同一尺寸规格的框。

(4) 如果是间断操作,应注明一次操作的时间和投料量。

(5) 物料流率、重要物性数据和操作条件的标注格式一般有下述两种,可根据要求选择其中一种或两种并用。

① 直接标注在需要标注的设备或管线的邻近位置,并用细实线与之相连。

② 对于流程相对复杂或需要表达的参数较多时,宜采用集中表示方法。将流程中要求标注的各部位参数汇集成总表,表示在流程图的下部或右部,各部位的物流应按流程顺序编号(用阿拉伯数字列入<>内表示)标在流程的相应位置。参数汇集成总表,形式同表 2-6 所示。

表 2-6　物料平衡表示样

物流号		1				2				3		
单位	kg/h	wt%	kmol/h	mol%	kg/h	wt%	kmol/h	mol%	kg/h	wt%	kmol/h	mol%
组分 1												
2												
3												
4												
5												
合计												
温度/$^\circ$C												
压力/MPa												
密度/(kg/m^3)												
黏度/(mPa·s)												

注:(1) 物流点编号与物料流程图要一致;

(2) 根据需要,可以画若干栏物料,格式同样,向右延伸;

(3) 根据需要物料组成的序号可多可少;

(4) 可根据需要增加物理量,如导热系数、比热容等;

(5) 本表可以放在物料流程图下方,也可以单独成为一份图纸。

2.3.5.7　物料平衡表

物料平衡表是反映物料流程图上各点物料编号的物料平衡。物料平衡表可以合并在物料流程图上,如图 2-7 所示,也可以单独绘制。其内容一般包括:序号、物料流程图上各点物料编号、物料名称和状态、流量(分别列出各流股的总量,其中的气、液、固体数量,组分量,组分的质量分数、体积分数或摩尔分数)、操作条件(温度、压力)、相对分子质量、密度、黏度、导热系数、比热容、表面张力、蒸汽压等。物料平衡表可参考表 2-6 式样设计。

2.3.6　带控制点工艺流程图

带控制点的工艺流程图由物料流程、控制点和图例三部分组成。它是在工程技术人员完成设备设计而且过程控制方案也基本确定之后绘制的。它与方案流程图一样,但其内容更为详细,主要反映各车间内部的工艺物料流程。它是以方案流程图为依据,综合各专业技术人员要求的设计结果,是在方案流程图的基础上经过进一步的修改、补充和完善而绘制出来的图样。此类图纸的基本特征如下:

(1) 按工艺流程次序自左至右展开,按标准图例详细画出一系列相关设备、辅助装置的图形和相对位置,并配以带箭头的物料流程线,同时在流程图上标注出各物料的名称、管道规格与管段编号、控制点的代号、设备的名称与位号,以及必要的尺寸、数据等。

(2) 在流程图上按标准图例详细绘制需配置的工艺控制用阀门、仪表、重要管件和辅助管线的相对位置,以及自动控制的实施方案等有关图形,并详细标注仪表的种类与工艺技术要求等。

(3) 图纸上常给出相关的标准图例、图框与标题栏,以及设备位号与索引等。

施工设计阶段带控制点工艺流程图也称管道及仪表流程图。

2.3.7　管道及仪表流程图

当工艺计算结束、工艺方案定稿、控制方案确定之后就可以绘制管道及仪表流程图。在之后的车间设备平面布置设计时,可能会对流程图进行一些修改,最终定稿,作为正式的设计成果编入设计文件中。

2.3.7.1　主要内容

管道及仪表流程图应表示出全部工艺设备、物料管道、阀件以及工艺和自控的图例、符号等。其主要内容一般是设备图形、管线、控制点和必要数据、图例、标题栏等。管道及仪表流程图上常用的图例见本书附录 1。

1. 图形

将生产过程中全部设备的简单形状按工艺流程次序,展示在同一平面上,配以连接的主辅管线及管件、阀门、仪表控制点符号等。

2. 标注

标注设备位号及名称、管段编号、控制点代号、必要的尺寸、数据等。

3. 图例

代号、符号及其他标注的说明,有时还有设备位号的索引等。有的设计单位将图例放入首页图中。

4. 标题栏、修改栏

标注设计项目、设计阶段、图号等,便于图纸统一管理。注明版次修改说明。

2.3.7.2 绘制的规定及要求

1. 图幅

绘制时一般以一个车间或工段为主进行绘制,原则上一个主项绘一张图样,不建议把一个完整的产品流程划分得过多,尽量有一个流程的"全貌"感。在保证图样清晰的前提下,流程图尽量在一张图纸上完成。图幅一般采用 A1 或 A2 的横幅绘制,流程图过长时,幅面也常采用标准幅面的加长,长度以方便阅览为宜,也可分张绘制。

2. 比例

管道及仪表流程图不按比例绘制,因此标题栏中"比例"一栏不予注明,但应示意出各设备相对位置的高低,一般在图纸下方画一条细实线作为地平线,如有必要还可以将各楼层高度表示出来。一般设备(机器)图例只取相对比例,实际尺寸过大的设备(机器)比例可适当缩小,实际尺寸过小的设备(机器)比例可适当放大。整个图面应协调、美观。

3. 图线和字体

(1)所有图线都要清晰、光洁、均匀,宽度符合要求。平行线间距至少要大于 1.5mm,以保证复制件上的图线不会分不清或重叠。图线用法的一般规定见表 2-7。

表 2-7　图线用法的一般规定(摘自 HG/T 20519—2009)

类　　别		图线宽度/mm			备　　注
		0.6~0.9	0.3~0.5	0.15~0.25	
工艺管道及仪表流程图		主物料管道	其他物料管道	其他	设备、机械轮廓线 0.25mm
辅助管道及仪表流程图 公用系统管道及仪表流程图		辅助管道总管 公用系统总管	支管	其他	
设备布置图		设备轮廓	设备支架 设备基础	其他	动设备(机泵等)如只绘出设备基础,图线宽度用 0.6~0.9mm
设备管口方位图		管口	设备轮廓 设备支架 设备基础	其他	—
管道布置图	单线(实线或虚线)	管道	—	法兰、阀门及其他	—
	双线(实线或虚线)	—	管道		—
管道轴测图		管道	法兰、阀门承插焊螺纹连接的管件的表示线	其他	—
设备支架图		设备支架及管架	虚线部分	其他	—
特殊管件图		管件	虚线部分	其他	—

注:凡界区线、区域分界线、图形接续分界线的图线采用双点画线,宽度均用 0.5mm。

（2）汉字宜采用长仿宋体或者正楷体（签名除外）并要以国家正式公布的简化汉字为标准，不得任意简化、杜撰，字体高度见表2-8。

表2-8　图纸中字体高度（摘自 HG/T 20519—2009）

书 写 内 容	推荐字高/mm	书 写 内 容	推荐字高/mm
图表中的图名及视图符号	5～7	图名	7
工程名称	5	表格中的文字	5
图纸中的文字说明及轴线号	5	表格中的文字（格高小于6mm时）	3
图纸中的数字及字母	2～3		

4. 设备的绘制和标注

绘出工艺设备一览表所列的所有设备（机器）。

设备图形用细实线绘出，可不按绝对比例绘制，只按相对比例将设备的大小表示出来。设备、机器图形按《化工工艺设计施工图内容和深度统一规定》（HG/T 20519—2009）绘制，见本书附录1。

未规定的设备、机器的图形可以根据其实际外形和内部结构特征绘制，不仅外形相似，更要神似，只取相对大小，不按实物比例。设备图形外形和主要轮廓接近实物，显示设备的主要特征，有时其内部结构及具有工艺特征的内构件也应画出，如列管换热器、反应器的搅拌形式、内插管、精馏塔板、流化床内部构件加热管、盘管、活塞、内旋风分离器、隔板、喷头、挡板（网）、护罩、分布器、填充料等，这些可以用细实线表示，也可以用剖面形式来表示内部构件。

设备、机器的支承和底（裙）座可不表示。设备、机器自身的附属部件与工艺流程有关者，例如柱塞泵所带的缓冲罐、安全阀，列管换热器管板上的排气口，设备上的液位计等，它们不一定需要外部接管，但对生产操作和检修都是必需的，有的还要调试，因此在图上应予以表示。电机可用一个细实线圆内注明"M"表达。

设备、机器上的所有接口（包括人孔、手孔、卸料口等）宜全部画出，其中与配管有关以及与外界有关的设备上的管口（如直连阀门的排液口、排气口、放空口及仪表接口等）则必须画出。用方框内一位英文字母加数字表示管口编号（目前国内大部分流程图、管道布置图上还没有加管口编号），管口一般用单细实线表示，也可以与所连管道线宽度相同，允许个别管口用双细实线绘制。设备管口法兰可用细实线绘制。

对于需绝热的设备和机器要在其相应部位画出一段绝热层图例，必要时注明其绝热厚度；有伴热者也要在相应部位画出一段伴热管，必要时可注明伴热类型和介质代号。

地下或半地下设备、机器在图上应表示出一段相关的地面。

图样采用展开图形式，设备的排列顺序应符合实际生产过程，按主要物料的流向从左到右画出全部设备示意图。

相同的设备或两级以上的切换备用系统，通常也应画出全部设备，有时为了省略，也可以只画一套，其余数套装置应当用双点画线勾出方框，表示其位置，并有相应的管道与之连通，在框内注明设备位号、名称。

5. 相对位置

设备间的高低和楼面高低的相对位置，除有位差要求者外，可不按绝对比例绘制，只按相对高度表示设备在空间的相对位置,有特殊高度要求的可标注其限定尺寸,其中相互间物流关系密切者(如高位槽液体自流入贮罐、反应釜,液体由泵送入塔顶等)的高低相对位置要与设备实际布置相吻合。低于地面的设备须画在地平线以下,并尽可能地符合实际安装情况。至于设备横向间距,通常亦无定规,视管线绘制及图面清晰的要求而定,以不疏不密为宜,既美观又便于管道连接和标注,应避免管线过长或过密而导致标注不便、图面不清晰。设备横向顺序应与主要物料管线一致,不要使管线形成过量往返。

6. 设备名称和位号

1) 标注的内容

设备在图上应标注位号及名称,其编制方法应与物料流程保持一致。设备位号在整个车间(装置)内不得重复,施工图设计与初步设计中的编号应一致,不要混乱。如果施工图设计中设备有增减,则位号应按顺序补充或取消,设备的名称也应前后一致。

2) 标注的方式

在管道及仪表流程图上,一般要在两个地方标注设备位号:一处是在图的上方或下方,要求排列整齐,并尽可能与设备对正,在位号线的下方标注设备名称;另一处是在设备内或近旁,此处只标注位号,不标注名称。若在同一高度方向出现两个以上设备图形时,则可按设备的相对位置将某些设备的标注放在另一设备标注的下方,也可水平标注。

在图上要标注设备位号及名称,有时还注明某些特性数据,标注方式如图 2-10 所示。

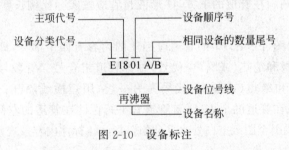

图 2-10　设备标注

7. 管道的绘制和标注

绘出和标注全部管道,包括阀门、管件、管道附件。

绘出和标注全部工艺管道以及与工艺有关的一段辅助及公用管道,标上流向箭头、说明。工艺管道包括正常操作所用的物料管道,工艺排放系统管道,开、停车和必要的临时管道。绘出和标注上述管道上的阀门、管件和管道附件,不包括管道之间的连接件,如弯头、三通、法兰等,但为安装和检修等原因所加的法兰、螺纹连接件等仍需绘出和标注。

管线的伴热管必须全部绘出,夹套管只要绘出两端头的一小段即可,其他绝热管道要在适当部位绘出绝热图例。有分支管道时,图上总管及支管位置要准确,各支管连接的先后位置要与管道布置图相一致。辅助管道系统及公用管道系统比较简单时,可将其总管道绘制在流程图的上方,其支管道则下引至有关设备,当辅助管线比较复杂时,辅助管线和主物料管线分开,画成单独的辅助管线流程图、辅助管线控制流程图。此时流程图上只绘出与设备相连接位置的一段辅助管线(包括操作所需要的阀门等)。如果整个公用工程系统略显复杂,也可单独绘制公用工程系统控制流程图。公用工程系统也可以按水、蒸汽、冷冻系统绘制各自的控制点系统图。

图上的管道与其他图纸有关时,一般将其端点绘制在图的左方或右方,以空心箭头标出物流方向(进或出),在空心箭头上方注明管道编号或来去设备、机器位号、主项号、装置号(或名称)、管道号(管道号只标注基本管道号)或仪表位号及其所在的管道及仪表流程图号,该图号或图号的序号写在前述空心箭头内。所有出入图纸的管线都要有箭头,并注出连接图纸号、管线号、介质名称和相连接设备的位号等相关内容,如图 2-11 所示,按 HG/T 20519—2009 规定的续接标志用中线条表示。

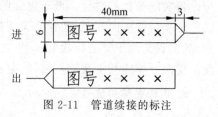

图 2-11 管道续接的标注

1) 管道的画法

(1) 线形规定。图线宽度分三种:粗线 0.6~0.9mm,中粗线 0.3~0.5mm,细实线 0.15~0.25mm。平行线间距至少要大于 1.5mm,以保证复制图纸时不会分不清或重叠。有关管道图例及图线宽度按 HG/T 20519—2009 执行,常用管道图示符号见本书附录 2。

(2) 交叉与转弯。交叉与转弯绘制管道时,应避免穿过设备或使管道交叉,确实不能避免时,一般执行"细让粗"的规定。当同类物料管道交叉时应将横向管道线断开一段,断开处约为线宽度的 5 倍。管道要画成水平和垂直,不用斜线或曲线。图上管道转弯处,一般应画成直角,而不是画成圆弧形。

(3) 放气、排液及液封。管道上取样口、放气口、排液管等应全部画出。放气口应画在管道的上边,排液管则画在管道的下方,U 形液封管应按实际比例长度表示。

2) 管道的标注

管道及仪表流程图(P&ID)中的管道应标注的内容有四个部分,即管段号(由三个单元组成)、管径、管道等级和绝热(或隔声)代号,总称管道组合号。管段号和管径为一组,用短横线隔开;管道等级和绝热(或隔声)代号为另一组,用短横线隔开;两组间留适当空隙。水平管道宜平行标注在管道的上方,竖直管道宜平行标注在管道的左侧。在管道密集、无标注的地方,可用细实线引至图纸空白处水平(竖直)标注。标注内容及规范如图 2-12 所示。

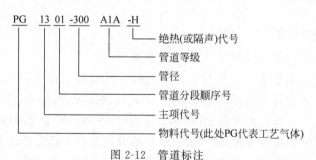

图 2-12 管道标注

管道标注常用物料代号按 HG/T 20519.2—2009 执行,表 2-4 中为部分物料代号。主项代号按工程规定的主项编号填写,采用两位数字,从 01 开始,至 99 为止;管道分段顺序号,相同类别的物料在同一主项内以流向先后为序,顺序编号,采用两位数字,从 01 开始,至 99 为止。

管径一般标注公称直径,以 mm 为单位,只标注数字,不标注单位。如 DN200 的公制管,只需标注"200",2in(约 5.08cm)的英制管,则表示为"2"。

　　管道等级号由管道公称压力等级代号、管道材料等级顺序号、管道材质代号组成。如图2-13所示。

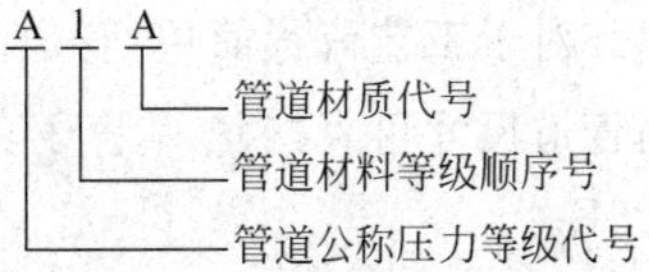

图2-13　管道等级标注方法

（图右标注）
- A | A | A
- 管道材质代号
- 管道材料等级顺序号
- 管道公称压力等级代号

　　管道公称压力等级代号用大写英文字母表示，A～K用于ANSI标准压力等级代号（其中I、J不用），L～W用于国内标准压力等级代号（其中O、X不用），具体如表2-9所示。管道材料等级顺序号用阿拉伯数字表示，由1开始。管道材质代号用大写英文字母表示，具体如表2-10所示。

表2-9　管道公称压力等级代号（摘自HG/T 20519—2009）

压力等级（用于ASME标准）		压力等级（用于国内标准）			
代号	公称压力/lb	代号	公称压力/MPa	代号	公称压力/MPa
A	150	H	0.25	R	10.0
B	300	K	0.6	S	16.0
C	400	L	1.0	T	20.0
D	600	M	1.6	U	22.0
E	900	N	2.5	V	25.0
F	1500	P	4.0	W	32.0
G	2500	Q	6.4		

注：lb为英制单位磅，1lb≈0.4536kg。

表2-10　管道材质代号（摘自HG/T 20519—2009）

管道材质代号	材　质	管道材质代号	材　质
A	铸铁	E	不锈钢
B	碳钢	F	有色金属
C	普通低合金钢	G	非金属
D	合金钢	H	衬里及内防腐

　　绝热及隔声代号，按绝热及隔声功能类型的不同，以大写英文字母作为代号，如表2-11所示。

表2-11　绝热及隔声代号（摘自HG/T 20519—2009）

代号	功能类型	备　注	代号	功能类型	备　注
H	保温	采用保温材料	S	蒸汽伴热	采用蒸汽伴热管和保温材料
C	保冷	采用保冷材料	W	热水伴热	采用热水伴热管和保温材料
P	人身保护	采用保温材料	O	热油伴热	采用热油伴热管和保温材料
D	防结霜	采用保冷材料	J	夹套伴热	采用夹套管和保温材料
E	电伴热	采用电热带和保温材料	N	隔声	采用隔声材料

对于工艺流程简单,管道品种、规格不多的情况,管道等级和绝热(或隔声)代号可省略,则管道尺寸可直接填写管子的外径×壁厚,并标注工程规定的管道材料代号,如 $\phi57\times3.5E$。

管道上的阀门、管道附件的公称直径与所在管道公称直径不同时应注出它们的尺寸,必要时还需要注出它们的型号。对它们之中的特殊阀门和管道附件还应进行分类编号,必要时以文字、放大图和数据表加以说明。

同一管道号只是管径不同时,可只注管径,如图 2-14(a)、(b)所示。异径管的标注为大端管径乘小端管径,标注在异径管代号"▷"的下方。

同一管道号而管道等级不同时,应表示出等级的分界线,并标注相应的管道等级,如图 2-14(c)所示。

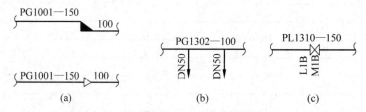

图 2-14 同一管道号不同直径、等级时的标注

(a) 同轴异径管及不同轴异径管标注;(b) 同管道号不同管径的标注;(c) 同管道号不同管道等级的标注

管线的伴热管要全部绘出,夹套管可在两端只画出一小段,绝热管则应在适当位置画出过热图例。一般将箭头画在管线上来表示物料的流向。

8. 阀门、管件和管道附件的表示法

管道上的阀门、管件和管道附件(如视镜、阻火器、异径接头、盲板、下水漏斗等)按 HG/T 20519—2009 规定的图形符号,见本书附录 2。

其他一般的连接管件,如法兰、三通、弯头、管接头、活接头等,若无特殊要求均可不予画出。绘制阀门时,全部用细实线绘制,其宽度为物流线宽度的 4~6 倍,长度为宽度的 2 倍。在流程图上所有阀门的大小应一致,水平绘制的不同高度阀门应尽可能排列在同一垂直线上,而垂直绘制的不同位置阀门应尽可能排列在同一水平线上,且在图上表示的高低位置应大致符合实际高度。在实际生产工艺流程中使用的所有控制点(即在生产过程中用以调节、控制和检测各类工艺参数的手动或自动阀门、流量计、液位计等)均应在相应物流线上用标准图例、代号或符号加以表示。所有控制阀组一般都应画出。

9. 仪表的绘制和标注

仪表控制点应在有关的管道或设备上按大致安装位置引出的管线上,用图形符号、字母符号、数字编号表示,用细实线绘制在安装位置上。检测、控制等仪表在图上用细实线圆(直径约 10mm)表示,一般仪表的信号线、指引线均以细实线绘制,指引线与管道(或设备)线垂直,必要时可转折一次。

1) 调节与控制系统的图示

在工艺流程图上的调节与控制系统,一般由检测仪表、调节阀、执行机构和信号线四部分构成。常见的执行机构有气动执行、电动执行、活塞执行和电磁执行四种方式,如图 2-15 所示。

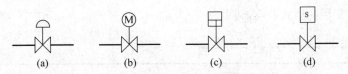

图 2-15 执行机构的图示

（a）气动执行；（b）电动执行；（c）活塞执行；（d）电磁执行

控制系统常见的连接信号线有三种，连接方式如图 2-16 所示。

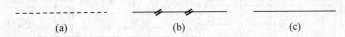

图 2-16 控制系统常见的连接信号线的图示

（a）过程连接或机械连接；（b）气动信号连接；（c）电动信号连接

2）分析取样点

分析取样点在选定的位置（设备管口或管道）标注和编号，其取样阀组、取样冷却器也要绘制和标注或加文字注明。如图 2-17 所示，为直径约 10mm 的细实线圆，A 表示人工取样点，1301 为取样点编号（13 为主项编号，01 为取样点序号）。

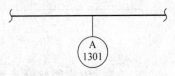

图 2-17 分析取样点画法

10. 图例和索引

在工艺流程图上，图例是必不可少的。流程图简单时，一般绘制于第一张图纸的右上方，若流程较为复杂，图样分成数张绘制时，代、符号的图例说明及需要编制的设备位号的索引等往往单独绘制，作为工艺流程图的第一张图纸称首页图。

图例通常包括管段标注、物料代号、控制点标注等，使阅图者不用查阅手册通过图例即可看懂图中的各种文字、字母、数字符号，即使是那些有规定的图例，凡图中出现的符号，均要一一列出。图例的具体内容包括下列四点。

（1）图形标志和物料代号。将图上出现的阀门、管道附件、所有物料代号等一一加以说明。

（2）管道标注说明。取任一管段为例，画出图例并对管段上标注的文字、数字一一加以说明。

（3）控制点符号标注。将图上出现的控制点标注方式举例说明。

（4）控制参数和功能代号。将图上出现的所有代号表达的参数含义或功能含义一一加以说明。

11. 附注

设计中一些特殊要求和有关事宜在图上不宜表示或表示不清楚时，可在图上加附注，采用文字、表格、简图的方式加以说明。例如：对高点放空、低点排放设计要求的说明；泵入口直管段长度要求；限流孔板的有关说明等。一般附注加在标题栏附近。

12. 标题栏、修改栏

标题栏也称图签，标题栏位于图纸的右下角，其格式和内容如图 2-18 所示，在标题栏中要填写设计项目、设计阶段、图号等，便于图纸统一管理，在修改栏中填写修改内容。每个设计院的图纸中标题栏的格式略有不同。

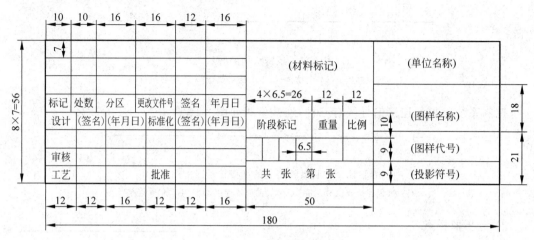

图 2-18 标题栏图例

2.3.7.3 流程图绘制步骤

以前化工设计是完全靠手工在图纸上一笔一笔地完成大量的工程图纸的绘制,随着计算机技术的高速发展,现代设计是借助计算机辅助完成,下面介绍使用 AutoCAD 计算机辅助设计软件完成工艺流程图的设计步骤。

(1) 建立图层,并对图层、线形进行设置。为了使图纸清晰、有层次感,同时为以后修改、编辑、打印方便,必须建立图层,在不同的层,完成不同的内容。需要建立的图层有图框层、设备层、主物料层、辅助物料层、阀门层、仪表层、文字层、虚线层、中心线层等。不同的层要设置不同的颜色。图层设置的原则是在够用的基础上越少越好。

线形设置,除虚线层、中心线层等特殊线形外,一般选连续线,线宽按表 2-7 规定设置,主物料管道设置 0.6～0.9mm,辅助物料管道设置 0.3～0.5mm,其他 0.15～0.25mm,线宽也可选默认,但在打印时要进行线宽设置。线形、线宽、颜色要随层而定。

(2) 在图框层,绘制图框及标题栏,注意内框线宽为 0.6～0.9mm。实际工程图一般按 A2 图纸加长绘制,学生练习可采用 A3 图纸图框,若图纸太长,不方便阅读,可按一个车间或一个工序单独绘制。

(3) 图框内部偏下部分,用细实线画出厂房的地平线,作为设备高度位置的参考。

(4) 在设备层,按照流程顺序从左至右用细实线按大致的位置和近似的外形比例尺寸,绘出流程中各个设备的简化图形(示意图),各简化图形之间应保留适当距离,以便绘制各种管线及标注。

(5) 在主物料层,用粗实线画出主要物料的流程线,在流程上画上流向箭头,并在流程线的起始和终了处注明物料来源和去向等。

(6) 辅助物料层,用稍粗于细实线的实线画出其他物料的流程线,并标注流向箭头。

(7) 在阀门层,绘制阀门及管件。

(8) 在文字层,在流程图的下方或上方,列出各设备的位号及名称,注意要排列整齐;在设备附近或内部也要注明设备位号。

（9）在仪表层,标注仪表控制点,自动化控制。

（10）在文字层,完成每条管道的管道标注与附加说明。

2.4　化工典型设备的自控流程

仪表和计算机自动控制系统在化工过程中发挥着重要作用,可以强化化工流程的自动化控制,是化工生产过程的发展趋势和方向。

化工流程自动化控制的优点：提高关键工艺参数的操作精度,从而提高产品产量和质量；保证化工流程安全、稳定地运行；对间歇过程,还可减少批间差异,保证产品质量的稳定性和重复性；降低工人的劳动强度,减少人为因素对化工生产过程的影响。

下面是典型设备控制方案,供学习参考。

2.4.1　泵的控制方案

1. 离心泵

离心泵流程设计一般包括：

（1）泵的入口和出口均需设置切断阀；

（2）为了防止离心泵未启动时物料的倒流,在其出口处应安装止回阀；

（3）在泵的出口处应安装压力表,以便观察其工作压力；

（4）泵出口管线的管径一般与泵的管口一致或放大一挡,以减少阻力；

（5）泵体与泵的切断阀前后的管线都应设置放净阀,并将排出物送往合适的排放系统。

一般离心泵工作时,要对其出口流量进行控制,可以采用直接节流法、旁路调节法和改变泵的转速法。

（1）直接节流法是在泵的出口管线上设置调节阀,利用阀的开度变化而调节流量,如图 2-19 所示。这种方法因简单易行而得到普遍的采用,但它不适宜于介质正常流量低于泵的额定流量的 30% 以下的场合。

（2）旁路调节法是在泵的进出口旁路管道上设置调节阀,使一部分液体从出口返回到进口管线以调节出口流量,如图 2-20 所示。这种方法会使泵的总效率降低,它的优点是调节阀直径较小,可用于介质流量偏低的场合。

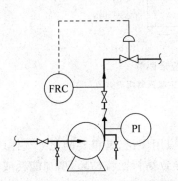

图 2-19　离心泵出口直接节流控制

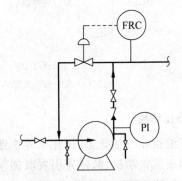

图 2-20　离心泵的旁路控制

（3）当泵的驱动机选用汽轮机或可调速电机时就可以采用调节汽轮机或电机的转速以调节泵的转速，从而达到调节流量的目的。这种方法的优点是节约能量，但驱动机及其调速设施的投资较高，一般只适用于较大功率的机泵。

当离心泵设有分支路时，即一台离心泵要分送几路并联管路时，可采用图 2-21 所示的调节方法。

2. 容积式泵（往复泵、齿轮泵、螺杆泵和旋涡泵）

当流量减少时容积式泵的压力急剧上升，因此不能在容积式泵的出口管道上直接安装节流装置来调节流量，通常采用旁路调节或改变转速，改变冲程大小来调节的流程。图 2-22 是旋涡泵的流量调节流程，此流程也适用于其他容积式泵。

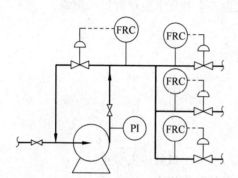

图 2-21　设有分支路的离心泵调节方法

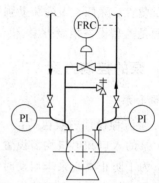

图 2-22　容积式泵的旁路调节

3. 真空泵

真空泵可采用吸入支管调节和吸入管阻力调节的方案，如图 2-23 所示。蒸汽喷射泵的真空度可以用调节蒸汽的方法来调节，如图 2-24 所示。

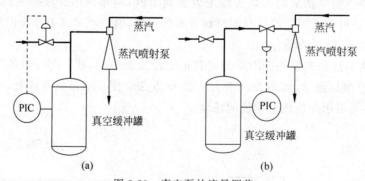

图 2-23　真空泵的流量调节
（a）真空吸入支管调节；（b）真空吸入管阻力调节

4. 离心压缩机

离心压缩机在石油化工、煤化工等工业生产中应用广泛，是重要的化工气体压缩运输设备。如果因压缩机喘振、超速等引发联锁停机，会导致物料回流循环、增加能耗或放火炬，造成重大经济损失和环境污染危害，因此，保护压缩机高效运转和安全稳定运行意义重大。离心压缩机的自控流程一般包括：

（1）压缩机的进、出口管道上均应设置切断阀，但自大气抽吸空气的往复式空气压缩机的吸入管道上可不设切断阀。

（2）压缩机出口管道上应设置止回阀。离心式氢气压缩机的出口管道，如压力等级大于或等于4MPa，可设置串联的双止回阀。

（3）氢气压缩机进、出口管道上应设置双切断阀。多级往复式氢气压缩机各级间进、出口管道上均应设置双切断阀。在两个切断阀之间的管段上应设置带有切断阀的排向火炬系统的放空管道。

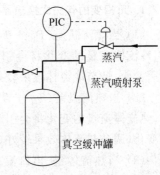

图 2-24 蒸汽喷射泵的流量调节

（4）压缩机吸入气体中，如经常夹带机械杂质，应在进口管嘴与切断阀之间设置过滤器。

（5）往复式压缩机各级吸入端均应设置气液分离罐，当凝液为可燃或有害物质时，凝液应排入相应的密闭系统。

（6）离心式压缩机应设置反飞动放空管线。空气压缩机的反飞动线可接至安全处排入大气，有毒、有腐蚀性、可燃气体压缩机的反飞动线应接至工艺流程中设置的冷却器或专门设置的循环冷却器，将压缩气体冷却后返回压缩机入口切断阀上游的管道中。

（7）可燃、易爆或有毒介质的压缩机应设置带三阀组盲板的惰性气体置换管道，三阀组应尽量靠近管道成8字形的连接点处，置换气应排入火炬系统或其他相应系统。

为了使离心式压缩机正常稳定操作，防止端振现象的产生，单级叶轮压缩机的流量一般不能小于其额定流量的50%，多级叶轮（例如7～8级）的高压压缩机的流量不能小于其额定流量的75%～80%。常用的流量调节方法有进口流量调节旁路法、改变进口导向叶片的角度和改变压缩机的转速等。改变转速法是一种最为节能的方法，应用比较广泛。由于调节转速有一定的限度，所以需要设置放空设施。

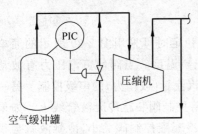

图 2-25 压缩机进口压力调节原理图

压缩机的进口压力调节一般可采用在压缩机进口前设置一缓冲罐，从出口端引出一部分介质返回缓冲罐以调节缓冲罐的压力，如图 2-25 所示。

2.4.2 换热器的控制方案

管壳式换热设备管壳程流体的选择，应能满足提高总传热系数、合理利用压降、便于维护检修等要求。为了提高换热效率，应尽量采用逆流换热流程。一般情况下，高压流体，有腐蚀性、有毒性、易结焦、易结垢、含固体物、黏度较小的流体以及普通冷却水等应走管程，要求压降较小的流体一般可走壳程；进入并联的换热设备的流体应采用对称形式的流程，换热器冷、热流体进、出口管道上及冷却器、冷凝器热流体进、出口管道上均不宜设置切断阀，但需要调节温度或不停工检修的换热设备可设置旁路和旁路切断阀。两种流体的膜传热系数相差很大时，膜传热系数较小者可走壳程，以便选用螺纹管、翅片管或折流管等冷换设备。按传热的两侧有无相变化的不同情况，管壳式换热器控制方案介绍如下。

1. 无相变的管壳式换热器流程情况

（1）当热流温差（$T_1 - T_2$）小于冷流温差（$t_2 - t_1$）时，冷流体流量的变化将会引起热流体出口温度 T_2 的显著变化，调节冷流体效果较好，如图 2-26 所示。

（2）当热流温差（$T_1 - T_2$）大于冷流温差（$t_2 - t_1$）时，热流体流量的变化将会引起冷流体出口温度 t_2 的显著变化，调节热流体效果较好，如图 2-27 所示。

（3）当热流体进、出口温差大于 150℃时，不宜采用三通调节阀，可采用两个两通调节阀，一个气开，一个气关，如图 2-28 所示。

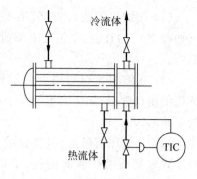

图 2-26　调节无相变的管壳式换热器冷流体的方案

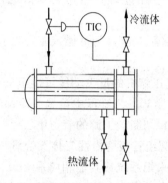

图 2-27　调节无相变的管壳式换热器热流体的方案

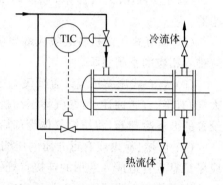

图 2-28　两个调节阀的调节方案

2. 一侧有相变的管壳式换热器

（1）蒸汽冷凝供热的加热器。当蒸汽压力本身比较稳定时可采用图 2-29 所示的简单控制方案。通过改变加热蒸汽量来稳定被加热介质的出口温度。当阀前蒸汽压力有波动时，可对蒸汽总管加设压力定值控制，或者采用温度与蒸汽流量（或压力）的串级控制。另一种方式是控制换热器的有效换热面积。如图 2-30 所示，将控制阀装在冷凝液管线上。如果被加热物料出口温度高于给定值，说明传热量过大，可将冷凝液控制阀关小，冷凝液就会积聚起来，减少了有效的蒸汽冷凝面积，使传热量减小，工艺介质出口温度就会降低。反之，如果被加热物料出口温度低于给定值，可开大冷凝液控制阀，增大有效传热面积，使传热量相应增加。

（2）再沸器常用的控制方式是将调节阀装在热介质管道上，根据被加热介质的温度调节热介质的流量，如图 2-31 所示，当热介质的流量不允许改变时（如工艺流体），可在冷介质管道上设置三通调节阀以保持其流量不变，如图 2-32 所示。

3. 两侧有相变的管壳式换热器

两侧有相变的换热器有用蒸汽加热的再沸器及蒸发器等，与一侧有相变的换热器相类似，其控制方法是改变蒸汽冷凝温度，即改变其传热温差（调节阀装在蒸汽管道上）的方法；或是改变换热器的传热面积的方法（调节阀装在冷凝水管道上），其取温点设在精馏塔下部或其他相应位置上。

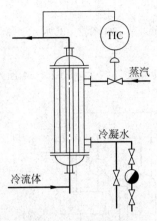

图 2-29 调节传热温差

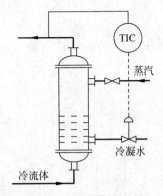

图 2-30 改变传热面积

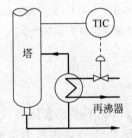

图 2-31 调节阀装在热介质管上

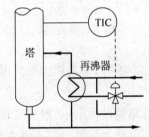

图 2-32 三通阀装在冷介质管上

2.4.3 精馏塔的控制方案

精馏塔是用来实现分离混合物的传质过程设备,在化工、炼油厂中出现较多。精馏塔的自控流程设计中应注意以下问题:

(1) 当塔顶产品量少,回流罐内液位需要较长时间才能上升时,为缩短开工时间,宜在开工前预先装入部分塔顶物料,为此需考虑设置相应的装料管道。

(2) 塔顶应设置供开停车、吹扫放空用的排气阀,阀门宜直接连接在塔顶开口处。

(3) 塔底应设置供开停车的排液阀,阀门宜直接连接在塔底开口处。

(4) 设有多个进料口的塔,其每条进料管道上均应设置切断阀。

(5) 对于同一产品有多个抽出口的塔,每条抽出管道上均应设置切断阀。

(6) 根据工艺过程要求向塔顶馏出线注入其他介质(如氨、缓蚀剂等)时,其接管上应设置止回阀和切断阀。

精馏塔的自动控制比较复杂,控制变量多、控制方案多,这里仅介绍压力、温度、进料流量及液位的几种控制方法。

1. 塔顶压力控制

精馏塔塔顶压力稳定是平稳操作的重要因素。塔顶压力的变化必将引起塔内气相流量和塔板上气液平衡条件的变化,结果会使操作条件改变,最终将影响到产品的质量。因此,一般精馏塔都要设置控制系统,以维持塔顶压力的恒定。

塔顶气体不冷凝时,塔顶压力用塔顶线上调节阀调节,如图 2-33 所示。例如气体吸收塔。

塔顶气体部分冷凝时,压力调节阀装在回流罐出口不凝气线上,如图 2-34 所示。

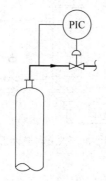

图 2-33　塔顶压力调节(调节阀
装在塔顶线上)

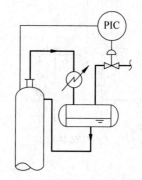

图 2-34　塔顶压力调节(调节阀装在
回流罐出口不凝气线上)

塔顶全部冷凝时,塔顶压力调节可采用以下方法。

1) 常压塔

在常压塔精馏过程中,一般对塔顶压力的要求都不高,因此不必设置压力控制系统,可在冷凝器或回流罐上设置一段连通大气的管道来平衡压力,以保持塔内压力接近于环境压力。只有在对压力稳定的要求非常高的情况下才采用一定的控制。

2) 减压塔

减压塔真空度的获得一般都依靠蒸汽喷射泵或电动真空泵,因此减压塔真空度的控制涉及真空泵的控制。其控制方法有:

(1) 改变不凝性气体的抽吸量。如图 2-35 所示,如果真空抽吸装置为蒸汽喷射泵,那么在真空度控制的同时,应在蒸汽管路上设置蒸汽压力控制系统。如图 2-36 所示,由于真空度与蒸汽压力之间有着严重的非线性,不宜用蒸汽压力或流量来直接控制真空度。如果真空抽吸装置采用的是电动真空泵,通常把调节阀安装在真空泵返回吸入口的旁路管线上,如图 2-37 所示。

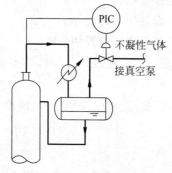

图 2-35　改变不凝性气体的抽吸量控制塔压

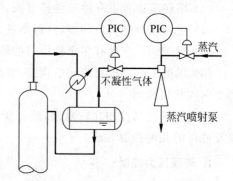

图 2-36　用蒸汽喷射泵真空控制塔压

（2）改变旁路吸入空气或惰性气体量。在回流罐至真空泵的吸入管上连接一根通大气或某种惰性气体的旁路,并在该旁路上安装一调节阀,通过改变经旁路管吸入的空气量或惰性气体量,即可控制塔的真空度,如图 2-38 所示。

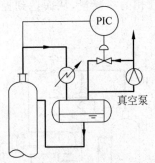
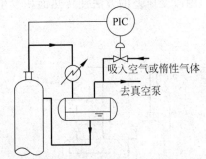

图 2-37　用电动真空泵控制真空的塔压控制　　　图 2-38　改变旁路吸入空气或惰性气体用量控制塔压

3）加压塔

加压塔操作过程中,压力控制非常重要,它不仅会影响到产品质量还关系到设备和生产的安全。加压塔控制方案的确定,不仅与塔顶馏出物的状态是气相还是液相密切相关,而且还和塔顶馏出物中不凝性气体量的多少有关。下面仅讨论塔顶馏出物的状态是液相,即塔顶全凝、液相采出的情况。

（1）在馏出物中不含或仅含微量不凝性气体。

当冷凝器位于回流罐上方时,可以采用以下各种方案来控制塔压。

① 用冷凝器的冷剂流量来控制塔压,如图 2-39 所示。该方案的优点是所用的调节阀口径较小,节约投资,且可节约冷却水;缺点是冷凝速率与冷却水流量之间为非线性关系。在冷却水流量波动较大时,可设置塔压与冷却水流量串级控制,以克服冷却水流量波动对塔压的影响。

② 直接调节顶部气相流量来控制塔压,如图 2-40 所示。该方案的优点是压力调节快捷、灵敏,可调范围也大;缺点是所需调节阀的口径较大,而且在气相介质有腐蚀性时需用价格昂贵的耐腐蚀性材质的调节阀。

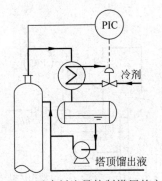
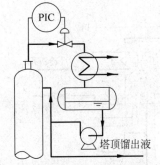

图 2-39　用冷剂流量控制塔压的方案　　　　图 2-40　用塔顶气相流量控制塔压的方案

③ 用冷凝器排液量与热旁路相结合的方法控制塔压,如图 2-41 所示。这时压力调节器的输出控制两只调节阀而构成分程控制,优点是可以扩大调节阀的可调范围;缺点是需

采用两个调节阀,增加了投资。

④ 当冷凝器位于回流罐下方时,可采用浸没式冷凝器塔压控制方案,如图 2-42 所示。这时调节阀安装在通回流罐的气相管路上。这种控制方法,一般进入冷凝器的冷剂量大,保持过冷,用改变压差的方法使传热面积发生变化,以改变气相的冷凝量,从而达到控制塔压的目的。

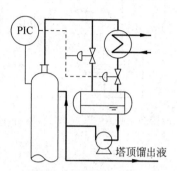

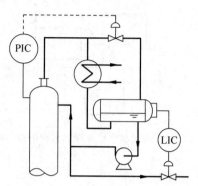

图 2-41　冷凝器排出液与热旁路相结合的塔压控制方案　　　图 2-42　浸没式冷凝器塔压控制方案

（2）馏出物中含有少量不凝性气体。

当塔顶气相中不凝性气体的含量小于塔顶气相总量的 2％时,或者在塔的操作中预计只在部分时间里产生不凝性气体时,就不能采用将不凝性气体放空的方法控制塔压。因为这样做损失太大,会有大量未被冷凝下来的产品被排放掉。此时可采用如图 2-43 所示的分程控制方案对塔压进行控制。首先用冷却水调节阀控制塔压,如冷却水阀全开塔压还降不下来,再打开放空阀,以维持塔压的恒定。

（3）馏出物中含有较多不凝性气体。

当塔顶馏出物中含有不凝性气体比较多时,塔压可以通过改变回流罐的气相排放量来实现,如图 2-44 所示。该方案适用于进料流量、组分、塔釜加热蒸汽压力波动不大,且塔顶蒸汽流经冷凝器的阻力变化也不大的条件。因为只有这样,回流罐上的压力才可以代替塔顶的压力。如果冷凝器阻力变化值可能接近或超过塔压波动的最大值,此时回流罐上的压力就不能代表塔顶压力。

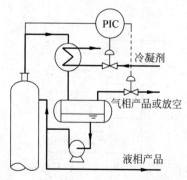

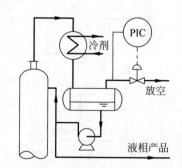

图 2-43　分程控制法控制塔压的方案　　　　图 2-44　用回流罐气相排放量控制塔压的方案

2. 精馏塔的温度控制

1）分馏塔塔顶温度控制

一般是用调节塔上段取出的热量进行控制，最常用的方法是调节塔顶冷凝液的回流量（图 2-45）或塔顶循环回流的流量。当塔顶产品纯度要求较高或接近纯组分时，回流量变化对塔顶温度影响较小，一般不直接控制塔顶温度，而使回流量维持不变或采用塔上部温差控制。

2）再沸器温度控制

再沸器的温度调节阀一般装在热载体的管道上。对于液体热载体，调节阀一般装在出口管道上。当蒸汽作热载体时，调节阀一般装在进口蒸汽管上。但当被加热物料温度较低且选用的加热面积比需要的大得多时，如果调节阀装在进口蒸汽管上，蒸汽凝结温度可能接近被加热物料的温度，在该温度下蒸汽凝结水的平衡压力可能低于凝结水管网的压力，以致凝结水排出量不稳定，因而温度调节效果较差。在这种情况下，可将调节阀装在出口凝结水管线上，如图 2-46 所示，通过改变再沸器内凝结水液位而改变加热面积的方法以控制加入热量，从而调节再沸器的温度。

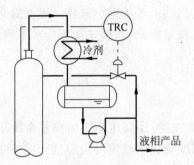

图 2-45　塔顶温度调节

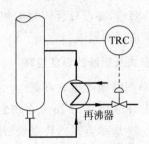

图 2-46　再沸器温度调节

3. 精馏塔流量的控制

精馏塔操作中的流量参数，即塔的进料流量、回流量等均与塔的稳定操作直接相关，控制方法如图 2-47 和图 2-48 所示。

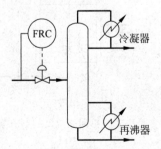

图 2-47　塔进料流量的控制方案

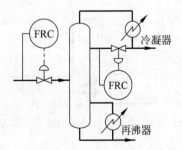

图 2-48　冷凝器的回流量控制

4. 精馏塔的液位控制

在精馏塔的设计中，塔釜、回流罐、塔侧出口、进料贮槽、成品贮槽等的液位必须设置相应的检测和控制系统。其中塔釜、回流罐的液位控制更加重要,如图 2-49 和图 2-50 所示。

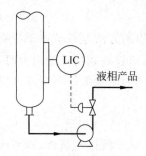

图 2-49 塔釜液位定值控制

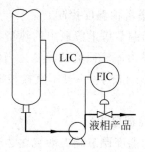

图 2-50 塔釜液位均匀控制

2.4.4 釜式反应器的控制方案

化学反应是化工生产中一个比较复杂的单元,反应物料、反应条件、反应速度及反应过程的热效应等不同,因此,各工艺过程的反应器不同,反应器的控制方案也不相同。但是,通过对各类反应器控制方案的分析归纳,可以找到它们的一些共同的规律。根据对化学反应器控制的要求,在设计反应器的控制方案时应满足质量指标、物料平衡和能量平衡等要求,以及约束条件的要求。

1. 釜式反应器的温度控制

1) 单回路温度控制方案

图 2-51 及图 2-52 所示为两个单回路温度控制方案,反应所产生的热量由冷却介质带走。图 2-51 所示方案的特点是通过冷却介质的温度变化来稳定反应温度。冷却介质采用强制循环式,流量大,传热效果好。但釜温与冷却介质温差比较小,能耗大。图 2-52 所示方案的特点是通过控制冷却介质的流量变化,稳定反应温度。冷却介质流量相对较小,釜温与冷却介质温差比较大,当内部温度不均匀时,易造成局部过热或局部过冷。

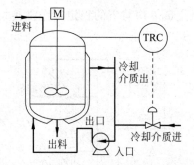

图 2-51 冷剂强制循环的单回路温度控制方案

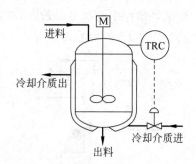

图 2-52 单回路温度控制方案

2) 串级温度控制方案

图 2-53 和图 2-54 所示是两种串级温度控制方案。图 2-53 为反应温度与载热体流量串级,副参数选择的是载热体的流量,它对克服载热体流量和压力的干扰较及时有效,但对载热体温度变化的干扰却得不到反映。图 2-54 方案副参数选为夹套温度,它能综合反映载热

体方面来的干扰,而且对来自反应器内的干扰也有一定的反映。

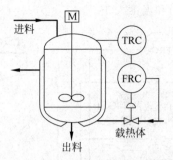 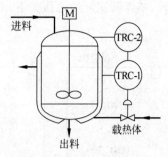

图 2-53　反应温度与载热体流量串级温度控制方案　　　图 2-54　反应温度与夹套温度串级温度控制方案

2. 反应器进料流量的控制

反应器进料流量稳定不仅能保持物料平衡,还能保持反应所需的停留时间,避免由于流量变化而使反应物带入的热量和放出的热量发生变化,从而影响到反应温度的变化。因此,对进料流量进行控制是十分必要的。

3. 多种物料流量恒定控制方案

当反应器为多种原料各自进入时,可采用如图 2-55 所示的控制方案。图中对每一物料都设置一个单回路控制系统,以保证各进入量的稳定,同时也保证了各反应物之间的静态关系。当参加反应的物料均为气相,且反应器压力变化不大时,一般也保证了反应时间。如果反应物有液相参与时,为保证反应时间,可增加反应器的液位控制。

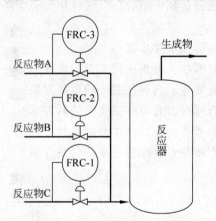

图 2-55　多种物料流量恒定控制方案

4. 多种物料流量比值控制方案

图 2-56 为物料比值控制方案。其中图 2-56(a)为两种物料流量比值控制方案,图 2-56(b)为多种物料流量比值控制方案。在这两种方案中反应物 A 为主物料,反应物 B、C 为从物料(亦称副物料),图中 KK、KK-1、KK-2 均为比值系数,根据具体的比值要求通过计算而设置。

一般选择比较贵重的反应物或是对反应起主导作用的反应物作为主物料,除主物料之外的其他反应物则为从物料。从物料一般都允许适当过量,以便主物料得到充分的利用。

图 2-56 所示比值控制方案是以各反应物的成分、压力、温度不变为前提的。如果这些量变化较大时，要保证实际的比值关系，必须引入成分、压力和温度校正。

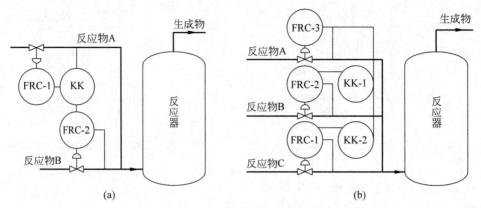

图 2-56　反应器流量比值控制方案

（a）两种物料流量比值控制方案；（b）多种物料流量比值控制方案

本章思考题

答案

1. 选择工艺路线时应考虑的主要因素有哪些？
2. 工艺流程设计的主要内容包括哪些？
3. 为使设计出的工艺流程达到优质、高产、低耗和安全生产的要求，应注意解决好哪几个方面的问题？
4. 工艺流程设计应包括哪些主要步骤？
5. 工艺流程图的种类有哪些？分别在化工工艺设计的哪一阶段出现？
6. 离心泵的控制参数有哪些？有哪些主要的控制方案？
7. 换热器的控制参数有哪些？有哪些主要的控制方案？
8. 精馏塔的控制参数有哪些？有哪些主要的控制方案？
9. 反应器的控制参数有哪些？有哪些主要的控制方案？

3

物料衡算与热量衡算

本章主要内容：
- 设计计算前的准备工作。
- 物料衡算。
- 热量衡算。

物料衡算和热量衡算是工艺设计计算中最基本、最重要的内容之一。化工过程的物料衡算和热量衡算是利用物理与化学的基本定律，对化工过程单元系统的物料与能量平衡进行定量计算。

物料衡算指根据各种物料之间的定量转化关系对进出整个生产装置、生产工序或单台设备的各股物料的数量及组成进行平衡计算。它是在工艺流程确定后最先进行的工艺计算。

热量衡算是指根据能量守恒定律，利用能量传递和转化的规则，确定能量比例和能量转变的定量关系计算。能量是热能、电能、化学能、动能、辐射能的总称。化工生产中最常用的能量形式为热能，故化工设计中经常把能量衡算称为热量衡算。

通过对全过程或单元过程的物料衡算和热量衡算，可以确定工厂生产装置设备的设计规模和能力；计算主、副产品的生成量，废物的排出量，原材料消耗定额，生产过程的物料损耗以及"三废"的排放量，蒸汽、水、电、燃料等公用工程消耗；确定各物流的流量、组成和状态；确定每一个设备内物质转换与能量传递速度。从而为确定操作方式、设备选型以及设备尺寸，管路设施与公用工程的设计提供依据。同时也是过程评价、节能分析、过程最优化的重要基础。

3.1　设计计算前的准备工作

在对化工生产过程及设备进行准确的物料衡算和热量衡算时，还需要收集其工艺性和工程性的资料。

3.1.1　工艺性资料的收集

需收集的工艺性资料如下。

(1) 物料衡算提纲。包括：生产步骤和化学反应(包括主、副反应)；各步骤所需的原料，中间体的规格和物理化学性质；成品的规格和物理化学性质；每批加料量或单位时间进料量；各生产步骤的产率等。

（2）工艺流程图及说明。

（3）热量计算参数和设备计算数据（ΔH、C_p、K、λ、α 等）。

（4）流体输送过程参数（黏度 μ、密度 ρ、摩擦系数等）。

（5）传质过程系数，相平衡数据。

（6）冷冻过程的热力学参数。

（7）具体的工艺操作条件（温度 T、压力 P、流量 G）。

（8）介质物性和材质性能，材质数据，腐蚀数据。

（9）车间平立面布置的参考资料。

（10）管道设计资料（管道配置、管道材质、架设方式、管件、阀件等）。

（11）环境保护、安全保护等规范和资料。

3.1.2　工程性资料的收集

需收集的工程性资料如下：

（1）气象、地质资料。

（2）公用工程的消耗量，辅助设施能力。

（3）总图运输、原料输送方式、储存方式。

（4）上、下水资料。

（5）配电工程资料。

（6）仪表自控资料等。

3.1.3　资料的来源

资料的来源包括：

（1）科研单位（研究报告）。

（2）设计单位（设计图纸、设计说明书）。

（3）基建单位（厂址方案、基建工程资料和安装工程资料）。

（4）生产单位（现场操作数据和实际的经济技术指标：车间原始资料、各种生产报表；工艺操作规程；设备岗位操作法；设备维护检修规程及设备维修记录卡；劳动保护及安全技术规程；车间化验室的分析研究资料；车间实测数据；工厂科室掌握的技改资料；供销科的产品目录和样本；财务科的产品原料单耗及成本分析资料；全厂职工劳动福利的生活资料等）。

（5）可行性研究报告、各国文摘和专利、各类工艺书籍、各类调查报告、各种化工过程与设备计算书籍等。

3.1.4　常用的化工数据手册和网络数据库

常用的数据手册有《化学技术百科全书》（*Encyclopedia of Chemical Technology*）、《科学与技术》（*Science and Technology*）、《CRC 化学与物理手册》（*CRC Handbook of Chemistry and Physics*）、《化学文摘》（*Chemical Abstracts*（*CA*））、《化学工程师手册》（《佩里手册》）、《美国石油协会手册》、《化学化工数据手册》、《化工工艺设计手册》、《材料与零部

件手册》等。

常用的数据网站有美国化学工程师协会（AIChE）网站、美国化学学会（American Chemical Society）网站、美国国家标准与技术研究院（NIST）的 Chemistry WebBook、化学工程师资源等。

3.2　物　料　衡　算

3.2.1　物料衡算的目的

通过物料衡算可以达到以下目的。

（1）确定原材料消耗定额，判断是否达到设计要求。

（2）确定各设备的输入及输出的物流量、以摩尔分数或其他形式表示的物料成分，并列表，在此基础上进行设备的选型及设计，并确定三废排放位置、数量及组成，以方便进一步提出三废治理的方法。

（3）作为热量计算的依据。

（4）根据计算结果绘出物流图，可进行管路设计及材质选择、仪表及自控设计等。

3.2.2　物料衡算的依据

（1）设计任务书中确定的技术方案、产品生产能力、年工作时及操作方法。

（2）建设单位或研究单位所提供的要求、设计参数及实验室试验或中试等数据，主要有：①化工单元过程的主要化学反应方程式、反应物配比、转化率、选择性、总收率、催化剂状态及加入配比量、催化剂是否回收使用，安全性能（爆炸上下限）等；②原料及产品的分离方式，各步的回收率，采用物料分离剂时，加入分离剂的配比；③特殊化学品的物理性质，如沸点、熔点、饱和蒸汽压、闪点等。

（3）工艺流程示意图。

3.2.3　物料衡算的基本方法

3.2.3.1　化工过程的类型

化工过程操作状态不同，其物料或热量衡算的方程亦有差别。根据化工过程的操作方式可分为间歇操作、连续操作、半连续操作三类。或者将其分为稳定状态操作过程（稳态过程或定态过程）和不稳定状态操作过程（非稳态过程或非定态过程）两类。在对某个化工过程做物料或热量衡算时，必须先了解生产过程的类别。

原料在生产操作开始时一次性加入，然后进行反应或其他操作，一直到操作完成后，物料一次性排出，即为间歇操作过程。此过程的特点是在整个操作时间内，再无物料进出设备，设备中各部分的组成、条件随时间不断变化。

在整个操作期间，原料不断稳定地输入生产设备，同时不断从设备排出同样数量（总量）的物料。设备的进料和出料是连续流动的，即为连续操作过程。在整个操作期间，设备内各部分组成与条件不随时间变化。

操作时物料一次输入或分批输入,而出料是连续的,或连续输入物料,而出料是一次或分批的即为半连续操作过程。

整个化工过程的操作条件(如温度、压力、物料量及组成等)不随时间变化,只是设备内不同点有差别的过程是稳定状态操作过程。操作条件随时间不断变化的过程是不稳定状态操作过程。

间歇过程及半连续过程是不稳定状态操作。连续过程在正常操作期间,操作条件比较稳定,此时属稳定状态操作;在开、停工期间或操作条件变化和出现故障时,则属不稳定状态操作。

3.2.3.2　物料衡算关系

物料平衡的理论依据是质量守恒定律,即在一个孤立体系中,无论物质发生怎样的变化,其总质量保持不变。依据衡算目标的不同,可将物料衡算分为总质量衡算、组分质量衡算和元素质量衡算三种。无论选定的衡算体系是否有化学反应发生,总质量衡算和元素质量衡算均符合质量守恒定律,即过程前后的总质量和元素量不发生变化,但对于组分质量衡算,若选定的衡算组分参与化学反应,其过程前后的质量是要发生变化的。

如 $2H_2 + CO \Longrightarrow CH_3OH$。虽然进出物料的总量相等,但其分子种类却不同,无法采用组分平衡式,只能用元素平衡进行计算。

对稳态过程中的无化学反应过程和有化学反应过程,物料衡算关系式的适用情况如表3-1所示。

表 3-1　物料平衡形式(稳态过程)

分　　类	物料平衡形式	无化学反应	有化学反应
总平衡式	总质量平衡式	是	是
	总物质的量平衡式	是	非
组分平衡式	组分质量平衡式	是	非
	组分物质的量平衡式	是	非
元素原子平衡式	元素原子质量平衡式	是	是
	元素原子物质的量平衡式	是	是

在选定的衡算体系和一定的衡算基准下,均存在下列基本衡算关系:

1. 总质量衡算

根据质量守恒定律,对于任意衡算体系,均有:

$$\sum 输入系统质量 = \sum 输出系统质量 + \sum 系统质量积累 + \sum 系统质量损失$$

$$(3-1)$$

式中:积累项可以是正值,也可以是负值。当系统中的积累项为零时,即为稳态过程。

稳态过程时,式(3-1)可以转化为

$$\sum 输入系统质量 = \sum 输出系统质量 + \sum 系统质量损失 \qquad (3-2)$$

对无化学反应的稳态过程,又可表示为

$$\sum 输入系统质量 = \sum 输出系统质量 \tag{3-3}$$

2. 组分质量衡算

在化学反应或非稳态操作情况下,衡算体系内每种组分的质量或物质的量将发生变化。对组分 i(质量或物质的量):

$$输入系统的量 \pm 化学反应量 = 输出系统的量 + 系统积累量 + 系统损失量 \tag{3-4}$$

式中:若对反应物进行组分衡算,则化学反应量应取"一";若进行的是生成物的物料衡算,则化学反应量应取"十"。

3. 元素质量衡算

在不发生裂变的情况下,衡算体系内的任一元素 j(质量或物质的量)均满足下列关系式:

$$输入系统的量 = 输出系统的量 + 系统积累量 + 系统损失量 \tag{3-5}$$

列物料平衡式时应特别注意以下事项:

(1)物料平衡是指质量平衡,而不是体积或物质的量平衡。若体系内有化学反应,则衡算式中各项以 mol/h 为单位时,必须考虑反应式中的化学计量系数,因为反应前后各元素原子数守恒。

(2)对于无化学反应体系,能列出独立物料平衡式的最多数目等于输入和输出的物流里的组分数。例如,当给定两种组分的输入、输出物料时,可以写出两种组分的物料平衡式和一个总质量平衡式,这三个平衡式中只有两个是独立的,而另一个是派生出来的。

(3)在写平衡方程式时,要尽量使方程式中所包含的未知数最少。

3.2.3.3 物料衡算基准

在物料衡算过程中,计算基准选择恰当,可以使计算简便,避免误差。

在一般的化工工艺计算中,根据过程特点,常选择的基准有时间基准、质量基准、体积基准和干湿基准。

1. 时间基准

对于连续生产,以 1s、1h、1d 等的一段时间间隔的投料量或生产的产品量为计算基准,这种基准可直接联系到生产规模和设备设计计算。如年产 10 万 t 甲醇装置,年操作时间为 8000h,则每小时的平均产量为 12.5t,即可以 12.5t/h 的甲醇生产速度为计算基准。对间歇生产,一般以一釜或一批料的生产周期,作为计算基准。如由两个反应釜并联操作的年产量为 10000t 的间歇本体法聚丙烯设备装置,一个反应釜的总操作时间 8h,年操作时间为 8000h,则每个反应釜每批的生产量为 $5000 \times 8 \div 8000 = 5t/批$。

对于连续性生产,设计依据为年产量,一般常取年生产操作时间为 7200h、8000h 或 330d。

2. 质量基准

当系统介质为液体或固体时,可取某一基准物流的质量为 100kg,然后计算其他物流的质量。基准物质可以是产品,可以是原料,也可以是任何一个中间物流。一般情况下,取某一已知变量最多(或未知变量最少)的物流作为基准最为合适。如果所用的原料或产品系单一化合物,或者由已知组成百分数和组分分子量的多组分组成,或者有化学反应的过程,那么用物质的量(mol)作基准更为方便。

3. 体积基准

对气体物料进行衡算时,一般选体积作为计算基准。这时应将实际操作条件下的体积换算为标准状况(STP)下的体积,即标准体积,用 m^3 表示。这样不仅排除了因温度、压力变化带来的影响,而且可直接换算为物质的量。在标准状况下,1mol 气体相当于 $22.4 \times 10^{-3} m^3$ 标准体积的气体。气体混合物中组分的体积分数同摩尔分数在数值上是相同的。

4. 干湿基准

生产中的物料,不论是气态、液态还是固态,均含有一定量的水分,因而在选用基准上就有算不算水分在内的问题。不计算水分在内的为干基,否则为湿基。如 100kg 湿物料,其中含水 10kg,以湿基计含水率为 10%,若以干基含水率为 $10 \div (100-10) \times 100\% = 11.11\%$。又如,甲烷蒸气催化转化制取氢气,转化炉的进料量以干基计为 $7 \times 10^3 m^3/h$,而以湿基计则可达到 $3 \times 10^4 m^3/h$。通常的化工产品,如化肥、农药均是指湿基。例如:年产尿素 480kt、年产甲醛 5kt 等均为湿基;而年产硝酸 50kt,则指的是干基。

选定计算基准,通常可以从年产量出发,由此算出原料年需要量和中间产品、"三废"的年产量。如果中间步骤较多或者年产量数值较大时,计算起来很不方便,从前往后计算比较简单,不过这样计算出来的产量往往与产品的生产量不一致。为了使计算简便,可以先按 100kg[或 100kmol、10m³(标准状况下)、其他方便的数量]进行计算。算出产量后,和实际产量相比较,求出相差的倍数,以此倍数作为系数,分别乘以原来假设的量,即可得实际需要的原料量、中间产物和"三废"生成量。

实际计算时,究竟选择哪一种基准,必须根据具体情况进行选择,不可一概而论。

3.2.3.4　物料平衡的一般分析

一个系统的物料平衡就是通过系统的进料和出料的平衡。流入和流出的物料可以是单组分,也可以是多组分;可以是均相,也可以是非均相。物料衡算的任务就是利用过程中已知的某些物流的流量和组成,通过建立物料及组分的平衡方程式,求解其余未知的物流量及组成。为此,在进行物料衡算时,根据质量守恒定律而建立各种物料的平衡式和约束式。

1. 平衡式和约束式

物料衡算时可建立的平衡式和约束式有:

(1) 物料平衡方程式。系统总物料平衡方程式,各组分的平衡方程式,元素原子的平衡方程式。

(2) 物流约束式。归一方程,即构成物流各组分的分率之和等于 1,可写为

$$\sum x_j = 1 \tag{3-6}$$

式中:x_j——j 组分的摩尔分率。

气液平衡方程式

$$y_j = K_j x_j \tag{3-7}$$

式中:y_j——j 组分在气相中的摩尔分率;

K_j——j 组分的平衡常数；

x_j——j 组分在液相中的摩尔分率。

除此之外，还有溶解度、恒沸组成等。

（3）设备约束式。两物流流量比、回流比（蒸馏过程）、相比（萃取过程）等。

以上方程式中，总物料平衡方程式只有一个，与进出物流的数量无关。而组分平衡方程式或元素平衡方程式则取决于组分数或元素数，有几个组分或元素，就可以列出几个组分或元素的平衡方程式。物流约束式中，每一股物流就有一个归一方程。设备约束式与过程和设备有关。不同设备，其约束式也不同。

2. 变量

对于过程的变量，如果系统中各物流含有相同的组分数 N_c，则每一物流的变量数等于该物流流量与组分数之和，即（N_c+1）。如果该系统有 N_s 股物流通过系统边界，有 N_p 个设备参数，那么系统的总变量数为

$$N_v = N_s(N_c+1) + N_p \tag{3-8}$$

式中：N_v——系统的总变量数；

N_c——物流中的组分数；

N_s——物流的股数；

N_p——设备的参数。

实际上，过程中各股物流的组分数不一定相同，所以变量数要根据具体情况加以计算。

在进行物料衡算之前，要求赋值的变量称为设计变量。如果系统的总变量数为 N_v，独立方程数为 N_e，则设计变量数为 N_d

$$N_d = N_v - N_e \tag{3-9}$$

在求解物料衡算方程时，应该使所给定的设计变量数恰好等于需要的个数，否则就会出现无解或矛盾解的情况。

3.2.3.5 原材料的消耗定额

原材料的消耗与两个因素有关。一个因素是化学反应的理论量，即按照化学反应方程式的化学计量关系计算所得的消耗量，称为理论消耗量。理论量只与化学反应有关，如 $2H_2 + CO \Longrightarrow CH_3OH$，每生产 1000kg 的甲醇，就要消耗氢气 125kg。另一个因素是在工业生产中，各种反应物的实际用量，极少等于化学反应方程式的理论量，在生产中的各个操作环节都会损失一定量的原料或半成品，如为了使反应能够顺利进行，并尽可能提高产物的量，往往将其中较为昂贵的或某些有毒物质（因不能排放）的原料消耗完，而使一些价廉或易回收的反应物过量。那么这些过量的反应物随产物一起排出后，要与产物分离，势必会带走一定量的产物，导致原材料的消耗增加。又如在某些反应中，由于现有的技术限制，在主反应发生时，伴随有副反应的发生，这样就又导致了原材料的消耗增加。

实际消耗量和理论消耗量的差别是允许的，因此，为评价和计算，在工业上常采用一些指标，以衡量生产情况。主要有以下几种：

1. 转化率

转化率是原料中某一反应物转化掉的量（mol）与初始反应物的量（mol）的百分比，它是

化学反应进行程度的一种标志。

工业生产中有单程转化率和总转化率，

$$单程转化率 = \frac{输入到反应器的反应物 - 从反应器输出的反应物}{输入到反应器的反应物} \times 100\% \qquad (3\text{-}10)$$

$$总转化率 = \frac{输入到过程的反应物 - 从过程输出的反应物}{输入到过程的反应物} \times 100\% \qquad (3\text{-}11)$$

可简写成

$$转化率 = \frac{反应物的反应量}{反应物的进料量} \times 100\% \qquad (3\text{-}12)$$

其数学表达式为

$$x_A = \frac{n_{A_0} - n_A}{n_{A_0}} \times 100\% \qquad (3\text{-}13)$$

式中：x_A——组分 A 的转化率，%；

　　　n_{A_0}——原料中某反应物的初始量，mol；

　　　n_A——反应后某反应物的量，mol。

注意：一个化学反应，由不同反应物可计算得到不同的转化率。因此，应用时必须指明某个反应物的转化率。若没有指明时，则往往是限制反应物的转化率。

2. 选择性

同一种原料可以转化为几种产物，即同时存在有主反应和副反应时，选择性表示实际转化为目标产物的量(mol)与被转化掉的原料的量(mol)的百分比。

$$选择性 = \frac{生成目标产物所消耗的反应物量}{原料的反应量} \times 100\% \qquad (3\text{-}14)$$

数学表达式为

$$\beta = \frac{(n_C - n_{C_0})/c}{(n_{A_0} - n_A)/a} \times 100\% \qquad (3\text{-}15)$$

式中：β——选择性，%；

　　　n_{C_0}——原料中目标产物 C 的量，mol；

　　　n_C——反应后目标产物 C 的量，mol；

　　　n_{A_0}——原料中反应物 A 的量，mol；

　　　n_A——反应后反应物 A 的量，mol；

　　　a, c——分别为原料和目标产物的计量系数。

3. 收率

收率表示原料转化为目标产物的量(mol)与进反应系统的初始量(mol)的百分比。

$$收率 = \frac{生成目标产物所消耗的反应物量}{反应物的进料量} \times 100\% \qquad (3\text{-}16)$$

数学表达式为

$$\phi = \frac{(n_C - n_{C_0})/c}{n_{A_0}/a} \times 100\% \qquad (3\text{-}17)$$

式中：ϕ——收率，%；其他符号同上。

4. 限制反应物

化学反应原料不按化学计量比配料时，其中以最小化学计量数存在的反应物称为限制反应物。

5. 过量反应物

不按化学计量比配料的原料中，某种反应物的量超过限制反应物完全反应所需的理论量，该反应物称为过量反应物。

过量百分数：过量反应物超过限制反应物所需理论量的部分占所需理论量的百分数。

$$过量程度 = \frac{N_e - N_t}{N_t} \times 100\% \tag{3-18}$$

式中：N_e——过量反应物的物质的量；

N_t——与限制反应物完全反应所需的物质的量。

3.2.3.6　物料衡算的基本步骤

进行物料衡算时，为了避免错误，便于检查核对，必须采取正确的计算步骤。一般按以下程序进行。

1. 确定衡算的对象、体系和范围，并画出计算对象的草图

确定衡算的对象、体系和范围，如一个单元设备、一套装置或一个系统，并画出计算对象的草图。对于整个生产流程，要画出物料流程示意图（或流程方框图）。绘制物料流程图时，要着重考虑物料的种类和走向，输入和输出要明确，对设备的外形、尺寸、比例等并不严格要求。

2. 列出化学反应方程式

列出各个过程的主、副化学反应方程式和物理变化的依据，明确反应和变化前后的物料组成及各个组分之间的定量关系。

需要说明的是，当副反应很多时，对那些次要的且所占比重也很小的副反应，可以略去。而对于那些产生有害物质或明显影响产品质量的副反应，其量虽小，却不能随便略去。这是进行分离、精制设备设计和"三废"治理设计的重要依据。

3. 确定计算任务

明确哪些是已知项，哪些是待求项，选择适当的数学公式，力求计算方法简便。

4. 确定组分并编号

确定过程所涉及的组分，并对所有组分依次编号。

5. 对流股编号

对流股进行编号，并标注物流变量。组分、性质不变的流股不编。

6. 收集数据资料

数据资料包括设计任务所规定的已知条件，以及与过程有关的物理化学参数。具体包括以下内容：

1）生产规模和生产时间

生产规模一般在设计任务书中已明确,如年产多少吨的某产品,进行物料计算时可直接按规定的数字计算。如果是中间车间,应根据消耗定额确定生产规模,同时考虑物料在车间的回流情况。

生产时间即年工作时数,应根据全厂检修、车间检修、生产过程和设备特性考虑每年有效的生产时数,一般生产过程无特殊现象(如易堵、易波动等),设备能正常运转(没有严重的腐蚀现象)或者已在流程上设有必要的备用设备(运转的泵、风机都设有备用设备)且全厂的公用工程系统又能保障供应的装置,年工作时数可采用 8000～8400h。

全厂(车间)检修时间较多的生产装置,年工作时数可采用 8000h。目前,大型化工生产装置一般都采用 8000h。

对于生产难以控制,易出不合格产品,或因堵、漏常常停产检修的生产装置,或者试验性车间,生产时数一般采用 7200h,甚至更少。

2）有关的消耗定额

有关的消耗定额是指生产每吨合格产品需要的原料、辅助原料及试剂等的消耗量。消耗定额低说明原料利用得充分,反之,消耗定额高势必增加产品成本,加重"三废"治理的负担,所以说消耗定额是反映生产技术水平的一项重要经济指标,同时也是进行物料衡算的基础数据之一。

3）原料、辅助材料、产品、中间产品的规格

进行物料衡算必须要有原材料及产品等的组成及其规格,这些数据主要通过向有关生产厂家咨询或查阅有关产品的质量标准获得。

4）与过程计算有关的物理化学参数

计算中用到很多物理化学参数,如临界参数、密度或比体积、状态方程参数、蒸汽压、气液平衡常数或平衡关系、黏度、扩散系数等,需要注意的是,在收集有关数据时,应注意其可靠性、准确性和适用范围。一些特殊物质的物理化学参数难以获得或查找不全时,可根据物理化学的基本定律进行计算。

7. 列出物料平衡方程式及约束式

列出过程的全部独立物料平衡方程式及其他相关约束式。对于有化学反应发生的,要明确反应前后的物料组成和各个组分之间的定量关系,必要时还应指出其转化率和选择性,为计算做准备。约束式有归一化方程、恒沸组成、相平衡数据、化学平衡方程、回流比、相比等。

8. 选择计算基准

根据问题的性质及采用的计算方法,选择合适的计算基准。过程的物料衡算及热量衡算应在同一基准上进行。在特殊情况下,计算过程中如需要改变基准时,必须予以说明。

9. 进行物料平衡计算

通过物料衡算,得到流股流量及组成,并可在此基础上进一步进行热量衡算及其他计算,如设备尺寸设计等。

10. 整理并校核计算结果

在工艺计算过程中,每一步都要认真计算并认真校核,以便及时发现差错,以免差错延

续,造成大量计算工作返工。当计算全部完成后,对计算结果进行认真整理,并列成表格即物料衡算表(表3-2)。表中的计量单位可采用 kg/h,也可以用 kmol/h 或 m³/h 等,要视具体情况而定。

物料衡算表可以直接检查计算是否准确,分析结果组成是否合理,并易于发现设计上(生产上)存在的问题,从而判断其合理性,提出改进方案。物料衡算表可使其他校、审人员一目了然,大大提高工作效率。

表 3-2　物料衡算表

组分	进料(输入)		出料(输出)	
	进料流量/(kg/h 或 kmol/h)	质量(或摩尔)分数/%	出料流量/(kg/h 或 kmol/h)	质量(或摩尔)分数/%
合计				

11. 绘制物料流程图(表)

根据各个工序的物料衡算结果绘制出完整的工艺物料流程图(表)。物料流程图(表)是物料衡算结果的一种简单而清楚的表示方法,它最大的优点是查阅方便,并能清楚地表示出物料在流程中的位置、变化结果和相互比例关系。物料流程图(表)一般作为设计成果编入正式设计文件。

3.2.4　无化学反应的物料衡算

在化工过程中,有些只有物理变化,不发生化学反应的单元操作,如混合、蒸馏、蒸发、干燥、吸收、结晶、萃取等。这些过程都可以根据物料衡算式,列出总物料和各组分的衡算式,再用代数法求解,其示意图如图 3-1 所示。

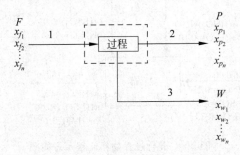

图 3-1　无化学反应的连续过程物料衡算示意图

F 表示进料,P、W 表示出料;$1,2,\cdots,n$ 表示组分;x 表示质量分数(或摩尔分数)

根据图 3-1,若每个流股有 n 个组分,则可以列出以下衡算式:

总物料衡算式
$$F = P + W$$

各组分的衡算式
$$F x_{f_1} = P x_{p_1} + W x_{w_1}$$

$$Fx_{f_2} = Px_{p_2} + Wx_{w_2}$$

$$\vdots$$

$$Fx_{f_n} = Px_{p_n} + Wx_{w_n}$$

可见,有 n 个组分的物料,可列出 n 个组分衡算式及一个总物料衡算式,共 $n+1$ 个衡算方程。但是,在同一个物料中,各组分的质量分数(或摩尔分数)之和等于 1。即

$$x_{f_1} + x_{f_2} + \cdots + x_{f_n} = 1 \quad 即 \quad \sum x_{f_i} = 1$$

$$x_{p_1} + x_{p_2} + \cdots + x_{p_n} = 1 \quad 即 \quad \sum x_{p_i} = 1$$

$$x_{w_1} + x_{w_2} + \cdots + x_{w_n} = 1 \quad 即 \quad \sum x_{w_i} = 1$$

所以 $n+1$ 个方程中,只有任意 n 个方程是独立的,由这 n 个独立方程用代数运算可以得到另一个方程。

因此,有 n 个组分的体系,最多只能求解 n 个未知量。

3.2.4.1　简单过程的物料衡算

简单过程是指仅有一个设备或把整个过程简化为一个设备单元的过程。设备的边界就是系统的边界。

【例 3-1】　一种废酸的组成:$w(HNO_3)$ 为 0.23,$w(H_2SO_4)$ 为 0.57,$w(H_2O)$ 为 0.20,加入质量分数为 0.93 的浓 H_2SO_4 和质量分数为 0.90 的浓 HNO_3,要求混合成含 $w(HNO_3)$ 为 0.27 和 $w(H_2SO_4)$ 为 0.60 的混合酸,计算所需废酸及加入浓酸的数量。

解:设 m_1——废酸质量,kg;

$\quad m_2$——浓 HNO_3 质量,kg;

$\quad m_3$——浓 H_2SO_4 质量,kg;

$\quad m_4$——混合酸质量,kg。

画物料流程简图,如图 3-2 所示。

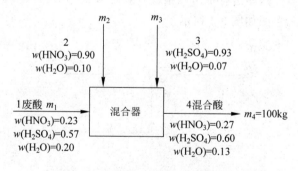

图 3-2　混合过程物料流程示意简图

选择基准:因为 4 种酸的组成均已知,选任何一种作基准都很方便。选 $m_4 = 100kg$ 混合酸为衡算基准。

列物料衡算式:该系统有 3 种组分,可列出 3 个独立方程,能求出 3 个未知量。

总物料衡算式:$m_1 + m_2 + m_3 = m_4 = 100kg$

HNO_3 的衡算式:$0.23m_1 + 0.90m_2 = 0.27m_4 = (100 \times 0.27)kg = 27kg$

H_2SO_4 的衡算式：$0.57m_1 + 0.93m_3 = 0.60m_3 = (100 \times 0.60)kg = 60kg$

联立方程求解，可得

$$m_1 = 41.8kg, \quad m_2 = 19.2kg, \quad m_3 = 39kg$$

即由 41.8kg 废酸、19.2kg 浓 HNO_3、39kg 浓 H_2SO_4 可以混合成 100kg 混合酸。

为核对以上结果，做系统 H_2O 平衡：

$$(41.8 \times 0.2 + 19.2 \times 0.1 + 39 \times 0.07)kg = 13kg$$

混合后的酸，$w(H_2O)$ 为 0.13，证明计算结果正确。

以上物料衡算式也可选总物料衡算式及 H_2SO_4 与 H_2O 两个组成衡算式，或 H_2SO_4、HNO_3 和 H_2O 三个组成衡算式进行计算，均可以求得上述结果。

列出物料衡算表：

组分	废酸(1)		浓 HNO_3(2)		浓 H_2SO_4(3)		混合酸(4)	
	质量/kg	w/%	质量/kg	w/%	质量/kg	w/%	质量/kg	w/%
H_2SO_4	23.83	0.57	—	—	36.28	0.93	60	0.60
HNO_3	9.61	0.23	17.28	0.90	—	—	27	0.27
H_2O	8.36	0.20	1.92	0.10	2.72	0.07	13	0.13
合计	41.8	1.00	19.2	1.00	39	1.00	100	1.00

3.2.4.2 多单元系统

在化工生产中，常常会遇到多单元系统，有些虽然由数个单元设备组成，但由于只考虑过程的输入和输出，所以属简单情况。但如果对系统中的每一个设备都要计算其流量及组成，这种系统称为多单元系统。

【例 3-2】 有两个蒸馏塔的分离装置，将含 50%（摩尔分数）苯、30% 甲苯和 20% 二甲苯的混合物分成较纯的 3 个馏分，其流程图及各流股组成如图 3-3 所示。计算蒸馏 1000mol/h 原料所得各流股的量及进塔Ⅱ物料的组成。

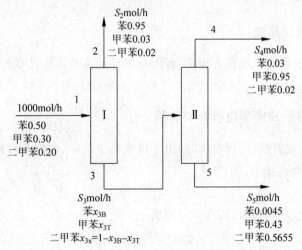

图 3-3 两个蒸馏塔的分离过程物料流程示意图

解：设 S_2、S_3、S_4、S_5 为各流股物料量，mol/h；

x_{3B}、x_{3T}、x_{3x} 为流股 3 中苯、甲苯、二甲苯的组成

该蒸馏过程中共可列出 3 组物料衡算方程，每组选 3 个独立方程。即

体系 A(塔 I)：总物料衡算式 $\qquad 1000=S_2+S_3$ $\hfill$ (1)

苯 $\qquad 1000\text{mol/L}\times0.50=0.95S_2+x_{3B}S_3$ $\hfill$ (2)

甲苯 $\qquad 1000\text{mol/L}\times0.30=0.03S_2+x_{3T}S_3$ $\hfill$ (3)

体系 B(塔 II)：总物料衡算式 $\qquad S_3=S_4+S_5$ $\hfill$ (4)

苯 $\qquad x_{3B}S_3=0.03S_4+0.0045S_5$ $\hfill$ (5)

甲苯 $\qquad x_{3T}S_3=0.95S_4+0.43S_5$ $\hfill$ (6)

体系 C(整个过程)：总物料衡算式 $\qquad 1000=S_2+S_4+S_5$ $\hfill$ (7)

苯 $\qquad 1000\text{mol/L}\times0.50=0.95S_2+0.03S_4+0.0045S_5$ $\hfill$ (8)

甲苯 $\qquad 1000\text{mol/L}\times0.30=0.03S_2+0.95S_4+0.43S_5$ $\hfill$ (9)

以上 9 个方程，只有 6 个是独立的。因为(1)+(4)=(7)，同样(2)+(5)=(8)及(3)+(6)=(9)。因此，解题时可以任选二组方程，由题意，应选体系 C(整个过程)，因为 3 个流股 2、4、5 的组成均已知，只有 S_2、S_4、S_5 3 个未知量，可以从(7)、(8)、(9)三式直接求解，得

$$S_2=520\text{mol/h}, \quad S_4=150\text{mol/h}, \quad S_5=330\text{mol/h}$$

再任选一组体系 A 或 B 的衡算方程，可解得

$$S_3=480\text{mol/h}, \quad x_{3B}=0.0125, \quad x_{3T}=0.5925, \quad x_{3x}=0.395$$

3.2.5 反应过程的物料衡算

化学反应过程的物料衡算，与无化学反应过程的物料衡算相比要复杂些。这是由于化学反应中原子与分子重新形成了完全不同的新的物质，所以各化学物质的输入与输出的摩尔或质量流率是不平衡的。此外，在化学反应中，还涉及化学反应速率、转化率、产物的收率等因素。为了有利于反应的进行，往往某一反应物需要过量，因此在进行反应过程的物料衡算时，应考虑以上这些因素。

3.2.5.1 直接计算法

直接计算法是根据化学反应方程式，运用化学计量系数进行计算的方法，也是常用的方法之一。

3.2.5.2 利用反应速率进行物料衡算

在以物质的量(或质量)进行衡算时，由于发生化学反应，则输入与输出速率之差 R_C 定义为物质 C 的摩尔生成速率，即

$$R_C=F_{C,\text{输出}}-F_{C,\text{输入}} \tag{3-19a}$$

因此，化学反应过程的物料衡算式可写成

$$F_{C,\text{输出}}=F_{C,\text{输入}}+R_C \tag{3-19b}$$

设有一化学反应

$$a\text{A}+b\text{B}\Longleftrightarrow c\text{C}+d\text{D}$$

根据化学反应原理，A、B、C、D 各物质的反应速率是不相同的（除 $a=b=c=d$ 以外），设以 σ_C 表示物质 C 的化学计量系数，则反应速率 r 可定义为

$$r=\frac{R_C}{\sigma_C} \tag{3-20}$$

式中：生成物的计量系数 σ_C 为正，反应物的为 σ_C 负。

根据这一定义，任意物质 C 的生成速率（通常称为 C 的反应速率）则等于反应速率 r 乘以计量系数，即

$$R_C=\sigma_C r \tag{3-21}$$

因此，物质 C 的组分物质的量平衡方程式可写为

$$F_{C,输出}=F_{C,输入}+\sigma_C r \tag{3-22}$$

【例 3-3】 工业上，合成氨原料气中 CO 通过变换反应器而除去，如图 3-4 所示。在反应器 1 中 CO 大部分转化，在反应器 2 中被完全脱去。原料气由发生炉煤气（78% N_2，20% CO，2% CO_2）和水煤气（50% H_2，50% CO）混合而成，在反应器中与水蒸气发生反应：

$$CO+H_2O \xrightarrow{\text{高温高压}} CO_2+H_2$$

最后得到物流中的 H_2 与 N_2 之比为 3：1，假定水蒸气流率是原料气总量（干基）的 2 倍，同时反应器 1 中 CO 转化率为 80%，试计算中间物流 4 的组成。

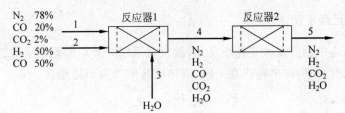

图 3-4　合成氨变换过程

解：选择计算基准：物流 1 的摩尔流率为 100mol/h，即 $F_1=100$ mol/h，正反应的反应速率为 r(mol/h)。

过程先由总单元过程物质的量衡算式进行计算，总衡算式为

N_2 平衡　　　　　　　$F_{5,N_2}=0.78\times100$ mol/h $=78$ mol/h

CO 平衡　　　　　　　$0=0.2\times100+0.5F_2-r$

H_2O 平衡　　　　　　$F_{5,H_2O}=F_3-r$

CO_2 平衡　　　　　　$F_{5,CO_2}=0.02\times100$ mol/h $+r$

H_2 平衡　　　　　　　$F_{5,H_2}=0.5F_2+r$

已知 H_2 与 N_2 之比为 3：1，即 $F_{5,H_2}=3F_{5,N_2}=3\times78$ mol/h $=234$ mol/h

水蒸气与原料气（干基）之比为 2：1，即 $F_3=2(F_1+F_2)$

将 H_2 和 CO 平衡式相加，消去 r，得物流 2，$F_2=(234-20)$ mol/h $=214$ mol/h

将 F_2 值代入 CO 平衡式，得反应速率，$r=(20+0.5\times214)$ mol/h $=127$ mol/h

由此可得物流 3，$F_3=2\times(100+214)$ mol/h $=628$ mol/h

最后，由 CO 和 H_2O 平衡式得到

$F_{5,CO_2}=(0.02\times100+127)$ mol/h $=129$ mol/h　$F_{5,H_2O}=(628-127)$ mol/h $=501$ mol/h

要得到物流 4 的组成,先要计算反应器 1 的反应速率。

由反应速率的定义式得

$$r = \frac{(F_{C,输出} - F_{C,输入})}{\sigma_C} = -\frac{F_{C,输入} \cdot x_C}{\sigma_C}$$

x_C 为 C 物质的转化率

已知反应器 1 中 CO 的转化率为 80%,由此可得反应器 1 的反应速率

$$r = -\frac{F_{CO,输入} \cdot x_{CO}}{\sigma_{CO}} = 0.8 \times (0.2 \times 100 + 0.5 \times 214) \text{mol/h} = 101.6 \text{mol/h}$$

已知 r 后,物流 4 中每一物质的流率可以用物料衡算求得,即

N_2 平衡　　　　　　　$F_{4,N_2} = 0.78 \times 100 \text{mol/h} = 78 \text{mol/h}$

CO 平衡　　　　　　　$F_{4,CO} = (127 - r) \text{mol/h} = 25.4 \text{mol/h}$

H_2O 平衡　　　　　　$F_{4,H_2O} = (628 - r) \text{mol/h} = 526.4 \text{mol/h}$

CO_2 平衡　　　　　　$F_{4,CO_2} = (2 + r) \text{mol/h} = 103.6 \text{mol/h}$

H_2 平衡　　　　　　　$F_{4,H_2} = (107 + r) \text{mol/h} = 208.6 \text{mol/h}$

于是,物流 4 的组成(摩尔分数)为

　　N_2:0.083;CO:0.027;H_2O:0.559;CO_2:0.110;H_2:0.221

3.2.5.3　元素平衡法

由于化学反应中物质发生了化学变化,故常常采用元素平衡的方法进行物料衡算。

设输入物流有 i 股,输出物流有 j 股,则物质 S 的净输出速率为

$$F_S = \sum_j F_{jS} - \sum_i F_{iS} \tag{3-23}$$

令 α_{eS} 为物质 S 中元素 e 的原子数,称 α_{eS} 为原子系数,则对给定系统,可由原子系统列出原子矩阵。根据这一定义,物质 S 中的元素 e 的净原子流出速率为 $\sum_S \alpha_{eS} F_S$。

因为元素是守恒的,所以 $\sum_S \alpha_{eS} F_S = 0$。

因此系统的元素平衡方程式可写为

$$\sum_S \alpha_{eS} F_S = 0 \tag{3-24}$$

如果以 A_e 表示元素 e 的相对原子质量,上面的原子平衡式又可表示为质量单位为

$$A_e \sum_S \alpha_{eS} F_S = 0 \tag{3-25}$$

总的平衡方程式为

$$\sum_e A_e \sum_S \alpha_{eS} F_S = 0 \tag{3-26}$$

物质 S 的相对分子质量可表示为 $M_S = \sum_e A_e \alpha_{eS}$

由此可得

$$\sum_S M_S F_S = 0 \tag{3-27}$$

【例 3-4】　由甲醇(CH_3OH)和空气在催化剂上发生部分氧化制甲醛(CH_2O),在最佳反应条件下,含摩尔分数 40% 的甲醇和空气反应转化率约为 55%。除主产品外,还有副产

品如一氧化碳(CO)、二氧化碳(CO_2)和少量的甲酸($HCOOH$)。因此,反应器输出物流一般用洗涤进行分离,得到含有 CO、CO_2、H_2 和 N_2 的气体物流和含有未反应的 CH_3OH、产品 CH_2O、H_2O 及 $HCOOH$ 的液体物流。假设液相物流中含有等量的 CH_3OH、CH_2O 和 0.5% 的 $HCOOH$,而气体物流中含有 7.5% 的 H_2,试计算两股物流的组成。

解: 流程如图 3-5 所示。

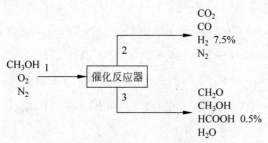

图 3-5　甲醇氧化制甲醛的物料平衡

由图 3-5 可知,该系统包含有 4 种元素和 9 种化学物质,以元素和物质列出原子系数矩阵:

$$
\begin{array}{c}
\quad\quad\; O_2 \;\; H_2 \;\; CO \;\; N_2 \;\; CO_2 \; CH_3OH \;\; CH_2O \;\; HCOOH \;\; H_2O \\
\begin{array}{c} O \\ H \\ C \\ N \end{array}
\left[
\begin{array}{ccccccccc}
2 & 0 & 1 & 0 & 2 & 1 & 1 & 2 & 1 \\
0 & 2 & 0 & 0 & 0 & 4 & 2 & 2 & 2 \\
0 & 0 & 1 & 0 & 1 & 1 & 1 & 1 & 0 \\
0 & 0 & 0 & 2 & 0 & 0 & 0 & 0 & 0 \\
\end{array}
\right]
\end{array}
$$

基准:进料量 $1000\,mol/d$

已知 CH_3OH 含量为 40%,空气中 O_2、N_2 之比为 $21:79$,可得

$$
F_1 = \begin{cases} 400\,mol/d & CH_3OH \\ 126\,mol/d & O_2 \\ 474\,mol/d & N_2 \end{cases}
$$

求出甲醇的输入速率和转化率后,可计算得到甲醇的输出速率为

$$
F_{3,CH_3OH} = 400 \times (1-0.55)\,mol/d = 180\,mol/d
$$

已知 $F_{3,CH_3OH} = F_{3,CH_2O}$,则 $F_{3,CH_2O} = 180\,mol/d$

由以上数据,计算物质的净输出速率如下:

$$
F_{O_2} = (0-126)\,mol/d = -126\,mol/d
$$

$$
F_{H_2} = 0.075 F_2 - 0 = 0.075 F_2
$$

$$
F_{CO} = F_{2,CO} - 0 = F_{2,CO}
$$

$$
F_{N_2} = F_{2,N_2} - 474
$$

$$
F_{CO_2} = F_{2,CO_2} - 0 = F_{2,CO_2}
$$

$$
F_{CH_3OH} = (180-400)\,mol/d = -220\,mol/d
$$

$$
F_{CH_2O} = (180-0)\,mol/d = 180\,mol/d
$$

$$F_{HCOOH} = 0.005F_3 - 0 = 0.005F_3$$

$$F_{H_2O} = F_{3,H_2O} - 0 = F_{3,H_2O}$$

根据系数矩阵,可以列出 4 种元素的平衡式:

O 平衡　$2 \times (-126) + 0(F_{H_2}) + 1(F_{2,CO}) + 0(F_{N_2}) + 2(F_{2,CO_2}) +$

　　　　$1 \times (-220) + 1 \times 180 + 2(0.005F_3) + 1(F_{3,H_2O}) = 0$

H 平衡　$0(F_{O_2}) + 2(0.075F_2) + 0(F_{2,CO}) + 0(F_{N_2}) + 0(F_{2,CO}) +$

　　　　$4 \times (-220) + 2 \times 180 + 2(0.005F_3) + 2(F_{3,H_2O}) = 0$

C 平衡　$0(F_{O_2}) + 0(F_{H_2}) + 1(F_{2,CO}) + 0(F_{N_2}) + 1(F_{2,CO_2}) +$

　　　　$1 \times (-220) + 1 \times 180 + 1(0.005F_3) + 0(F_{3,H_2O}) = 0$

N 平衡　$0(F_{O_2}) + 0(F_{H_2}) + 0(F_{CO}) + 2(F_{N_2}) + 0(F_{CO_2}) + 0(F_{CH_3OH}) +$

　　　　$0 \times (F_{CH_2O}) + 0(F_{HCOOH}) + 0(F_{H_2O}) = 0$

因为 N_2 是惰性的,N 平衡说明 N_2 的净流率应为零,即 $F_{2,N_2} - 474 = 0$

除此之外,其余三个平衡方程式可转化为

$$F_{2,CO} + 2F_{2,CO_2} + 0.01F_3 + F_{3,H_2O} = 292$$

$$0.15F_2 + 0.01F_3 + 2F_{3,H_2O} = 520$$

$$F_{2,CO} + F_{2,CO_2} + 0.005F_3 = 40$$

此外物流 2 和物流 3 应满足

$$F_2 = F_{2,CO} + F_{2,CO_2} + 0.075F_2 + 474$$

$$F_3 = 180 + 180 + 0.005F_3 + F_{3,H_2O}$$

整理得　　　$0.15F_2 + 2F_3 = 1240, \quad 0.925F_2 + 0.005F_3 = 514$

由此解得　　　$F_2 = 552.55 \text{mol/d}, \quad F_3 = 578.56 \text{mol/d}$

解方程得　$F_{3,H_2O} = 215.67 \text{mol/d}, \quad F_{2,CO} = 3.67 \text{mol/d}, \quad F_{2,CO_2} = 33.44 \text{mol/d}$

物流 2 和物流 3 的各组分流率即摩尔分数如下:

物流 2			物流 3		
组分名称	摩尔流量/(mol/d)	摩尔分数	组分名称	摩尔流量/(mol/d)	摩尔分数
CO_2	33.44	0.0605	CH_3OH	180	0.3111
CO	3.67	0.0067	CH_2O	180	0.3111
H_2	41.44	0.0750	HCOOH	2.89	0.0050
N_2	474	0.8578	H_2O	215.67	0.3728

3.2.5.4 以化学平衡进行衡算

化学反应中,各种初始物料的化学反应(正反应)总伴随有各种反应产物(逆反应)。最终,当正反应与逆反应的反应速率相等时,即达到化学平衡,在恒温、恒压且反应物的浓度不变时,平衡将保持稳定。

对反应　　　　　　　　　　$a\text{A} + b\text{B} \Longleftrightarrow c\text{C} + d\text{D}$

平衡时,其平衡常数为
$$K = \frac{[C]^c[D]^d}{[A]^a[B]^b}$$

式中:K 为化学反应的平衡常数,其也可以表示为 K_0(浓度以 mol/L 表示)、K_p(浓度以分压表示)或 K_n(浓度以摩尔分数表示)。

【例 3-5】 试计算合成甲醇过程中反应混合物的平衡组成。设原料气中 H_2 与 CO 摩尔比为 4.5∶1,惰性组分(I)含量为 13.8%(摩尔分数),压强为 30MPa,温度为 365℃,平衡常数为 2.505×10^{-3} MPa^{-2}。

解:写出化学反应平衡方程式
$$CO + 2H_2 \Longleftrightarrow CH_3OH$$

设进料为 1mol,其组成为:I $= 0.138$mol;$H_2 = (1-0.138) \times 4.5 \div 5.5 = 0.7053$mol;CO $= (1-0.138) \div 5.5 = 0.1567$mol。

基准:1mol 原料气

设转化率为 x,则出口气体组成为

CO: $\qquad\qquad\qquad 0.1567(1-x)$;

H_2: $\qquad\qquad\qquad 0.7053 - 2 \times 0.1567x$;

CH_3OH: $\qquad\qquad\qquad 0.1567x$;

I: $\qquad\qquad\qquad 0.138$;

求和得 $\qquad\qquad\qquad 1 - 0.3134x$

计算出口气体各组分的分压:

$$p_{CH_3OH} = \frac{0.1567x}{1-0.3134x} \times 30MPa \qquad p_{CO} = \frac{0.1567(1-x)}{1-0.3134x} \times 30MPa$$

$$p_{H_2} = \frac{0.7053 - 2 \times 0.1567x}{1-0.3134x} \times 30MPa$$

将以上代入平衡常数分压表达式,得

$$K_p = \frac{p_{CH_3OH}}{p_{CO}p_{H_2}^2} = \frac{\left(\dfrac{0.1567x}{1-0.3134x} \times 30\right)}{\left[\dfrac{0.1567(1-x)}{1-0.3134x} \times 30\right]\left(\dfrac{0.7053 - 2 \times 0.1567x}{1-0.3134x} \times 30\right)^2}MPa^{-2}$$

$$= 2.505 \times 10^{-3}MPa^{-2}$$

解得 $x = 0.4876$,代入出口气体各组分表达式中,则有

CO:0.0803mol, H_2:0.5525mol, CH_3OH:0.0764mol, I:0.138mol;

平衡时出口气体中各组成的摩尔分数为

CO:0.0948, H_2:0.6521, CH_3OH:0.0902, I:0.1629

3.2.5.5　以结点进行衡算

在工艺流程的衡算中,以流程中某一点的汇集或分支处的交点即结点来进行衡算,可以使计算简化,如原料加入循环系统中、物料的混合、溶液的配制以及精馏塔塔顶回流和产品取出等,均需采用结点来进行计算。当某些产品的组成需要用旁路调节再送往下一工序时,这种计算方法则更加有用。图 3-6 为三股物流的结点示意图。

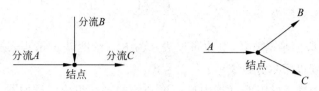

图 3-6 结点示意图

【例 3-6】 某厂用烃类气体转化制合成气生产甲醇,合成气体积为 $2321 m^3/h$,$n(CO)$：$n(H_2)=1:2.4$。但是由于转化后的气体组成(摩尔分数)为 CO 43.12%、H_2 54.2%,不符合要求,为此需将部分转化气送去变换反应器,变换后气体体积组成(摩尔分数)为 CO 8.76%、H_2 89.75%,此气体经脱 CO_2 后体积减小 2%。用此变换气去调节转化气,使其达到合成甲醇原料气的要求,其原料气中 CO 与 H_2 的合量为 98%,试计算转化气、变换气各应为多少。

解: 画出流程示意图如图 3-7 所示。

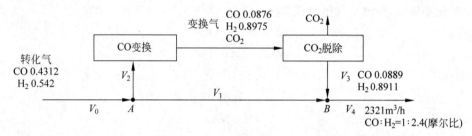

图 3-7 甲醇原料气配气流程

分析: V_2 从 A 点分流,在 B 点合并,合并时无化学变化和体积变化。A、B 两点称为结点。因此根据结点衡算原理,即在点范围进行衡算。

对 B 点进行物料衡算:

总平衡 $\qquad\qquad V_1+V_3=V_4=2321 m^3/h$

CO 平衡 $\qquad\qquad 0.4312V_1+0.0889V_3=2321 n_{CO}$

H_2 平衡 $\qquad\qquad 0.542V_1+0.8911V_3=2321 n_{H_2}$

$$n_{CO}=\frac{0.98}{1+2.4}=0.2882 \quad n_{H_2}=\frac{0.98\times2.4}{1+2.4}=0.6918$$

联立方程式,解得 $\quad V_1=1349 m^3/h$,$V_3=981 m^3/h$,$V_2=\dfrac{V_3}{1-2\%}=1001 m^3/h$

$$V_0=V_1+V_2=2350 m^3/h \quad 脱除 CO_2=V_2-V_3=20 m^3/h$$

3.2.5.6 利用联系组分进行衡算

惰性物料的数量在反应器的进口、出口物料中没有变化,计算时可以利用它在设备进、出口的数量(质量或物质的量)不变的关系列物料衡算方程。这种惰性物料被称为联系物。

【例 3-7】 天然气蒸汽转化法制造合成氨原料气的流程如图 3-8 所示。转化炉内进行烃类蒸汽转化反应,以甲烷为例,烃类蒸汽转化的反应方程式为 $CH_4+H_2O\longrightarrow CO+3H_2$。天然气经一段转化炉转化后继续进入二段转化炉反应,在一段转化炉出口加入空气,以配合合成氨原料气中所需的 N_2,同时,一段转化气中的一部分 H_2 遇 O_2 燃烧供给系统热量。二段转化后再经 CO 变换工序使混合气中的 CO 大部分转化为 CO_2 和 H_2，CO 转化为 CO_2 和 H_2 的方程式为 $CO + H_2O \longrightarrow CO_2 + H_2$，变换后的气体进入脱除 CO_2 工序脱除 CO_2，再经甲烷化工序除去残存的微量 CO 和 CO_2 后作为合成氨合格原料气。

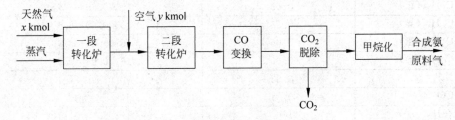

图 3-8　天然气蒸汽转化法制造合成氨流程图

已知某厂天然气的组成为：

组分	CH_4	C_2H_6	C_3H_8	C_4H_{10}（正）	C_4H_{10}（异）	C_5H_{12}（正）	C_5H_{12}（异）	N_2	CO_2	合计
含量（摩尔分数）/%	83.20	10.00	5.16	0.69	0.50	0.06	0.05	0.33	0.01	100

要求合成氨原料气的组成为：

组分	H_2	N_2	Ar	CH_4	合计
含量（摩尔分数）/%	73.97	24.64	0.31	1.08	100

计算天然气的用量和空气的用量。

解：以 100kmol 合成氨原料气为计算基准。

设天然气用量为 x kmol，添加空气量为 y kmol。

（1）作系统 N_2 平衡

因为在天然气蒸汽转化法制造合成氨原料气过程中，N_2 没有参加反应，它的数量在反应器的进口、出口物料中没有变化，作系统 N_2 平衡得

$$0.0033x + 0.79y = 24.64$$

（2）作系统 H_2 平衡

甲烷转化制 H_2 的计量关系推导如下：

甲烷蒸汽转化反应过程　　$CH_4 + H_2O \rightleftharpoons CO + 3H_2$

CO 变换反应过程　　　　$CO + H_2O \rightleftharpoons CO_2 + H_2$

总过程　　　　　　　　$CH_4 + 2H_2O \rightleftharpoons CO_2 + 4H_2$

用同样的方法可推导出烃类蒸汽转化制 H_2 的计量关系通式为

$$C_nH_{2n+2} + 2nH_2O = nCO_2 + (3n+1)H_2$$

因此，100kmol 天然气可提供的理论 H_2 为

组　　分	烃量/kmol	可提供的理论烃量/kmol
CH_4	83.20	$4 \times 83.20 = 332.80$
C_2H_6	10.00	$7 \times 10.00 = 70.00$

续表

组　　分	烃量/kmol	可提供的理论烃量/kmol
C_3H_8	5.16	$10 \times 5.16 = 51.60$
C_4H_{10}(正)	0.69	$13 \times 0.69 = 8.97$
C_4H_{10}(异)	0.50	$13 \times 0.50 = 6.50$
C_5H_{12}(正)	0.06	$16 \times 0.06 = 0.96$
C_5H_{12}(异)	0.05	$16 \times 0.05 = 0.80$
N_2	0.33	0
CO_2	0.01	0
合计	100	471.63

因此,x kmol 天然气进料可提供的理论 H_2 为 $\dfrac{471.63}{100}x$ kmol

氢气燃烧的反应过程　　　　　　$2H_2 + O_2 = 2H_2O$

燃烧消耗的 H_2 为　　　　　　$2 \times 0.21y$ kmol

作系统 H_2 平衡得　　$\dfrac{471.63}{100}x - 2 \times 0.21y = 73.97 + 2 \times 1.08$

式中(2×1.08)是合成氨原料气的 CH_4 折合为 H_2 物质的量(mol)

解得　　　　　　　　$x = 18.92$ kmol,$y = 31.19$ kmol

因此,制造 100kmol 的合成氨原料气需加入天然气 18.92kmol,一段转化炉出口需添加 31.19kmol 的空气。

3.2.6　复杂过程的物料衡算

3.2.6.1　循环过程

在过程中常会遇到流体返回(循环)至前一级的情况。尤其在反应过程中,由于反应物的转化率低于 100%,有些反应物投料过量,为了充分利用原料,降低原料消耗定额,在工厂生产中一般将未反应的原料与产品先进行分离,然后循环返回原料进料处,与新鲜原料一起再进入反应器反应。在无化学反应过程中,精馏塔塔顶的回流、过滤结晶过程滤液的返回都是循环过程的例子。

在没有循环时,一系列单元步骤的物料平衡可按顺序依次进行,每次可取一个单元。但是,如果有循环物流的话,由于循环返回处的流量尚未计算,所以循环量并不知道。因此,在不知道循环流量时,逐次计算并不能计算出循环量。这类问题通常可采用两种解法。

(1) 试差法。估计循环流量,并继续计算至循环回流的那一点。将估计值与计算值进行比较,并重新假定一个估计值,一直计算到估计值与计算值之差在一定的误差范围内。

(2) 代数解法。在循环存在时,列出物料平衡方程式,并求解。一般方程式中以循环流量作为未知数,应用联立方程的方法进行求解。

在只有一个或两个循环物流的简单情况下,只要计算基准及系统边界选择适当,计算常可简化。一般在衡算时,先进行总的过程衡算,再对循环系统列出方程式求解。对于这类物料衡算,计算系统选取得好坏是关键的解题技巧。

【**例 3-8**】　K_2CrO_4 从水溶液重结晶处理工艺是将流量为 4500mol/h 含 33.33%（摩尔分数）的 K_2CrO_4 新鲜溶液和另一股含 36.36%（摩尔分数）K_2CrO_4 的循环液合并加入一台蒸发器中，蒸发温度为 120℃，用 0.3MPa 的蒸汽加热。从蒸发器放出的浓缩料液含 49.4%（摩尔分数）K_2CrO_4 进入结晶槽，在结晶槽被冷却，冷至 40℃，用冷却水冷却（冷却水进、出口温差 5℃）。然后过滤，获得含 K_2CrO_4 结晶的滤饼和含 36.36%（摩尔分数）K_2CrO_4 的滤液（这部分滤液即为循环液），滤饼中的 K_2CrO_4 占滤饼总物质的量的 95%。K_2CrO_4 的分子量为 195。试计算：

（1）蒸发器蒸发出水的量；

（2）K_2CrO_4 结晶的产率；

（3）循环液和新鲜液的摩尔比；

（4）蒸发器和结晶槽的投料比（mol）。

解：为了明确理解该重结晶处理工艺，先画出流程框图，如图 3-9 所示。将每一流股编号且分析系统：

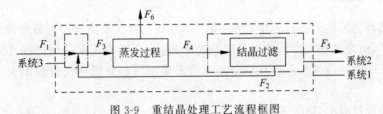

图 3-9　重结晶处理工艺流程框图

计算基准：4500mol/h 新鲜原料，以 K 表示 K_2CrO_4，W 表示 H_2O。

设：F_1 为进入蒸发器的新鲜物料流量（mol/h）；

　　F_2 为进入蒸发器的循环物料量即滤液量（mol/h）；

　　F_3 为新鲜液和循环液混合后的物料量（mol/h）；

　　F_4 为出蒸发器的物料量（mol/h）；

　　F_5 为结晶过滤后的滤饼总量（mol/h）；

　　F_6 为蒸发器蒸出的水量（mol/h）；

　　P_c 为结晶过滤后滤饼中 K 的物料量（mol/h）；

　　P_s 为结晶过滤后滤饼中滤液的物料量（mol/h）；

　　x_3 为新鲜液和循环液混合后的 K_2CrO_4 摩尔分数（mol/h）。

从已知条件可看出，滤饼里的溶液和结晶固体之间存在如下的关系：

$$P_s = 0.05 \times (P_c + P_s)$$

$$P_s = 0.05263 P_c$$

对系统 1，物质 K 平衡：　$0.3333 \times F_1 = P_c + 0.3636 P_s$

联立解得：　　　　　　$P_c = 1472 \text{mol/h}, P_s = 77.5 \text{mol/h}$

H_2O 物料平衡：$F_1(1 - 0.3333) = F_6 + F_5 \times 0.05 \times (1 - 0.3636)$

得：　　　　　　　　　$F_6 = 2950.8 \text{mol/h}$

为了求解其他未知数，选择分体系建立物料衡算，在新鲜物料和循环物料的混合点上的系统 3，建立平衡方程式则有 F_2、F_3 和 x_3 三个未知数。蒸发器单元也涉及 F_3、x_3 和 F_4

三个未知数。但结晶过滤单元只有 F_2 和 F_4 两个未知数,所以选择系统 2 作物料平衡求解较为方便。

对系统 2:

结晶过滤的总物料平衡:$F_4 = P_c + P_s + F_2 = F_2 + 1549.5$

结晶器水的平衡:　　$F_4(1-0.494) = (F_2 + 1549.5 \times 0.05) \times (1-0.3636)$

联立求解得:　　　　$F_2 = 5634.6 \text{mol/h}$;$F_4 = 7184 \text{mol/h}$

则:　　　　　　　　循环液/新鲜料液 $= 5634.6/4500 = 1.25$

最后,通过混合点系统 3 的物料平衡或蒸发器的物料平衡求出 F_3。

对系统 3,混合点的物料平衡:　　$F_1 + F_2 = F_3$

得:　　　　　　　　$F_3 = 10134.6 \text{mol/h}$

由蒸发器的物料平衡可校核 F_3 的计算是否正确:$F_3 = F_4 + F_6$

因此,设计的蒸发器与结晶槽的投料比为:$F_3/F_4 = 10134.6/7184 = 1.41$

3.2.6.2　驰放过程

在带有循环物流的工艺过程中,有些惰性组分或某些杂质由于没有分离掉,在循环中逐渐积累起来,因而在循环气中惰性组分的量越来越大,会影响正常的生产操作。在工业上,为了使循环系统中的惰性气保持在一定浓度就需要将一部分循环气排放出去,这种排放称为驰放过程。

在连续驰放过程中,稳态的条件是

$$\text{驰放时惰性气体排出量} = \text{系统惰性气体的进料量} \tag{3-28}$$

驰放物流中任一组分的浓度与进行驰放那一点的循环物流浓度相同。因此,所需驰放的速度可由式(3-29)决定。

$$\text{料液流率} \times \text{料液中惰性气体浓度} = \text{驰放物流流率} \times \text{指定循环流中惰性气体浓度} \tag{3-29}$$

【例 3-9】　由氢和氮生产合成氨时,原料气中总含有一定量的惰性气体(如氩)和甲烷。为了防止循环氢、氮气中惰性气体的积累,因而需要设置放空装置,如图 3-10 所示。假如原料气的组成(摩尔分数)为:N_2 24.75%,H_2 74.25%,惰性气体氩 1%。N_2 单程转化率为 25%,循环物流中惰性气体为 12.5%,NH_3 3.75%(摩尔分数)。

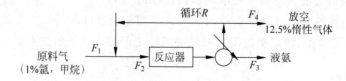

图 3-10　合成氨反应流程示意图

试计算:

(1) N_2 的总转化率;

(2) 循环物流量与原料气的摩尔比。

解:确定基准 100mol 原料气

循环物流的组成:

I(惰性气体) 的摩尔分数 $=0.125$

NH_3 的摩尔分数 $=0.0375$

N_2 的摩尔分数 $=(1-0.125-0.0375)/4=0.2094$

H_2 的摩尔分数 $=0.2094\times3=0.6282$

由式(3-29),可列方程：$\qquad 100\times0.01=0.125F_4$

解得 $\qquad\qquad\qquad\qquad F_4=8\text{mol}$

N_2 组分衡算：$(0.2475F_1+0.2094R)(1-0.25)=(R+F_4)\times0.2094$

将 $F_1=100\text{mol},F_4=8\text{mol}$ 代入上式,得

$$(0.2475\times100+0.2094R)(1-0.25)=(R+8)\times0.2094$$

解得 $\qquad\qquad\qquad\qquad R=322.58\text{mol}$

N_2 的总转化率为

$$[(100\times0.2475+322.58\times0.2094)\times0.25]/(100\times0.2475)\times100\%=0.932=93.2\%$$

放空气与原料气的摩尔比：$8/100=0.08$

循环物流量与原料气的摩尔比为 $322.58/100=3.23$

3.2.6.3　旁路过程

在生产中,物流不经过某些单元而直接分流到后续工序去,这种方法称为旁路。旁路主要用于控制物流组成或温度,如图 3-11 所示。

具有旁路的物料衡算与具有循环物流的相类似,有时还要容易些,对物流旁路流向前工序的过程,计算上略有不同。

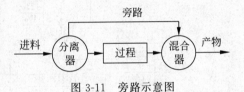

图 3-11　旁路示意图

3.2.6.4　过程物料衡算的一般求解方法

首先对各单元设备的变量、设计变量,列出方程式进行分析,确定其自由度。当自由度为零时,方程式可解。

处理稳态条件下的化工过程的物料和热量衡算,按式(3-30)计算：

$$\sum_{i=1}^{N_s}F_ix_{ij}=0 \qquad\qquad (3\text{-}30)$$

式中：F_i——物流 i 的质量流率或摩尔流率,习惯上进入系统的物流为正,离开的为负；

$\qquad N_s$——过程中物流的总数；

$\qquad x_{ij}$——物流中组分的质量分数或摩尔分数,对每一组分 j 都有一个式(3-30)形式的方程式。

对于化学反应,有

$$\sum_{i=1}^{N_s}\sum_{j=1}^{N_s}F_ix_{ij}m_{jk}=0 \qquad\qquad (3\text{-}31)$$

式中：m_{jk} 为组分中元素的原子数。

参加化学反应的组分中的每一个元素都有一个式(3-31)形式的方程式。

【例 3-10】　如图 3-12 所示,一种干粉状高硫分烟煤,各元素质量分数为 C 72.5%、

H 5.0%、O 9.0%、S 3.5%和灰分 10%,同热合成气流接触生成粗煤油、高甲烷气和脱掉挥发分的焦炭。高甲烷气含有各干基的摩尔分数为 CH_4 11%、CO 18%、CO_2 25%、H_2 42% 和 H_2S 4%,每 100mol 干气中含水 48mol。粗煤油中各元素的质量分数为 C 82%、H 8%、O 8%、S 2%。每 1000kg 干煤大约可得 150kg 粗煤油。脱去挥发分焦炭从裂解炉 1 输送至裂解炉 2,并同水蒸气和氧气一起气化生成热的合成气,然后供给裂解炉 1,气体组成摩尔分数为 CH_4 3%、CO 12%、CO_2 23%、H_2O 42%、H_2 20%,同时得到含有碳和灰分的焦炭,粗产品气从裂解炉 1 送至净化系统,以脱除 H_2S、CO_2 和 H_2O。所得产品气含有 CH_4 的摩尔分数为 15%,CO:H_2=1:3,可进一步甲烷化。这部分气体大部分循环返回加氢系统。在加氢系统粗煤油再加氢生成含 C 87.5%(摩尔分数)和少量硫的粗油,加氢系统基本上从粗油中除去 C 和 O,而 H 含量有一些增加,从加氢系统出来的气体每 1mol 水含有 4mol CO 和 15mol H_2,只有 0.4mol H_2S,再送至净化系统除掉 H_2S 和 H_2O,试计算流程中的全部物流量。

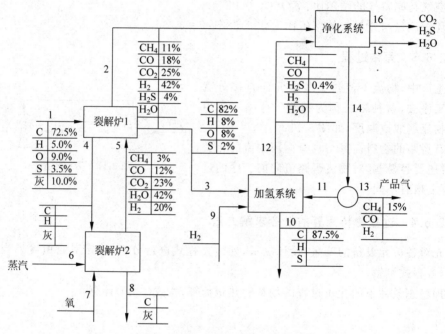

图 3-12 高硫烟煤合成煤油物料衡算

解:因为本题的物流组成是以元素来表示的,所以对裂解炉 1、裂解炉 2 和加氢系统需要应用元素平衡,同时也可写出元素总的平衡方程式。而分离器和净化系统,因为没有化学反应,可用一般物料平衡式。自由度分析见表 3-3。

表 3-3 自由度分析

项　目		裂解炉 1	裂解炉 2	加氢系统	净化系统	分离器	过程	总平衡式
变量		23	12	16	17	9	48	19
平衡方程式		5	4	4	6	3	22	5
设计变量组分	煤	4					4	4
	粗油	3		3			3	

项　　目		裂解炉1	裂解炉2	加氢系统	净化系统	分离器	过程	总平衡式
裂解炉1气		4			4		4	
裂解炉2气		4	4				4	
合成粗油				1			1	1
产品气				2	2	2	2	2
物流12中	H_2O/气	1			1		1	
	H_2/H_2O			1	1		1	
	CO/H_2O			2	2		2	
油∶煤		1					1	
分离器限制条件						2	2	
自由度		1	4	3	1	2	1	7

基准：裂解炉1和净化系统均可选为基准，现选裂解炉1为基准，设进料煤流量为 1000kg/h。

根据油的产率，说明粗煤油为150kg/h。由此，列出裂解炉1的元素平衡方程式为

灰平衡　　$F_{4灰}=10\%\times1000kg/h=100kg/h$

S平衡　　$-35+3+(0.04F_{2干})32=0$

O平衡　　$-90+12+16(0.18F_{2干}-0.12F_5)+2(0.25F_{2干}-0.23F_5)16+(F_{2H_2O}-0.42F_5)16=0$

C平衡　　$-725+123+F_{4C}+12(0.11F_{2干}-0.03F_5)+(0.18F_{2干}-0.12F_5)12+(0.25F_{2干}-0.23F_5)12=0$

H平衡　　$-50+12+F_{4H}+4(0.11F_{2干}-0.03F_5)+2(0.42F_{2干}-0.2F_5)+0.04F_{2干}+2(F_{2H_2O}-0.42F_5)=0$

从S平衡得　　　　　　　　$F_{2干}=25kmol/h$

从水气比得　　　　　　　$F_{2H_2O}=12kmol/h$

由此，从氧平衡解得　　　$F_5=24.125kmol/h$

C平衡　　　　　　$F_{4C}=550.01kmol/h$

H平衡　　　　　　$F_{4H}=12.81kmol/h$

解得裂解炉1后，物流2的流率已知，因此净化单元的自由度为零。同样，物流5和物流4的流率已知后，裂解炉2的自由度为零。因此，净化单元和裂解炉2都可解。若先解裂解炉2，其平衡方程式如下：

灰平衡　　　　　　　　$F_{8灰}=100kg/h$

C平衡　　$-550.01+F_{8C}+0.03\times24.125\times12+0.12\times24.125\times12+0.23\times24.125\times12=0$

H平衡　　$-12.81+4\times0.03\times24.125+2\times(0.42\times24.125-F_6)+2\times(0.2\times24.125)=0$

O平衡　　$-F_7(32)+16\times(0.42\times24.125-F_6)+16\times(0.12\times24.125)+32\times(0.23\times24.125)=0$

从C平衡得　　　　　$F_{8C}=440kg/h$

从H平衡得　　　　$F_6=10kmol/h$ 或 $F_6=180kg/h$

然后由 O 平衡得　　　$F_7 = 7.0625\text{kmol/h}$ 或 $F_7 = 226\text{kg/h}$

裂解炉 2 的平衡方程式求解后,可进一步计算物流 1、6、7 的摩尔流量及物流 8 的组成。但加氢系统仍不能计算,故先进行净化系统的求解。

净化系统的物料平衡式:

CO_2 平衡　　　　　　　　　$6 = F_{16CO_2}$

CH_4 平衡　　　　　　$2.75 + F_{12CH_4} = 0.15F_{14}$

H_2 平衡　　　　　$10.5 + F_{12H_2} = 0.6275F_{14}$

CO 平衡　　　　　$4.5 + F_{12CO} = 0.2125F_{14}$

H_2O 平衡　　　　　　　$12 + F_{12H_2O} = F_{15}$

H_2S 平衡　　　　　$1 + 0.004F_{12} = F_{16H_2S}$

由题意给定　　　$F_{CO}/F_{12H_2O} = 4, F_{12H_2}/F_{12H_2O} = 15$

将上两式分别代入 CO 和 H_2 平衡式,得到联立方程式:

$$4.5 + 4F_{12H_2O} = 0.2125F_{14}, 10.5 + 15F_{12H_2O} = 0.6275F_{14}$$

解方程得　　　　　$F_{12H_2O} = 1\text{kmol/h}, F_{14} = 40\text{kmol/h}$

所以得　　　　　$F_{12H_2} = 15\text{kmol/h}, F_{12CO} = 4\text{kmol/h}$

由平衡式,依次解得

$$F_{12CH_4} = 3.25\text{kmol/h}, F_{15} = 13\text{kmol/h}$$

由 $0.996F_{12H_2S} = 0.004 \times 23.25\text{kmol/h}$,得 $F_{12H_2S} = 0.09337\text{kmol/h}$ 或 $F_{16H_2S} = 1.09337\text{kmol/h}$

物流 12 的流率及组成计算后,加氢系统的自由度为零,所以物流 15、16 可以计算,加上已经计算得到的物流 1、6、7、8 就可列出总的平衡方程式。由于灰的平衡用于裂解炉 1 和裂解炉 2 的计算,所以仅有 4 个元素的总的平衡方程式。

先列出加氢系统的元素平衡方程式:

O 平衡　　　　　$-0.08 \times 150 + 16 \times (4 - 0.2125F_{11}) + 16 \times 1 = 0$

S 平衡　　　　　　　$-0.02 \times 150 + F_{10S} + 32 \times 0.09337 = 0$

C 平衡　　$-0.82 \times 150 + F_{10C} + 12 \times (4 - 0.2125F_{11}) + 12 \times (3.25 - 0.15F_{11}) = 0$

H 平衡　　$-0.08 \times 150 + F_{10H} + 4 \times (3.25 - 0.15F_{11}) + 2 \times 0.09337 + 2 \times 1 + 2 \times (15 - 0.6375F_{11} - F_9) = 0$

从 O 平衡得　　　　　　　$F_{11} = 20\text{kmol/h}$

从 S 平衡得　　　　　　　$F_{10S} = 0.012\text{kg/h}$

从 C 平衡得　　　　　　$F_{10C} = 123\text{kg/h}$

油中含碳 87.5%,故物流 10 的流率为　　$F_{10} = \dfrac{123}{0.875}\text{kg/h} = 140.571\text{kg/h}$

故　　　　$F_{10H} = (140.571 - 123 - 0.012)\text{kg/h} = 17.56\text{kg/h}$

最后,从 H 平衡得　　　$F_9 = 6.623\text{kmol/h}$

分离器可用总平衡方程式计算　$F_{13} = F_{14} - F_{11} = (40 - 20)\text{kmol/h} = 20\text{kmol/h}$

产品气中 H_2 含量为　　　　$0.6375 \times 20 = 12.75\text{kmol/h}$

3.3 热量衡算

热量衡算的依据是物料衡算,只有在完成物料衡算后,才能做出热量衡算。能量存在的形式有多种,如势能、动能、电能、热能、机械能、化学能等,各种形式的能在一定的条件下可以相互转化。但无论怎样转化,其总的能量是守恒的。即热力学第一定律所表明的"能量既不能产生,也不能消灭"。

在化工生产中,能量的消耗是一项重要的技术经济指标,它是衡量工艺过程、设备设计、操作制度是否先进、合理的主要指标之一。因此在过程设计中,进行能量平衡的计算,可以确定过程所需要的能量,进而采取节能措施。

3.3.1 热量衡算的目的

通过热量衡算可以解决的问题:

(1)确定物料输送机械和其他操作机械所需要的功率。

(2)确定各单元操作过程所需热量或冷量及其传递速率;计算换热设备的工艺尺寸;确定加热剂或冷却剂的消耗量,为其他专业如供汽、供冷、供水专业提供设条件。

(3)化学反应常伴有热效应,导致体系的温度上升或下降,为此需确定为保持一定反应温度所需的移出或加入的热传递速率。

(4)为充分利用余热,必须采取有效措施,使过程的总能耗降低到最低程度。为提高能量利用率,降低能耗提供重要依据。

(5)最终确定总需求能量和能量的费用。

3.3.2 热量衡算的依据和基准

热量衡算的依据就是能量守恒定律。

热量衡算的基准包括物料质量基准、温度及相态基准两个方面。

(1)物料质量基准。物料基准的选取原则与物料衡算相同。

(2)温度及相态基准。温度基准因热量衡算式的不同而不同。当采用平均热容法计算时,大都选取 25℃作为热量衡算的基准温度。当采用统一基准焓法计算时,因为焓的数据中已经规定了基准温度和相态,因而无须再重新选择。

3.3.3 热量衡算方程式

根据能量守恒定律,任何均相体系在 Δt 时间内的能量平衡关系,用文字表述如下:

$$\boxed{体系在 t+\Delta t 时的能量} - \boxed{体系在 t 时的能量} = \boxed{在 \Delta t 内通过边界进入体系的能量} -$$
$$\boxed{在 \Delta t 内通过边界离开体系的能量} + \boxed{体系在 \Delta t 内产生的能量}$$

显然,上式左边两项为体系在 Δt 内积累的能量。体系在 Δt 内产生的能量是指体系内因核分裂或辐射所释放的能量,化工生产中一般不涉及核反应,故该项为零。由于化学反应所引起的体系能量变化为物质内能的变化所致,故不作为体系产生的能量考虑,所以上式可简化为：体系积累的能量 = 进入体系的能量－离开体系的能量。

若以 U_1、K_1、Z_1 分别表示体系初态的内能、动能和位能，以 U_2、K_2、Z_2 分别表示体系终态的内能、动能和位能，以 Q 表示体系从环境吸收的热量，以 W 表示环境对体系所做的功，则该体系从初态到终态单位质量的总能量平衡关系为

$$(U_2 + K_2 + Z_2) - (U_1 + K_1 + Z_1) = Q + W$$

即 $$\Delta U + \Delta K + \Delta Z = Q + W$$

设 $$E_2 = U_2 + K_2 + Z_2；E_1 = U_1 + K_1 + Z_1$$

则 $$\Delta E = Q + W \tag{3-32}$$

这是热力学第一定律的数学表达式，它指出：体系的能量总变化（ΔE）等于体系所吸收的热减去环境对体系所做的功。此式称为普遍能量平衡方程式，它适用于任何均相体系，但应指出的是热和功只在能量传递过程中出现，不是状态函数。

3.3.4 热量衡算的内容

对于没有功的传递（$W = 0$），并且动能和位能可以忽略不计的设备，如换热器，连续稳定流动过程的能量衡算主要就体现在热量衡算，且化工生产中热量消耗是能量消耗的主要部分，例如一套年产 25 万 t 乙烯的裂解装置，采用柴油作裂解原料时，总能量消耗约为 $1.314 \times 10^9 \, \text{kJ/h}$，其中 90% 以上的能量消耗就是体现在热量消耗上。因此，化工过程中的能量衡算主要是热量衡算。

进行热量衡算有两种情况：一种是对单元设备做热量衡算，当各个单元设备之间没有热量交换时，只需对个别设备做计算；另一种是整个过程的热量衡算，当各个工序或单元操作之间有热量交换时，需做全过程的热量衡算。

3.3.4.1 热量衡算方程

热量衡算的理论依据是热力学第一定律。以能量守恒表达的方程式：

$$\sum Q_{入} = \sum Q_{出} + \sum Q_{损} \tag{3-33}$$

即 输入＝输出＋损失

式中：$\sum Q_{入}$ —— 输入设备热量的总和；

$\sum Q_{出}$ —— 输出设备热量的总和；

$\sum Q_{损}$ —— 损失热量的总和。

对于单元设备的热量衡算，热平衡方程式可写成如下形式：

$$Q_1 + Q_2 + Q_3 = Q_4 + Q_5 + Q_6 \tag{3-34}$$

式中：Q_1 —— 各股物料带入设备的热量，kJ；

Q_2 —— 由加热剂或冷却剂传递给设备和物料的热量，kJ；

Q_3 —— 过程的各种热效应，如反应热、溶解热等，kJ；

Q_4 —— 各股物料带出设备的热量，kJ；

Q_5 —— 消耗在加热设备上的热量，kJ；

Q_6 —— 设备向外界环境散失的热量，kJ。

将式(3-33)按式(3-34)整理得

$$\sum Q_\text{入} = Q_1 + Q_2 + Q_3$$

$$\sum Q_\text{出} = Q_4 + Q_5$$

$$\sum Q_\text{损} = Q_6$$

热量计算中各种热量的说明：

(1) 计算基准,可取任何温度,对有反应的过程,一般取 25℃ 作为计算基准。

(2) 以热量传递为主的设备,在连续稳态流动的情况下其热量衡算可采用式(3-35)表示：

$$Q = \Delta H = H_2 - H_1 \tag{3-35}$$

在间歇操作情况下其热量衡算可采用式(3-36)表示：

$$Q = \Delta U = U_2 - U_1 \tag{3-36}$$

从式(3-35)和式(3-36)两式可以看出,热量衡算就是计算在指定的条件下体系中进出物料的焓差或内能差,从而确定过程传递的热量。

(3) 物料的显热可用焓值或比热容进行计算,在化工计算中常用恒压热容 C_p,其计算式可表示为

$$Q = n \int_{T_1}^{T_2} C_p \mathrm{d}T \tag{3-37}$$

式中：n——物料量,mol;

C_p——物料恒压热容,kJ/(mol·℃);

T——温度,℃。T_2 为物料温度,T_1 为基准温度。

热容的计算：

① 经验公式(多项式)：

$C_p = a + bT + cT^2 + dT^3 + eT^4$($a,b,c,d,e$ 为经验常数)。

② 平均热容：

有 $\overline{C}_p(T_2 - T_1) = \int_{T_1}^{T_2} C_p \mathrm{d}T$,故 $\overline{C}_p = \dfrac{H_2 - H_1}{T_2 - T_1} = \dfrac{\int_{T_1}^{T_2} C_p \mathrm{d}T}{T_2 - T_1}$

如果已知 $\overline{C}_p$ 则焓变可由 $\Delta H = H_2 - H_1 = \overline{C}_p \Delta T$ 算得。

(4) Q_2 热负荷的计算：

Q_2 为正值表示需要加热,Q_2 为负值表示需要冷却。

对于间歇操作,各段时间操作情况不一样,则应分段做热量平衡,求出各不同时间的 Q_2,然后得到最大需要量。

(5) Q_3 为过程的热效应,包括过程的状态热(相变热)和化学反应热。相变热一般可由手册查阅,对无法查阅的汽化热可由特鲁顿法则估算,反应热可通过生成热和燃烧热计算。

汽化热的计算：

① 特鲁顿法则：非极性溶液 ΔH_v(kJ/mol) $\approx 0.088 T_b$(K);

水、低分子醇类：ΔH_v(kJ/mol) $\approx 0.109 T_b$(K);(T_b 为液体的正常沸点)

② 沃森公式：$\Delta H_v(T_2) = \Delta H_v(T_1) \left(\dfrac{1 - T_{r2}}{1 - T_{r1}} \right)^n \tag{3-38}$

式中：$\Delta H_v(T_2)$——所求温度 T_2 的未知汽化焓，kJ/mol；

　　　$\Delta H_v(T_1)$——温度 T_1 的已知汽化焓，kJ/mol；

　　　T_{r_2}——T_2 温度下的对比温度，K；

　　　T_{r_1}——T_1 温度下的对比温度，K；

　　　n——n 值一般可选为 0.375 或 0.38。

反应热的计算：

$$\Delta H = \frac{n_{AR}\Delta H_r^\theta}{\mu_A} + \sum_{\text{输出}} n_i H_i - \sum_{\text{输入}} n_i H_i \tag{3-39}$$

式中：A　——任意一种反应物或产物；

　　　n_{AR}——过程中生成或消耗的物质的量，mol；

　　　ΔH_r^θ——标准摩尔反应焓变，kJ/mol；

　　　μ_A——A 的化学计量系数。

n_{AR} 和 μ_A 均为正值。其中 $H_i = n_i C_p \Delta T$。

（6）设备加热所需热量 Q_5 在稳定操作过程中不出现，主要存在于间歇操作的升温降温阶段，会有设备的升温降温热产生，可用式（3-40）计算：

$$Q_5 = \sum G \cdot C_p (t_2 - t_1) \tag{3-40}$$

式中：G——设备各部件质量，kg；

　　　C_p——各部件热容，kJ/(mol·℃)；

　　　t_2——设备各部件加热后的温度，℃；

　　　t_1——设备各部件加热前的温度，℃。

设备加热前的温度 t_2 可取室温，加热终了时的温度取加热剂一侧（高温 t_h）与被处理物料一侧（低温 t_e）温度的算术平均值：$t_2 = (t_h + t_e)/2$。

（7）设备向四周散失的热量 Q_6 可由式（3-41）计算：

$$Q_6 = \sum F\alpha_T(t_w - t) \cdot \tau \times 10^{-3} \tag{3-41}$$

式中：F——设备散热表面积，m²；

　　　α_T——散热表面向四周围介质的联合给热系数，W/(m²·℃)；

　　　t_w——散热表面的温度（有隔热层时应为绝热层外表），℃；

　　　t——周围介质温度，℃；

　　　τ——散热持续的时间，s。

联合给热系数 α_T 是对流和辐射两种给热系数的综合，可由经验公式求取。一般绝热层外表温度取 50℃。

① 绝热层外空气自然对流

当 $t_w \leqslant 150℃$ 时，

平壁隔热层外　　　　　　　　$\alpha_T = 3.4 + 0.06(t_w - t)$ 　　　　　　　　　　（3-42）

管或圆筒壁隔热层外　　　　　$\alpha_T = 8.1 - 0.045(t_w - t)$ 　　　　　　　　　（3-43）

若周围介质自然对流，且壁温在 50～355℃时，$\alpha_T = 8.0 + 0.05t_w$

② 空气沿粗糙面强制对流

当空气流速　　　　　　　　　$u \leqslant 5\text{m/s}, \alpha_T = 5.3 + 3.6u$ 　　　　　　　　（3-44）

当空气流速 $u>5\mathrm{m/s}, \alpha_T=6.7u^{0.70}$ （3-45）

3.3.4.2　热量衡算的一般步骤

热量衡算是在物料衡算的基础上进行的,其计算步骤如下:

(1) 绘制以单位时间为基准的物料流程图,确定热量平衡范围。

(2) 在物料流程图上标明温度、压力、相态等已知条件。

(3) 选定计算基准温度。由于手册、文献上查到的热力学数据大多数是 273K 或 298K 的数据,故选此温度为基准温度,计算比较方便,计算时相态的确定也是很重要的。

(4) 根据物料的变化和流向,列出热量衡算式,然后用数学方法求解未知值。

(5) 整理并校核计算结果,列出热量平衡表。

进行热量衡算需要注意以下几点:

(1) 热量衡算时要先根据物料的变化和走向,认真分析热量间的关系,然后根据热量守恒定律列出热量关系式。式(3-34)中除了 Q_1、Q_4 是正值以外,其他各项都有正、负两种情形,如传热介质有加热剂和冷却剂,加热为"＋",冷却为"－"。热效应有吸热和放热,放热为"－",吸热为"＋"。消耗在设备上的热有热量和冷量,设备向环境散热有热量损失和冷量损失。因此要根据具体情况进行具体分析,判断清楚再进行计算。

(2) 要弄清楚过程中出现的热量形式,以便搜集有关的物性数据,如热效应有反应热、溶解热、结晶热等。

(3) 计算结果是否正确适用,关键在于数据的正确性和可靠性,因此必须认真查找、分析、筛选,必要时可进行实际测定。

(4) 间歇操作设备,其传热量 Q 随时间而变化,因此要用不均衡系数将设备的热负荷由 kJ/台换算为 kJ/h。不均衡系数一般根据经验选取。

其换算公式为:$Q(\mathrm{kJ/h})=(Q_2\times$不均衡系数$)/(\mathrm{h/}$台$)$

计算公式中的热负荷为全过程中热负荷最大阶段的热负荷。

(5) 根据热量衡算可以算出传热设备的传热面积,如果传热设备选用定型设备,该设备面积要大于工艺计算得出的传热面积。

3.3.4.3　系统热量平衡计算

系统热量平衡是对一个换热系统、一个车间或全厂(或联合企业)的热量平衡,其依据的基本原理仍然是能量守恒定律,即进入系统的热量等于出系统的热量和损失热量之和。

系统热量平衡的作用:

(1) 通过对整个系统能量平衡的计算求出能量的综合利用率,由此来检验流程设计时提出的能量回收方案是否合理,按工艺流程图检查重要的能量损失是否都考虑到了回收利用,有无不必要的交叉换热,核对原设计的能量回收装置是否符合工艺过程的要求。

(2) 通过对各设备加热(冷却)利用量计算,把各设备的水、电、汽(气)、燃料的用量进行汇总,求出每吨产品的动力消耗定额(表 3-4),即每小时、每昼夜的最大和平均消耗量以及年消耗量等。

表 3-4　动力消耗定额

序号	动力名称	规格	每吨产品消耗定额	每小时消耗量		每昼夜消耗量		每年消耗量	备注
				最大	平均	最大	平均		
1									
2									
3									

动力消耗包括自来水(一次水)、循环水(二次水)、冷冻盐水、蒸汽、电、石油气、重油、氮气、压缩空气等。动力消耗量根据设备计算的能量平衡部分及操作时间求出。消耗量的日平均值是以一年中平均每日消耗量计,小时平均值则以日平均值为准。每昼夜与每小时最大消耗量是以其平均值乘上消耗系数求取,消耗系数需根据实际情况确定。动力规格指蒸汽的压力,冷冻盐水的进、出口温度等。

系统热量平衡计算的步骤与上述的热量衡算计算步骤基本相同。

3.3.5　无化学反应过程的热量衡算

无化学反应过程的热量衡算,一般应用于计算指定条件下进出过程物料的焓差或内能差,用来确定过程的热量,进而计算出冷却或加热介质的用量或温差。

3.3.5.1　流体流动

流体流动是最普遍的化工单元操作之一,其过程中的热量衡算很重要。

【例 3-11】　两股不同温度的水用作锅炉进水,它们的流量及温度分别是 A：120kg/min, 30℃；B：175kg/min, 65℃。锅炉压力为 1.7×10^3 kPa(绝压)。出口蒸汽通过内径为 60mm 的管子离开锅炉。如产生的蒸汽是锅炉压力下的饱和蒸汽,计算每秒要供应锅炉多少热量,忽略进口的动能。

解：做水的物料衡算：

可知产生的蒸汽流量为(120＋175)kg/min＝295kg/min。

由水蒸气表查得 30℃、65℃ 液态水及 1.7×10^3 kPa 时的饱和水蒸气的焓。查得的数据已填入计算流程图 3-13 中。

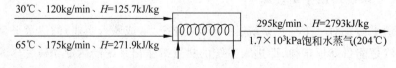

图 3-13　锅炉的热量衡算流程示意图

对体系来说　　　　　　　　　$\Delta H + \Delta E_K + \Delta E_P = Q + W$

由于没有运动的部件,$W = 0$；由于高度差较小,$\Delta E_P = 0$。

所以　　　　　　　　　　　$\Delta H + \Delta E_K = Q$

$$\Delta H = \sum (m_i H_i)_2 - \sum (m_i H_i)_1 = [(295 \times 2793) - (120 \times 125.7 + 175 \times 271.9)] \text{kJ/min}$$
$$= 7.61 \times 10^5 \text{kJ/min} = 1.27 \times 10^4 \text{kJ/s}$$

由水蒸气表查得 $1.7 \times 10^3 \mathrm{kPa}$ 饱和蒸汽比容为 $0.1166 \mathrm{m}^3/\mathrm{kg}$,

内径 $0.06\mathrm{m}$ 管子的截面面积为 $A = \dfrac{\pi}{4} 0.06^2 = 2.83 \times 10^{-3} \mathrm{m}^2$

蒸汽流速为

$$u = \frac{295 \times 0.1166}{60 \times 2.83 \times 10^{-3}} \mathrm{m/s} = 202.6\mathrm{m/s}$$

由于进水的动能可以忽略,则

$$\Delta E_{\mathrm{K}} \approx (E_{\mathrm{K}})_{\text{蒸汽}} = m\left(\frac{u}{2}\right)^2 = \frac{295}{60} \times \left(\frac{202.6}{2}\right)^2 \times 10^{-3} \mathrm{kJ/s} = 50.45\mathrm{kJ/s}$$

$$Q = \Delta H + \Delta E_{\mathrm{k}} = (1.27 \times 10^4 + 50.45)\mathrm{kJ/s} = 1.275 \times 10^4 \mathrm{kJ/s}$$

$$\frac{\Delta E_{\mathrm{K}}}{Q} = \frac{50.45}{1.275 \times 10^4} \approx 0.0040 = 0.4\%$$

可见动能的变化约占过程所需总热量的 0.4%,对于带有相变、化学反应或较大温度变化的过程,动能和位能的变化相对于焓变来说,常常是可忽略的(至少在做估算时可以这样)。

3.3.5.2　混合与溶解过程

当配制、浓缩或稀释一种溶液,且要做热量衡算时,可以列出物料进、出口焓表,列表时将混合溶液看作一种物质,并列出溶质的量或流率,焓的单位取 $\mathrm{J/mol}$。

如果溶解与混合过程物料中有纯溶质,宜选用 $25℃$(或已知的其他温度)溶质和溶剂作为计算焓的基准;如果进、出口物料是稀溶液,则选无限稀释的溶液和纯溶剂为基准比较好。

【例 3-12】 盐酸由气态 HCl 用水吸收而制得,如果用 $25℃$ 的 H_2O 吸收 $100℃$ 的 HCl 气体,每小时生产 $40℃$、25%(质量分数)HCl 水溶液 $2000\mathrm{kg}$,计算吸收设备应加入或移出多少热量?

解: 先做物料衡算,计算 HCl(气体)和 H_2O(液体)的流率。

基准:$2000\mathrm{kg}$ 25%(质量分数)HCl 水溶液

$$n_{\mathrm{HCl}} = \frac{2000 \times 0.25}{36.5} \mathrm{kmol/h} = 13.7\mathrm{kmol/h}$$

$$n_{\mathrm{H_2O}} = \frac{2000 \times 0.75}{18} \mathrm{kmol/h} = 83.333\mathrm{kmol/h}$$

根据题意画流程示意图,如图 3-14 所示。

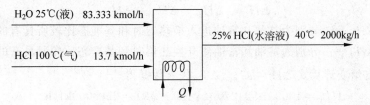

图 3-14　盐酸吸收过程热量衡算示意图

热量衡算基准:由于 $25℃$ HCl 的 ΔH_s 已知,且过程中有纯 HCl(气),所以选 $25℃$、HCl(气)、H_2O(液)为基准。

设 HCl 带入的焓为 $\Delta H_{\mathrm{m,1}}$,其过程表示为 HCl(气,$100℃$)→HCl(气,$25℃$)

查出 HCl 的平均热容　　　　　$\bar{C}_{p,\mathrm{m}}=29.17\mathrm{J/mol/K}$

$$\Delta H_{\mathrm{m,1}}=29.17\times(100-25)\times10^{-3}=2.188\mathrm{kJ/mol}$$

溶解过程的焓变为 ΔH_{s},其过程表示为

$$\mathrm{HCl(气,25℃)}+n\,\mathrm{H_2O(液,25℃)}\longrightarrow\mathrm{HCl(水溶液,25℃)}$$

$$n=\frac{83.333}{13.7}=6.083$$

$$\Delta H_{\mathrm{s}}(25℃,6.083)=-65.23\mathrm{kJ/mol}$$

设 HCl 水溶液带出的热量为 $\Delta H_{\mathrm{m,2}}$,其过程表示为

$$\mathrm{HCl(水溶液,25℃)}\longrightarrow\mathrm{HCl(水溶液,40℃)}$$

由手册查得 25%(质量分数)盐酸的热容为 $0.4185\mathrm{kJ/(mol\cdot K)}$

$$\Delta H_{\mathrm{m,2}}=0.4185\times(40-25)=6.278\mathrm{kJ/mol}$$

$$Q=\Delta H=\sum(n_iH_{\mathrm{m},i})_{\text{出}}-\sum(n_iH_{\mathrm{m},i})_{\text{进}}=13.7\times10^3\times(-65.23+6.278)-$$

$$13.7\times10^3\times2.188=-8.376\times10^5\mathrm{kJ/h}$$

故吸收装置每小时需移出 $8.376\times10^5\mathrm{kJ}$ 热量。

3.3.5.3　换热过程

化工过程中无相变、无化学反应的换热过程的热量衡算主要是指物料温度变化所需加入或取出的热量的计算,化工生产中常见的加热或冷却过程就属于这种情况。

【例 3-13】　有一裂解气的油吸收装置,热的贫油和冷的富油在换热器中换热。富油流量为 12000kg/h,入口温度为 30℃;贫油流量为 10000kg/h,入口温度为 150℃,出口温度为 65℃。求富油的出口温度。已知在相应的温度范围内,贫油平均热容为 $2.240\mathrm{kJ/(kg\cdot K)}$;富油平均热容为 $2.093\mathrm{kJ/(kg\cdot K)}$。换热器热损失可忽略不计。

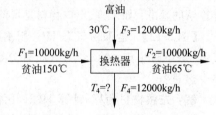

图 3-15　油吸收装置的换热过程热量衡算

解:根据题意画出流程示意图,如图 3-15 所示。

基准:1h、30℃。

因无热量损失,故贫油与富油带入系统的焓与贫油与富油离开系统时的焓相等,即热量衡算式为

$$\Delta H_1+\Delta H_3=\Delta H_2+\Delta H_4$$

式中:ΔH_1,ΔH_3——分别为贫油和富油进入换热器时和基准态比较所具有的焓变,kJ/h;

ΔH_2,ΔH_4——分别为贫油和富油离开换热器时和基准态比较所具有的焓变,kJ/h。

由已知,有焓变计算式 $\Delta H=n\bar{C}_{p,\mathrm{m}}\Delta T$,代入数据得

$$\Delta H_1=10000\times2.240\times(150-30)=2688000\mathrm{kJ/h}$$

$$\Delta H_2=10000\times2.240\times(65-30)=784000\mathrm{kJ/h}$$

$$\Delta H_3=12000\times2.093\times(30-30)=0\mathrm{kJ/h}$$

$$\Delta H_4=12000\times2.093\times(T_4-30)=25116(T_4-30)$$

将以上数据代入热量衡算式,得 $2688000+0=784000+25116(T_4-30)$

解得 $T_4 = 105.8℃$

所以富油的出口温度为 105.8℃。

3.3.6　化学反应过程的热量衡算

一般的化工生产过程，多数有化学反应，并伴随热效应的产生。为了使过程在工艺条件下操作，需要向系统供给或从系统中移去热量，因此热量衡算主要是计算化学反应的反应热。

对于连续操作的过程或设备来说，热量衡算也可以单位时间来进行计算；而对于间歇过程或设备来说，热量衡算是以过程或过程中某一阶段（如一釜）的时间来计算。

热量衡算是以物料衡算为基础，然后把设备中发生的化学反应中的热效应（吸热或放热）、物理变化（蒸发或冷凝）中的热效应、从外界输入热量或从系统中移去热量、随反应产物带出的热量以及通过设备器壁散失的热量等一一考虑在内来计算。

【**例 3-14**】甲醇合成过程如图 3-16 所示。进入反应器的原料气组成（体积分数）为 CH_4 1.9%、CO 17.9%、CO_2 10.8%、H_2 68.5%、N_2 0.9%。

在反应器内主要的化学反应如下

$$CO + 2H_2 \rightleftharpoons CH_3OH \quad ① \qquad\qquad CO_2 + 3H_2 \rightleftharpoons CH_3OH + H_2O \quad ②$$

其中，CO 的转化率为 88%，CO_2 的转化率为 85%，原料气进料温度及反应物离开反应器温度分别为 523K 和 493K，试计算：

（1）原料进料量为 100mol/h 时，离开反应器的流量。

（2）反应①和②的反应热 ΔH_r^{θ} 是多少？

（3）由反应器移去的反应热是多少？

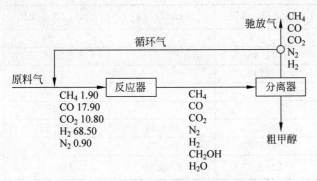

图 3-16　甲醇合成过程的流程示意图

解：基准为原料气 100mol

（1）离开反应器的气体组成

CH_4　　1.90mol

CO　　$17.90 \times (1-0.88)\text{mol} = 2.15\text{mol}$

CO_2　　$10.80 \times (1-0.85)\text{mol} = 1.62\text{mol}$

H_2　　$(68.50 - 17.90 \times 0.88 \times 2 - 10.80 \times 0.85 \times 3)\text{mol} = 9.46\text{mol}$

N_2　　0.90mol

$$CH_3OH \quad (17.90 \times 0.88 + 10.80 \times 0.85)mol = 24.93mol$$

$$H_2O \quad 10.80 \times 0.85mol = 9.18mol$$

由物料衡算及热力学数据得表 3-5。

表 3-5 物料衡算及热力学数据

物质	反应器		ΔH_{fj}	ΔH_{LV}	Δh_{2j}	Δh_{1j}
	进口/mol	出口/mol	/(kJ/mol)	/(kJ/mol)	/(kJ/mol)	/(kJ/mol)
CH_4	1.90	1.90	−74.50		8.00	9.42
CO	17.90	2.15	−110.57		5.75	6.65
CO_2	10.80	1.62	−393.54		7.95	9.29
H_2	68.50	9.46			5.64	6.51
N_2	0.90	0.90			5072	6.62
CH_3OH		24.93	−239.10	37.50	10.28	12.12
H_2O		9.18	−285.83	44.10	6.71	7.78
$\sum$	100	50.14				

（2）从表 3-5 可得反应①的反应热 ΔH_{r1}^{θ}

$$\Delta H_{r1}^{\theta} = [(-239.10) - (-110.57)]kJ/mol = -128.53kJ/mol$$

反应②的反应热 ΔH_{r2}^{θ}

$$\Delta H_{r2}^{\theta} = [(-239.10) + (-285.83) - (-393.54)]kJ/mol = -131.39kJ/mol$$

（3）应用表 3-5，将热量衡算的计算结果示于表 3-6。

表 3-6 热量衡算结果

物 质	$\Delta n_j \Delta H_{fj}/kJ$	$\Delta n \Delta H_{LV}/kJ$	$\Delta n_{2j} \Delta h_{2j}/kJ$	$\Delta n_{1j} \Delta h_{1j}/kJ$
CH_4			15.20	−17.90
CO	1741.48		12.37	−119.18
CO_2	3612.42		12.88	−100.34
H_2			53.33	−445.85
N_2			5.15	−5.96
CH_3OH	−5960.75	934.88	256.39	
H_2O	−2623.92	404.01	61.63	
$\sum$	−3230.77	1338.89	416.95	−689.23

由表 3-6 得

$$Q_1 = (-3230.77 + 1338.89 + 416.95 - 689.23)kJ = -2164.16kJ$$

由反应器移去的反应热为 2164.16kJ。

3.3.7 稳态过程的热量衡算

稳态过程时，其热量衡算方程式为

$$\sum_{i=1}^{N_s} F_i h_i + \sum \frac{dQ_i}{dt} + \sum \frac{dW_i}{dt} = 0 \tag{3-46}$$

式中：F——摩尔流率或质量流率，mol/s 或 kg/s；

　　　h——单位摩尔焓或单位质量焓，kJ/mol 或 kJ/kg；

　　　$\sum \dfrac{\mathrm{d}Q_i}{\mathrm{d}t}$——通过系统边界的热量传递速率，kJ/s；

　　　$\sum \dfrac{\mathrm{d}W_i}{\mathrm{d}t}$——以功的形式通过边界的传递速率，kJ/s。

应用式(3-46)时，所有能量传递以下面的原则决定其正负值：质量或能量流入过程系统的为正，流出过程系统的为负。

本章思考题

1. 化工工艺计算有哪些内容？其作用是什么？

2. 物料衡算的依据、作用及其衡算步骤是什么？

3. 热量衡算的依据是什么？能解决生产过程中哪些问题？

答案

4. 合成气组成为 $0.4\%CH_4$、$52.8\%H_2$、$38.3\%CO$、$5.5\%CO_2$、$0.1\%O_2$ 和 $2.9\%N_2$（体积分数）。若用 10% 过量空气燃烧，设燃烧气中不含 CO_2，试计算燃烧气组成。

5. 乙烯氧化制环氧乙烷的反应器中进行如下反应：

主反应　　　　　　$C_2H_4(g) + \dfrac{1}{2}O_2(g) \longrightarrow C_2H_4O(g)$

副反应　　　　　　$C_2H_4(g) + 3O_2(g) \longrightarrow 2CO_2(g) + 2H_2O(g)$

反应温度基本维持在 250℃，该温度下主、副反应的反应热分别为

$$-\Delta H_{523}^0 = 105395\ \text{kJ/kmol}$$

$$-\Delta H_{523}^0 = 1321726\ \text{kJ/kmol}$$

乙烯的单程转化率为 32%，反应的选择性为 69%，反应器进口混合气的温度为 210℃，流量 $45000\ \text{m}^3/\text{h}$（标准状况下），其组成如下：

组　分	C_2H_4	N_2	O_2	合计
含量/%（摩尔分数）	3.5	82.0	14.5	100

热损失按反应放出热量的 5% 考虑，求热载体移出的热量。

化工设备的工艺设计与选型

本章主要内容：

- 化工设备工艺设计的内容。
- 泵的选用。
- 换热设备的设计和选用。
- 贮罐的选型和设计。
- 塔器的设计。
- 反应器的设计。

化工设备是组成化工装置的基本单元，也是工程设计的基础。

化工设备的工艺设计是工艺流程设计完成后，在物料衡算和热量衡算的基础上进行的，其目的是确定工艺设备的类型、规格、主要尺寸和台数，为车间布置设计、施工图设计及非工艺设计项目提供足够的设计数据。

4.1 化工设备工艺设计的内容

4.1.1 化工设备的分类

化工设备有成千上万种，从安全形态来说可分为静设备(如塔、换热器等)和动设备(如泵、风机等)，后者更具易损性和危险性；从化工单元操作来说分为流体输送设备、换热设备、反应设备、分离设备等；从设计角度来说又可分为标准设备(或定型设备)和非标准设备(或非定型设备)两大类。

化工设备的设计包括标准设备设计和非标准设备设计。

标准设备如泵、风机、过滤机、离心机压缩机等，生产厂家、型号都很多，可选择范围很大。设计者根据工艺要求，计算特征尺寸，查阅相关产品目录或样本手册(列出设备的规格、型号、基本性能参数)，选择合适的设备型号，向厂家直接订购。

非标准设备如容器(中压、低压、高压)、塔器、干燥设备、搅拌设备和除尘设备等，没有统一的行业标准和规格，而是根据化工生产的特点和用途需要，针对具体工艺条件进行设计、制造的特殊设备，其外观或性能不在国家或行业标准设备产品目录内。非标准设备工艺设计就是根据工艺要求，完成工艺计算，提出设备型式、材料、尺寸和其他要求，再经过机械计算及设计，由有相关化工机械生产资质的厂家制造。

非标准设备是化工生产中大量存在的设备，需要根据工艺条件，设计并专门加工制成设备。但是随着国家化工标准的推进，有些原来属于非标准设备的化工装置，已逐步走向系列化、定型化,有的虽未全部统一,但可能有一些标准的图纸,如换热器系列、容器系列、搪玻璃设备系列等。随着化学工业的发展,设备的标准化程度将越来越大,因此,在非标准设备设计时,应尽量采用已标准化的图纸。

4.1.2 化工设备工艺设计的原则

化工设备的工艺设计主要应满足以下几个方面的要求。

1. 技术的合理性

设计必须满足工艺要求,所选设备与工艺流程、生产规模、工艺操作条件及工艺控制水平相适应,所选择的设备要确保产品质量达标并能降低劳动强度、提高劳动生产率、改善劳动环境,绝不允许把不成熟或未经生产考验的设备用于设计。

2. 先进性

在可靠的基础上还要考虑设备的先进性,便于生产的连续化和自动化,使转化率、收率、得率、效率达到尽可能高的水平,运行平稳,操作简单且易于加工维修等。

3. 经济性

要合理选材,节省设备的制造和购买费用;设备要易于加工、维修、更新,没有特殊的维护要求;减少运行成本。

4. 安全性

要求设备的运转安全可靠、自控水平合适、操作稳定、弹性好、无事故隐患;对工艺和建筑、地基、厂房等无苛刻要求;减小劳动强度,尽量避免高温、高压、高空作业;尽量不用有毒有害的设备附件、附料。

5. 政策性

根据我国国情,遵循化工设备设计文件规定和标准,保护环境和保障良好的操作条件,确保安全生产,使"三废"处理问题消灭在无形状态或者在密闭系统中循环进行。

总之,在化工设备的工艺设计上要综合考虑其技术的合理性、先进性、经济性、安全性、和政策性,仔细研究,做到设计合理,尽量不留遗憾。

4.1.3 化工设备工艺设计的步骤

化工设备的工艺设计是化工设计中一项责任重大、技术要求高、需要具有丰富理论知识和实际生产经验的设计工作。其主要设计工作步骤如下。

1. 结合工艺流程设计确定化工单元操作所用设备的类型

同一工艺流程可由不同的单元操作方法来完成,在基础设计阶段就要考虑使用何种设备来实现。例如,工艺流程中液、固物料的分离是采用过滤机还是离心机;液体混合物的各组分分离是用萃取方法还是蒸馏方法;实现气固相催化反应,是选择固定床反应器还是流化床反应器等。

2. 确定设备的材质

材质受制于介质的腐蚀性能,关系着设备的使用寿命,也直接影响到设备的投资费用。一般来说,这项工作应当与设备设计专业人员共同讨论完成。根据工艺操作条件(温度、压力、介质的性质等)和对设备的工艺要求确定设备的材质。

3. 确定设备的基本尺寸和工艺设计参数

通过工艺流程设计、物料衡算、能量衡算、设备的工艺计算确定设备的基本尺寸和工艺设计参数。不同类型设备的主要工艺设计参数如下。

(1)换热器:热负荷,换热面积,冷、热载体的种类,冷、热流体的流量,温度和压力。

(2)泵:流量、扬程、轴功率、允许吸上高度。

(3)风机:风量、风压。

(4)吸收塔:进出塔气体的流量、组成、压力和温度,吸收剂种类、流量、温度和压力,塔径、塔高、塔体的材质、塔板的材质、塔板的类型和塔板数(对板式塔),填料种类、规格、填料总高度、每段填料的高度和段数(对填料塔)。

(5)蒸馏塔:进料物料,塔顶产品、塔釜产品的流量、组成和温度,塔的操作压力、塔径、塔体的材质、塔板的材质、塔板的类型和塔板数(对板式塔),填料种类、规格、填料总高度、每段填料的高度和段数(对填料塔),加料口位置、塔顶冷凝器的热负荷及冷却介质的种类、流量、温度和压力,再沸器的热负荷及加热介质的种类、流量、温度和压力、灵敏板位置。

(6)反应器:反应器的类型,进出口物料的流量、组成、温度和压力,催化剂的种类、规格、数量和性能参数,反应器内换热装置的形式、热负荷及热载体的种类、数量、压力和温度,反应器的主要尺寸、换热式固定床催化反应器的温度、浓度沿床层的轴向(对大直径床还包括径向)分布,冷激式多段绝热固定床反应器的冷激气用量、组成和温度。

4. 确定标准设备的型号、规格和数量

标准设备中,泵、风机、压缩机、制冷机、离心机等是多种行业广泛采用的设备,这种类型设备有众多的生产厂家,型号也很多,可选择的范围很大。

5. 确定标准图的图号和型号

对已有标准图纸的设备,确定标准图的图号和型号。

6. 确定对非标准设备的要求

对非标准设备,应向化工设备专业设计人员提供设计条件和设备草图,明确设备的类型、材质、基本设计参数等。提出对设备的维修、安装要求,支撑要求及其他要求(如防爆口、人孔、手孔、卸料口等)。

7. 编制工艺设备一览表

在初步设计阶段,根据设备工艺设计和选型的结果编制工艺设备一览表,可按非标准设备和标准设备两类进行编制。初步设计阶段的工艺设备一览表作为设计说明书的组成部分提供给有关部门进行设计审查。

施工图设计阶段的工艺设备一览表是施工图设计阶段的主要设计成品之一,在施工图设计阶段,由于非标准设备的施工图纸已经完成,工艺设备一览表必须填写得十分准确和足够详尽,以便订货加工。

8. 设备图纸会签归档

在工艺管道布置和设备施工图设计完成后，由工艺人员与设备设计人员一起校核设备管口方位图，并经会签后归档。

4.2 泵的选用

在化工生产中，大量处理的是液态物质，因此，液体的输送在化工工艺中就显得尤其重要。在化工厂中输送液体较多采用的是泵，通过泵向液体输入能量，将其从低位打至高位，从低压区送至高压区，或克服输送沿程的机械能损失，从而完成工艺要求的物料走向、流量等技术指标。

4.2.1 泵的分类

泵的类型很多，分类也不尽相同。按泵作用于液体的原理可将其分为叶片式泵、容积式泵和其他类型（如流体作用式等）泵。叶片式泵是由泵内的叶片在旋转时产生的离心力作用将液体吸入和压出。容积式泵是由泵的活塞或转子在往复或旋转运动中产生挤压作用将液体吸入和压出。泵也常按其使用的用途来命名，如水泵、油泵、泥浆泵、砂泵、耐腐蚀泵、冷凝液泵等。也有以泵的结构特点命名的，如悬臂水泵、齿轮油泵、螺杆泵、液下泵、立式泵、卧式泵等。常见的泵分类法如图 4-1 所示。

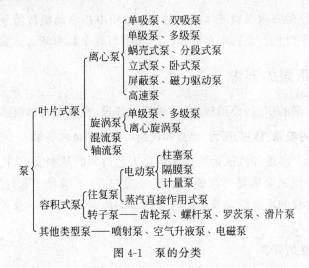

图 4-1　泵的分类

4.2.2 泵的技术指标

1. 型号

目前，我国对于泵的命名尚未有统一的规定，但在国内大多数的泵产品已逐渐采用英文字母来代表泵的名称，如泵型号：IS80-65-160。IS 表示泵的型号代号（单级单吸清水离心泵），吸入口直径为 80mm，排出口直径为 65mm，叶轮名义直径为 160mm。不同类型泵的型号均可从泵的产品样本中查到。

2. 扬程

泵在输送单位液体量时,泵出口能量的增加值,包括液体静压头、速度头及几何位能等能量增加值总和,以 m 液柱表示。由于泵可以输送多种液体,各种液体的密度和黏度不同,为了使扬程有一个统一的衡量标准,泵的生产厂家在泵的技术指标中所指明的一般都是清水扬程,即介质为清水,密度 $1000kg/m^3$,黏度 $1mPa \cdot s$,无固体杂质。此外少数专用泵如硫酸泵、熔盐泵等,扬程注明为 m 酸柱或 m 熔盐柱。

3. 流量

泵在单位时间内抽吸或排送液体的体积数称为流量,以 m^3/h 或 L/h 表示。叶片式泵如离心泵,流量与扬程有关,这种关系是离心泵的一个重要特性,被称为离心泵的特性曲线。泵的操作流量指泵的扬程流量特性曲线与管网系统所需的扬程、流量曲线相交处的流量值。容积式泵流量与扬程无关,几乎为常数。

4. 必需汽蚀余量

为使泵在工作时不产生汽蚀现象,泵入口处必须具有超过输送温度下液体的汽化压力的能量,使泵在工作时不产生汽蚀现象所必需的富余能量称为必需汽蚀余量($NPSH_r$)。必需汽蚀余量,国际上普遍称为必需的净正吸入压头(required net positive suction head),单位为 m。

5. 功率与效率

有效功率指单位时间内泵对液体所做的功;轴功率指原动机传给泵的功率;效率指泵的有效功率与轴功率之比。泵样本中所给出的功率与效率都为清水试验所得。

4.2.3 对化工用泵的要求

在化工过程中,泵的用途、使用场合、物料性质各异,在选泵时必须满足以下基本原则。

1. 满足工艺上对流量、扬程、压力、温度和汽蚀余量等参数的要求

流量、扬程、压力、温度和汽蚀余量等参数是工艺对泵的基本要求,特别是流量和扬程两个参数,所选泵型必须完全满足。在确定泵的流量时,除了满足工艺计算书上的流量要求外,还要综合考虑装置的富余能力及系统内各设备的协调和平衡,以及工艺过程影响流量变化的范围。

2. 满足介质特性的要求

输送易燃、易爆、易挥发、有毒或贵重介质时,要求泵的轴封性能可靠,或选用屏蔽泵、磁力驱动泵、隔膜泵等无泄漏泵。

输送腐蚀性介质时,要求与物料接触的部件采用耐腐蚀材料,密封性能要求高。

输送易汽化液体时,应选用轴封可靠的高压低温泵。

输送黏性液体可选用齿轮泵、隔膜泵、螺杆泵、浆料泵等泵型。

输送含固体颗粒介质时,要求过流部件采用耐磨材料,必要时轴封应采用清洁液体冲洗。

3. 满足现场安装要求

对安装在有腐蚀性气体存在场合的泵,要求采取防大气腐蚀措施;对安装在室外环境温度低于−20℃的泵,要求考虑泵的冷脆现象,采用耐低温材料;对安装在爆炸性危险区域的泵,应根据危险区域等级,采用防爆电动机。

4. 满足对泵连续运转周期的要求

对每年计划停车一次进行大检修的企业,泵的连续运转周期一般应大于 8000h;对于要求长周期运行的石油、石化和天然气工业用泵,其连续运转周期应大于 3 年。

此外,在选泵时还应考虑泵的性能、能耗、可靠性、价格、供货周期和制造水平等因素。

典型化工用泵的特点和选用要求如表 4-1 所示。

表 4-1　典型化工用泵的特点和选用要求

泵 名 称	特 点	选 用 要 求
进料泵(包括原料泵和中间给料泵)	(1) 流量稳定; (2) 一般扬程较高; (3) 有些原料黏度较大或含固体颗粒; (4) 泵入口温度一般为常温,但某些中间给料泵的入口温度也可大于 100℃; (5) 工作时不能停车	(1) 一般选用离心泵; (2) 扬程很高时,可考虑用容积式泵或高速泵; (3) 泵的备用率为 100%
回流泵(包括塔顶、中段及塔底回流泵)	(1) 流量变动范围大,扬程较低; (2) 泵入口温度不高,一般为 30～60℃; (3) 工作可靠性要求高	(1) 一般选用离心泵; (2) 泵的备用率为 50%～100%
塔底泵	(1) 流量变动范围大(一般用液位控制流量); (2) 流量较大; (3) 泵入口温度较高,一般大于 100℃; (4) 液体一般处于气液两相态; (5) 工作可靠性要求高; (6) 工作条件苛刻,一般有污垢沉淀	(1) 一般选用离心泵; (2) 选用低汽蚀余量泵,并采用必要的灌注头; (3) 泵的备用率为 100%
循环泵	(1) 流量稳定,扬程较低; (2) 介质种类繁多	(1) 选用离心泵; (2) 按介质选用泵的型号和材料; (3) 泵的备用率为 50%～100%
产品泵	(1) 流量较小; (2) 扬程较低; (3) 泵入口温度低(塔顶产品一般为常温,中间抽出和塔底产品温度稍高); (4) 某些产品泵间歇操作	(1) 宜选用单级离心泵; (2) 对纯度高或贵重产品,要求密封可靠,泵的备用率为 100%,对一般产品,备用率为 50%～100%。对间歇操作的产品泵,一般不设备用泵

续表

泵　名　称	特　　点	选　用　要　求
注入泵	（1）流量很小,计量要求严格; （2）常温下工作; （3）排压较高; （4）注入介质为化学药品,往往有腐蚀性	（1）选用柱塞或隔膜计量泵; （2）对有腐蚀性介质,泵的过流元件通常采用耐腐蚀材料; （3）一般间歇操作,可不设备用泵
排污泵	（1）流量较小,扬程较低; （2）污水中往往有腐蚀性介质和腐蚀性颗粒; （3）连续输送时要求控制流量	（1）选用污水泵、渣浆泵; （2）常需采用耐腐蚀材料; （3）泵备用率为50%～100%
燃料油泵	（1）流量较小,泵出口压力稳定（一般为1.0～1.2MPa）; （2）黏度较高; （3）泵入口温度一般不高	（1）根据不同的黏度,可选用转子泵或离心泵; （2）泵的备用率为100%
润滑油泵和封液泵	（1）润滑油压力一般为0.1～0.2MPa; （2）机械密封封液压力一般比密封腔压力高0.05～0.15MPa	（1）一般随主机配套供应; （2）一般为螺杆泵和齿轮泵,但大型离心压缩机组的集中供油往往使用离心泵

4.2.4　选泵的工作方法和基本程序

4.2.4.1　收集基础数据

（1）介质物性,如介质的密度、黏度、毒性、腐蚀性、沸点、蒸汽压、溶液浓度等;介质的特殊性能,如价格昂贵程度、含固体颗粒与否、固体颗粒的粒度、颗粒的性能、固体含量等,介质中是否含有气体,气体的体积含量等数据。

（2）操作条件,如温度、压力、正常流量、最小和最大流量等。

（3）泵的工作位置情况,如泵的工作环境温度、湿度、海拔高度、管道的大小及长度进口液面至泵的中心线距离、排液口至设备液面距离等。

4.2.4.2　确定泵的扬程和流量

1. 流量的确定和计算

流量是选泵的重要性能数据之一,它直接关系到整个装置的生产能力和输送能力。工艺条件中如已有系统可能出现的最大流量,选泵时以最大流量为基础,如果数据是正常流量,则应根据工艺情况可能出现的波动、开车和停车的需要等,在正常流量的基础上乘以一个安全系数,一般可取这个系数为1.1～1.2,特殊情况下,还可以再加大。

流量通常都必须换算成体积流量,因为泵生产厂家的产品样本中的数据是体积流量。

2. 扬程的确定和计算

装置系统所需的扬程是选泵的又一重要性能数据。首先计算出所需要的扬程,即用来克服两端容器的位能差,两端容器上静压力差,两端全系统的管道、管件和装置的阻力损失以及两端(进口和出口)的速度差引起的动能差别。泵的扬程用伯努利方程计算,将泵和进出口设备做一个系统研究,以物料进口和出口容器的液面为基准,根据式(4-1)就可很方便地算出泵的扬程。

$$H = (z_1 - z_2) + \frac{p_2 - p_1}{\rho g} + \left(\sum h_2 + \sum h_1\right) + \frac{u_2^2}{2g} \qquad (4-1)$$

式中:z_1——吸入侧最低液面至泵轴线垂直高度,如果泵安装在吸入液面的下方(称为灌注),z_1 为负值;

$\qquad z_2$——排出侧最高液面至泵轴线垂直高度;

$\qquad p_1, p_2$——分别为排出侧和吸入侧容器内液面压力;

$\qquad \sum h_1, \sum h_2$——分别为排出侧和吸入侧系统阻力损失;

$\qquad u_2$——排出口液面流体流速;

$\qquad \rho$——输送液体密度;

$\qquad g$——重力加速度。

对于一般输送液体 $\frac{u_2^2}{2g}$ 值很小,常忽略或纳入 $\sum h$ 损失中计算。

计算出的 H 不能作为选泵的依据,一般要放大 5%~10%,即泵的额定扬程为装置所需扬程的 1.05~1.1 倍。

4.2.4.3 选择泵型及泵的具体型号

确定和选择使用的泵的基本泵型,要从被输送物料的基本性质出发,如物料的温度、黏度、挥发性、毒性、化学腐蚀性、溶解性和物料是否均一等。此外,还应考虑到生产的工艺过程和动力、环境等条件,如是否长期连续运转、扬程和流量的波动和基本范围、动力来源、厂房层次高低等因素。

(1) 均一的液体几乎可选用任何泵型;

(2) 悬浮液则宜选用泥浆泵、隔膜泵;

(3) 夹带或溶解气体时应选用容积式泵;

(4) 黏度大的液体、胶体或膏糊料可用往复泵,最好选用齿轮泵、螺杆泵;

(5) 输送易燃易爆液体可用蒸汽往复泵;

(6) 被输送液体与工作液体(如水)互溶而生产工艺又不允许其混合时则不能选用喷射泵;

(7) 流量大而扬程高的宜选往复泵;

(8) 流量大而扬程不高时应选用离心泵;

(9) 输送具有腐蚀性的介质,选用耐腐蚀的泵体材料或衬里的耐腐蚀泵;

(10) 输送昂贵液体、剧毒或具有放射性的液体选用完全不泄漏、无轴封的屏蔽泵。

此外,有些地方必须使用液下泵,有些场合要用计量泵等。

有电源时选用电动泵,无电源但有蒸汽供应时可选蒸汽往复泵,卧式往复泵占地稍大,立式泵占地较小。车间要求防爆时,应选用蒸汽驱动的泵或具有防爆性能的泵,喷射泵需要水、汽作动力,有相应的装置,选用时应充分注意,有时还采用手摇泵等。

输送介质的温度对泵的材质有不同的要求,一般在低温下(−40~−20℃)宜选用铸钢和低温材料的泵,在高温下(200~400℃)宜选用高温铸钢材料,通常温度在-20~200℃范围内,一般铸铁材料即可通用。

耐腐蚀泵的材料很多,如石墨、石墨内衬、玻璃、搪瓷、陶瓷、玻璃钢(环氧或酚醛树脂作基材)、不锈钢、高硅铁、青铜、铅、钛、聚氯乙烯、聚四氟乙烯等。聚乙烯、合成橡胶等常作为泵的内衬。随着工业技术的进步,各类化工耐腐蚀泵还将不断更新问世。

实际上,在选择泵的泵型时,往往不大可能各方面都满足要求,一般是抓住主要矛盾,以满足工艺要求为主要目标。例如输送盐酸,防腐是主要矛盾;输送氢氰酸、二甲酚之类的,毒性是主要矛盾。选择泵的泵型时有没有电源动力、流量扬程等都要服从上述主要矛盾加以解决。

再从泵制造厂提供的样本和技术资料选择泵的具体型号,列出所选型号泵以清水为基准的性能参数。

4.2.4.4　核算泵的性能

对于输送水或类似于水的泵,将工艺上正常的工作状况对照泵的样本或产品目录上该类泵的性能表或性能曲线,看正常工作点是否落在该泵的高效区,如校核后发现性能不符,就应当重新选择泵的具体型号。

输送高黏度液体,应将泵的输水性能指标换算成输送黏液的性能指标,并与之对照校核。有关公式在《化学工程手册》中可查到。

根据输送物料的特性,泵的性能曲线(H-Q 性能曲线)有可选择性,如一般输送到高位槽的泵,希望流量变化大时而扬程变化很小,即选用 H-Q 曲线比较平坦,不希望曲线出现驼峰形等。

4.2.4.5　确定泵的安装高度

根据泵的样本上规定的允许吸上真空高度或允许汽蚀余量,核对泵的安装高度,使泵在给定条件下不发生汽蚀。

允许安装高度

$$H_{BC} \leqslant \frac{p_1}{\rho g} - \left(\frac{p_t}{\rho g} + \frac{u_{BC}^2}{2g} + h_{n,BC} + h_2 \right) \tag{4-2}$$

式中：p_t——操作温度下被吸送液体的饱和蒸汽压;

　　　p_1——操作压力;

　　　u_{BC}——泵吸入管内液体的流速;

　　　$h_{n,BC}$——吸入管路中的压头损失;

　　　h_2——避免汽蚀现象(在离心泵中),或防止由惯性力造成活塞与液体脱离(在活塞泵中)的压头余量。

4.2.4.6　确定泵的台数和备用率

一般情况下只设一台泵,在特殊情况下也可采用两台泵同时操作,但无论如何安排,输送物料的本单元中,不宜采用多于三台泵(至多两台操作,一台备用)。两台泵并联操作时,由于泵的个体差异,有时会变得不易操作和控制,所以,只有在万不得已时,才采用两台泵并联。下列情况可考虑采用两台泵。

(1) 流程很大,而一台泵不能满足要求;

（2）大型泵，需要一台操作并备用一台时，可选用两台较小的泵操作，而备用一台，可使备用泵变小，最终节省费用；

（3）某些大型泵，可采用流量为其 70% 的两台小泵并联操作，可以不设备用泵；

（4）某些特大泵，启动电流很大，为防止对电力系统造成影响，可考虑改用两台较小的泵，以免电流波动过大。

是否设置备用泵，往往根据工艺要求，综合考虑是否长期运转、泵在运转中的可靠性、备用泵的价格、工艺物料的特性、泵的维修难易程度和一般维修周期、操作岗位等诸多因素，很难规定一个通行的原则。

4.2.4.7　校核泵的轴功率

泵样本上给定的功率和效率都是用清水试验得出来的，当输送介质不是清水时，应考虑物料的密度和黏度等对泵的流量、扬程性能的影响。利用化学工程有关公式，计算校正后的 Q、H 和 η，求出泵的轴功率。

4.2.4.8　确定冷却水或加热蒸汽耗量

根据所选系列型号和工艺操作情况，在泵的特性说明书或有关泵的表格中找到冷却水或蒸汽的耗用量。

4.2.4.9　选用驱动装置

可以选电动机驱动或蒸汽透平驱动。

4.2.4.10　填写泵规格表

将所选泵汇总，列成泵的设备总表，以作为泵订货的依据。

4.3　换热设备的设计和选用

在化工厂中传热设备占有极为重要的地位，热交换器（也称换热器）是化工、炼油和食品等工业部门广泛应用的通用设备，对化工炼油工业尤为重要。物料的加热、冷却、蒸发、冷凝、蒸馏等都要通过传热设备进行热交换，才能达到要求。例如常减压蒸馏装置中热交换器约占总投资的 20%，催化重整及加氢脱硫装置中约占 15%。通常在化工厂的建设中，热交换器占总投资的 10%～20%。一般地说，热交换器占炼油、化工装置设备总质量的 35%～40%。

合理地选用和使用热交换器，可节省投资、降低能耗，由此可见，热交换器在化工生产中占有很重要的地位。热交换器是应用最广泛的设备之一，大部分热交换器已经标准化、系列化。《热交换器》（GB/T 151—2014）是该类设备设计和选型的基本依据。

4.3.1　传热设备的类型和性能比较

热交换器的类型很多，按工艺用途可分为冷却器、加热器、冷凝器、再沸器、蒸发器、过热器和废热锅炉等。依据冷、热流体传热原理和实现热交换的方法，热交换器可分为间壁式、直接式和蓄热式三类，其中以间壁式热交换器在化工中应用最普遍。不同类型间壁式热交换器的性能比较如表 4-2 所示。

表 4-2　间壁式热交换器的性能比较

热交换器类型	允许最大操作压力/MPa	允许最高操作温度/℃	单位体积传热面积/(m²/m³)	每平方米表面积的质量/(kg/m²)	传热系数/kJ/(m·h·K)	单位传热量的金属耗量/kg
固定管板式列管热交换器	84	1000~1500	40~164	35~80	3050~6100	1
U 形管式列管热交换器	100	1000~1500	30~130	—	3050~6100	1
浮头式列管热交换器	84	1000~1500	35~150	—	3050~6100	1
板式热交换器	2.8	360	250~1500	小	10500~25000	—
螺旋板式热交换器	4.0	1000	100	35~50	2500~10450	0.2~0.9
板翅式热交换器	5.0	269~500	2500~4370	—	125~1250（气-气）420~6300（油-油）	—
套管式热交换器	100	800	20	175~200		2.5~4.5
沉浸盘管	100	—	15	90~120		1~6
喷淋式热交换器	10	—	16	45~60		0.5~2

热交换器类型	结构是否可靠	传热面是否便于调整	是否具有热补偿能力	清洗管子是否容易	清洗管间是否容易	检修是否方便	能否用脆性材料制造
固定管板式列管热交换器	○	×	×	○	×	×	×
U 形管式列管热交换器	○	×	○	×	×	×	△
浮头式列管热交换器	△	×	○	○	○	○	△
板式热交换器	△	○	○	○	○	○	×
螺旋板式热交换器	○	×	○	×	×	×	△
板翅式热交换器	△	×	○	—	—	×	×
套管式热交换器	○	○	△	不可拆式× 可拆式○	不可拆式× 可拆式○	○	○
沉浸盘管	○	×	○	×	○	○	○
喷淋式热交换器	△	○	○	×	○	○	○

注：1. 各符号表示的意义：○—好；△—尚可；×—不好。

　　2. 单位传热量的金属耗量以列管热交换器等于 1 作比较。

4.3.2 热交换器的系列化

由于换热设备应用广泛,国家现在已将多种热交换器包括管壳式热交换器、板式热交换器和石墨热交换器系列化,采用标准图纸进行系列化生产。各型号标准图纸可到有关设计单位购买,有的化工机械厂已有系列标准的各式热交换器供应,这给热交换器的选型带来了很多方便。

已形成标准系列的热交换器有:

浮头式热交换器(GB/T 28712.1—2023)、固定管板式热交换器(GB/T 28712.2—2023)、U形管式热交换器(GB/T 28712.3—2023)、螺旋板式热交换器(GB/T 28712.5—2023)等。

4.3.2.1 浮头式热交换器(GB/T 28712.1—2023)

(1) 公称压力。浮头式热交换器1.0MPa、1.6MPa、2.5MPa、4.0MPa、6.4MPa,浮头式冷凝器1.0MPa、1.6MPa、2.5MPa、4.0MPa。

(2) 公称直径。内导流热交换器:钢管制圆筒325mm、426mm,卷制圆筒400～1900mm。外导流热交换器:卷制圆筒500～1000mm;冷凝器:钢管制圆筒426mm,卷制圆筒400～1800mm。

(3) 换热管。换热管种类有光管、强化传热管。换热管长度有3000mm、4500mm、6000mm、9000mm。

(4) 安装形式有卧式、重叠式。图4-2为浮头式热交换器。

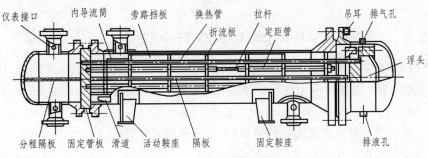

图4-2 浮头式热交换器

4.3.2.2 固定管板式热交换器(GB/T 28712.2—2023)

(1) 固定管板式热交换器的公称压力PN 0.25MPa、0.60MPa、1.00MPa、1.60MPa、2.50MPa、4.00MPa、6.40MPa。

(2) 公称直径DN 钢管制圆筒159mm、219mm、273mm、325mm、426mm,卷制圆筒400～2400mm。

(3) 换热管长度1500mm、2000mm、3000mm、4500mm、6000mm、9000mm、12000mm。

(4) 换热管直径有ϕ19mm、ϕ25mm两种。

(5) 换热面积1～5400m^2。

（6）管程数有 1、2、4、6 管程。

（7）安装形式有卧式、立式、重叠式。图 4-3 为固定管板式热交换器，表 4-3 为固定管板式热交换器的技术参数。

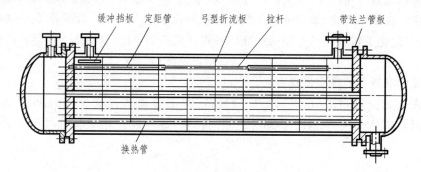

图 4-3　固定管板式热交换器

表 4-3　固定管板式热交换器的技术参数（换热管 $\phi25mm$）

公称直径 DN/mm	公称压力 PN/MPa	管程数	管子根数	中心排管数	管程流通面积/m²	计算换热面积/m²					
						换热管长度 L/mm					
						1500	2000	3000	4500	6000	9000
400	0.6	2	94	11	0.0148	10.3	14.0	21.4	32.5	43.5	—
800	1.6	4	442	23	0.0347	—	—	100.6	152.7	204.7	—
1200	2.5	1	1115	37	0.3501	—	—	—	385.1	516.4	779.0
1600	1.0	1	2023	47	0.6352	—	—	—	—	937.0	1413.4

4.3.2.3　U 形管式热交换器（GB/T 28723.3—2012）

（1）U 形管式热交换器的公称压力：1.0MPa、1.6MPa、2.5MPa、4.0MPa、6.4MPa。

（2）公称直径：卷制圆筒 400mm、500mm、600mm、700mm、800mm、900mm、1000mm、1100mm、1200mm，钢管制圆筒 325mm、426mm。

（3）换热管种类有光管及强化传热管（不含不锈钢波纹管）。

（4）热交换器直管长度有 3000mm、6000mm。

（5）管程数有 2、4 管程。

（6）安装形式有卧式、重叠式。图 4-4 为 U 形管式热交换器。

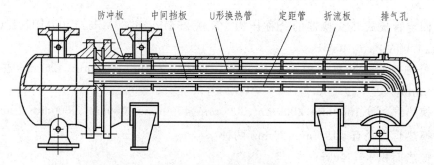

图 4-4　U 形管式热交换器

4.3.2.4 板式热交换器

板式热交换器是一种新型的换热设备。具有结构紧凑、占地面积小、传热效率高、操作方便、换热面积可随意增减等优点,并有处理微小温差的能力。

板式热交换器的设计压力 PN≤2.5MPa;设计温度,按垫片材料允许的使用温度;换热面积,按单板计算换热面积为垫片内侧参与传热部分的波纹展开面积,单板公称换热面积为圆整后的单板计算换热面积。

板式热交换器如图 4-5 所示。

1. 板式热交换器的结构分类

板式热交换器板片波纹形式的代号如表 4-4 所示,板式热交换器支撑框架结构形式的代号如表 4-5 所示,板式热交换器垫片材料的代号如表 4-6 所示。

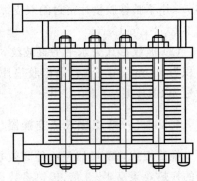

图 4-5　板式热交换器

表 4-4　板式热交换器板片波纹形式代号

序号	波纹形式	代号	序号	波纹形式	代号
1	人字形波纹	R	4	球形波纹	Q
2	水平平直波纹	P	5	斜波纹	X
3	竖直波纹	S			

表 4-5　板式热交换器支撑框架结构形式代号

序号	框架结构形式	代号	序号	框架结构形式	代号
1	双支撑框架式	I	5	顶杆式	V
2	带中间隔板双支撑框架式	II	6	带中间隔板顶杆式	VI
3	带中间隔板三支撑框架式	III	7	活动压紧板落地式	VII
4	悬臂式	IV			

表 4-6　板式热交换器垫片材料代号

序号	垫片材料	代号	序号	垫片材料	代号
1	丁腈橡胶	N	4	氯丁橡胶	C
2	三元乙丙橡胶	E	5	硅橡胶	Q
3	氟橡胶	F	6	石棉纤维板	A

2. 型号标志说明

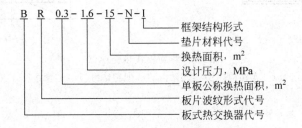

示例:

(1) 波纹形式为人字形,单板公称换热面积为 $0.3m^2$,设计压力为 1.6MPa,换热面积为 $15m^2$,用丁腈橡胶垫片密封的双支撑框架结构的板式热交换器,其型号为:BR0.3-1.6-15-N-Ⅰ 或 BR0.3-1.6-15-N。

(2) 波纹形式为水平平直波纹,单板公称换热面积为 $1.0m^2$,设计压力为 1.0MPa,换热面积为 $100m^2$,用三元乙丙橡胶垫片密封的带中间隔板双支撑框架结构的板式热交换器,其型号为 BR1.0-1.0-100-E-Ⅱ。

4.3.2.5 螺旋板式热交换器(GB/T 28712.5—2023)

螺旋板式热交换器是一种高效热交换器。其优点包括:传热效率高,比列管式热交换器的换热效果高 1~3 倍,传热系数最高可达 $3838W/(m^2 \cdot K)$;操作简便;流体压力降小;通道具有自洁能力,不易污塞;结构紧凑,体积小且用料省等。其形式有不可拆和可拆式两种。不可拆螺旋板式热交换器的公称压力 PN(指单通道能承受的最大工作压力)有 0.6MPa、1.0MPa、1.6MPa、2.5MPa;可拆螺旋板式热交换器的公称压力 PN 有 0.4MPa、0.6MPa、0.8MPa、1.0MPa。不可拆螺旋板式热交换器的公称直径为 400~2000mm;可拆螺旋板式热交换器的公称直径为 500~1200mm。不可拆螺旋板式热交换器的公称换热面积 4~200m²;可拆螺旋板式热交换器的公称换热面积为 5~90m²。图 4-6 为螺旋板式热交换器。

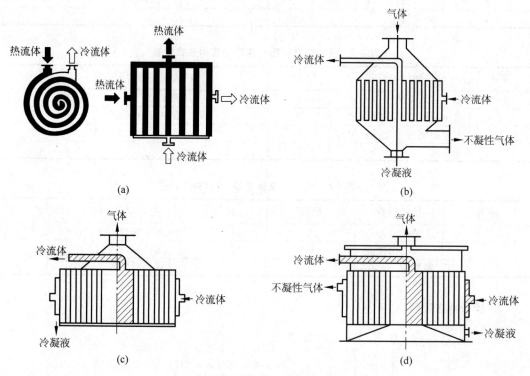

图 4-6　螺旋板式热交换器
(a) Ⅰ型结构;(b) Ⅱ型结构;(c) Ⅲ型结构;(d) G型结构

4.3.3 热交换器设计和选用的一般原则

4.3.3.1 基本要求

选用的热交换器首先要满足工艺及操作条件要求;其次要在工艺条件下长期运转、安全可靠,不泄漏,维修清洗方便,满足工艺要求的传热面积,尽量有较高的传热效率,流体阻力尽量小并且满足工艺布置的安装尺寸;还要经济合理,尽量选用标准设计和标准系列。

4.3.3.2 热交换器的类型

热交换器的形式多种多样,选择适当的设备形式是设计的第一步,需要考虑多方面的因素,主要有:

(1) 热负荷;

(2) 流体的性质与流量;

(3) 操作温度、压力及允许压降范围;

(4) 设备的结构、材料、尺寸及空间的限制;

(5) 对清洗、维修的要求;

(6) 设备价格。

流体的性质对热交换器类型的选择往往会产生重大影响,如流体的物理性质(比热容、热导率、黏度等)、化学性质(如腐蚀性、热敏性)、结垢情况等因素对传热设备的选型都有影响。例如硝酸加热器,由于流体的强腐蚀性限制了设备结构和材料的选择范围。对于热敏性大的液体,能否精确控制它在加热过程中的温度和停留时间往往成为选型的主要前提。流体的洁净程度和是否容易结垢,有时在选择过程中往往也起决定作用。换热介质的流量、操作温度、压力等参数在选型时也很重要。例如板式热交换器虽然高效紧凑、性能良好,但是由于结构和垫片性能的限制,当压力或温度稍高时,这种类型就不适用了。

4.3.3.3 介质流程与流向

以管壳式热交换器(换热器)设计为例,介质走管程还是走壳程,应根据介质的性质及工艺要求综合进行安排。介质流程通常安排如下:

(1) 腐蚀性介质宜走管程,可以减少受腐蚀的部件,降低对外壳材质的要求;

(2) 有毒、易燃易爆介质走管程,以降低泄漏概率;

(3) 易结垢、易析出结晶、清洁程度较低的介质走管程,便于清洗和清扫;

(4) 高压或真空介质走管程,以减少对壳体机械强度的要求;

(5) 高温或冷冻介质走管程,以减少散热量;

(6) 黏度小、流量大或雷诺数(Re)大的介质走管程,可提高传热系数,降低过程压降;

(7) 需要提高流速以增大对流传热系数的流体,可以通过调整管程数以增大流速。

饱和蒸汽通常安排走壳程,因为蒸汽洁净、对流传热系数与流速无关,还可以方便冷凝液排出。被冷却的流体也宜安排在壳程,可利用壳体向环境散热,以增强冷却效果。

在流向安排上,无相变的液体换热通常安排下进上出,以保证换热空间满液;冷凝过程通常安排上进下出,方便排除冷凝液;蒸发过程通常安排下进上出,保证二次蒸汽排出,如有完成液(浓缩液)则从设备下方排出。热交换器管壳程上下或左右两端适当位置应设置排出口,以便开车时排出不凝性气体、停车时排出残液等。排出口可用小直径管口或凸缘,如仅在连续生产过程开停车时使用,可直接用盲板或堵头代替阀门,以降低泄漏率并节约成本。

4.3.3.4 流体的流速

介质在热交换器中的流速直接影响传热系数的大小和污垢的形成,从而对总传热系数乃至传热面积即设备的大小产生影响。流速提高,流体流动程度增加,可以提高传热效率,有利于冲刷污垢和沉积,但流速过大,磨损严重,甚至造成设备振动,影响操作和使用寿命,能量消耗亦将增加。因此,平衡这对矛盾的科学方法是以总费用最小为目标函数对过程进行最优化分析。选择一个恰当的流速,根据工程经验,通常流体流速范围如表4-7和表4-8所示。

表 4-7 流体在直管内适宜的流速范围

介质类型	流速/(m/s)	介质类型	流速/(m/s)
冷却水(淡水)	0.7~3.5	高黏度油类	0.5~1.5
冷却(海水)	0.7~2.5	油类蒸气	5.0~15.0
低黏度油类	0.8~1.8	气液混合流体	2.0~6.0

表 4-8 流体在壳程内适宜的流速范围

介质类型	流速/(m/s)	介质类型	流速/(m/s)
水及水溶液	0.5~1.5	油类蒸气	3.0~6.0
低黏度油类	0.4~1.0	气液混合流体	0.5~3.0
高黏度油类	0.3~0.8		

4.3.3.5 终端温差

热交换器的终端温差通常根据工艺过程的需要而定,但在确定温差时,应考虑到对热交换器的经济性和传热效率的影响。在工艺过程设计时,应使热交换器在较佳范围内操作,一般认为理想终端温差如下。

(1)热端的温差,应在20℃以上;

(2)用水或其他冷却介质冷却时,冷端温差可以小一些,但不要低于5℃;

(3)当用冷却剂冷凝工艺流体时,冷却剂的进口温度应当高于工艺流体中最高凝点组分的凝点5℃以上;

(4)空冷器的最小温差应大于20℃;

(5)冷凝含有惰性气体的流体时,冷却剂出口温度至少比冷凝组分的露点低5℃。

4.3.3.6 压降

压降一般考虑随操作压力不同而有一个大致的范围。压降的影响因素较多,但通常希望热交换器的压降的大致范围如表4-9所示。

表 4-9　壳式热交换器压降范围

表 4-9　壳式热交换器压降范围

操作压力 p/MPa	压降 Δp	操作压力 p/MPa	压降 Δp
真空 0~0.1(绝)	$p/10$	1.0~3.0(表)	0.035~0.18MPa
0~0.07(表)	$p/2$	3.0~8.0(表)	0.07~0.25MPa
0.07~1.0(表)	0.035MPa		

4.3.3.7　供初估换热面积使用的总传热系数

总传热方程是管壳式热交换器设计计算的基础,如式(4-3)所示

$$Q = KA\Delta t_m \tag{4-3}$$

式中：Q——热负荷,W;

K——总传热系数,W/(m^2·K);

A——传热面积,m^2;

Δt_m——平均传热温差,K。

当换热管为薄圆筒壁,并忽略污垢热阻时,总传热系数 K 可由式(4-4)计算：

$$\frac{1}{K} = \frac{1}{\alpha_i} + \frac{b}{\lambda} + \frac{1}{\alpha_o} \tag{4-4}$$

式中：α_i——管内对流传热系数,W/(m^2·K);

α_o——管外对流传热系数,W/(m^2·K);

b——管壁厚度,m;

λ——管壁导热率,W/(m·K)。

当换热过程积垢严重时,还需加上污垢热阻对式(4-4)进行修正。

通过式(4-4)计算总传热系数 K,代入总传热方程式(4-3),根据工艺对传热速率和传热温差的要求,即可得出管壳式热交换器所需的传热面积。

在设计之初,会出现由于热交换器形式、传热面积、管径、管数等参数尚未确定,α_i 和 α_o 难以计算而使整个设计陷入困境的现象。为此,可根据经验值,先估计出总传热系数的初值 K_0,代入式(4-3)算出相应的传热面积 A_0,进行热交换器其他参数的设计计算。当条件满足 α_i 和 α_o 的计算要求后将其算出,代入式(4-4)计算出修正的总传热系数 K_1,再代入式(4-3)算出 A_1。如此循环直至前后两次 A 值满足误差要求为止。为了保证热交换器的操作弹性,通常在传热面积计算值的基础上增加 10%~25% 作为安全裕度。

表 4-10 给出常见工况下 K 的经验值。

表 4-10　总传热系数 K 的经验值

管内(管程)	管间(壳程)	总传热系数 K/[W/(m^2·K)]
水(0.9~1.5m/s)	净水(0.3~0.6 m/s)	582~698
水	水(流速较高时)	814~1163
冷水	轻有机物 $\mu < 0.5 \times 10^{-3}$ Pa·s	464~814
冷水	中有机物 $\mu < (0.5~1) \times 10^{-3}$ Pa·s	290~698

续表

管内(管程)	管间(壳程)	总传热系数 $K/[\mathrm{W}/(\mathrm{m}^2 \cdot \mathrm{K})]$
冷水	重有机物 $\mu > 1 \times 10^{-3}\,\mathrm{Pa \cdot s}$	116～467
盐水	轻有机物 $\mu < 0.5 \times 10^{-3}\,\mathrm{Pa \cdot s}$	233～582
有机溶剂	有机溶剂$(0.3 \sim 0.55\,\mathrm{m/s})$	198～233
轻有机物 $\mu < 0.5 \times 10^{-3}\,\mathrm{Pa \cdot s}$	轻有机物 $\mu < 0.5 \times 10^{-3}\,\mathrm{Pa \cdot s}$	233～465
中有机物 $\mu < (0.5 \sim 1) \times 10^{-3}\,\mathrm{Pa \cdot s}$	中有机物 $\mu < (0.5 \sim 1) \times 10^{-3}\,\mathrm{Pa \cdot s}$	116～349
重有机物 $\mu > 1 \times 10^{-3}\,\mathrm{Pa \cdot s}$	重有机物 $\mu > 1 \times 10^{-3}\,\mathrm{Pa \cdot s}$	58～233
水$(1\mathrm{m/s})$	水蒸气(有压力)冷凝	2326～4652
水$(1\mathrm{m/s})$	水蒸气(常压或负压)冷凝	1745～3489
水溶液 $\mu < 2.0 \times 10^{-3}\,\mathrm{Pa \cdot s}$	水蒸气冷凝	1163～4071
水溶液 $\mu > 2.0 \times 10^{-3}\,\mathrm{Pa \cdot s}$	水蒸气冷凝	582～2908
轻有机物 $\mu < 0.5 \times 10^{-3}\,\mathrm{Pa \cdot s}$	水蒸气冷凝	582～1193
中有机物 $\mu < (0.5 \sim 1) \times 10^{-3}\,\mathrm{Pa \cdot s}$	水蒸气冷凝	291～582
重有机物 $\mu > 1 \times 10^{-3}\,\mathrm{Pa \cdot s}$	水蒸气冷凝	116～349
水	有机物蒸气冷凝	582～1163
水	重有机物蒸气(常压)冷凝	116～349
水	重有机物蒸气(负压)冷凝	58～174
水	饱和有机溶剂蒸气(常压)冷凝	582～1163
水	SO_2 冷凝	814～1163
水	NH_3 冷凝	698～930
水	氟利昂冷凝	756
水	气体	17～280
水沸腾	水蒸气冷凝	2000～4250
轻油沸腾	水蒸气冷凝	455～1020
气体	水蒸气冷凝	30～300
水	轻油	340～910
水	重油	60～280

4.3.3.8　污垢系数经验值

污垢是在传热面上沉积的物质,其导致导热系数降低,成为传热过程主要的热阻。因此在热交换器设计中,必须考虑污垢的影响。一般污垢系数大多采用实验数据或生产中的经验作为设计依据。表 4-11 及表 4-12 分别给出了水、原油的污垢系数经验值,可供计算时作参考。

表 4-11　不同情况下水的污垢系数

热物料温度		≤115℃		115～205℃	
水温		≤52℃		>52℃	
流速		≤1m/s	>1m/s	≤1m/s	>1m/s
污垢系数/(m²·K/W)	海水	$8.80×10^{-5}$	$8.80×10^{-5}$	$1.76×10^{-4}$	$1.76×10^{-4}$
	微咸水	$3.52×10^{-4}$	$1.76×10^{-4}$	$5.28×10^{-4}$	$3.52×10^{-4}$
	凉水塔,人工喷水池　未处理过的补给水	$5.28×10^{-4}$	$5.28×10^{-4}$	$8.80×10^{-4}$	$7.04×10^{-4}$
	凉水塔,人工喷水池　处理过的补给水	$1.76×10^{-4}$	$1.76×10^{-4}$	$3.52×10^{-4}$	$3.52×10^{-4}$
	自来水、地下水、湖水	$1.76×10^{-4}$	$1.76×10^{-4}$	$3.52×10^{-4}$	$3.52×10^{-4}$
	河水　平均值	$5.28×10^{-4}$	$3.52×10^{-4}$	$7.04×10^{-4}$	$5.28×10^{-4}$
	河水　最小值	$3.52×10^{-4}$	$1.76×10^{-4}$	$5.28×10^{-4}$	$3.52×10^{-4}$
	硬水(>257mg/L)	$5.28×10^{-4}$	$5.28×10^{-4}$	$8.80×10^{-4}$	$8.80×10^{-4}$
	淤泥水	$5.28×10^{-4}$	$3.52×10^{-4}$	$7.04×10^{-4}$	$5.28×10^{-4}$
	发动机夹套水	$1.76×10^{-4}$	$1.76×10^{-4}$	$1.76×10^{-4}$	$1.76×10^{-4}$
	蒸馏水	$8.80×10^{-5}$	$8.80×10^{-5}$	$8.80×10^{-5}$	$8.80×10^{-5}$
	处理过的锅炉给水	$1.76×10^{-4}$	$8.60×10^{-5}$	$1.76×10^{-4}$	$1.76×10^{-4}$
	锅炉排污水	$3.52×10^{-4}$	$3.52×10^{-4}$	$3.52×10^{-4}$	$3.52×10^{-4}$

注：若加热介质温度超过205℃,且冷介质会结垢,表中数值应做相应修改。

表 4-12　原油的污垢系数

物料	0～92℃ 速度/(m/s)			93～148℃ 速度/(m/s)			149～260℃ 速度/(m/s)			260℃以上 速度/(m/s)		
	<0.6	0.6～1.2	>1.2	<0.6	0.6～1.2	>1.2	<0.6	0.6～1.2	>1.2	<0.6	0.6～1.2	>1.2
无水原油污垢系数/(10⁻⁵m²·K/W)	52.8	35.2	35.2	52.8	35.2	35.2	70.4	52.8	35.2	88.0	70.4	52.8
含盐原油污垢系数/(10⁻⁵m²·K/W)	52.8	35.2	35.2	88.0	70.4	70.4	105.7	88.0	70.4	123.3	105.7	88.0

4.3.4　管壳式热交换器的设计和选用程序

1. 汇总设计数据、分析设计任务

根据工艺衡算和工艺物料的要求、特性,掌握物料流量、温度、压力和介质的化学性质、物理性质参数等(可以从有关设计手册中查得),还要掌握物料衡算和热量衡算得出的有关设备的负荷、流程中的位置、与流程中其他设备的关系等数据。根据换热设备的负荷和它在流程中的作用,明确设计任务。

2. 设计换热流程

热交换器的位置,在工艺流程设计中已得到确定,在具体设计换热时,应将换热的工艺

流程仔细探讨,以利于充分利用热量,充分利用热源。

(1)要设计换热流程时,应考虑到换热和发生蒸汽的情况,有时应采用余热锅炉,充分利用流程中的热量。

(2)换热中把冷却和预热相结合,如有的物料要预热,有的物料要冷却,将二者巧妙结合,可以节省热量。

(3)安排换热顺序。有些换热场所,可以采用二次换热,即不是将物料一次换热(冷却)而是先将热介质降低到一定的温度,再一次与另一介质换热,以充分利用热量。

(4)合理使用冷介质。化工厂常使用的冷介质一般是水、冷冻盐水和要求预热的冷物料,一般应尽量减少冷冻盐水的使用场合,或减少冷冻盐水的换热负荷。

(5)合理安排管程和壳程的介质。以利于传热、减少压力损失、节约材料、安全运行、方便维修为原则。具体情况具体分析,力求达到最佳选择。

3. 选择热交换器的材质

根据介质的腐蚀性能和其他有关性能,按照操作压力、温度、材料规格和制造价格,综合选择。除碳钢(低合金钢)材料外,常见的有不锈钢、低温用钢(低于−20℃)、有色金属(如铜、铅)。非金属作热交换器具有很强的耐腐蚀性能,常见的耐腐蚀热交换器材料有玻璃、搪瓷、聚四氟乙烯、陶瓷和石墨,其中应用最多的是石墨热交换器,近年来,聚四氟乙烯热交换器也得到重视。此外,一些稀有金属如钛、钽、锆等也被人们重视,虽然价格昂贵,但其性能特殊,如钽能耐除氢氟酸和发烟硫酸以外的一切酸和碱。钛的资源丰富,强度好,质轻,对海水、含氯水、湿氯气、金属氯化物等都有很强的耐蚀性,是不锈钢无法比拟的,虽然价格高,但用材少,造价也未必昂贵。

4. 选择热交换器类型

根据热负荷和选用的热交换器材料,选定某一种类型。

5. 确定热交换器中介质的流向

根据热载体的性质、换热任务和热交换器的结构,决定采用并流、逆流、错流、折流等。

6. 确定和计算平均温差 Δt_m

确定终端温差,根据化工原理有关公式,算出平均温差。

7. 计算热负荷 Q、流体传热系数 α

可用粗略估计的方法,估算管程传热系数 α_i 和壳程传热系数 α_o。

8. 估计污垢热阻系数 R,并初算出总传热系数 K

K 通常取一些经验值,作为粗算或试算的依据,但经验值所列的数据范围较宽,作为试算,并应与 K 值的计算公式结果参照比较。

9. 算出传热面积 A

传热面积 A 为表示 K 的基准传热面积,但通常实际选用的面积比计算结果要适当放大。

10. 调整温度差,再次计算传热面积

在工艺的允许范围内,调整介质的进出口温度,或者考虑到生产的特殊情况,重新计算 Δt_m,并重新计算 A 值。

11. 选用系列热交换器的某一个型号

根据两次或三次改变温度算出的传热面积 A,并考虑 $10\%\sim25\%$ 的安全裕度,确定热交换器的选用传热面积 A。根据国家标准系列热交换器型号,选择符合工艺要求和车间布置(立式或卧式、长度)的热交换器,并确定设备的台(件)数。

12. 验算热交换器的压降

一般利用工艺算图或由摩擦系数通过公式计算,如果核算的压降不在工艺允许范围之内,应重选设备。

13. 试算

如果不是选用系列热交换器,则在计算出总传热面积时,按下列顺序反复试算。

(1) 根据上述程序计算传热面积 A 或者简化计算,取一个 K 的经验值,计算出热负荷 Q 和平均传热温差 Δt_{m} 之后,算出一个试算的传热面积 A'。

(2) 确定热交换器基本尺寸和管长、管数。根据试算出的传热面积 A',确定换热管的规格和每根管的管长(有通用标准和手册可查),由 A' 算出管数。

根据需要的管子数目,确定排列方法,从而可以确定实际的管数,按照实际管数可以计算出有效传热面积和管程、壳程的流体流速。

(3) 计算设备的管程、壳程流体的对流传热系数。

(4) 确定污垢热阻系数,根据经验选取。

(5) 计算该设备的传热系数。此时不再使用经验数据,而是用式(4-5)计算。

$$K = \cfrac{1}{\cfrac{1}{\alpha_{o}} + R_{so} + \cfrac{b}{\lambda} \times \cfrac{d_{o}}{d_{m}} + R_{si}\cfrac{d_{o}}{d_{i}} + \cfrac{1}{\alpha_{i}} \times \cfrac{d_{o}}{d_{i}}} \tag{4-5}$$

式中:α_{i}、α_{o}——分别为传热管内、外侧流体的对流传热系数;

R_{si}、R_{so}——分别为传热管内、外侧表面上的污垢热阻;

d_{i}、d_{o}、d_{m}——分别为传热管内径、外径及对数平均直径;

λ——传热管壁热导率;

b——传热管壁厚。

(6) 求实际所需传热面积。用计算出的 K 和热负荷 Q、平均温差 Δt_{m} 计算传热面积 $A_{计}$,并在工艺设计允许范围内改变温度重新计算 Δt_{m} 和 $A_{计}$。

(7) 核对传热面积。将初步确定的热交换器的实际传热面积与 $A_{计}$ 相比,实际传热面积比计算值大 $10\%\sim25\%$ 方为可靠,否则要重新确定热交换器尺寸、管数,直到计算结果满意为止。

(8) 确定热交换器各部尺寸、验算压降。如果压降不符合工艺允许范围,亦应重新试确定,反复选择计算,直到完全合适时为止。

(9) 画出热交换器设备草图。工艺设计人员画出热交换器设备草图,再由设备机械设计工程师完成热交换器的详细部件设计。

4.4 贮罐的选型和设计

贮罐主要用于贮存在化工生产中的原料、中间体或产品等,贮罐是化工生产中最为常见的设备。

4.4.1　贮罐的类型

贮罐容器的设计要根据所贮存物料的性质、使用目的、运输条件、现场安装条件、安全可靠程度和经济性等条件选用其材质和大体型式。

贮罐的分类方法很多：根据贮罐的形状可将其分为矩形贮罐、圆柱形贮罐、球形贮罐和特殊形贮罐等；根据其安装形式可分为立式贮罐、卧式贮罐；根据贮罐容积的可变性有固定容积式贮罐和可变容积式贮罐；根据其安装位置可分为地上贮罐、地下贮罐、半地下贮罐；根据其工作温度可分为低温罐、常温罐和高温罐；根据其封头形式有平板、锥形、球形、碟形、椭圆形等固定封头贮罐和浮头式贮罐；根据其贮存的物料的相态有气罐、液罐和粉料、颗粒等固体贮罐；按贮罐的容积可分为小型、中型、大型和超大型贮罐等；根据用途，贮罐可分为原料、成品、中间贮罐、回流罐、计量罐、缓冲罐、混合罐、闪蒸罐、包装罐等。

制造贮罐的材质分为钢、有色金属和非金属材质。常见的有普通碳钢、低合金钢、不锈钢、搪瓷、陶瓷、铝合金、聚氯乙烯、聚乙烯和环氧玻璃钢、酚醛玻璃钢等。

4.4.2　贮罐的系列化和标准化

我国已有许多化工贮罐实现了系列化和标准化，可根据工艺要求，选用已经标准化的产品。

1. 立式贮罐

（1）平底可拆平盖贮罐系列（HG/T 3146—1985）。标准的设计压力为常压（指贮罐气相空间的最高液面分压不大于 1961.33Pa），设计温度为 $0℃ \leqslant t \leqslant 200℃$，公称容积 V_g 为 $0.1 \sim 1.5m^3$。

（2）平底平顶贮罐系列（HG/T 3147—1985）。标准的设计压力为常压，设计温度为 $0℃ \leqslant t \leqslant 200℃$，公称容积 V_g 为 $0.1 \sim 8m^3$。

（3）90°无折边锥形底平顶贮罐系列（HG/T 3149—1985）。标准的设计压力为常压，设计温度为 $0℃ \leqslant t \leqslant 200℃$，公称容积 V_g 为 $0.1 \sim 8m^3$。

（4）平底锥顶贮罐系列（HG/T 3148—1985）。标准的设计压力为常压，设计温度为 $0℃ \leqslant t \leqslant 200℃$，公称容积 V_g 为 $10 \sim 80m^3$。

（5）90°折边锥形底椭圆形封头（悬挂式支座）贮罐系列（HG/T 3150—1985）。

（6）90°折边锥形底椭圆形封头（支腿）贮罐系列（HG/T 3151—1985）。

（5）和（6）系列适用于设计压力 p 为 59×10^{-2} MPa，设计温度为 $-20℃ \leqslant t \leqslant 200℃$，公称容积 V_g 为 $0.1 \sim 8m^3$。

（7）立式椭圆形封头（悬挂式支座）贮罐系列（HG/T 3152—1985）。适用于设计压力 p 为 0.25MPa、0.6MPa、1.0MPa、1.6MPa、1.8MPa、2.0MPa、2.2MPa、2.5MPa、3.0MPa、4.0MPa，设计温度为 $-20℃ \leqslant t \leqslant 200℃$，公称容积 V_g 为 $0.1 \sim 10m^3$。

（8）立式椭圆形封头（支腿、裙座）贮罐系列（HG/T 3153—1985）。适用于设计压力 p 为 0.25MPa、0.6MPa、1.0MPa、1.6MPa、1.8MPa、2.0MPa、2.2MPa、2.5MPa、3.0MPa、4.0MPa，设计温度为 $-20℃ < t \leqslant 200℃$，公称容积 V_g 为 $0.1 \sim 40m^3$。

2. 卧式贮罐

卧式贮罐可分为地面卧式贮罐与地下或半地下卧式贮罐,容积一般在 100m³ 以下,最大不超过 150m³;若是现场组焊,其容积可更大一些。

(1) 卧式无折边球形封头贮罐系列,用于 $p \leqslant 0.07$MPa,贮存非易燃易爆、非剧毒的化工液体。

(2) 卧式椭圆形封头贮罐系列(HG/T 3154—1985),设计压力 p 为 0.25MPa、0.6MPa、1.0MPa、1.6MPa、1.8MPa、2.0MPa、2.2MPa、2.5MPa、3.0MPa、4.0MPa,设计温度为 $-20℃ < t \leqslant 200℃$,公称容称 V_g 为 0.5~100m³,贮存化工液体。

地下与地面卧式贮罐的形状相似,只是管口的开设位置不同。为了方便埋地状况的安装、检修和维护,一般将地下卧式贮罐的各种接管集中安放,设置在一个或几个人孔盖板上。

3. 钢制立式圆筒形固定顶储罐系列(HG 21502.1—1992)[*]

按罐顶形式分为锥顶贮罐、拱顶贮罐、伞形顶贮罐和网壳顶贮罐,适用于储存石油、石油产品及化工产品。用于设计压力 −0.5~2kPa,设计温度 −19~150℃,公称容积 100~30000m³,公称直径 5200~44000mm。

4. 钢制球形储罐(GB/T 12337—2014)[*]

钢制球形储罐适用于贮存石油化工气体、石油产品、化工原料、公用气体等。占地面积小,贮存容积大。设计压力不大于 6.4MPa,公称容积不小于 50m³。结构有橘瓣型和混合型及三带至七带球罐。

4.4.3 贮罐存贮量的确定

贮罐存贮量是贮罐设计的最基本参数。

1. 原料贮罐

为了保证生产能正常进行,全厂性原料库房贮罐主要根据原料市场供应情况和供应周期而定,一般以 1~3 个月的耗用量为宜,但若货源充足、运输周期又短时则存贮量可少些。

车间的原料贮罐一般考虑至少半个月的用量,因为车间成本核算常常是逐月进行的,所以贮罐存贮量一般不主张超过 1 月的用量。

2. 成品贮罐

成品贮罐一般是指液体和固体贮罐,固体的成品常常都及时包装,贮罐使用较少,只有中间性贮罐。

液体的成品贮罐一般设计至少有一周的产品产量,有时根据物料的出路,如厂内使用,根据下工段(车间)的耗量,可以贮存一个月以上或贮存量可以达到下一工段使用的两个月的数量。如果是厂的终端产量,贮罐作为待包装贮罐,存量可以适当小一些,最多可以考虑半个月的产量,因为终端产品应及时包装进入成品库房,或成品大贮罐,安排放在罐区。

3. 中间贮罐

当原料、产品、中间产品的主要贮罐距工艺设施较远,或者作为原料或中间体间歇或中

---

[*] 该两标准名使用"储罐"一词。

断供应时调节之用,或需测试检验以确定去向的贮罐(如多组分精馏过程中确定产品合格与否的中间性贮罐),或是工艺流程中切换使用,或以备翻罐转用的中间罐等。

中间贮罐的设置时考虑生产过程中在前面某一工序临时停车时仍能维持后面工段的正常生产,所以要比原料罐的存贮量少得多。对于连续化生产视情况贮存几小时至几天的用量,而对于间歇生产过程,至少应考虑存贮一个班的生产用量。

4. 回流罐

蒸馏塔回流罐一般考虑 5～10min 的液体保有量,作冷凝器液封之用。

以上四类液体贮罐的装料系数(有效容积占贮罐容积的百分率)一般在 0.8 左右,最高可达 0.85,存放气体的容器装料系数是 1,针对液化气体最高可达 0.95。

5. 计量罐

考虑少者 10min、15min,多者 2h 或 4h 产量(或原料量)的存贮量。计量罐的装料系数一般取 0.6～0.7,因为计量罐的刻度在罐的直筒部分,刻度的使用常为满量程的 80%～85%,所以应取较小的装料系数。

6. 缓冲罐

缓冲罐的作用是积累一定数量的气体,使压力稳定,从而保证工艺流程中流量的稳定。其容量通常是下游使用设备(例如压缩机、泵)5～10min 的用量,有时可超过 15min 的用量,以便有充裕的时间处理故障、调节流程或关停机器。

7. 闪蒸罐

闪蒸过程是液体的部分汽化过程,是一个单级分离过程,液体在闪蒸罐的停留时间应考虑尽量使液体在闪蒸罐内有充分的时间接近气液平衡状态,因此应视工艺过程的不同要求选择液体在罐内的停留时间。一般保证物料的汽化空间占罐总体积的 50%。并足够下一工段 3min 以上的使用量。

8. 气柜

气柜一般可以设计得稍大些,可以达两天或略多时间的产量。因为气柜不宜长期贮存物料,当下一工段停止使用时,前一产气工序应考虑停车。

9. 混合、拼料罐(混批罐)

有些化工产品是随间歇生产而略有波动变化的,如某些物料的固含量、黏度、pH 值、色度或分子量等可能在某个范围内波动,为使产物质量划一,或减少出厂检验的批号分歧,在产品包装前将若干批加以拼混,俗称"混批",混批罐的大小,根据工艺条件而定,考虑若干批的产量,装料系数约为 0.7(用气体鼓泡或搅拌混合)。

10. 包装罐

包装罐一般可视同于中间贮罐,原则上是昼夜罐,对于需要及时包装的贮罐、定期清洗的贮罐,容积可考虑偏小。

4.4.4 贮罐设计的一般程序

1. 汇集工艺设计数据

经过物料和热量衡算,确定贮罐中将贮存物料的温度、压力(包括最大使用压力、最高使用温度、最低使用温度)、介质的腐蚀性、毒性、蒸汽压,介质进出量,贮罐的工艺方案等。

2. 选择容器材料

从工艺要求的角度来决定材料适用与否,对于化工设计来说介质的腐蚀性是一个十分重要的参数。通常许多非金属贮罐,一般只作单纯的贮存容器使用,而作为工艺容器时,有时温度、压力等不允许,所以必要时,应选用搪瓷容器或由钢制压力容器衬胶、衬瓷、衬聚四氟乙烯等。

3. 贮罐类型的确定

贮罐形式包括卧式和立式。设计时根据工艺条件的要求,从国家标准系列容器中,选出与工艺条件参数(工作压力、工作温度、介质、容积)相符合的容器类型。

4. 容积计算

容积计算是贮罐工艺设计和尺寸设计的核心,它随容积的用途而异,所以贮罐容积的确定参照贮罐贮存量的确定。

5. 确定贮罐的台数和基本尺寸

先初定贮罐的适宜容积,贮罐的适宜容积根据贮罐的类型、存贮物料的性质、可提供的场地大小及设备加工能力等因素综合考虑后决定。初步确定贮罐的适宜容积后,用需要贮存物料的总体积除以贮罐的适宜容积所得到的数值经圆整后就是所需的台数。台数确定后,再对初定的适宜容积加以调整,才能得到真正的贮罐容积。

在贮罐容积确定后,就可以定直径和长度(或高度),先根据场地大小定一个大体的直径,再根据国家的设备零件部件(筒体和封头)的规范调整直径,然后计算贮罐的长度(或高度),再核实长径比,长径比要考虑到外形美观实用,贮罐的大小与其他设备般配,并与工作场所的尺寸相适应。

6. 选择标准型号

根据初步确定的罐体直径、长度和容积及工作温度、工作压力、介质的腐蚀性和毒性等条件,尽量在国家标准系列内选择与之相符合的规格。

如果从标准系列中找不到相符合的规格,亦应从中选择一个相近的规格,对尺寸管口做一些调整后用作非标准设备,这样做可大大节省设计的工作量。

7. 管口和支座

如果选用标准系列贮罐则其管口和管口的方位都是固定的,设计人员在选择标准图纸之后,要核实设备的管口及方位。如果标准图的管口大小和方位、位置、数目不符合工艺要求而必须加以修改时,仍可以选择标准系列型号,但在订货时加以说明并附修改图。贮罐的支撑方式和支撑座的方位在标准图纸上也是确定的,如果位置和形式有变更要求,则订货时应加以说明或附草图。

设计非标准设备,如果在标准系列中实在没有能够符合工艺要求或与工艺要求相近的图纸,可以提出设备设计条件,由设备设计专业人员设计非标准设备。

8. 绘制设备草图(条件图),标注尺寸,提出设计条件和订货要求

贮罐容器的工艺设计成果是选用标准图系列的有关复印图纸,作为订货的要求,应在标准图的基础上,提出管口方位、支座等的局部修改和要求,并附有图纸。

如标准图不能满足工艺要求,应重新设计,由工艺设计人员绘制设备草图。草图应该绘制设备容器的外形轮廓,标注一切有关尺寸,包括容器接管口的规格,并填写"设计条件表",再由设备专业的工程师设计可供加工用的、正式的非标准设备设计图。

4.5　塔器的设计

塔器是气液、液液间进行传热、传质分离的主要设备,在化工、制药和轻工业中,应用十分广泛,塔器甚至成为化工装置的一种标志。气体吸收、液体精馏(蒸馏)、萃取吸附、增湿、离子交换等过程都离不开塔器,对于某些工艺来说,塔器甚至就是关键设备。

4.5.1　塔型的选择

随着时代的发展,出现了各种各样型式的塔,而且还不断有新的塔型出现。虽然塔型众多,但根据塔内气、液接触构件的结构形式,通常将塔大致分为板式塔和填料塔两大类。

4.5.1.1　塔器性能概述

板式塔塔内装有一定数量的塔板,是气液接触和传质的基本构件,属逐级接触的气液传质设备。塔板型式很多,常见的有泡罩塔板、筛孔塔板、浮阀塔板、网孔塔板、垂直筛板、无降液管塔板(常见的有穿流式栅板、穿流式筛板、波楞穿流板)、导向筛板(亦称林德筛板)、多降液管塔板和斜喷型塔板(常见的有舌形塔板、斜孔塔板、浮动舌形塔板、浮动喷射塔板等)。目前使用最广泛的是筛板塔和浮阀塔。

填料塔塔内装有一定高度的填料,是气液接触和传质的基本构件,属微分接触型气液传质设备。填料塔结构简单,具有阻力小、便于用耐腐蚀性材料制造等优点。填料的种类很多,按装填方式分为散装填料和规整填料两大类。散装填料则有拉西环、鲍尔环、阶梯环、矩鞍环和各种花环等。规整填料主要有格栅填料、波纹填料、脉冲填料等。工业上应用的规整填料绝大部分为波纹填料,波纹填料按结构又分为网波纹填料和板波纹填料两大类。

工业上评价塔器的性能指标主要有生产能力、分离效率、塔压降、操作弹性、结构、制造、安装及检修、造价等。

板式塔与填料塔的性能比较见表 4-13。

表 4-13　板式塔与填料塔的性能比较

性　能	塔　型	
	板　式　塔	填　料　塔
生产能力	塔板的开孔率一般占塔截面面积的 7%～13%;单位塔截面面积上的生产能力低	塔内件的开孔率通常在 50% 以上,而填料层的空隙率则超过 90%,一般液泛点较高,单位塔截面面积上的生产能力高

续表

性 能	塔 型	
	板 式 塔	填 料 塔
分离效率	一般情况下,常用板式塔每米理论级最多不超过 2 级。在减压、常压和低压(压力小于 0.3MPa)操作下,效率明显不及填料塔,在高压操作下,板式塔的分离效率略优于填料塔	一般情况下,工业上常用填料塔每米理论级为 2～8 级。在减压、常压和低压(压力小于 0.3MPa)操作下,填料塔的分离效率明显优于板式塔,在高压操作下,板式塔的分离效率略优于填料塔
塔压降	一般情况下,板式塔的每个理论级压降为 0.4～1.1kPa,板式塔的压降高于填料塔 5 倍左右	填料塔由于空隙率高,每个理论级压降为 0.01～0.3kPa,远远小于板式塔。通常,压降低不仅能降低操作费用,节约能耗,对于精馏过程,还可使塔釜温降低,有利于热敏性物料的分离
操作弹性	板式塔因受到塔板液泛和漏液的限制而有一定的操作弹性,但设计良好的板式塔其操作弹性比填料塔要大得多	填料塔的操作弹性取决于填料的润湿性能和塔内件的设计,当液相负荷较小时,即便液体分布器的设计很合理,也难以确保填料表面得到充分的润湿,故填料塔的操作弹性比板式塔要小
持液量	为塔体积的 8%～12%	为塔体积的 1%～6%
液气比	液气比适应范围相对较宽。当液气比小时因可能造成填料润湿不良,故多采用板式塔	液气比适应范围相对较窄。当液气比大时因填料塔气液通过能力高而多采用填料塔
材质要求	一般用金属材料制作	可用非金属耐腐蚀材料制作
结构与制造	结构比填料塔复杂,制造相对不便	结构比板式塔简单,制造相对容易
安装、维修与清洗	较方便	相对不方便
造价	直径大于 800mm 时一般比填料塔造价低	直径小于 800mm 时一般比板式塔造价低,直径增大造价显著增加
塔重	较轻	较重

4.5.1.2 塔型选择原则

工业生产中塔型的比较和选择是较为复杂的问题,它直接影响分离任务的完成、设备投资和操作费用。选择时应综合考虑物料性质、操作条件、塔器的性能及加工、安装、维修、经济性等多种因素,并遵循以下基本原则:

(1) 满足工艺要求,分离效率高;

(2) 生产能力大,气液处理量大;

(3) 具有较高的传质、传热效率,保证气液两相良好接触;

(4) 操作稳定,操作弹性大,气液负荷有较大波动时仍能在较高的传质效率下稳定操作,且能长期连续运转;

(5) 流体流动的阻力或压降小,降低生产中的动力消耗和经常性的操作费用的要求;

(6) 结构简单可靠,材料耗用量小,制造安装容易,设备的投资费用低;

(7) 耐腐蚀,不易堵塞,操作方便,易于检修。

通常选择塔型未必能完全满足上述原则,设计者须根据具体情况抓住主要矛盾,并尽可能选用经过工业装置验证的高通量、高效、节能的塔内件。

针对塔型选择和比较,给出以下建议。

在下列情况下,应优先选用填料塔:

(1) 新型填料具有很高的传质效率,在分离程度要求高的情况下,采用新型填料可降低塔的高度。

(2) 新型填料的压降较低,对节能有利;加之新型填料具有较小的持液量,料液停留时间短,很适于热敏性物料的蒸馏分离。

(3) 对腐蚀性物料,填料塔可选用非金属材料的填料。

(4) 易于发泡的物料也宜选填料塔,因为在填料塔内气相主要不是以气泡形式通过液相,并且填料对泡沫有限制和破碎作用,可减少发泡的危险。

在下列情况下,应优先考虑板式塔:

(1) 板式塔内液体滞料量较大,操作负荷范围较宽,操作易于稳定,对进料浓度的变化也不甚敏感。

(2) 液相负荷较小的情况。这时填料塔会由于填料表面湿润不充分难以保证分离效率。

(3) 对易聚合、易结晶、易结垢或含有固体悬浮物的物料,板式塔堵塞的危险小,并且板式塔的清洗和检修也比填料塔方便。

(4) 需要设置内部换热元件(如蛇管),或侧线进料和侧线采出需要多个侧线进料口或多个侧线出料口时,板式塔的结构易于实现。

生产实践表明,高压操作蒸馏塔仍多采用板式塔,因为在高压时,塔内液气比过大,以及由于气相返混剧烈等原因,应用填料塔时分离效果往往不佳,一些学者对这种情况进行了大量的研究与分析。

4.5.1.3　塔板和填料选型

工业上需分离的物料及其操作条件多种多样,为了适应各种不同的操作要求,已开发和使用的塔板、填料类型很多,其性能及适用体系如表4-14、表4-15所示,供设计时参考。

表 4-14　塔板的性能比较

塔板类型	优　点	缺　点	适用范围
泡罩	较成熟、操作稳定	结构复杂、造价高、塔板阻力大、处理能力小	特别容易堵塞的物系
浮阀	效率高、操作范围宽	浮阀易脱落	分离要求高、负荷变化大
筛板	结构简单、造价低、板效率高	易堵塞、操作弹性较小	分离要求高、塔板数较多
舌型板	结构简单、板阻力小	操作弹性较小、效率低	分离要求低的闪蒸塔
浮动喷射板	压降小、处理量大	浮板易脱落、效率较低	分离要求较低的减压塔

表 4-15 填料的性能比较

填料类型	优　点	缺　点
拉西环	高径相等,形状简单,制造方便	均匀性差,存在严重向壁偏流和沟流现象
鲍尔环	环壁开孔,流体阻力降低,改善气液分布	承载能力低,容易受到气流冲击,导致填料变形和损坏
弧鞍环	结构简单,表面利用率高,制造方便	性能不及鲍尔环,相邻填料有重叠,填料均匀性差,易发生沟流
阶梯环	比鲍尔环短,一端制成喇叭口,强度增大,床层均匀,空隙率大	垂直方向阻力大,容易堵塞,液体分布不均
规整填料	空隙率大,压降低,液体分布好,传质性能高	造价高,易被杂物堵塞且难清洗

4.5.2　板式蒸馏塔的设计

4.5.2.1　板式蒸馏塔的设计程序

板式蒸馏塔的设计程序如下:

(1) 收集和整理原始物理性质数据,汇总工艺要求。

(2) 根据物料特性、分离要求初选板式塔的塔盘结构。

(3) 计算塔的实际板数,见 4.5.2.2 节。

(4) 如果用逐板计算法求理论板数,则可同时得到各塔板上气、液两相组成的变化情况,温度变化情况和气、液两相的流量变化情况,即轴向含量分布、温度分布以及气、液两相的流量分布,从轴向温度分布数据可确定灵敏板的位置。

(5) 确定再沸器、冷凝器的热负荷并选型。

(6) 确定塔径,见 4.5.2.3 节。

(7) 选定塔盘结构。有些塔盘系列参数已有国家标准可供选用,也可自行设计,已有的标准是《板式塔内件技术规范》(NB/T 10557—2021)。

(8) 确定塔节上人孔和手孔的位置和尺寸。

(9) 确定总塔高。

(10) 做塔内流体力学核算,画出负荷性能图。

(11) 绘制塔设备草图和设备设计条件图,包括支承、开口方位、人孔、手孔位置等。

4.5.2.2　板式蒸馏塔实际板数的确定

1. 确定蒸馏塔实际板数的工作步骤

(1) 根据工艺上的分离要求确定塔顶、塔釜产品的组成。

对二组分蒸馏,进行物料衡算可以容易地求出塔顶、塔釜产品的组成。若为多组分蒸馏,则应先选择其中两个对产品质量影响较大的组分作为轻、重关键组分,按工艺分离要求决定关键组分在塔顶和塔釜的分配,再通过物料衡算确定塔顶、塔釜产物的全部组成。如果做清晰分割假设,则计算将会简便得多。

(2) 初定塔顶和塔釜的操作压力。

（3）做全塔物料衡算，列出全塔物料衡算表。

（4）根据气液相平衡关系，验算塔的操作压力和塔顶、塔釜温度。

（5）选定进料状态，确定进料温度。

（6）求理论板数。

（7）确定板效率。

（8）求实际板数。

2．确定蒸馏塔理论板数的方法

二组分蒸馏的理论板数求算方法已在化工原理课程中讨论得很详细了，所以这里只讨论多组分蒸馏理论板数的确定。求算多组分蒸馏的理论板数的方法有简捷法和逐板计算法。

1）简捷法

简捷法求算理论板数的步骤如下：

（1）计算最小回流比。

多组分蒸馏的最小回流比不能简化为二组分蒸馏来计算，它是一个复杂的问题，一般应用一些简化公式来估算，最常用的有恩德伍德（Underwood）公式和柯尔本（Colburn）公式，恩德伍德公式是

$$\sum_{i=1}^{n} \frac{\alpha_i x_{Fi}}{\alpha_i - \theta} = 1 - q \tag{4-6}$$

$$R_{\min} = \frac{\alpha_i x_{Di}}{\alpha_i - \theta} - 1 \tag{4-7}$$

式中：α_i——组分 i 对关键组分的相对挥发度；

　　　x_{Fi}——进料混合物中组分 i 的摩尔分数；

　　　x_{Di}——馏出物中组分 i 的摩尔分数；

　　　q——进料热状况参数，意义同二组分蒸馏；

　　　$R_{\min}$——最小回流比；

　　　θ——满足式（4-6）的根，其值应在轻重关键组分相对挥发度之间。

计算时，先用式（4-6）求解 θ，然后再用式（4-7）求出最小回流比 $R_{\min}$。

（2）用芬斯克（Fenske）公式求最少理论板数 $N_{\min}$。

当用全凝器，且再沸器作为一块理论板被扣除的情况下，$N_{\min}$ 用式（4-8）计算。

$$N_{\min} = \frac{\lg\left(\frac{x_{D,L}}{x_{D,h}}\right)\left(\frac{x_{W,h}}{x_{W,L}}\right)}{\lg\alpha_{L,h,av}} - 1 \tag{4-8}$$

当用分凝器，且再沸器作为一块理论板被扣除的情况下，$N_{\min}$ 用式（4-9）计算。

$$N_{\min} = \frac{\lg\left(\frac{x_{D,L}}{x_{D,h}}\right)\left(\frac{x_{W,h}}{x_{W,L}}\right)}{\lg\alpha_{L,h,av}} - 2 \tag{4-9}$$

式（4-9）中，分凝器作为一块理论板被扣除。

式中：下标 D、W 分别表示塔顶和塔釜；

　　　x_L——轻关键组分的摩尔分数；

x_h——重关键组分的摩尔分数；

$\alpha_{L,h,av}$——轻重关键组分的相对挥发度，取塔顶、塔釜温度下 $\alpha_{L,h}$ 的几何平均值，或取塔顶、塔釜进料温度下 $\alpha_{L,h}$ 的几何平均值；

（3）用吉利兰（Gilliland）关联图求解全塔理论板数 N_T。

吉利兰关联图是用 8 种物系在下面的蒸馏条件下，由逐板计算得出的结果绘制成 N_T-R 曲线。这些条件是：组分数目为 2～11；R_{min} 为 0.53～7.0；组分间相对挥发度为 1.26～4.05；理论板数为 2.4～43.1；进料热状况包括冷液至过热蒸汽。

图 4-7 是吉利兰关联图，纵坐标是 $(N_T - N_{min})/(N_T + 1)$，其中 N_T 和 N_{min} 分别为理论板数和最少理论板数（均不包括塔釜）。从图中找出适宜的回流比 R 及相应的理论板数 N_T。

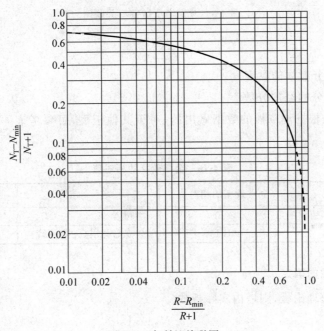

图 4-7　吉利兰关联图

2）逐板计算法

多组分蒸馏的逐板计算是在二组分蒸馏的逐板计算法的基础上提出的，这种方法称为刘易斯-买提逊（Lewis-Matheson）法，过去用于手工逐板计算。通常需要已知进料组成和操作回流比，然后交替使用气液平衡方程和操作线方程，依次逐板计算得到理论板数。现在，除特殊情况以外，多组分手工逐板计算一般已不再使用，但它的一些计算原则在计算机计算中仍被采用。

3. 蒸馏塔的塔板效率

蒸馏塔塔板效率的最大影响因素是被处理物料的物理性质，因此，板效率的经验关联便以物性作为参数，图 4-8 为蒸馏塔全板效率的关联图，横坐标为 α_{μ_L}，α 表示两组分的相对挥发度（若为多组分混合物，则取轻、重关键组分），按塔顶与塔底平均温度计算，μ_L 表示以加料摩尔组成为准的液体平均摩尔黏度，按下式计算：

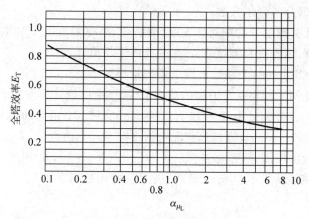

图 4-8　蒸馏塔全塔效率关联图

$$\mu_L = \sum x_i \mu_i$$

式中：μ_i——i 组分液体的黏度；

x_i——i 组分的摩尔分数。

图 4-8 主要是根据泡罩板的数据做出的，对于其他板型，可参考表 4-16 所列的效率相对值加以矫正。

表 4-16　全塔效率的相对值

塔　　型	全塔效率的相对值	塔　　型	全塔效率的相对值
泡罩塔	1.0	浮阀塔	1.1~1.2
筛板塔	1.1	穿流筛孔塔（无降液管）	0.8

4. 实际塔板数的确定

设塔釜为一块理论板，则塔内实际板数

$$N = \frac{N_T - 1}{E_T} \qquad (4\text{-}10)$$

式中：N——塔内实际板数；

N_T——计算（或图解）所得理论板数；

E_T——全塔效率。

$$N_F = \frac{N_1}{E_T} + 1 \qquad (4\text{-}11)$$

式中：N_F——实际加料板位置；

N_1——精馏段理论板数。

4.5.2.3　板式蒸馏塔塔径的确定

板式蒸馏塔各塔段的塔径可按体积流量公式计算，即

$$D = \sqrt{\frac{4V}{\pi u}} \qquad (4\text{-}12)$$

式中：V——塔内上升蒸汽的体积流量，m^3/s；

D——塔径，m；

u——气体空塔速度，m/s。

空塔速度用史密斯(Smith)法求取。先根据式(4-13)计算最大允许空塔速度。

$$u_{max} = C\sqrt{\frac{\rho_L - \rho_v}{\rho_v}} \tag{4-13}$$

式中：u_{max}——最大允许空塔速度，m/s；

C——气体负荷因子，m/s。

ρ_L、ρ_v——分别为塔内液体、气体的密度，kg/m^3

C值由图4-9查出，C是$\frac{L}{V}\left(\frac{\rho_L}{\rho_v}\right)^{1/2}$和$(H_T - h_L)$的函数，$H_T$是板间距，$h_L$是板上液层高度。因此，在查图之前，首先应选定板间距H_T和板上液层高度h_L，设计中，H_T和h_L由设计者自行选定，塔板间距H_T的选取与塔高、塔径、物系性质、分离效率、操作弹性以及塔的安装、检修等因素有关。设计时通常根据塔径的大小，由表4-17列出的塔板间距的经验数值选取。板上液层高度h_L，对常压塔一般取$50\sim100$mm，对减压塔一般取$25\sim30$mm。

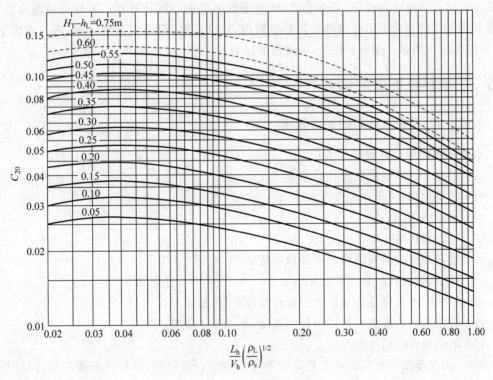

图 4-9　史密斯关联图

表 4-17　不同塔径的板间距参考值

塔径 D/m	0.3~0.5	0.5~0.8	0.8~1.6	1.6~2.0	2.0~2.4	≥2.4
板间距 H_T/mm	200~300	300~350	350~450	450~600	500~700	≥700

史密斯关联图中 C 值是按液体表面张力为 $0.02N/m$ 的物系绘制的,图中纵坐标用符号 C_{20} 表示,若所处理的物系表面张力为其他值,查出的 C 值须校正,校正式为

$$\frac{C_{20}}{C} = \left(\frac{0.02}{\sigma}\right)^{0.2} \tag{4-14}$$

式中:σ——液体表面张力,N/m;

$\quad$ C——表面张力为 σ 时的气体负荷因子;

$\quad$ C_{20}——表面张力为 $0.02N/m$ 时的气体负荷因子。

求出最大允许速度 u_{max} 后便可按 $u=(0.6\sim0.8)u_{max}$ 的关系确定空塔速度 u 的值,对不起泡物系,常取 $u=0.8u_{max}$;对易起泡物系或希望有较大的操作上限时取 $u=0.6u_{max}$;减压操作的塔,为减少压降,常取 $u=0.77u_{max}$;塔径小于 $0.9m$ 的塔,常取 $u=(0.65\sim0.75)u_{max}$。

计算出塔径后,应按我国化工通用机械标准的规定圆整。常用的标准塔径为:400mm、500mm、600mm、700mm、800mm、1000mm、1200mm、1400mm、1600mm、2000mm、2200mm 等。

应予指出,用以上办法计算得到的塔径只是初估值,还要在后继的各步设计如板面布置和流体力学计算中进行校验,若不合适,则应重新选定 H_T 再行计算。另外对精馏过程,精馏段和提馏段的气液负荷及物理性质是不同的,故设计时,两段应分别计算,若二者相差不大,取较大者为塔径;若相差较大,应采用变径塔。

4.5.3 填料蒸馏塔的设计

4.5.3.1 填料蒸馏塔的设计程序

填料蒸馏塔的设计程序如下:

(1) 汇总设计参数和物理性质数据。

(2) 选用填料,见 4.5.3.2 节。

(3) 确定塔径 D,见 4.5.3.3 节。

(4) 计算填料塔压降。

(5) 确定理论板数和填料的等板高度数值,见 4.5.3.4 节。

(6) 计算填料高度,见 4.5.3.4 节。

(7) 校核喷淋密度是否足以维持最小喷淋密度,见 4.5.3.5 节。

(8) 确定填料的段数和每段填料的高度,见 4.5.3.6 节。

(9) 塔内附件的设计和选定。

(10) 向设备设计专业提供工艺设计条件绘制塔设备简图,并标注必要的尺寸,注明各管口的位置等。

4.5.3.2 填料的选用

填料是填料塔内气液接触的核心元件。填料类型和填料层的高度直接影响传质效果。因而,选择填料是填料塔设计的一个重要内容。选择填料包括填料的类型、填料的规格和填料的材质等。所选填料既要满足生产工艺的要求,又要使设备投资和操作费用最低。

1. 填料类型的选择

填料的类型很多,分为散装填料和规整填料两大类。常用的散装填料有拉西环、θ 环、鲍尔环、海尔环、弧鞍填料、矩鞍填料、阶梯环、θ 网环等;散装填料常用的构造材料有陶瓷、金属、塑料、玻璃和石墨等。规整填料中最常用的是孔板波纹填料和丝网波纹填料,材料为塑料和金属。各种填料的规格和特性数据(比表面、空隙率、填料因子、堆积密度等)见表 4-18。

表 4-18　一些填料的主要规格及其特性数据

填料类别及名义尺寸/mm	实际尺寸	比表面积 $\sigma/(m^2/m^3)$	空隙率 $\varepsilon/(m^3/m^3)$	堆积密度 $\rho_v/(kg/m^3)$	$(\sigma/\varepsilon^3)/(m^2/m^3)$	填料因子 $\Phi/(1/m)$
陶瓷拉西环(乱堆)	高×厚(mm×mm)					
16	16×2	305	0.73	730	784	940
25	25×2.5	190	0.78	505	400	450
40	40×4.5	126	0.75	577	305	350
50	50×4.5	93	0.81	457	177	205
陶瓷拉西环(整砌)	高×厚(mm×mm)					
50	50×4.5	124	0.72	673	339	
80	80×9.5	102	0.57	962	564	
100	100×13	65	0.72	930	172	
铜拉西环(乱堆)	高×厚(mm×mm)					
25	25×0.8	220	0.92	640	290	390
35	35×1	150	0.93	570	190	260
50	50×1	110	0.95	430	130	175
钢鲍尔环	高×厚(mm×mm)					
25	25×0.6	209	0.94	480	252	160
38	38×0.8	130	0.95	379	152	92
50	50×0.9	103	0.95	355	120	66
塑料鲍尔环						
25		209	0.90	72.6	287	170
38		130	0.91	67.7	173	105
50		103	0.91	67.7	137	82
钢阶梯环	厚度(m)					
1号	0.55	230	0.95	433		111
2号	0.7	164	0.95	400		72
3号	0.9	105	0.96	353		46
塑料阶梯环						
1号		197	0.92	64		98
2号		118	0.93	56		49
3号		79	0.95	43		26
陶瓷矩鞍	厚度(m)					
25	3.3	258	0.755	548		320
38	5	197	0.81	483		170
50	7	120	0.79	532		130
陶瓷弧鞍						

续表

填料类别及名义尺寸/mm	实际尺寸	比表面积 $\sigma/(m^2/m^3)$	空隙率 $\varepsilon/(m^3/m^3)$	堆积密度 $\rho_v/(kg/m^3)$	$(\sigma/\varepsilon^3)/(m^2/m^3)$	填料因子 $\Phi/(1/m)$
25		252	0.69	725		360
38		146	0.75	612		213
50		106	0.72	645		148
钢环矩鞍						
25″			0.967			135
40″			0.973			89
50″			0.978			59
木栅板(平板)	高×厚 (mm×mm)　间距(m)					
	100×10 10	100	0.55	210		
	100×10 20	65	0.68	145		
	100×10 30	48	0.77	110		

注:阶梯环1号、2号、3号与钢环矩鞍25″、40″、50″,各大致相当于名义尺寸25、38(或40)、50mm。

2. 填料规格的选择

填料的尺寸影响传质系数和填料层的压降,还影响气体的通量进而影响塔径的大小,所以,填料尺寸要与工艺计算结合起来决定。另外,确定填料尺寸时要考虑塔径这一因素,塔径与填料直径(或主要线性尺寸)之比不能太小,否则填料与塔壁不能靠紧而留出过大空隙,易出现壁流,对塔的传质效率、生产能力、压降都将产生影响,若计算所得的塔径与填料尺寸之比小于表 4-19 的最小值,则应改选较小尺寸填料。但是,只要 50mm 的填料能超过表 4-19 所列的低限,塔高又不受限制,应尽量采用,因为它在各方面的性能均优于其他尺寸。除非塔径很小,否则不要选用小于 20mm 的填料,这些小尺寸的填料,比表面积虽大,但效率不见增长,而造价却增加,压降也大。比 50mm 大的填料一般也较少使用。实践证明,直径 10m 以上的大塔仍能成功地使用尺寸为 50mm 的填料,说明塔径与填料尺寸之比并无上限。

表 4-19　塔径与填料尺寸之比的最小值

填料种类	拉 西 环	鲍 尔 环	环 矩 鞍	鞍 环	阶 梯 环
$(D/d)_{min}$	20~30	10~15	8	15	8

3. 填料材质的选择

填料的材质分为陶瓷、金属和塑料三大类,主要根据介质的腐蚀性和温度来选择。

陶瓷填料具有很好的耐腐蚀性及耐热性,陶瓷填料价格便宜,具有很好的表面润湿性能,质脆、易碎是其最大缺点。在气体吸收、气体洗涤、液体萃取等过程中应用较为宜。

金属填料可用多种材质制成,选择时主要考虑腐蚀问题。碳钢填料造价低,且具有良好的表面润湿性能,对于无腐蚀或低腐蚀性物系应优先考虑使用;不锈钢填料耐腐蚀性强,一般能耐除 Cl^- 以外常见物系的腐蚀,但其造价较高,且表面润湿性能较差,在某些特殊场合(如极低喷淋密度下的减压精馏过程),需对其表面进行处理,才能取得良好的使用效果;钛材、特种合金钢等材质制成的填料造价很高,一般只在某些腐蚀性极强的物系下使用。一般来说,金属填料可制成薄壁结构,它的通量大、气体阻力小,且具有很高的抗冲击性能,能在高温、高压、高冲击强度下使用,应用范围最为广泛。

塑料填料的材质主要包括聚丙烯(PP)、聚乙烯(PE)及聚氯乙烯(PVC)等,国内一般多采用聚丙烯材质。塑料填料的耐腐蚀性能较好,可耐一般的无机酸、碱和有机溶剂的腐蚀。其耐温性良好,可长期在100℃以下使用。塑料填料质轻、价廉,具有良好的韧性,耐冲击、不易碎,可以制成薄壁结构。它的通量大、压降低,多用于吸收、解吸、萃取、除尘等装置中。塑料填料的缺点是表面润湿性能差,但可通过适当的表面处理来改善其表面润湿性能。

4.5.3.3　填料塔塔径的确定

填料塔塔径使用式(4-15)计算:

$$D = \sqrt{\frac{4V}{\pi u}} \tag{4-15}$$

式中: V——气体的体积流量,m³/s;

　　　D——塔径,m;

　　　u——操作空塔气速,m/s。

操作空塔气速可按下列两种方法之一确定。

(1) 取操作空塔气速等于液泛气速的 $0.5 \sim 0.8$(此值称为泛点率),易发泡的物系泛点率取 0.5 或更小;

(2) 根据生产条件,规定出可容许的压降,由此压降反算出可采用的气速。

两种方法中,方法(1)最为常用。

对散装填料,填料塔的液泛气速可用埃克特(Eckert)通用关联图(图4-10)求算。图中位置最高的几条线是泛点线,先算出横坐标值,据此线读出纵坐标值,即可计算 W_G 的值,W_G 即为液泛条件下的气体质量流速,通过 $W_G = u\rho_v$ 的关系,便可求出液泛速度。

规整填料的泛点气速常用 u_F 关联式求算,有时也用推荐适宜的动能因子的方法求算空塔操作气速。下面分别予以介绍。

金属孔板波纹填料[又称麦勒派克(Mellapak)填料]的泛点气速关联式为

$$\lg\left[\frac{u_F^2}{g} \cdot \left(\frac{a}{\varepsilon^3}\right) \cdot \frac{\rho_G}{\rho_L} \cdot \mu_L^{0.2}\right] = 0.291 - 1.75\left(\frac{L}{G}\right)^{1/4} \cdot \left(\frac{\rho_G}{\rho_L}\right)^{1/8} \tag{4-16}$$

式中: u_F——泛点气速,m/s;

　　　g——重力加速度,9.81m/s²;

　　　a——填料比表面积,m²/m³;

　　　ε——填料空隙率;

　　　ρ_G——气体的密度,kg/m³;

　　　ρ_L——液体的密度,kg/m³;

　　　μ_L——液体的黏度,MPa·s(cP);

　　　G——气体流量,kg/h;

　　　L——液体流量,kg/h。

塑料(聚丙烯)孔板波纹填料的泛点气速关联式为

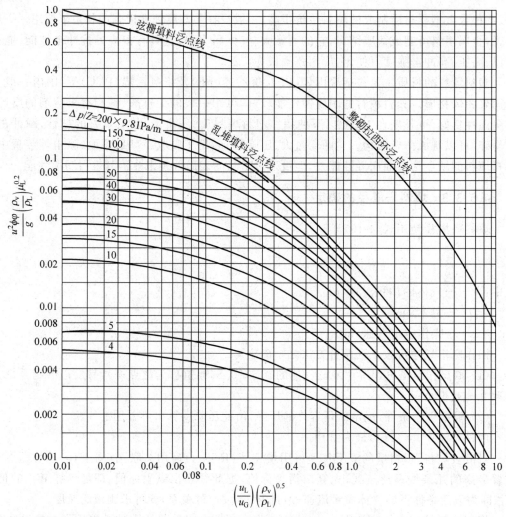

图 4-10 埃克特通用关联图

u_G、u_L——分别为气体和液体的质量速度，kg/s；ρ_G、ρ_L——分别为气体和液体的密度，kg/m³；Φ——填料因子，1/m；

ϕ——水的密度和液体的密度之比；g——重力加速度，9.81m/s²；μ_L——液体的黏度，MPa·s(cP)。

$$\lg\left[\frac{u_F^2}{g}\cdot\left(\frac{a}{\varepsilon^3}\right)\cdot\frac{\rho_G}{\rho_L}\cdot\mu_L^{0.2}\right]=0.291-1.563\left(\frac{L}{G}\right)^{1/4}\cdot\left(\frac{\rho_G}{\rho_L}\right)^{1/8} \tag{4-17}$$

金属压延刺孔板波纹填料的泛点气速关联式为

$$\lg\left[\frac{u_F^2}{g}\cdot\left(\frac{a}{\varepsilon^3}\right)\cdot\frac{\rho_G}{\rho_L}\cdot\mu_L^{0.2}\right]=A-1.75\left(\frac{L}{G}\right)^{1/4}\cdot\left(\frac{\rho_G}{\rho_L}\right)^{1/8} \tag{4-18}$$

对 4.5 型 $A=0.35$；对 6.3 型，$A=0.49$。

金属丝网波纹填料的适宜空塔气速用式(4-19)的适宜动能因子求算，动能因子(又称 F 因子)的定义为

$$F=u_G\sqrt{\rho_G} \tag{4-19}$$

式中：F——动能因子，$\dfrac{\text{m}}{\text{s}}\left(\dfrac{\text{kg}}{\text{m}^3}\right)^{0.5}$；

u_G——空塔气速，m/s；

ρ_G——气体的密度，kg/m^3。

对 250 型金属丝网波纹填料，当压力在 0.1～10kPa 时，$F=3\sim3.5\ \dfrac{m}{s}\left(\dfrac{kg}{m^3}\right)^{0.5}$，当压力在 10～100kPa 时，$F=2.5\sim3\ \dfrac{m}{s}\left(\dfrac{kg}{m^3}\right)^{0.5}$；对 500 型金属丝网波纹填料，推荐 $F=2.0\ \dfrac{m}{s}\left(\dfrac{kg}{m^3}\right)^{0.5}$，对 700 型推荐 $F=1.5\sim2\ \dfrac{m}{s}\left(\dfrac{kg}{m^3}\right)^{0.5}$。

4.5.3.4 填料蒸馏塔填料高度的计算

在一般的填料蒸馏塔计算中，知道理论板数后，可根据填料的等板高度数据来求出填料层高度，即

$$Z = N_T(\text{HETP}) \tag{4-20}$$

式中：Z——填料高度，m；

　　　N_T——理论板数；

　　　HETP——等板高度，m。

影响 HETP 的因素很多，如填料特性、物料性质、操作条件及塔径、填料层高度等。由于影响因素复杂，虽有许多计算方法，但都不够完善。通常设计中需要的 HETP 值，应在标准试验塔中测取，或取工业型设备中的经验数据。也可以采用主要性质（如相对挥发度、黏度、密度、液气比等）相近的系统分离的数据。

在《气液传质设备设计》和《工业塔新型规整填料应用手册》等资料中可以查到各种填料用于蒸馏时的 HETP 值或每米填料的理论板数的值，可供设计时参考。

在缺少数据及不具备测试手段的情况下，可以用经验公式估算，但要注意所用经验公式的适用范围。下面介绍幕赫法和汉德法。

1. 幕赫法

$$\text{HETP} = 38A(0.205G)^B(39.4D)^C Z_0^{1/2}\left(\frac{\alpha\mu_L}{\rho_L}\right) \tag{4-21}$$

式中：G——气相的质量流速，$kg/(m^2\cdot h)$；

　　　D——塔径，m；

　　　Z_0——相邻两个再分布器之间的填料高度，m；

　　　α——被分离组分之间（对多组分混合物则为关键组分之间）的相对挥发度；

　　　μ_L——液相黏度，$MPa\cdot s(cP)$；

　　　ρ_L——液相密度，kg/m^3；

　　　A、B、C——系数列于表 4-20 中。

表 4-20　A、B、C 系数的值

填料种类	填料尺寸/mm	A	B	C
弧鞍形填料	13	5.62	−0.45	1.11
	25	0.76	−0.14	1.11

续表

填 料 种 类	填料尺寸/mm	A	B	C
拉西环	10	2.10	−0.37	1.24
	15	8.53	−0.24	1.24
	25	0.57	−0.10	1.24
	50	0.42	0	1.24
弧鞍形网	6.4	0.017	+0.5	1.00
	10	0.20	+0.25	1.00
	13	0.33	+0.20	1.00

公式导出时,原始数据的范围如下。

(1) 常压操作,空塔气速为泛点气速的 25%～35%;

(2) 塔径为 500～800mm,且填料尺寸≤$D/8$,$Z_0=1$～3m;

(3) 高回流比或全回流比操作;

(4) 相对挥发度,$\alpha=3$～4,系统的扩散系数相差不大。

使用此式时,必须考虑实际情况与上述所限定的数据范围不同对此式准确度的影响。

2. 汉德法

$$\mathrm{HETP}=70\left(\frac{d_P\mu_L}{L}\right)^{1/2} \tag{4-22}$$

式中:d_P——填料外径,m;

μ_L——液相黏度,MPa·s(cP);

L——液相质量流速,kg/(m²·h)。

上式仅考虑了 d_P、μ_L 和 L 对 HETP 的影响,显然是不足的。

在填料蒸馏塔设计中,对用以上公式计算得到的 HETP 值,通常取 10%～35% 的安全系数。

表 4-21 列出一些从工业设备中总结出的经验值,可作为参考。

表 4-21　用于工业塔的 HETP 参考值

塔　　　型	填　　料	HETP/m
蒸馏塔	直径 25mm 的填料	0.46
	直径 38mm 的填料	0.66
	直径 50mm 的填料	0.90
小直径塔(<0.6m)		等于塔径
真空蒸馏塔		在蒸馏塔的基础上再加 0.1m
吸收塔		1.5～1.8

4.5.3.5　液体的最小喷淋密度

填料塔中液体的喷淋密度应大于最小喷淋密度,使填料能液体充分润湿以保证传质效率。最小喷淋密度用(4-23)式计算。

$$(L_v)_{\min}=(M\cdot W\cdot R)\sigma \tag{4-23}$$

式中：σ——填料的比表面积，m^2/m^3；

$(L_v)_{min}$——最小喷淋密度，$m^3/(m^2 \cdot h)$；

$(M \cdot W \cdot R)$——最小润湿速率，$m^3/(m \cdot h)$。

对于最小润湿速率$(M \cdot W \cdot R)$，有人曾提出过如下规定：直径不超过76mm的拉西环，最小润湿速率取$0.08m^3/(m \cdot h)$；直径大于76mm的拉西环，取$0.12m^3/(m \cdot h)$。当润湿速率低于上述最小润湿速率时，可由图4-11估计填料表面效率η，然后将传质单元高度H_{OG}（或H_{OL}）除以η作为实际的传质单元高度的值。

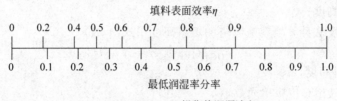

$$最低润湿率分率 = \frac{操作的润湿速率}{规定的最小润湿速率}$$

图4-11　填料表面效率

自分布性能较好的新型填料，其最小润湿速率远小于$0.08m^3/(m \cdot h)$。填料的表面性质及液体的润湿性能对最小润湿速率有显著影响，改进液体分布器也会有好处。各种网体填料，因丝网的毛细作用，其最小润湿速率也很低。

最近还有人提出一种按填料材质面规定的喷淋密度指标，如表4-22所示，可供设计时参考。

表4-22　喷淋密度指标

填料材质	$(L_v)_{min}/[m^3/(m^2 \cdot h)]$	填料材质	$(L_v)_{min}/[m^3/(m^2 \cdot h)]$
未上釉的陶瓷	0.5	未处理过的光亮金属表面	3.0
氧化了的金属	0.7	聚氯乙烯	3.5
经表面处理的金属	1.0	聚丙烯	4.0

4.5.3.6　填料的分段

液体沿填料层下流时，常出现趋向塔壁的倾向，如果填料层的总高度与塔径之比超过一定界限，则需分段，各段之间加装液体收集及再分布器。对散装填料，每个填料段的高度Z_0与塔径D之比Z_0/D的上限列于表4-23中，直径400mm以下的小塔，可取较大的值。对于大直径的塔，每个填料段的高度不宜超过6m。用孔板波纹填料时，每个填料段的高度不宜超过7m。

表4-23　填料段高度的最大值

填料种类	$(Z_0/D)_{min}$	Z_0/m
拉西环	2.5～3	≤6
金属鲍尔环	5～10	≤6
矩鞍填料	5～8	≤6

4.5.4 填料吸收塔的设计

在 4.5.3 节填料蒸馏塔设计中曾述及的填料的选用、塔径的确定、液体的最小喷淋密度、填料的分段等内容都适合于填料吸收塔。但在填料高度的计算上,填料蒸馏塔和填料吸收塔有很大的不同。对填料蒸馏塔,传质单元高度的文献报道很少,而关于等板高度的报道却很多。因此,使用易于得到的等板高度数据通过式(4-20)计算填料蒸馏塔的填料高度是最方便的。由于吸收过程的等板高度数据十分缺乏,所以,多采用传质单元高度法来计算填料吸收塔的填料高度。

传质单元高度法计算填料吸收塔的填料高度用式(4-24)

$$Z = N_{OG} H_{OG} \text{ 或 } Z = N_{OL} H_{OL} \tag{4-24}$$

式中:Z——填料高度,m;

N_{OG}——气相总传质单元数;

H_{OG}——气相总传质单元高度,m;

N_{OL}——液相总传质单元数;

H_{OL}——液相总传质单元高度,m。

气相和液相总传质单元数可通过式(4-25)、式(4-26)用图解积分或数值积分法求得,式(4-25)和式(4-26)适用于低含量吸收。

$$N_{OG} = \int_{Y_1}^{Y_2} \frac{1}{Y - Y^*} dY \tag{4-25}$$

$$N_{OL} = \int_{X_1}^{X_2} \frac{1}{X^* - X} dX \tag{4-26}$$

式中:Y——吸收质在气相中的含量;

X——吸收质在液相中的含量;

Y^*——与液相浓度 X 成平衡的气相含量;

X^*——与气相浓度 Y 成平衡的液相含量。

气相或液相总传质单元高度可按式(4-27)、式(4-28)计算。

$$H_{OG} = \frac{G'}{k_y a\Omega} \tag{4-27}$$

$$H_{OL} = \frac{L'}{k_x a\Omega} \tag{4-28}$$

式中:k_y——以摩尔比之差为推动力的气相吸收总系数,kmol/(m² · h);

k_x——以摩尔比之差为推动力的液相吸收总系数,kmol/(m² · h);

a——单位体积填料所提供的有效传质面积,m²/m³;

Ω——吸收塔横截面积,m²;

G'——单位时间内通过吸收塔的惰性气体量,kmol/h;

L'——单位时间内通过吸收塔的吸收剂量,kmol/h。

式(4-27)、式(4-28)中有效传质面积 a 可用经验关联式计算,常使用式(4-29)计算有效传质面积:

$$a = 0.11 \left(\frac{L^2}{\rho_L^2 g D_p} \right)^{-1/2} \left(\frac{D_p L^2}{\rho_L \sigma} \right)^{2/3} D_p^{-1} \tag{4-29}$$

式中：σ——吸收剂的表面张力，$\mathrm{kgf/h^2}\left[1\mathrm{kgf/h^2}=\left(\dfrac{1}{3600}\right)^2\mathrm{N/m}\right]$；

$\qquad L$——吸收剂的质量流速，$\mathrm{kg/(m^2 \cdot h)}$；

$\qquad \rho_L$——吸收剂的密度，$\mathrm{kg/m^3}$；

$\qquad D_p$——填料的公称规格，m。

式(4-29)适用于鞍形填料和拉西环。

若干填料的有效传质表面与喷淋密度的关系如图 4-12 所示，该图中的液体为水。

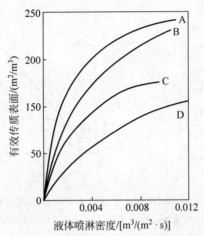

图 4-12　几种填料的有效传质表面

A——25mm 陶瓷鲍尔环；B——25mm 陶瓷矩鞍；

C——25mm 陶瓷拉西环；D——38mm 陶瓷拉西环。

在《工业塔新型规整填料应用手册》中，列有一些工业吸收塔常用的规整填料的传质性能数据。例如，250Y 型聚丙烯塑料孔板波纹填料在不同喷淋密度下液相传质单元高度 H_{OL} 的值，以及不同喷淋密度不同气体负荷下每米填料的传质单元数；10 型金属压延刺孔板波纹填料不同喷淋密度和不同动能因子的每米传质单元数；格里奇栅格填料（Glitsch grid packing）的传质单元高度范围；网孔栅格填料（perform grid packing）的传质单元高度和每米填料的传质单元数。

对吸收过程所用的填料塔，关于 H_{OG} 的文献和经验公式很多，可查阅有关资料。

4.5.5　板式吸收塔的设计

板式吸收塔往往用于以少量的吸收液来处理大量气体混合物的情况，因为在吸收剂用量小的情况下，若用填料塔，会受到最小喷淋密度的限制。常采用的板式吸收塔有泡罩塔、筛板塔等。与板式蒸馏塔一样，板式吸收塔的实际板数等于理论板数除以板效率。

4.5.5.1　板式吸收塔理论板数

板式吸收塔理论板数可用图解法和解析法求出，这里只介绍图解法。

图 4-13 是图解法求算吸收塔理论板数的图示。图中 DE 为操作线，OG 为平衡线，DE 线表示 $Y=f(x)$ 的关系，OG 线表示 $Y^*=\phi(X)$ 的关系，求理论板数时，从塔底（E 点）开始，画铅垂线交平衡线于点 1，点 1 的纵坐标为 Y_1^*，Y_1^* 是离开第一块理论板的气相组成，

它和离开第一块理论板的液相组成 X_1 互成平衡。从点 1 作水平线交操作线于 1′,点 1′ 的纵坐标为 Y_1^*,横坐标为 X_{II},X_{II} 为离开第二块理论板的液相组成。反复在操作线和平衡线之间作梯级,直到某一阶梯的气相组成等于或小于塔顶气相组成 Y_2 时,图解即终止,所作梯级的数目即为所需理论板数。

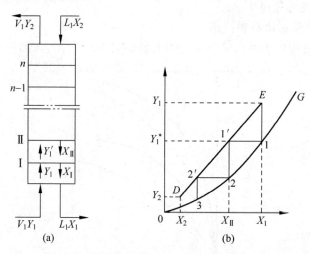

图 4-13　用图解法求逆流吸收操作的理论板

（a）逆流吸收理论板示意图；（b）逆流吸收塔中的操作线

4.5.5.2　板式吸收塔的板效率

图 4-14 是吸收塔总板效率关联图（对泡罩板）,图中横坐标为 HP/μ,其中 μ 是溶液黏度,$mN \cdot s/m^2$（即 $mPa \cdot s$ 或 cP）,按塔顶与塔底平均温度与平均含量计；P 为系统总压,kN/m^2；H 为溶解度系数,$kmol/m^3$（kN/m^2）；P 与 H 的非法定单位分别采用 atm 与 $kmol/(m^3/atm)$。

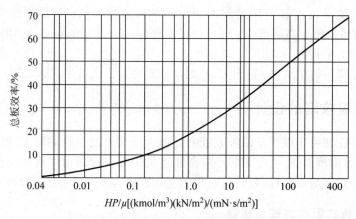

图 4-14　吸收塔总板效率关联图

对于泡罩板以外的其他板型,也需用表 4-16 的总板效率相对值加以校正。

由于吸收操作温度较低,吸收液的黏度及扩散系数较小,故大多数工业板式吸收塔板效率常低于 0.5,一般多取 0.2～0.3,设计时也可多参考某些物系的经验数据。

4.6　反应器的设计

　　化学反应器是将反应物通过化学反应转化为产物的装置,是化工生产及相关工业生产的关键设备。化学反应种类繁多、机理各异,因此,为了适应不同反应的需要,化学反应器的类型和结构也必然差异很大。反应器的性能优良与否,不仅直接影响化学反应本身,而且影响原料的预处理和产物的分离,因而,反应器设计过程中需要考虑的工艺和工程因素应该是多方面的。

　　反应器设计的主要任务首先是选择反应器的型式和操作方法,然后根据反应和物料的特点,计算所需的加料速度、操作条件(温度、压力、组成等)及反应器体积,并以此确定反应器主要构件的尺寸,同时还应考虑经济的合理性和环境保护等方面的要求。

4.6.1　常用工业反应器的类型

　　反应器的分类主要按反应器的形状来划分。目前大多数反应器在工程设计上已经成熟,有不少反应器已经定型化、系列化和标准化,可供设计选用。图 4-15 为常用的各类反应器示意图。

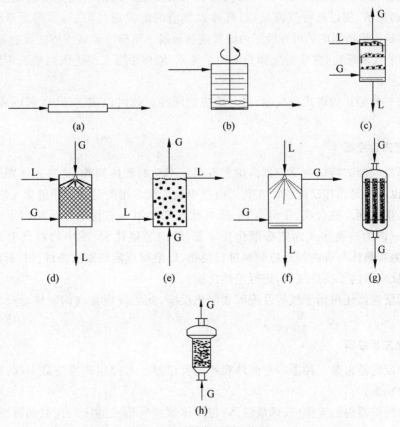

图 4-15　不同类型的反应器

(a) 管式反应器;(b) 釜式反应器;(c) 板式塔;(d) 填料塔;(e) 鼓泡塔;(f) 喷雾塔;(g) 固定床反应器;(h) 流化床反应器

1. 管式反应器

管式反应器的特征是长度远大于管径，内部中空，不设任何构件，如图 4-15(a)所示。多用于均相反应，例如轻油热裂解生产乙烯所用的管式裂解炉便属此类，轻油走管内，管外用燃油燃烧供给裂解反应所需的热（轻油裂解是吸热反应）。

2. 釜式反应器

釜式反应器又称为反应釜或搅拌反应器。其高度一般与直径相等或稍高（为直径的2～3 倍），如图 4-15(b)所示。釜内设有搅拌装置及挡板，并根据不同的情况在釜内安装换热器或在釜外壁设换热夹套，如果换热量大，也可将换热器装在釜外，通过流体的强制循环而进行换热；如果反应的热效应不大，可以不装换热器。

釜式反应器是应用十分广泛的一类反应器，可用以进行均相反应（绝大多数为液相均相反应），也可用于进行多相反应，如气液反应、液液反应、液固反应以及气液固反应。许多酯化反应、硝化反应、磺化反应以及氯化反应等用的都是釜式反应器。

3. 塔式反应器

这类反应器的高度一般为直径的数倍乃至十余倍，有些塔式反应器内部有为了增加两相接触而设的构件，如填料、塔板等，图 4-15(c)为板式塔，图 4-15(d)为填料塔。塔式反应器主要用于两种流体反应的过程，如气液反应和液液反应。鼓泡塔也是塔式反应器的一种，如图 4-15(e)所示，用以进行气液反应，气体以气泡的形式通过液层，如果需要取出反应放出的热或供给反应所需的热可在液层内设置换热装置。喷雾塔也属于塔式反应器，如图 4-15(f)所示，用于气液反应，常常是气体自下而上流动，液体由塔上部进入后喷成雾滴状分散于气体中。

无论哪一种型式的塔式反应器，参与反应的两种流体可以成逆流，也可以成并流，视具体情况而定。

4. 固定床反应器

固定床反应器的特征为反应器内填充有固定不动的固体颗粒，这些固体颗粒可以是固体催化剂，也可以是固体反应物。在化工生产中被广泛采用的是固定床催化反应器，床内的固体颗粒是催化剂。氨合成、甲醇合成、苯氧化及邻二甲苯氧化都是采用固定床催化反应器。图 4-15(g)为一换热式固定床催化反应器，管内装催化剂，反应物料自上而下通过床层，管间则为载热体与管内的反应物料进行换热，以维持所需的温度条件。也有绝热式固定床反应器，反应器内无换热装置，进行绝热反应。

固定床反应器还可用于气固及液固非催化反应，此类反应器内的固体是反应物而非固体催化剂。

5. 流化床反应器

流化床反应器也是一种器内有固体颗粒的反应器。与固定床反应器不同，这些固体颗粒处于运动状态。

流化床反应器内的流体（气体或液体）与固体颗粒所构成的床层犹如沸腾的液体，故又称为沸腾床反应器，图 4-15(h)是流化床反应器。

流化床反应器可用于气固、液固以及气液固催化或非催化反应，是工业生产中较广泛使用的反应器。典型的工业应用例子是炼油厂的催化裂化装置、萘氧化制邻苯二甲酸酐、丙烯氨氧化制丙烯腈和丁烯氧化脱氢制丁二烯等气固催化反应过程的反应器。流化床反应器用于固体加工的例子有黄铁矿和闪锌矿的焙烧、石灰石的煅烧等。

4.6.2 釜式反应器的设计

4.6.2.1 釜式反应器设计的系列化

国家已有 K 型和 F 型两类反应釜系列，K 型反应釜的长径比较小，形状上呈"矮胖型"，而 F 型则长径比较大，较"瘦长"。材质有碳钢、不锈钢和搪瓷等数种。高压反应釜、真空反应釜、常减压反应釜和低压常压反应釜均已系列化生产，供货充足，选型方便，有些化工机械厂家还可接受修改图纸进行加工，设计者可根据工艺要求提出特殊要求，在反应釜系列的基础上进行修改。

在反应釜系列中，传热面积和搅拌形式基本上都是规定了的。在选型时，如果传热面积和搅拌形式不符合设计项目的要求，可与制造厂家协商进行修改。

如果在反应釜系列中没有设计项目合适的型号，工艺设计人员可向设备设计人员提出设计条件自行设计非标准反应釜。

4.6.2.2 釜式反应器设计的工作内容

1. 确定反应器的操作方式

根据工艺流程的特点，确定反应釜是连续操作还是间歇操作（即分批式操作）。

间歇操作是原料一次装入反应釜，然后在釜内进行反应，经过一定时间后，达到要求的反应程度便卸出全部物料，接着是清洗反应釜，继而进行下一批原料的装入、反应和卸料，即一批一批地反应，所以这种反应釜又叫分批式反应釜或间歇反应釜。连续操作是连续地将原料加入反应器，反应后的物料也连续地流出反应器，所使用的反应釜叫连续釜。

间歇反应釜特别适用于产量小而产品种类多的生产过程，如制药工业和精细化工。对于反应速率小、需要比较长的反应时间的反应过程，使用间歇反应釜也是合适的。连续釜用于生产规模较大的生产过程。

2. 汇总设计基础数据

设计基础数据包括物料流量、反应时间、操作压力、操作温度、投料比、转化率、收率、物料的物性参数等。

3. 计算反应釜的体积

反应釜体积的计算方法见 4.6.2.3 节。

4. 确定反应釜的台数和连接方式

1）间歇反应釜

从釜式反应器的标准系列中选定设计采用的反应釜后，釜的体积就确定了，将反应需要的反应体积除以每台釜的体积所得的数值即为反应釜的台数，此值若不是整数，应向数值大的方向圆整为整数。

2）连续釜

对连续操作的反应釜,当按单釜计算得到的反应体积过大而导致釜的加工制造发生困难时,要使用若干个体积较小的反应釜,这些小釜是串联还是并联操作,这要根据釜内所进行的反应的特点来决定。对有正常动力学的反应(即反应速率随反应物浓度的增大而增大),釜内反应物浓度越高对反应越有利。在这种情况下,采用串联方式比较好,因为串联各釜中,反应物的浓度是从前到后逐釜跳跃式降低的,在前面各釜内能够保持较高的反应物浓度,从而获得较大的反应速率。而对有反常动力学的反应,反应物含量越低反应速率越大,这时应采用各小釜并联的连接方式,因为并联各釜均在对应于出口转化率的反应物含量(即最低反应物含量)下操作,根据反常动力学的特点,可获得高的反应速率。

应该注意,采用串联釜时,串联各釜的体积之和并不等于按单釜计算需要的反应体积,而要按串联釜的体积计算方法另行计算。换句话说,就是串联操作时所需釜的台数并不等于按单釜操作所需反应体积除以小釜体积所得的商,而是要用串联釜的计算方法来确定釜的台数。采用并联釜时情况与串联釜不同,根据理论推导,在按并联各釜空时相等的原则分配各釜物料处理量的条件下,并联各釜的体积总和的值是最小的,此值等于按一个大釜计算出来的反应体积。如果并联各釜的空时不相等,则并联各釜的体积总和大于按一个大釜计算出来的反应器体积,也就是说,如果决定了采取并联操作方式,设计时按并联各釜空时相等(注意,并不是各釜体积相等)的原则分配各釜物料流量是最经济的方案。据此可知,如果用若干个体积相同的小连续釜并联操作代替一个大连续釜时,当各小釜的物料处理量相同时,小的台数等于单釜操作所需体积除以小釜体积所得的商。这样的安排由于符合各并联釜空时相等的原则,是一种经济的安排。

5. 确定反应釜的直径和筒体高度

如按非标准设备设计反应釜,需要确定长径比。长径比一般取 1～3,长径比较小时,形状矮胖。这类反应釜单位体积内消耗的钢材量少,液体比表面积大,适用于间歇反应;长径比趋于 3 时属瘦长型,这类反应釜单位体积内可安排较大的换热面,对反应热效应大的体系很适用,同时长径比越大,传热比面积越大,可以减少返混,对于有气体参加的反应较为有利,停留时间较长,但加工困难,材料耗费较高,此外,搅拌支承也有一定的难度。

长径比确定后,设备的直径和筒体高度就可以根据釜的体积确定。釜的直径应在国家规定的容器系列尺寸中选取。

6. 确定反应釜传热装置的类型和换热面积

反应釜的传热可在釜外加夹套实现。但夹套的传热面积有限,当需要大的传热面积时,可在釜内设置盘管、列管或回形管等。釜内设换热装置的缺点是会使釜内构件增加,影响物料流动。釜内物料易粘壁,结垢或有结晶、沉淀产生的反应釜,通常不主张设置内冷却器(或内加热器)。

传热装置的传热面积的计算方法同一般的换热体系。需要由换热装置取出或供给的热量叫作换热装置的负荷。热负荷是由反应釜的热衡算求出的。

7. 搅拌器的设计

搅拌器有定型产品可供选择,表 4-24 可供选择搅拌器型式时参考。确定搅拌器尺寸及转速 n;计算搅拌器轴功率;计算搅拌器实际消耗功率;计算搅拌器的电机功率;计算搅拌轴直径。

表 4-24 搅拌器的型式

操 作 类 别	适用的搅拌器型式	D_0/D	H/D_0	层数及位置
低黏度均相液体	推进式 涡轮式 要求不高时用桨式	推进式 4～3 涡轮式 6～3 桨式 2～1.25	不限	单层或多层,中央插入 $C/D=1$ 桨式:$C/D=0.5\sim0.75$
非均相液体	涡轮式	3.5～3	0.5～1	$C/D=1$
固体颗粒与液体	按固体含量、比重及粒度决定用桨式、推进式或涡轮式	推进式 2.5～3.5 桨式、涡轮式 2～3.2	0.5～1	根据固体含量、密度及粒度决定 C/D
气体吸收	涡轮式	2.5～4	1～4	单层或多层 $C/D=1$
釜内有传热装置	桨式	桨式 1.25～2	0.5～2	
	推进式	推进式 3～4		
	涡轮式	涡轮式 3～4		
高黏度液体	涡轮式、锚式、框式、螺杆式、螺带式、桨式	涡轮式 1.5～2.5 桨式 1.25 左右	0.5～1	
结晶	涡轮式、桨式	涡轮式 2～3.2	1～2	单层或多层,单层一般桨在 $H/2$ 处

注:D_0——反应釜内径;D——搅拌器直径;H——反应釜筒高;C——搅拌叶与釜壁的距离。

8. 管口和开孔设计,确定其他设施

夹套开孔和釜底釜盖开孔,根据工艺要求有进出料口,有关仪器仪表接口、手孔、人孔、备用口等,注意操作方位。

9. 轴密封装置

防止反应釜的跑、冒、滴、漏,特别是防止有毒害、易燃介质的泄漏,选择合理的密封装置非常重要。密封装置主要有如下两种。

(1)填料密封。优点是结构简单,填料拆装方便,造价低,但使用寿命短,密封可靠性差。

(2)机械密封。优点是密封可靠(其泄漏量仅为填料密封的 1%)、使用寿命长、适用范围广、功率消耗少,但其造价高、安装精度要求高。

10. 画出反应器工艺设计草图(条件图),或选出型号。

4.6.2.3 釜式反应器体积的计算

1. 连续釜

连续釜反应体积可由式(4-30)计算:

$$V_r = Q_0\tau \tag{4-30}$$

式中:V_r——反应釜有效体积,m^3;

Q_0——反应器入口液体物料的体积流量,m^3/s、m^3/min、m^3/h;

τ——空时,即物料在釜内的平均停留时间,s、min、h。

τ 与反应物浓度、反应温度、起始和最终转化率有关,若已知反应的动力学方程式,τ 的值可按式(4-31)求出:

$$\tau = \frac{C_{A0}x_{Af}}{R_{Af}} \ 或\ \tau = \frac{C_{A0} - C_{Af}}{R_{Af}} \qquad (4\text{-}31)$$

式中：C_{A0}——反应釜入口液体中关键组分 A 的浓度，mol/L；

C_{Af}——反应釜出口液体中关键组分 A 的浓度，亦即釜内液体中关键组分 A 的浓度，mol/L；

x_{Af}——反应釜出口液体中关键组分 A 的转化率，即釜内液体中关键组分 A 的转化率；

R_{Af}——反应温度和反应浓度（等于釜内液体即出口液体的温度和浓度）下的反应速率，mol/(L·s)、mol/(L·min) 或 mol/(L·h) 等，R_{Af} 的值可按反应的动力学方程式计算得到。

2. 间歇釜

间歇釜反应体积可由式(4-32)计算：

$$V_r = Q_0(t + t_0) \qquad (4\text{-}32)$$

式中：Q_0——按照生产能力计算出来的单位时间需要处理的原料液体体积，m^3/s、m^3/min、m^3/h；

t——反应时间，s、min 或 h；

t_0——辅助生产时间，是卸料、装料、清洗、升降温等时间之和，s、min 或 h。

反应时间 t 用式(4-33)计算。

$$t = C_{A0} \int_0^{x_{Af}} \frac{1}{R_A} \mathrm{d}x_A \qquad (4\text{-}33)$$

式中：C_{A0}——反应开始时关键组分 A 的浓度，mol/L；

x_{Af}——最终转化率；

R_A——不同浓度（转化率）、不同温度下的反应速率，mol/(L·s)、mol/(L·min)、mol/(L·h) 等。

反应速率 R_A 是温度和浓度的函数，其函数关系用动力学方程式表示。在间歇釜内，R_A 是一个变量，因为随着反应的进行，釜内各组分的浓度不断改变，反应物浓度逐渐减小而生成物的浓度逐渐增大。随着反应的进行，间歇釜内物料的温度可能是不变的（等温间歇釜），也可能是变化的（非等温间歇釜）。

式(4-33)的积分值可通过图解积分或数值积分求得。

无论是连续釜还是间歇釜，都应考虑釜的装料系数。一般来说，对于处于沸腾状态或会起泡的液体物料，装料系数应取 0.4~0.6，而对于不起泡或不处于沸腾状态的液体，可取 0.7~0.85。

4.6.3 固定床催化反应器的设计

凡是流体通过不动的固体物料所形成的床层而进行反应的装置都称作固定床反应器，其中尤以用气态的反应物料通过由固体催化剂所构成的床层进行反应的气固相催化反应器占最主要的地位。

4.6.3.1 固定床催化反应器的类型

按照换热的形式，固定床催化反应器的分类如图 4-16 所示。

1. 单段绝热式固定床催化反应器

反应过程中催化剂床层与外界没有热交换的固定床催化反应器叫绝热式固定床催化反应器。单段绝热式固定床催化反应器是指反应物料在绝热情况下只反应一次,而多段则是多次在绝热条件下进行反应,反应一次之后经过换热以满足所需的温度条件再进行下一次的绝热反应,每反应一次称为一段。

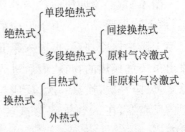

图 4-16　固定床催化反应器的分类

单段绝热式固定床催化反应器的优点是结构简单,空间利用率高,造价低。但由于绝热反应器中床层温度是随转化率(也随床层高度)增大而直线上升的,对一些热效应大的反应,由于温升过大,反应器出口温度可能会超过催化剂的允许温度;对于可逆放热反应,反应器轴向温度分布会远离最佳温度曲线,从而造成反应器生产效率降低,甚至会由于化学平衡的限制而使反应器出口达不到要求的转化率,因此,单段绝热式固定床反应器的使用受到了一些限制。

单段绝热式固定床催化反应器适用于下列场合:

(1) 反应热效应小的反应。

(2) 温度对目的产物收率影响不大的反应。

(3) 虽然反应热效应大,但单程转化率较低的反应或有大量惰性物料存在使反应过程中温升不大的反应。

乙烯直接水合制乙醇的工业反应器就是单段绝热式固定床催化反应器,乙烯直接水合制乙醇的反应的热效应小(25℃时反应热为 44.16kJ/mol),单程转化率也不高(一般为 4%～5%)。

2. 多段绝热式固定床催化反应器

此类反应器多用以进行放热反应。

多段绝热式固定床催化反应器按段间冷却方式的不同,又分为间接换热式、原料气冷激式和非原料气冷激式三种,这些类型的反应器如图 4-17 所示。

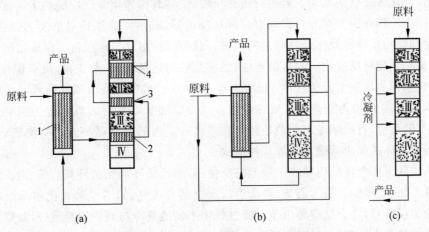

图 4-17　多段绝热式固定床催化反应器

(a)间接换热式;(b)原料气冷激式;(c)非原料气冷激式

图 4-17(a)为四段间接换热式催化反应器的示意图。原料气经第 1、2、3、4 换热器预热后，进入第 Ⅰ 段反应。由于反应放热，经第一段反应后，反应物料温度升高，第一段出口物料经第 4 换热器冷却后，再进入第 Ⅱ 段反应。第 Ⅱ 段出来的物料，经换热后进入第 Ⅲ 段。第 Ⅲ 段出来经过换热的物料，最后进入第 Ⅳ 段反应。产品经换热器 1 回收热量，送入下一工序。总之，反应一次，换热一次，反应与换热交替进行，这就是多段绝热式反应器的特点。这种类型的反应器，在一氧化碳蒸汽转化、二氧化硫氧化制三氧化硫的工业生产上采用得比较普遍。

直接换热式(或称冷激式)反应器与间接换热式不同之处在于换热方式。前者是利用补加冷物料的办法使反应后的物料温度降低；后者则使用换热器。图 4-17(b)为原料气冷激式反应器，共四段，所用的冷激剂为冷原料气，亦即原料气只有一部分经预热器 Ⅰ 预热至反应温度，其余部分冷的原料气则用作冷激剂。经预热的原料气进入第 Ⅰ 段反应。反应后的气体与冷原料气相混合而使其温度降低，再进入第 Ⅱ 段反应，依次类推。第 Ⅳ 段出来的最终产物经预热器回收热量后送至下一工序。如果来自上一工序的原料气温度本来已很高，这种类型的反应器显然不适用。图 4-17(c)为非原料气冷激式，其原理与原料气冷激式相同，只是采用的冷激剂不同而已。非原料气冷激式所用的冷激剂通常是原料气中的某一反应组分。例如一氧化碳交换反应中，蒸汽是反应物，采用非原料气冷激式反应器时，段与段之间就可通过喷水或蒸汽来降低上段出来的气体温度。这样做还可使蒸汽分压逐段升高，对反应有利。又如二氧化硫氧化也可采用这种型式的反应器，以空气为冷激剂，反应气体中氧的分压逐段提高，对反应平衡和速率都有利。

实际生产中还有将间接换热式与冷激式联合使用的，即第 Ⅰ 段与第 Ⅱ 段之间采用原料气冷激，其他各段间则用换热器换热，工业上的二氧化硫氧化反应器就有采用此种形式的。

3. 外热式固定床催化反应器

图 4-15(g)是外热式固定床催化反应器的示意图。催化剂可放在管内也可放在管间，但放在管间的情况不多见。在图 4-15(g)中，原料气自反应器顶部向下流入催化剂床层，在底部流出，热载体在管间流动。若进行吸热反应，则热载体为化学反应的热源；对于放热反应，热载体为冷却介质。对外热式固定床催化反应器，载热体的选择很重要，它往往是控制反应温度和保持反应器操作条件稳定的关键。载热体的温度与床层反应温度之间的温度差宜小，但又必须能将反应放出的热带走(或供应足够的热量)。一般来说，反应温度为 200℃ 左右时，宜采用加压热水为载热体；反应温度在 250~300℃ 可采用挥发性低的矿物油或联苯与联苯醚的混合物为载热体；反应温度在 300℃ 以上可采用无机熔盐为载热体；对于 600℃ 以上的反应，可用烟道气作载热体。载热体在壳程的流动循环方式有沸腾式、外加循环泵的强制循环式和内部循环式等几种形式。

外热式固定床催化反应器在工业上广泛使用，如乙烯环氧化制环氧乙烷、由乙炔与氯化氢生产氯乙烯、乙苯脱氢制苯乙烯、烃类蒸汽重整制合成气、邻二甲苯氧化制苯酐等过程就是采用此类反应器，这类反应器由于反应过程中不断地有冷却剂取出热量(对放热反应)，或不断地有加热剂供给热量(对吸热反应)，使床层的温度分布趋于合理。

4. 自热式固定床催化反应器

自热式固定床催化反应器是换热式固定床催化反应器的一种特例，它以原料气作为冷却剂来冷却床层,而原料气则被预热至所要求的温度,然后进入床层反应。显然,它只适用于放热反应,而且是原料气必须预热的系统。工业上合成氨反应器中的一种类型就是自热式固定床催化反应器,另一种类型是冷激式多段绝热式固定床催化反应器。

4.6.3.2　固定床催化反应器用量的确定

固定床催化反应器设计最主要的是确定催化量的用量,确定催化剂用量的方法以前常用空速法,随着计算机技术在化工中的应用以及反应工程学科的发展,模型法设计已日渐广泛地被采用。

1. 空速法

空速是指单位时间单位堆体积催化剂所处理的原料气体积,用式(4-34)计算。

$$空速 = \frac{原料气体的体积流量}{催化剂床层体积} \tag{4-34}$$

空速的单位为 $m^3/(m^3 \cdot h)$,原料气体积以操作条件下体积计。空速的数据是从中间试验装置或工厂现有生产装置中实测得到。以此实测得到的空速数据作为新设计的反应器的空速数据,按设计要求的原料气处理量和已知的空速数据便可求出新设计的反应器的催化剂堆体积。

空速法设计的前提是新设计的反应器也能保持与提供空速数据的反应器相同的操作条件,如催化剂的性质、原料气的组成、气体流速、操作温度、操作压力等。但由于生产规模不同,要做到两者全部条件相同是困难的,尤其是温度条件很难做到两者完全相同(反应器直径不同,其径向温度的分布状况可能不相同)。因此,空速法虽能在动力学数据缺乏的情况下,简单方便地估算催化剂的体积,但因对整个体系的反应动力学、传热和传质特性缺乏真正的了解,因而是不精确的。

2. 模型法

数学模型法是 20 世纪 60 年代迅速发展起来的先进方法。它是在对反应器内全部过程的本质和规律有一定认识的基础上,用数学方程式来比较真实地描述实际过程,即建立过程的数学模型,并运用计算机进行比较准确的计算。目前,固定床反应器的数学模型被认为是反应器中比较成熟可靠的模型。它不仅可用于设计,也可用于检验已有反应器的操作性能,以探求技术改造的途径和实现最佳控制。

下面介绍几种固定床催化反应器的模型法设计。

1) 绝热式固定床催化反应器的催化剂用量

求解催化剂堆体积的模型方程见式(4-35)、式(4-36)和式(4-37)。

$$V_r = F_{A0} \int_{x_{A0}}^{x_{Af}} \frac{1}{R_A} dx_A \tag{4-35}$$

$$R_A = f(x_A, T) \tag{4-36}$$

$$T = T_0 + \lambda(x_A - x_{A0}) \tag{4-37}$$

式中：F_{A0}——反应器进口气体中关键组分 A 的摩尔流量,kmol/h 或 mol/h;

　　　　V_r——催化剂的堆体积,m^3 或 L;

　　　　R_A——反应速率,$kmol/(m^3 \cdot h)$ 或 $mol/(L \cdot h)$;

x_A——关键组分 A 的转化率；

T——转化率为 x_A 的气体温度，K；

x_{A0}——反应器进口气体中关键组分 A 的转化率；

x_{Af}——反应器出口气体中关键组分 A 的转化率；

T_0——反应器进口气体温度，K；

λ——绝热温升，

$$\lambda = \frac{F_{A0}(-\Delta H_r)}{F_t \overline{C}_{pt}} = \frac{y_{A0}(-\Delta H_r)}{\overline{C}_{pt}};$$

F_t——反应气体总摩尔流量，若忽略反应过程中总物质的量的变化，则等于进口气体总摩尔流量，kmol/h 或 mol/h；

y_{A0}——进口气体中关键组分 A 的摩尔分数；

$-\Delta H_r$——反应热，kJ/kmol 或 J/mol；

$\overline{C}_{pt}$——气体的平均摩尔热容，kJ/(kmol·K) 或 J/(mol·K)。

式(4-36)$R_A = f(x_A, T)$是动力学方程式，指反应速率与转化率的温度的函数关系。联立式(4-35)、式(4-36)和式(4-37)便可求解出催化剂堆体积。

2) 外部换热式固定床催化反应器的催化剂用量

此类反应的数学模型有一维模型和二维模型。只考虑床层轴向的浓度和温度差别而不考虑床层径向的浓度和温度差别的模型是一维模型；既考虑轴向又考虑径向的浓度和温度差别的模型为二维模型。二维模型计算比一维模型复杂，一般只在大直径床的设计中使用。一维模型方程是由物料衡算方程、热量衡算方程和动力学方程组成的一个常系数微分方程组，它是常微分方程初值问题，可用改进尤拉法或龙格-库塔法求解。

一维模型求解后可得到沿床层轴向的温度分布和沿轴向的浓度（或转化率）分布数据，图 4-18 是用一维模型计算得到的乙苯脱氢固定床催化反应器（外热式）的转化率和温度沿床层轴向的分布图。在纵坐标上找到 $X = X_{Af}$ 的点（X_{Af} 为最终转化率，即反应器出口转化率），过此点做横坐标的平行线，此平行线与 x_A-T 曲线相交于 A 点，A 点对应的 Z 值为 Z_1，Z_1 即为所求的床层高度。催化剂的堆体积便可根据床层高度与床的横截面面积求出。

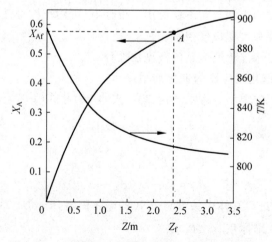

图 4-18 乙苯脱氢反应器的轴向温度及转化率分布

需要说明的是,由于乙苯脱氢反应是吸热反应,所以床层温度先降后升。但对放热反应,床层温度应是先升后降,床层温度有一个最高点,此温度称为"热点"温度,该温度是生产控制上最为关键的控制点。

4.6.4　流化床催化反应器的设计

4.6.4.1　流化床催化反应器的构造

流化床催化反应器一般包括的组成部分有壳体、气体分布装置、换热装置、气固分离装置、内部构件以及催化剂颗粒的加入装置和卸出装置等。图 4-19 为一种典型的流化床催化反应器示意图。壳体 1 一般做成圆柱形,也有做成圆锥形的,反应气体从进气管 4 进入反应器,经气体分布板 8 进入床层。气体分布板的作用是为了使气体分布均匀,分布板的设计必须保证不漏料也不堵塞,且安装方便。床层设置内部构件(挡板或者挡网)的目的在于打碎气泡,改善气固相接触和减小返混,如图 4-19 中所示的挡板 11。流化床催化反应器的换热装置可以装在床层内,也可以在床层周围装设夹套,视热负荷大小而定。图 4-19 中 9 和 10 分别表示冷却水进出口总管,床层内的换热管与总管相连接。催化剂颗粒从进口 6 加入,由出口 7 排出。

气体离开床层时总是要带走部分细小的颗粒,为此,将反应器上部的直径增大,做成一个扩大段,使气流速度降低,从而使部分较大的颗粒沉降下来,落回床层中去。较细的颗粒则通过反应器上部的旋风分离器 3 分离出来返回床层。反应后的气体由顶部排出。

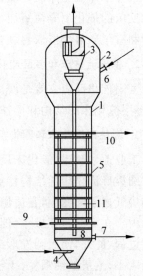

1—壳体;2—扩大管;3—旋风分离器;
4—流化床气体入口;5—换热管;
6—催化剂入口;7—催化剂排出口;
8—气体分布板;9—冷却水进口;
10—冷却水排出口;11—内部构件。
图 4-19　流化床催化反应器

4.6.4.2　流化床催化反应器与固定床催化反应器的比较

流化床催化反应器的优点如下:

(1) 因固体颗粒直径小,气固两相的接触面(即传质和传热表面积)大。

(2) 因催化剂粒子小,故内扩散阻力小,对内扩散控制的反应和内扩散阻力较大的反应十分有利。

(3) 由于流化床床内气固两相的强烈搅动,使相接面不断更新,有利于传热和传质;流化床内温度均匀,便于控制反应温度。

(4) 由于催化剂在流化床中有流动性,对于催化剂易失活需要很快再生的情况,易于实现连续化生产。

流化床催化反应器的缺点如下:

(1) 由于固体颗粒易磨损,使催化剂的带出损耗大,所以对使用昂贵催化剂的生产过程将使其产品的成本增加。

(2) 气体返混较大,使转化率(或收率)降低。

（3）放大技术尚不成熟。

4.6.4.3　流化床催化反应器的类型

目前工业生产上使用的流化床,按结构形式的不同可分为单器和双器、单层和多层、圆柱床和圆锥床、自由床和限制床。

1. 单器流化床和双器流化床

选择单器流化床还是双器流化床,主要取决于催化剂的寿命及其再生的难易,如果气固催化反应的催化剂寿命短而再生容易,需选用双器流化床,石油催化裂化就是采用流化床反应器和流化床再生器双器联合操作。反之,催化剂寿命长的情况下应采用单器流化床。

2. 单层流化床和多层流化床

气固催化反应主要是使用单层流化床。但若要求转化率高和副反应少,则用多层流化床,多层流化床的结构和操作都比较复杂,在应用上受到一定的限制。

3. 圆柱形流化床和圆锥形流化床

工业上,圆柱形流化床反应器应用最为广泛,因为它结构简单,制造方便,设备利用率高。圆锥形流化床的结构特点是床的横截面面积从分布板向上沿轴向逐渐扩大,与此相应的空塔气速逐渐变小,它适用于低流速条件下操作,在低流速下也能获得较好的流化质量,而且由于在低流速下操作,催化剂粒子的磨损小。圆锥形流化床还适用于气体体积增大的反应过程,此外,使用圆锥形流化床可提高细粉利用率,因为圆锥形流化床的气速自下而上逐渐减小,上层的细颗粒(由于磨损造成)在较小的气速下流化,从而减轻了细粉的夹带损失,同时也减轻气固分离装置的负担。圆锥形流化床的分布板性能一般比较好,因为它下端的直径最小,气速最大,使较大的固体颗粒也能流化,从而减轻和消除分布板上死料、烧结和堵塞等现象。锥形床的缺点是结构复杂、制造困难和设备利用率较低。

4. 自由床和限制床

床中不专门设置内部构件来限制气体或固体流动的流化床称为自由床,反之,则为限制床。内换热器在某种程度上也起到内部构件的作用,但只有内换热器而无其他限制构件的流化床习惯上仍称为自由床。

设内部构件的目的是增进气固相接触和减少气体返混以改善气体的停留时间分布,使高床层和高流速的操作成为可能。对一些反应速度慢、反应级数高和副反应严重的气固催化反应,设置内部构件是很重要的。限制床多以挡网、挡板为内部构件。对反应速度快,反应时间拖长也不致产生过多副反应或对产品纯度要求不高的气固催化反应过程,可以采用自由床。如石油的催化裂化就是采用自由床。

设计时,应选择与中间试验和工业装置一致的床型,因为经过试验考核和生产考核的床型是最可靠的。

4.6.4.4　流化床催化反应器主体尺寸的确定

1. 流化床直径

流化床的直径用下式计算:

$$D = \sqrt{\frac{4V}{\pi u}} \tag{4-38}$$

式中：D——流化床塔径，m；

　　　V——气体的体积流量，m^3/s；

　　　u——空床速度，即流化床的操作气速，m/s。

流化床的操作气速可根据生产或试验选取，表 4-25 是一些工业流化床常用的操作气速。工业流化床常用的操作气速为 0.2～1.0m/s。

表 4-25　一些工业生产上采用的流化床操作气速

产　品	反应温度/℃	催化剂粒子直径/目	操作空塔速度/(m/s)
丁烯氧化脱氢制丁二烯	480～500	40～80	0.8～1.2
丙烯氨氧化制丙烯腈	475	40～80	0.6～0.8
萘氧化制邻苯二甲酸酐	370	40	0.3～0.4
乙炔制醋酸乙烯	200	24～28	0.25～0.3

一般认为操作速度应在临界流化速度和带出速度之间，但有些流体床操作时，操作速度高出带出速度而操作状态正常，所以不应把带出速度定为操作速度的上限。

也可以使用流化数（操作气速与临界流化速度的比值，fluidization number）计算操作气速：

$$u = nu_{mf} \tag{4-39}$$

式中：n——流化数；

　　　u_{mf}——临界流化速度，m/s。

流化数往往根据物料的特性和工艺要求参照实际生产数据选定。苯酐流化床的流化数一般为 $n \geqslant 10$，而有些反应甚至 $n > 100$。

确定临界流化速度可用实测法和计算法。实测法是得到临界流化速度的既准确又可靠的方法；当测试不方便时，可用计算法。目前已提出相当多的半经验计算公式，这里推荐一个认为比较可靠的公式：

$$u_{mf} = \frac{4.08 d_p^{1.82} (\rho_s - \rho_f)^{0.94}}{\mu_f^{0.88} \rho_f^{0.06}} \tag{4-40}$$

式中：u_{mf}——临界流化速度（以空塔计），m/s；

　　　μ_f——气体黏度，$mPa \cdot s$(cP)；

　　　ρ_s, ρ_f——分别为固体和气体密度，kg/m^3；

　　　d_p——固体颗粒的平均直径，m。

式(4-40)适用于临界雷诺数 Re_{mf} 小于 5 的情况，若 $Re_{mf} > 5$ 时须校正。

$$Re_{mf} = \frac{1000 d_p u_{mf} \rho_f}{\mu_f}$$

2. 扩大段直径

扩大段的设置是为了使较小的颗粒在此处沉降，以减轻过滤器的负荷。

按设计要求先决定不让带出流化床的颗粒的最小直径，再计算此直径颗粒的带出速度，然后计算扩大段直径。一般来说，扩大段所能分离下来的固体颗粒的直径大于 $50\mu m$，所以在计算带出速度时所用的颗粒直径应在此范围内选择。

由于流化床的颗粒细小,沉降一般在层流区进行。在层流区,用式(4-41)计算带出速度:

$$u_t = \frac{d_p^2(\rho_s - \rho_f)}{18\mu_f} \qquad (4\text{-}41)$$

式中：u_t——带出速度,m/s;

μ_f——气体黏度,kgf·s/m²(1kgf·s/m² = 9.81Pa·s);

有些设计取扩大段气速为操作气速的0.5倍来确定扩大段直径。

3. 浓相段高度(也称密相段高度)H_1

浓相段高度的计算用式(4-42):

$$H_1 = RH_{mf} \qquad (4\text{-}42)$$

一般情况下 $H_{mf} \approx H_0$

式中：H_1——浓相段高度,m;

R——膨胀比,其计算方法和经验值可在有关资料中得到;

H_0——静床高,m;

H_{mf}——临界流化速度下的床层高度,m。

静床高 H_0 可根据反应器中催化剂的用量计算:

$$H_0 = \frac{G_{cat}}{\rho_B \cdot \frac{\pi}{4}D^2} \qquad (4\text{-}43)$$

式中：G_{cat}——催化剂用量,kg;

ρ_B——催化剂的堆密度,kg/m³;

D——流化床浓相段直径,m。

催化剂的用量 G_{cat} 的值常用催化剂负荷数据(由生产装置实测得到)计算出来,也可根据接触时间求出。

4. 稀相段高度(也称分离段高度)H_2

分离段高度(transport disengaging height,TDH),曾有许多学者对其进行过研究,公布了许多 TDH 的经验关联式,但误差较大,有些手册上将它与流化床直径的比 H_2/D 与流化床直径 D 做成关联图(图4-20),使用此图可以得到 H_2 的值。

5. 扩大段高度 H_3

扩大段高度主要根据内过滤管或内旋风分离器的安装、检修的需要确定。

4.6.4.5 流化床催化反应器的传热装置

1. 流化床催化反应器传热装置的型式

流化床催化反应器传热装置的型式有列管式、鼠笼式、管束式和蛇管式。

1) 列管式换热器

列管式换热器是将换热管竖直放置在床内,无论在浓相还是稀相都可使用。目前,这种换热器常用单管式和套管式两种。单管式中载热体(一般用水、耐高温油、联苯等)由总环管

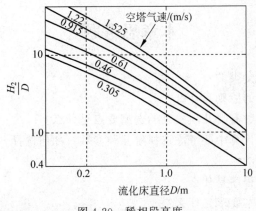

图 4-20　稀相段高度

进入,经连接管分配至各垂直的热交换管,再汇总到总管,经汽化的水气混合物由此引出。套管式中水从总管分配至各中心管,流经外套管与中心管间的环隙(换热主要在此进行),经汽化之水气混合物升入蒸汽总管而引出。

2)鼠笼式换热器

鼠笼式换热器的传热面积较大,但焊缝较多,在温差大的场合易胀裂。

3)管束式换热器

管束式换热器管束可以列置也可横排。横排用于流化质量要求不高而热交换量很大的场合,如沸腾燃烧锅炉等。

4)蛇管式换热器

蛇管式换热器与一般蛇管换热器类似。根据换热量大小,可在浓相段设置一个或多个。

2. 传热面积的计算

传热面积的计算方法同一般换热器相似,基本公式仍是传热速率方程式。换热装置的热负荷由热量衡算确定,总传热系数可由各给热系数求出,但设计时常采用总传热系数的经验值。表 4-26 是一些工业流化床总传热系数 K 的经验值。

表 4-26　流化床总传热系数 K 的经验值

产　品	床内线速/(m/s)	浓相段的传热系数/[W/(m² · K)]	换热方式及介质
丁烯氧化脱氢制丁二烯	0.8～1.2	465～581	套管,水
丙烯氨氧化制丙烯腈	0.6～0.8	233～349	套管,水
萘氧化制邻苯二甲酸酐	0.3～0.4	300～316	列管,水,蒸汽
乙炔制醋酸乙烯	0.25～0.3	233	套管,水,蒸汽

当用给热系数计算总传热系数 K 值时,牵涉到床层对传热管管壁的给热系数。不同的工艺过程,不同的操作条件和不同的设备结构,其给热系数值均不相同。目前已有不少计算流化床给热系数的关联式,可查阅有关资料。由于流化内粒子的强烈搅动和对传热管管壁的冲刷,床层对传热管管壁的给热系数较大。

本章思考题

答案

1. 化工设备是如何分类的？

2. 设备设计与选型的原则是什么？

3. 选择泵的基本参数有哪几项？泵的选型要点是什么？

4. 热交换器的设计计算中要考虑选择哪几种参数？如何选择？

5. 贮罐是如何分类的？

6. 设计贮罐的一般程序是什么？

7. 塔设备设计的基本要求是什么？

8. 反应釜设计程序是什么？

9. 某制药厂在生产工艺过程中，需将乙醇液体从 75℃ 冷却到 45℃，乙醇的流量为 1000kg/h。冷却介质采用 28℃ 的河水。要求热交换器的管程和壳程压降不大于 30kPa，试选用适宜的管壳式热交换器。

5

化工厂布置

本章主要内容:
- 厂址选择。
- 化工厂总平面布置——总图布置。
- 车间(装置)布置。

5.1 厂址选择

化工厂布置是化工厂设计中的重要内容,主要包括:厂址选择、化工厂总平面布置和车间(装置)布置。厂址选择是化工装置建设的重要环节,也是一项政策性、技术性很强的工作。厂址选择对工厂的建设进度、投资数量、经济效益、环境保护及社会效益等各方面都有重大的影响。只有厂址选择确定之后,才能估算基建投资额和投产后的生产成本,才能对经济效益、环境保护及社会效益进行分析评估,判断项目的可行性,因此厂址选择是可行性研究的一部分,在有条件时,也可在编制项目建议书阶段进行。

厂址选择的基本任务是根据国家(或地方、区域)的经济发展规划,工业布局规划和拟建工程项目的具体情况和要求,经过考察和比较,合理选定工业企业或工程项目的建设地区(大区位),确定工业企业或工程项目的具体地点(小区位)和具体坐落位置(具体位置)。

工程设计的"选厂"工作主要指小区位和具体位置的选择。选厂工作组由主管部门主持,拟建单位和设计部门参加。工作组专业组由工艺、土建、供排水、供电、总图运输和技术经济等专业人员组成,总图专业人员牵头完成。

5.1.1 厂址选择的基本原则

选厂工作是在长远规划的指导下选择符合建厂要求的厂址。厂址选择的基本原则如下:

(1) 符合国家工业布局、城市或地区规划要求,尽可能靠近城市或城镇原有企业,便于生产协作,方便生活。

(2) 接近原料、燃料供应和产品销售便利的地区,并在储运、机修、公用工程和生活设施等方面有良好基础和协作条件。

(3) 靠近水量充足、水质良好的水源地,当有城市供水、地下水和地面水三种供水条件时,应进行经济技术比较后选用。

(4) 应靠近原有交通线(水运、铁路、公路),即交通运输便利的地区;对于有超重、超大或超长设备的工厂,还应注意沿途是否具备运输条件。

（5）厂址应尽可能靠近热电供应地,应考虑电源的可靠性。

（6）应节约用地,尽量少占用耕地,厂区大小、形状和其他条件应满足工艺流程合理布置的需要,并留有发展的余地。

（7）应注意当地自然环境条件,对工厂投产后可能造成的环境影响做出预评价,并得到当地环保部门的认可。

（8）应避开低于洪水位或在采取措施后仍不能确保不受水淹的地段,厂址自然地形应有利于厂房和管线的布置、内外交通联系和场地排水。

（9）厂址附近应建立生产污水和生活污水的处理装置。

（10）不妨碍或不破坏农业水利工程,应尽量避免拆迁（民房、坟墓等）。

（11）应具有满足建设工程需要的工程地质条件和水文地质条件。以下地区不得建设：地震断层地区和基本烈度 9 度以上的地震区；土层厚度较大的Ⅲ级自重湿陷性黄土地区；易遭受洪水、泥石流、滑坡、土崩等危害的山区；有开采价值的矿藏地区；国家规定的历史文物、生物保护和风景游览地区；对机场、电台等使用有影响的地区；自然疫源区和地方病流行地区。

全部满足以上各项原则是困难的,因此必须根据具体情况,因地制宜,尽量满足建厂的原则要求。

5.1.2　厂址选择的工作阶段

厂址选择一般分为准备阶段、现场工作阶段和厂址方案比较及选厂报告编制阶段。

1. 准备阶段

厂址选择准备阶段的工作任务有人员组织上和技术上两方面。

1）人员组织

参与厂址选择工作的设计单位要组建一个由若干个主要专业,如工艺、土建、给排水、总图运输、电气、技术经济等人员组成的工作组,由项目负责人主持工作。由于选址工作涉及面很广,设计单位承担这项工作时,必须主动争取与业务主管部门、地方政府及建设单位的密切配合和支持,充分听取他们的意见并吸收其中的合理部分,才能将这项工作做好。

2）确定选厂指标

在技术层面,进行厂址选择的前提是要确定选厂指标。选厂指标主要有：

（1）拟建化工厂的产品方案和规模,主、副产品的品种和数量；

（2）基本工艺流程和生产特性；

（3）工厂项目构成,即主要项目表；

（4）原材料、燃料品种、数量、质量要求,供应来源或销售去向及适用的运输方式；

（5）全厂年运输量（输入＋输出）,主要包装方式；

（6）全厂职工人数估计,最大班人数估计；

（7）水、电、汽（气）等公用工程耗量及其主要参数；

（8）"三废"排放数量、类别、性质和可能造成的污染程度；

（9）辅助生活设施及其他特殊要求；

(10) 工厂建设(含生产区、生活区)的理想总平面布置图和它的发展要求,计算拟建工厂的用地数量。

2. 现场工作阶段——落实建厂条件

拟定好选厂指标后,设计人员要踏勘现场,收集资料、踏勘地形图检验实际情况与所绘图纸是否相符,以确定是否进行重新测量以及厂区自然地形利用方法。现场工作的主要内容如下:

(1) 向当地政府和主管部门汇报拟建工厂的生产性质、规模和对厂址的基本要求,工厂建成后对当地可能造成的影响,听取他们对建厂方案的意见。

(2) 根据当地推荐厂址,了解区域规划有关资料,确定踏勘对象,为现场踏勘做进一步准备。

(3) 向当地部门落实所需资料,并进行实地调查核实。

(4) 进行现场踏勘,根据选厂指标,设计人员要踏勘现场,收集资料。一般应踏勘两个以上的厂址,经比较后择优建厂。现场踏勘的内容如下:

① 检验实际情况与所绘图纸是否相符,如果选用,决定该地区是否要重新测量,研究厂区自然地形的改造利用方式,和场地原有设备加以保留或利用的可能性;

② 研究工厂现场基本区划的几种可能方案;

③ 研究确定铁路专用线接轨点和进线方向,航道和码头的适宜地点,公路连接和工厂主要出入口的位置;

④ 实地调查厂区历史上的洪水淹没情况;

⑤ 实地观察厂区的工程地质情况;

⑥ 实地踏勘工厂水源地、排水口,研究确定可能的取水方案和污水排除措施;

⑦ 实地调查热电厂及厂外各种管线的可能走向;

⑧ 现场环境污染状况的调查;

⑨ 周围地区工厂和居民点分布状况和协调要求;

⑩ 了解各种外协条件,并进行实地观察。

3. 厂址方案比较和选厂报告编制

现场踏勘后,开始编制选厂报告。在现场工作的基础上,项目总负责人与选厂工作小组成员进行厂址方案的选择,经过综合、分析,对各方面的条件进行评估,然后做出结论性的意见,推荐出较为合理的厂址,编制选厂报告并将选厂报告及厂址方案图交由主管部门审查。厂址选择所选的主要内容如下:

(1) 选厂根据,新建厂的工艺生产路线,选厂工作的经过;

(2) 建厂地区的基本情况;

(3) 厂址方案及厂址技术条件的比较,并对建设费用及经营费用进行评估(见表 5-1、表 5-2);

(4) 对各个厂址方案的综合分析和结论;

(5) 当地政府和主管部门对厂址的意见;

(6) 厂区总平面布置示意图;

(7) 各项协议文件。

表 5-1 厂址技术条件比较

	内容	厂址方案			备注	内容	厂址方案			备注
		方案一	方案二	方案三			方案一	方案二	方案三	
厂区基本情况	1. 区域位置					15. 协作条件(城镇生活福利设施的利用)				
	2. 占地面积					16. 建设施工条件				
	3. 占用农田面积					17. 铁路(等级、里程、桥隧工程量、接轨条件)				
	4. 农田粮食产量					18. 公路(等级、里程、桥隧工程量、接轨条件)				
	5. 搬迁居民数					19. 其他运输方式(如河运、索道等工程量)				
	6. 搬迁公房面积					20. 经营条件(原料、成品、燃料等运输的合理性)				
	7. 厂区周边环境及有无发展用地					21. 水域名称、最枯流量、最高水温				
	8. 气象、厂区主导风向及周围环境的影响					22. 取水口位置及距厂距离,取水总扬程,地下水利用情况				
	9. 地形、地貌(新定厂址高程)					23. 清净水排水距离,排水堤排总扬程				
	10. 地质条件(土壤、水文地质、地震烈度、地耐力及地层稳定性等)					24. 供气地点(输气管道直径及长度,敷设跨越区带情况)				
	11. 场地平整、土石方工程量					25. 供电电源名称,电压等级、距离及跨越,工厂水源地供电方式				
	12. 战备、人防条件					26. 建设投资				
	13. 水文、防排洪					27. 经营费(年)				
	14. 本厂对当地卫生条件的影响;附近工厂对本厂的影响					28. 其他(如电讯、消防、劳动力素质及来源等)				

表 5-2 建设费用和经营费用比较

费用名称	方案一		方案二		方案三		备注	费用名称	方案一		方案二		方案三		备注
	数量	金额	数量	金额	数量	金额			数量	金额	数量	金额	数量	金额	
1. 场地开拓费:(1) 土石方及场地平整费;(2)建筑物拆迁及赔偿费;(3)青苗赔偿及土地征购费								2. 交通运输设施费用							

费用名称	方案一		方案二		方案三		备注	费用名称	方案一		方案二		方案三		备注
	数量	金额	数量	金额	数量	金额			数量	金额	数量	金额	数量	金额	
3. 供水(取水、管道、净化设施费)								10. 基础处理费							
4. 排水(污水处理设施、管道费用)								11. 其他建设期间发生的工程费							
5. 动力线路、设备、增容费等								12. 原材料、燃料、产品等运营费							
6. 住宅及福利设施费								13. 给排水运营费							
7. 临时住宅建设费								14. 动力供应运营费							
8. 建材运输费								15. 其他运营费							
9. 大型设备运输费								合计							

5.2 化工厂总平面布置——总图布置

在厂址选择后,化工厂的总平面布置图(习惯称为总图布置)设计的基本任务是结合厂区的各种自然条件和外部条件,确定生产过程中各种对象在厂区中的位置,总体解决全厂所有建筑物和构筑物在平面和竖向上的布置;运输网和地上、地下工程技术管网的布置;行政管理、福利及绿化景观设施的布置等问题。

5.2.1 化工厂总平面布置的原则

为使化工厂运转正常,综合利用厂区的各种有利因素,总平面布置的原则有:

1. 满足生产和运输的要求

(1) 保证生产线直、短,避免交叉迂回,使物料输送距离最小。

(2) 将水、电、汽(气)耗量大的车间尽量集中,形成负荷中心,并使其靠近供应源——水、电、汽(气)的输送距离最短。

(3) 厂区交通道路要做到径直短捷,避免人流和货流交叉和迂回。货运量大,车辆往返频繁的设施宜靠近厂区边缘地段。

(4) 厂区布置要做到厂容整齐,环境优美,布置紧凑,节约用地。

2. 满足安全和卫生要求

(1) 厂区布置应严格遵守防火、卫生等安全规范、标准和有关规定;

(2) 火灾危险性大的车间与其他车间之间应按规定安全距离设计;

（3）经常散发可燃气体的场所，应远离各类明火源；

（4）火灾、爆炸危险性较大和散发有毒有害气体的车间、装置，应尽量采用露天或半敞开的布置；

（5）环境洁净要求高的工厂应与污染源保持较大的距离。

3. 满足有关的标准和规范

总图布置中应满足的标准和规范主要有：《化工企业总图运输设计规范》（GB 50489—2009）、《建筑设计防火规范》（2018 年版）（GB 50016—2014）、《石油化工企业设计防火标准》（2018 年版）（GB 50160—2008）、《厂矿道路设计规范》（GBJ 22—1987）、《化工企业安全卫生设计规范》（HG 20571—2014）等。

4. 为施工安装创造条件

总图布置应满足施工和安装作业要求，应考虑大型设备的吊装；厂内道路路面结构和荷载标准等应满足施工安装的要求。

5. 为发展留有余地

为适应市场竞争，化工厂布置应为工厂发展留有余地。

6. 竖向布置要求

竖向布置应满足生产工艺布置和运输及装卸对高程的要求。设计标高尽量与自然地形相适应，力求使场地的土石方工程量最小。

7. 管线布置

管网布置和敷设方式对生产动力消耗及投资具有重要意义。

8. 绿化

绿化可以美化环境，减少粉尘等危害，应与平面布置一起考虑。

5.2.2 化工厂总平面布置的要求

化工厂总平面布置主要是进行化工厂平面布置，即按照工艺路线考虑生产车间或界区、公用工程及辅助车间、行政管理建筑物等的布置，安排各车间、建筑物、构筑物、仓库、堆场、道路、管线、铁路、码头等单元的相对位置和坐标。化工厂总平面布置要考虑安全生产等原则，符合相关法律法规及标准的规定。图 5-1 为某化工厂总平面布置图示例。

1. 建（构）筑物的布置

在满足生产工艺要求前提下，建（构）筑物的布置应考虑以下因素：

1）总体布置紧凑，节约建设用地

在满足卫生、安全、防火要求下，合理缩小建（构）筑物间距；同类型车间集中布置或合并，如操作室；充分利用厂区废弃场地；扩大厂间协作，节约建设用地。

2）合理划分厂区，满足使用要求，留有发展余地

根据生产特点及管理要求合理划分厂区，各区自成系统，除满足目前使用要求外，还需留有适当的发展余地。

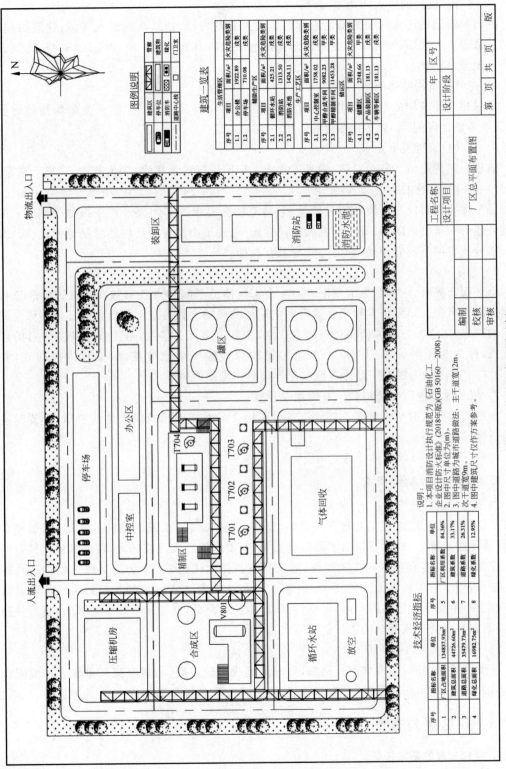

图 5-1　总平面布置图示例

图例说明

建筑区		管廊	
停车位		建筑物	
消防车		绿化	
道路中心线		门卫室	

建筑一览表

生活管理区

序号	项目	面积/m²	火灾危险类别
1.1	办公楼	1922.89	戊类
1.2	停车场	710.08	戊类

辅助生产区

序号	项目	面积/m²	火灾危险类别
2.1	循环水站	425.21	戊类
2.2	消防房	1313.50	戊类
2.3	消防水池	1424.11	戊类

生产工艺区

序号	项目	面积/m²	火灾危险类别
3.1	中心控制室	1758.02	戊类
3.2	甲醇合成车间	9082.23	甲类
3.3	甲醇精制车间	11453.28	甲类

储运区

序号	项目	面积/m²	火灾危险类别
4.1	储罐区	2748.66	甲类
4.2	产品装卸区	181.13	戊类
4.3	车辆等候区	181.13	戊类

技术经济指标

序号	指标名称	单位		序号	指标名称	单位
1	厂区占地面积	134837.93m²		5	厂区利用系数	84.36%
2	建筑总面积	44726.60m²		6	建筑系数	33.17%
3	道路总面积	35479.73m²		7	道路系数	26.31%
4	绿化总面积	16982.75m²		8	绿化系数	12.95%

说明：
1. 本项目消防设计执行规范为《石油化工企业设计防火标准》(2018年版)(GB 50160—2008)。
2. 图中尺寸单位为(m)。
3. 图中道路为城市道路做法：主干道宽12m，次干道宽9m。
4. 图中建筑尺寸仅作方案参考。

工程名称			厂区总平面布置图
设计项目			
编制		年	区号
校核		设计阶段	
审核		第　页　共　页　版	

3）确保安全、卫生，注意主导风向，有利环境保护

4）建（构）筑物的防火间距

建（构）筑物的防火间距的确定应考虑生产火灾危害性、建筑物的耐火等级、建筑面积、建筑层数等。参照《石油化工企业设计防火标准》（2018年版）（GB 50160—2008）与《建筑设计防火规范》（2018年版）（GB 50016—2014）。

5）建（构）筑物防爆间距

考虑相邻建筑物的性质及相对位置，防止相互影响引起爆炸。对贮存易爆炸物品的仓库，既要考虑防爆间距，又要有可靠的防护设施。

6）建（构）筑物卫生要求

满足车间的通风、朝向、日照、采光等要求。厂区做好雨水排除、绿化布置、三废治理等。

7）建（构）筑物的防振、防震要求

总平面布置时应尽可能利用自然地形，将有防振要求的车间离开产生振源的地方；在地震区建（构）筑物的防震，除采取抗震结构措施外，总平面布置时还应注意避免将建（构）筑物一部分放在河滨或低洼处，而另一部分放在高处。

8）主导风向

总平面布置时，应将产生大量烟、粉尘、有害气体的车间和设备布置在厂区边沿地带和生活区的下风向。如果将常年每个方向吹向厂址的风的次数占全年总次数的百分率称为该风向的频率，则将各方向风频率按一定的比例，在方位坐标上描点，可连成一条多边形的封闭曲线，称之为风向频率图。由于多边形的图像很像一朵玫瑰花，故又称为风玫瑰图。图5-1右上角图标为根据厂址所在地某年气象数据绘制的风玫瑰图。

9）结合地形地质，因地制宜，节约建设投资

地形高差较大时可设计成不同高度的台阶地。考虑建（构）筑物的地质要求，必要时进行地质勘探。

10）妥善布置行政生活设施，方便生活、管理。

2. 运输方式与人流、货流

1）运输方式

工厂常用的运输方式主要有铁路运输、公路（道路）运输、水路运输和其他运输（如架空索道、管道运输等）。相比较而言水路运输投资少，要求工厂临江或邻海，且要求建在具有一定深度的航道及适宜建造码头的地方，如果具备条件应优先考虑；公路运输方便、灵活、适应性强，适用于货运量不太大的工厂、山区工厂和经常变动货运量的工厂；铁路运输运量大，速度快，不受气候条件的限制，保证性强，成本比公路低，适用于货运吞吐量大，就近铁路线，特别有自备货车或槽车的工厂。

2）合理组织人流与货流

在组织货运同时，要考虑人行路线，要求人流线路应短捷，与货流交叉最少。一般应将货运最大的仓库、车间靠近铁路、道路等货运出入口，避免与人流交叉。

5.2.3　厂区竖向布置

1. 竖向布置的基本任务

竖向布置主要是确定建（构）筑物的标高，以合理利用厂区的自然地形，使工程建设中土

方工程量减少,并满足工厂排水要求。其基本任务如下:

(1) 确定竖向布置方式,选择设计地面的形式;

(2) 确定全厂建(构)筑物、铁路、管道、排水构筑物、露天场地的设计标高,使之与场外运输线路相互衔接;

(3) 确定工程场地的平整方案及场地的排水方案;

(4) 进行工厂的土石方工程规划;

(5) 确定必须设置的各种工程构筑物和排水构筑物。

2. 竖向布置应考虑的问题

1) 布置方式

平坡式布置整个厂区没有明显标高差或台阶,适用于建筑密度较大,道路、管线较多,自然地形坡度小于 0.4% 的平坦地区或缓坡地带,平整后坡度不宜小于 0.5%,保证场地排水。阶梯式布置指整个工程场地分为若干个台阶,台阶连接处标高变化较大,以陡坡或挡土墙相连接的布置方式,适用于山区、丘陵地带;其优点是排水条件好,缺点是运输和管网敷设条件较差。混合式布置是指平坡式和阶梯式结合的布置方式,适用于厂区面积比较大或厂区局部地形变化较大场地设计。

2) 场地标高和坡度的确定

车间、道路标高要满足交通运输和场地排水要求。交通运输的要求如电瓶车通行时,道路坡度不大于 0.4% 等;场地排水要求如不受洪水威胁,保证顺利排水,同时不受雨水冲刷。

3) 土(石)方工程量

土(石)方工程计算是进行工厂土(石)方规划和组织土(石)方施工的依据,同时校核工厂竖向设计的合理性。通过土(石)方工程计算,如果缺土应说明土方来源,如果余土,应说明余土的处理办法,落实土方的去路。

4) 管廊布置

将在第 6 章详细介绍。

5.3　车间(装置)布置

5.3.1　概述

车间(装置)布置是指将各工段、设备按生产流程在空间上组合、布置。车间(装置)布置是设计中的重要环节,既要符合工艺要求,又要经济实用,合理布局。车间(装置)布置直接影响到项目建设的投资,建设后的生产运转正常,设备维修和安全,以及各项经济指标的完成。因此,进行车间(装置)布置要做到充分掌握有关资料,全面权衡,仔细推敲。车间(装置)布置设计涉及的专业很多,以工艺、配管专业为主导,在管道、总图、土建、自控、电力、设备等专业配合下,征求建设单位意见,最后由工艺或配管专业集中各方面意见后完成。

5.3.1.1　车间(装置)的组成

生产设施:原料工段、生产工段、成品工段、回收工段、控制室、贮罐区、露天堆场等。

生产辅助设施：化验室、机修间、动力间、变电配电室、除尘室、通风室等。

行政福利设施：办公室、休息室、更衣室、浴室、卫生间等。

其他特殊用室：劳动保护室、保健室等。

车间平面布置是指将上述车间组成在平面上进行组合布置。

5.3.1.2　车间（装置）布置设计的依据

1. 相关标准、规范和规定

工程技术人员在车间（装置）布置设计时应熟悉并执行有关防火、防雷、防爆、防毒和卫生等方面的规范，表 5-3 为车间（装置）布置设计的相关标准、规范。

表 5-3　车间（装置）布置设计的相关标准、规范

名　称	标　准　号	名　称	标　准　号
建筑设计防火规范（2018 年版）	GB 50016—2014	石油化工企业设计防火标准（2018 年版）	GB 50160—2008
化工企业安全卫生设计规范	HG 20571—2014	工业企业噪声控制设计规范	GB/T 50087—2013
工业企业厂界环境噪声排放标准	GB 12348—2008	爆炸危险环境电力装置设计规范	GB 50058—2014

2. 基础资料

（1）初步设计——工艺和仪表流程图，施工设计——管道和仪表流程图；

（2）物料衡算数据及物料性质，包括原料、中间体、副产品、产品的数量及性质，"三废"的数量及处理方法；

（3）设备一览表——设备外形尺寸、质量、支撑形式及保温情况；

（4）公用系统消耗——水、电、热、冷冻、压缩空气、外管等资料；

（5）车间定员表——技术人员、管理人员、车间化验人员、岗位操作人员，最大班人数和男女比例等；

（6）厂区总平面布置图——包括车间之间、辅助部门、生活部门的相互联系，厂内人流、物流的情况和数量；

（7）建厂地形和气象资料。

5.3.1.3　车间（装置）布置的设计原则

（1）从经济和压降角度考虑，设备布置应顺从工艺流程，但若与安全、维修和施工有矛盾时，允许有所调整。

（2）根据地形、主导风向等进行布置——尽量采用露天布置，构筑物能合并的尽量合并。

（3）明火设备必须布置在处理可燃液体或气体设备全年最小频率风向的下侧，并集中布置在装置的边缘。

（4）控制室和配电室应布置在生产区域中心部位，在危险区之外。

（5）充分考虑装置与其他部门的位置，力求紧凑，联系方便，缩短输送管线，节省管材费

用及运行费用。

（6）留有车间发展余地。

（7）所采取的劳动保护、防火、防腐、防毒、防爆及安全卫生等措施要符合有关标准、规范的要求。

（8）有毒、有腐蚀性介质的设备应分别集中布置，并设置围堰，以便集中处理。

（9）设置安全通道，人流、物流方向应错开。

（10）设备布置应整齐，尽量使主要管架布置与管道走向一致。

5.3.2　车间（装置）布置的技术要素

1. 车间内各工段的安排

规模较小的车间，各工段联系紧密，生产特点无显著差异时，可将车间的生产、辅助、生活部门集中布置在一幢厂房内，如医药、农药生产车间。生产规模较大，各工段生产有显著差异，需要严格分开时，应采用单体式厂房，如大型石油化工厂多采用单体式。

2. 厂房的平面布置

厂房的平面布置应考虑的因素：生产工艺条件，包括工艺流程、生产特点、生产规模等；建筑本身的可能性与合理性，包括建筑形式、结构方案、施工条件和经济条件等。

为适应地形及生产流程的需要，厂房平面轮廓有Ⅰ型（长方形）、L型、T型、Ⅱ型等。采用L型、T型应充分考虑采光、通风、通道和立面等各方面因素，适用于较复杂的车间。Ⅰ型（长方形）轮廓总图布置、设备布置和管线布置方便，有利于自然采光和通风，其缺点是流程长，车间过长，常用于中小型车间。

1）厂房的柱网布置——厂房结构

按照生产的火灾危险性分类（表 5-4），生产的火灾危险性类别为甲、乙类的，宜采用框架结构，柱网间距一般为 6m，也有 7.5m 的；生产的火灾危险性为丙、丁、戊类的，可采用混合结构或框架结构，开间采用 4.5m 或 6m。在一幢厂房中不宜采用多种柱距。柱距要尽可能符合建筑模数的要求（300mm 的倍数），便于利用建筑结构上的标准预制构件。

表 5-4　生产的火灾危险性分类

类别	使用或产生下列物质生产的火灾危险性特征	生产的火灾危险性举例
甲类	1. 闪点小于 28℃ 的液体	闪点小于 28℃ 的油品和有机溶剂的提炼、回收或洗涤部位及其泵房，橡胶制品的涂胶和胶浆部位，二硫化碳的粗馏、精馏工段及其应用部位，青霉素提炼部位，原料药厂的非纳西汀车间的烃化、回收及电感精馏部位，皂素车间的抽提、结晶及过滤部位，冰片精制部位，农药厂乐果厂房，敌敌畏的合成厂房，磺化法糖精厂房、氯乙醇厂房，环氧乙烷、环氧丙烷工段，苯酚厂房的磺化、蒸馏部位、焦化厂吡啶工段，胶片厂片基厂房，汽油加铅室，甲醇、乙醇、丙酮、丁酮异丙醇、醋酸乙酯、苯等的合成或精制厂房，集成电路工厂的化学清洗间（使用闪点小于 28℃ 的液体），植物油加工厂的浸出厂房

类别	使用或产生下列物质生产的火灾危险性特征	生产的火灾危险性举例
甲类	2. 爆炸下限小于10%的气体	乙炔站,氢气站,石油气体分馏(或分离)厂房,氯乙烯厂房,乙烯聚合厂房,天然气、石油伴生气、矿井气、水煤气或焦炉煤气的净化(如脱硫)厂房压缩机室及鼓风机室,液化石油气罐瓶间,丁二烯及其聚合厂房,醋酸乙烯厂房,电解水或电解食盐厂房,环己酮厂房,乙基苯和苯乙烯厂房,化肥厂的氢氮气压缩厂房,半导体材料厂使用氢气的拉晶间,硅烷热分解室
	3. 常温下能自行分解或在空气中氧化能导致迅速自燃或爆炸的物质	硝化棉厂房及其应用部位,硝酸纤维素塑料厂房,黄磷制备厂房及其应用部位,三乙基铝厂房,染化厂某些能自行分解的重氮化合物生产厂房,甲胺厂房,丙烯腈厂房
	4. 常温下受到水或空气中水蒸气的作用,能产生可燃气体并引起燃烧或爆炸的物质	金属钠、钾加工厂房及其应用部位,聚乙烯厂房的一氯二乙基铝部位、三氯化磷厂房,多晶硅车间三氯氢硅部位,五氧化磷厂房
	5. 遇酸、受热、撞击、摩擦、催化以及遇有机物或硫黄等易燃的无机物,极易引起燃烧或爆炸的强氧化剂	氯酸钠、氯酸钾厂房及其应用部位,过氧化氢厂房,过氧化钠、过氧化钾厂房,次氯酸钙厂房
	6. 受撞击、摩擦或与氧化剂、有机物接触时能引起燃烧或爆炸的物质	赤磷制备厂房及其应用部位,五硫化二磷厂房及其应用部位
	7. 在密闭设备内操作温度不小于物质本身自燃点的生产	洗涤剂厂房石蜡裂解部位,乙酸裂解厂房
乙类	1. 闪点不小于28℃,但小于60℃的液体	闪点大于或等于28℃但小于60℃的油品和有机溶剂的提炼、回收、洗涤部位及其泵房,松节油或松香蒸馏厂房及其应用部位,乙酸酐精馏厂房,己内酰胺厂房,甲酚厂房,氯丙醇厂房,樟脑油提取部位,环氧氯丙烷厂房,松针油精制部位,煤油罐桶间
	2. 爆炸下限不小于10%的气体	一氧化碳压缩机室及净化部位,发生炉煤气或鼓风炉煤气净化部位,氨压缩机房
	3. 不属于甲类的氧化剂	发烟硫酸或发烟硝酸浓缩部位,高锰酸钾厂房,重铬酸钠(红矾钠)厂房
	4. 不属于甲类的易燃固体	樟脑或松香提炼厂房,硫黄回收厂房,焦化厂精萘厂房
	5. 助燃气体	氧气站,空分厂房
	6. 能与空气形成爆炸性混合物的浮游状态的粉尘、纤维、闪点不小于60℃的液体雾滴	铝粉或镁粉厂房,金属制品抛光部位,煤粉厂房、面粉厂的碾磨部位,活性炭制造及再生厂房,谷物筒仓工作塔,亚麻厂的除尘器和过滤器室

类别	使用或产生下列物质生产的火灾危险性特征	生产的火灾危险性举例
丙类	1. 闪点不小于 60℃的液体	闪点大于或等于 60℃的油品和有机液体的提炼、回收工段及其抽送泵房,香料厂的松油醇部位和乙酸松油脂部位,苯甲酸厂房,苯乙酮厂房,焦化厂焦油厂房,甘油、桐油的制备厂房,油浸变压器室,机器油或变压油罐桶间,柴油罐桶间,润滑油再生部位,配电室(每台装油量大于 60kg 的设备),沥青加工厂房,植物油加工厂的精炼部位
	2. 可燃固体	煤、焦炭、油母页岩的筛分、转运工段和栈桥或储仓,木工厂房,竹、藤加工厂房,橡胶制品的压延、成型和硫化厂房,针织品厂房,纺织、印染、化纤生产的干燥部位,服装加工厂房,棉花加工和打包厂房,造纸厂备料、干燥厂房,印染厂成品厂房,麻纺厂粗加工厂房,谷物加工厂房,卷烟厂的切丝、卷制、包装厂房,印刷厂的印刷厂房,毛涤厂选毛厂房,电视机、收音机装配厂房,显像管厂装配工段烧枪间,磁带装配厂房,集成电路工厂的氧化扩散间、光刻间,泡沫塑料厂的发泡、成型、印片压花部位,饲料加工厂房
丁类	1. 对不燃烧物质进行加工,并在高温或熔化状态下经常产生强辐射热、火花或火焰的生产	金属冶炼、锻造、铆焊、热轧、铸造、热处理厂房
	2. 利用气体、液体、固体作为燃料或将气体、液体进行燃烧作其他用的各种生产	锅炉房,玻璃原料熔化厂房,灯丝烧拉部位,保温瓶胆厂房,陶瓷制品的烘干、烧成厂房,蒸汽机车库,石灰烧制厂房,电石炉部位,耐火材料烧成部位,转炉厂房,硫酸车间焙烧部位,电极煅烧工段配电室(每台装油量小于或等于 60kg 的设备)
	3. 常温下使用或加工难燃烧物质的生产	铝塑材料的加工厂房,酚醛泡沫塑料的加工厂房,印染厂的漂炼部位,化纤厂后加工润湿部位
戊类	常温下使用或加工不燃烧物质的生产	制砖车间,石棉加工车间,卷扬机室,不燃液体的泵房和阀门室,不燃液体的净化处理工段,金属(镁合金除外)冷加工车间,电动车库,钙镁磷肥车间(焙烧炉除外),造纸厂或化学纤维厂的浆粕蒸煮工段,仪表、器械或车辆装配车间,氟利昂厂房,水泥厂的轮窑厂房,加气混凝土厂的材料准备、构件制作厂房

2) 厂房的宽度

为了尽可能利用自然采光和通风以及满足建筑经济上的要求,一般单层厂房宽度不宜超过 30m,多层厂房宽度不宜超过 24m,常用宽度有 9m、12m、14.4m、15m、18m、24m 等。单层厂房常为单跨,即跨度等于厂房宽度,厂房内没有柱子。多层厂房宽度为 6m 时,可不设柱子,跨度为 9m 以上时,厂房中间需要立柱,两柱间距离为跨度,常用跨度为 6m。如宽度为 12m、14.4m、15m、18m 的厂房,常分为 6-6、6-2.4-6、6-3-6、6-6-6 的形式(6-3-6 表示三跨,跨度为 6m,3m,6m,中间的 3m 是内走廊的宽度)。一般车间的短边(即宽度)常为 2~3 跨,长边则根据生产规模及工艺要求决定。车间布置还要考虑厂房安全出入口,一般不应少于两个。

3. 厂房的立面布置——厂房高度

厂房高度应考虑设备高低、安装位置、检修要求及安全卫生。框架或砖混多层厂房,多用 5m、6m,不低于 4.5m,每层尽量相同。有高温、有毒气体厂房,应适当加高或设置拔风式气楼(天窗),以利于自然通风、采光及散热。有爆炸危险车间宜采用单层,在厂房内可设置多层操作台;如必须设在多层厂房内,应布置在厂房顶层。如整个厂房均有爆炸危险,则在每层楼板上设置一定面积的泄爆孔或泄压面积。

设备布置的原则如下:

(1) 设备布置应最大限度采用室内露天联合布置。

中小型化工厂的设备一般采用室内布置,尤其是气温较低的地区。但生产中一般不需要经常操作的或可用自动化仪表控制的设备,如塔、冷凝器、液体原料贮罐、成品贮罐、气柜等都可布置在室外。需要大气调节温度、湿度的设备,如凉水塔、空气冷却器等也都采用露天布置或半露天布置。对于有火灾及爆炸危险的设备,露天布置可降低厂房的耐火等级。设备布置要求:经济合理,操作维修方便安全,设备排列紧凑整齐。

(2) 应考虑生产工艺对设备布置的要求。

满足工艺流程顺序,保证水平方向和垂直方向的连续性。对有压差的设备,可利用高位差布置,如塔—冷凝器—回流罐;同类型设备或操作性质相似的设备,应尽可能布置在一起,如塔群、换热区、泵区;尽可能缩短设备间管线;根据生产发展的需要和可能,适当预留扩建余地;设备之间或设备与墙之间的安全距离(表 5-5)。

表 5-5　设备的安全距离

序号	项　目	尺寸/m
1	泵与泵的间距	不小于 0.7
2	泵列与泵列间的距离	不小于 2.0
3	泵与墙之间的净距	不小于 1.2
4	回转机械离墙距离	不小于 0.8
5	回转机械彼此间的距离	不小于 0.8
6	往返运动机械的运动部分与墙面的距离	不小于 1.5
7	被吊车吊动的物件与设备最高点的距离	不小于 0.4
8	贮槽与贮槽间的距离	不小于 0.4
9	计量槽与计量槽间的距离	不小于 0.4
10	换热器与换热器间的距离	不小于 1.0
11	塔与塔间的距离	1.0~2.0
12	反应罐盖上传动装置离天花板距离(如搅拌轴拆装有困难时,距离还需加大)	不小于 0.8
13	通道、操作台通行部分的最小净空	不小于 2.0
14	操作台梯子的坡度(特殊时可做成 6°)	一般不超过 45°
15	一人操作时设备与墙面的距离	不小于 1.0
16	一人操作并有人通过时两设备间的净距	不小于 1.2
17	一人操作并有小车通过时两设备间的距离	不小于 1.9
18	工艺设备与道路间的距离	不小于 1.0
19	平台到水平人孔的高度	0.6~1.5
20	人行道、狭通道、楼梯、人孔周围的操作平台	0.75

序号	项　　目	尺寸/m
21	换热器管箱与封盖端间的距离,室外/室内	1.2/0.6
22	管束抽出的最小距离(室外)	管束长+0.6
23	离心机周围通道	不小于1.5
24	过滤机周围通道	1.0~1.8
25	反应罐底部与人行通道距离	不小于1.8
26	反应罐卸料口至离心机的距离	不小于1.0
27	控制室、开关室与炉子之间距离	15
28	产生可燃性气体的设备和炉子间距离	不小于8.0
29	工艺设备和道路间距离	不小于1.0
30	不常通行的地方,净高不小于	1.9

（3）应考虑设备安装、检修等方面对设备布置的要求。

要考虑设备安装、检修、拆卸所需要的空间、面积及运输通道；要考虑设备能否顺利进出车间。在经常搬动的设备附近设置大门或安装孔,大门宽度比最大设备宽0.5m；设备通过楼层或安装在二楼以上时,楼面上要设置吊装孔；要考虑设备检修、拆卸以及运送物料所需要的起重运输设备。

（4）应考虑厂房建筑对设备布置的要求。

笨重或运转时产生很大振动的设备应尽可能布置在厂房的底层,以减少厂房的荷载和振动；剧烈振动设备的操作台和基础不得与建筑物的柱、墙连在一起；设备要避开建筑物的柱、主梁,如设备吊装在柱或梁上,其荷重及吊装方式需事先告知土建专业人员并与其商议；设备不应布置在建筑物的沉降缝或伸缩缝处；设备穿孔必须避开主梁。

（5）应考虑安全、卫生和防腐方面的要求。

尽可能使工人背光操作,高大设备避免靠窗布置,以免影响采光；有效地利用自然对流通风；对放热量大或产生易燃、易爆、有毒气体或粉尘的工段,尽量采用露天布置；不能露天布置时,需采用机械送、排风装置；有防火、防爆要求的设备、危险等级相同设备尽量集中在一个区域,并采取设计防爆建筑物、设置防爆墙等措施；对产生或接触腐蚀性介质的设备,除采用基础防护外,设备周围地面、墙、梁、柱都需采取防护措施。

4. 车间辅助和生活设施的布置

（1）小车间,生产辅助室和生活福利室可集中布置在车间内。

（2）大车间,生产辅助室和生活福利室可分别单独设置。

（3）生活福利室的办公室、休息室等应布置在厂房南面房间,可利用太阳能采暖,更衣室、卫生间、浴室等可布置在北面房间。

（4）变电和配电室、机修间一般分别布置在厂房北面的房间内。

（5）有毒的或对卫生有特殊要求的工段必须设置专用的浴室。

5. 车间（装置）布置的方法和步骤

（1）根据工艺流程、物料性质及各专业的要求,车间在总平面图上的位置,初步划分生产、辅助生产和生活福利区及位置,确定厂房柱距、宽度、层高等,按1∶50或1∶100比例绘制平、立面轮廓草图。

（2）把同一工段的设备尽量布置在同一幢厂房中，按设备布置原则，满足各方面要求。

（3）安排辅助生产室和生活福利室。

（4）按 1∶50 或 1∶100 比例制成车间布置模型。可做 2～3 个方案，征求有关专业部门的意见，从各方面比较其优缺点，绘制车间平、立面布置草图，提交建筑设计人员设计建筑图。

（5）工艺设计人员取得建筑设计图后，根据布置草图绘制正式的车间平、立面布置图。

5.3.3　典型单元设备布置

5.3.3.1　泵和压缩机布置

1. 泵的布置

泵的平面布置方式有：

（1）露天布置，一般布置在管廊下方，管道上部设顶棚，或布置在框架下层地面。

（2）半露天布置，用于多雨地区。

（3）室内布置，按工艺要求，用于寒冷或多风沙地区。

小型车间生产用泵多数安装在抽吸设备附近，大中型车间用泵数量较多，应该尽量集中布置。集中布置的泵应排列成一条直线，可单排或双排布置，但要注意操作和检修方便。大型泵通常编组布置在室内，便于生产检修。泵应尽量靠近供料设备，保证良好的吸入条件。室外布置的泵一般在路旁或管廊下面排成一行或两行，电机对齐排在中心通道的两侧，吸入与排出端对着工艺罐。管廊或建筑的跨度由泵的长度与它们本身的要求所决定。

2. 压缩机的布置

压缩机是装置中功率最大的关键设备之一，所以在平面布置时应尽可能使压缩机靠近与它相连的主要工艺设备。压缩机的出口管线要尽可能地短和直。压缩机布置方式有：露天布置或半露天布置及室内布置。露天布置或半露天布置适用于可燃气体压缩机，通风良好，如有可燃气体泄漏可快速扩散，有利于防火、防爆；室内布置适用于严寒或多风沙地区。

在压缩机布置中应注意的方面有：

（1）为了维修方便，压缩机房应靠近室外通道，并要求通道能通到吊装区。

（2）压缩机基础应考虑隔振，并与厂房的基础脱开。

（3）多台压缩机布置一般是横向并列，机头都在同侧，便于接管和操作布置的间距要满足主机和电动机的拆卸检修和其他种种要求，如主机卸除机壳取出叶轮或活塞抽芯等工作。压缩机和电动机的上部不允许布置管道。主要通道的宽度应由最大部件的尺寸决定，宽度不小于 2.5m 的压缩机，周围应有不小于 2m 的操作通道。

（4）压缩机组散热量大，应有良好的自然通风条件，压缩机厂房的正面最好迎向夏季的主导风向。空气压缩机厂房为使空气压缩机吸入较清洁的空气，必须布置在散发有害气体设备或散发灰尘场所的主导风向上方位置，并与其保持一定的距离。处理易燃易爆气体压缩机的厂房，应有防火防爆的安全措施，如事故照明、事故通风、安全出入口等。

（5）楼梯应靠近操作通道，并应设置第二楼梯或直梯，以便安全疏散。

（6）压缩机和驱动机的全部仪表盘，应布置在靠近驱动机的端部。

5.3.3.2 容器(罐、槽)布置

1. 立式容器布置

立式容器可以安装在地面、楼板或平台上,也可以穿越楼板或平台用支耳支撑在楼板或平台上。内部带有搅拌器的立式容器,为避免振动,应尽可能在地面设置支承结构。顶部有开口且需人工加料的立式容器,加料点高度不宜高出楼板或平台1m,如高出1m,应考虑设加料平台或阶梯。

2. 卧式容器的布置

卧式容器宜成组布置。成组卧式容器宜按支座基础中心线对齐或按封头切线对齐,卧式容器之间净空可按0.7m考虑。容器下方需设通道时,容器底部配管与地面之间的净空不应小于2.2m。

5.3.3.3 换热器布置

化工厂使用最多的是列管式换热器与再沸器。换热器布置任务是将其布置在适当的位置,决定支座等安装结构、管口方位等。

换热器布置的原则是:

(1) 顺应流程和缩短管道长度;塔的再沸器及冷凝器应取近塔布置,热虹吸式再沸器是直接固定在塔上,采用口对口的直接连接。

(2) 塔的回流冷凝器要靠近塔、回流罐及回流泵。

(3) 布置空间受限制时可将长换热器改为短粗换热器。

(4) 换热器常采用成组布置,水平的换热器可以重叠布置,串联的、非串联的、相同的或大小不同的换热器都可重叠。

(5) 为了便于抽取管束,上层换热器不能太高,一般管壳的顶部高度不能大于3.6m。

5.3.3.4 反应器布置

反应器的形式很多,可按类似设备布置:塔式反应器可按塔来布置;固定床催化反应与容器差不多;乙烯裂解炉等需要火焰加热的工业炉则近似于搅拌釜式反应器,是加上搅拌与传热夹套的立式容器。

釜式反应器的布置应考虑的问题有:

(1) 釜式反应器一般采用间歇操作,要考虑加料和出料。

(2) 釜式反应器一般用支耳架支撑在建筑物或操作台的梁上。对大型、重量大或振动大的设备,要用支脚直接支撑在地面或楼板上。

(3) 两台以上相同反应器排成直线。管道阀门应尽可能集中布置在一侧。

(4) 带搅拌器的反应器,在其上部应设置安装检修用的起吊设备。

(5) 跨楼板布置的反应器,要设置出料阀门操作台,反应物黏度大,或含有固体物料的反应器,要考虑疏通堵塞和管道清洗等问题。

(6) 反应器底部出口离地面高度受下游设备的影响。物料从底部出料口自流进入离心机要有1~1.5m的距离,底部不设出入口,有人通过时,底部离基准面最小距离为1.8m,搅

拌器安装在设备底部时设备底部应留出抽取搅拌器轴的空间,净高度不小于搅拌器轴的长度。

(7) 易燃易爆反应器,尤其是反应剧烈,容易出事故的反应器,要考虑安全措施,包括泄压及排放方向。

5.3.3.5 塔的布置

1. 塔的布置要求

塔与进料加热器、非明火加热的重沸器、塔顶冷凝冷却器、回流罐和塔底抽出泵等宜按工艺流程顺序,在不违反防火规范的条件下尽可能靠近布置,便于操作管理。应在塔和管廊之间布置管道,在背向管廊的一侧设置检修通道或场地。塔的人孔、手孔应朝向检修区一侧。塔和管廊立柱之间没有布置泵时,塔外壁与管廊立柱之间的距离一般为 3～5m,不宜小于 3m。塔和管廊立柱之间布置泵时,泵的基础与塔外壁的间距应按泵的操作、检修和配管要求确定,一般不宜小于 2.5m。两塔之间净距离不宜小于 2.5m,以便敷设管道和设置平台。

2. 塔的布置方式

1) 独立布置

单塔或特别高的塔可采用独立布置。利用塔身设操作平台,供进出人孔、操作、维修仪表及阀门之用。

2) 成列布置

有两个或两个以上塔或立式容器时,采用中心线对齐,在塔间设置联合平台,平台间留有缝隙满足塔身的热胀冷缩。

3) 成组布置

对结构和大小相似的塔,可采用双排或呈三角形布置,这样,可以利用平台将塔联系在一起以提高其稳定性;可将塔布置在建筑物或框架的旁边,利用框架提高其稳定性和设置平台、梯子;较小的塔常安装在室内或框架中,平台和管道都支撑在建筑物上,冷凝器可装在屋顶上或吊在屋顶梁下,利用位差重力回流。

5.3.4 车间(装置)布置图

设备布置图确定各设备在车间平面与立面上的位置,确定场地(室外场地)与建筑物、构筑物尺寸,确定工艺管道、电气仪表、管线及采暖通风管道的走向和位置。车间(装置)布置图是在简化了的厂房建筑图上加上设备布置的内容。图 5-2 与图 5-3 分别为甲醇合成车间平、立面布置图。

5.3.4.1 车间(装置)布置图的内容

1. 一组视图

车间(装置)布置图是表达厂房建筑基本结构及设备在其内外的布置情况,视图以平面布置图为主,部分为立面布置图。

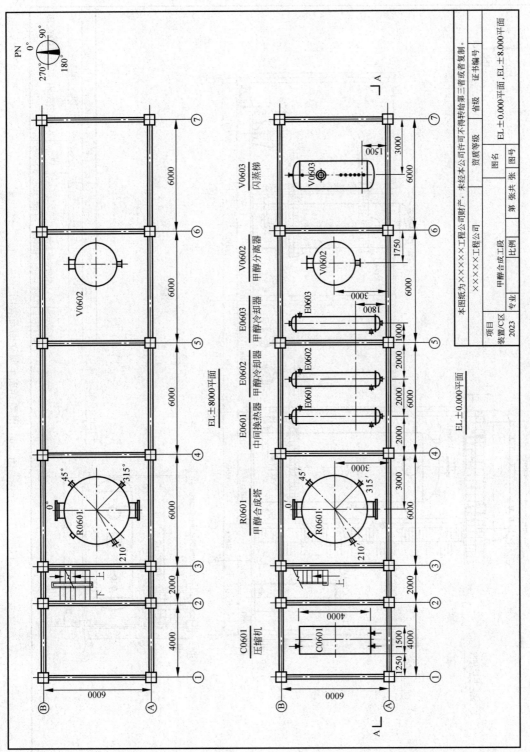

图 5-2　甲醇合成车间平面布置图

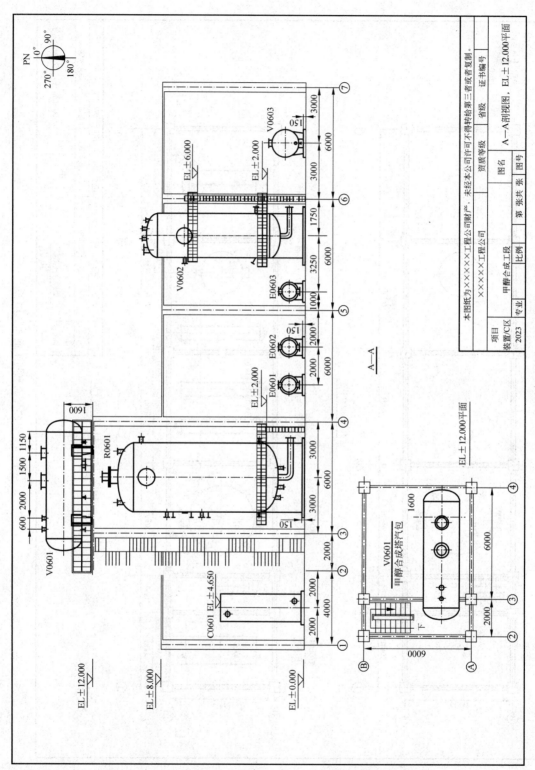

图 5-3 甲醇合成车间立面布置图

2. 尺寸及标注

尺寸及标注是指注写与设备布置有关的尺寸及建筑定位轴线编号、设备的位号及名称等。

3. 安装方位标

安装方位标是表示安装方位基准的图标。

4. 设备一览表

设备位号、名称、技术规格、有关参数的列表为设备一览表。

5. 说明与附注

说明与附注是对设备安装的特殊要求进行说明。

6. 标题栏

标题栏要填写图名、图号、比例和设计者等。

5.3.4.2 建筑构件及设备的表示方法

1. 建筑物及其构件

常用的建筑结构构件的图例画法是：用细实线绘制建筑物及其构件的轮廓；画出厂房建筑的空间大小、内部分割以及与设备安装定位有关的基本结构，如墙、柱、地面、地沟、安装孔、楼板、平台、楼梯、吊装孔和设备基础等；与设备定位关系不大的门、窗等构件，只在平面图上画出它们的位置，在立面图上可以不予表示；设备布置图上的承重墙、柱、梁等结构用细点画线画出其建筑定位轴线。

2. 设备的表示方法

用粗实线绘制设备的外形轮廓（图例见本书附录1）及其安装基础。对于外形复杂的设备，如压缩机、泵等，只需画出基础外形；同一位号的设备多于三台时，在图上可以只画出首末两台的外形，中间的可以只画出基础或用双点画线的方框表示；一台设备穿越多层建（构）筑物时，在每层平面图上均要画出设备的平面位置。

5.3.4.3 设备布置图标注

1. 厂房建筑及其构件标注尺寸

在设备布置图中，厂房建筑及其构件标注尺寸包括：厂房建筑物的长度、宽度总尺寸，柱、墙定位轴线的间距尺寸和为设备安装预留的孔、洞以及沟、坑等到定位的尺寸。

2. 设备标注尺寸

在设备布置图中一般不注出设备定形尺寸而只注定位尺寸。具体的原则是：

（1）在平面图上应标注设备的平面定位尺寸，包括：设备与建筑物及其构件、设备与设备之间的定位尺寸。

（2）设备高度方向上的定位尺寸，一般是标注设备的基础面或设备中心线（卧式设备）的标高。

（3）地面、楼板、平台、屋面的高度尺寸，以及其他设备安装定位有关的建筑结构构件的高度尺寸。

3. 设备名称与位号的标注

设备布置图中所有设备,均需标出名称与位号,名称与位号应与工艺流程图一致。

5.3.4.4　车间(装置)布置图的绘制方法

1. 主标题栏中图纸名称写法

(1) 一张图纸上只绘一层平面时,注写:"设备布置图 EL×.×××平面"(一般分成两行,上行写"设备布置图",下行写"EL×.×××平面",下同)。标高以米为单位,计小数点后三位数,正标高前写"+"号,负标高前写"-"号,地面设计标高为"EL±0.000"。

(2) 一张图纸上只绘制一个剖视图的注写"设备布置图 ×—×剖视"。剖视图编号用大写英文字母,例如"A—A剖视"。

(3) 一张图纸上有两个以上平面或剖视图时,应写出所有平面及剖视的名称,如:设备布置图 EL±0.000 平面,EL+×.×××平面,×—×剖视;设备布置图 EL-×.×××平面,×—×剖视。每个图下方也标注 EL×.×××平面或×—×剖视,如各图绘制比例不同,还应在粗实线下方写出比例,如:

$$\frac{\text{EL}+5.100\,\text{平面}}{1:50} \qquad \frac{\text{A—A剖视}}{1:25}$$

2. 图示方法与尺寸标注

用细实线画出厂房形式,内部分隔情况以及和设备布置有关的建筑物及其构件,如门窗楼梯;用细点画线画出承重墙、柱等结构的建筑定位轴线。自左至右用阿拉伯数字编号横向定位轴线,自上而下用英文字母编号纵向定位轴线。平面沿长宽两个方向分别标注房屋总长、定位轴线距离及外墙上门、窗的定位尺寸,立面对楼板、门、窗等配件的高度以标高形式标注。

本章思考题

答案

1. 化工厂总平面布置的原则有哪些?
2. 化工厂总平面布置如何确保安全、卫生和不影响环境?
3. 车间(装置)布置设计的依据有哪些?
4. 露天或半露天布置的优点有哪些?
5. 车间(装置)布置常用的设计规范和规定有哪些?
6. 车间(装置)设备布置图的内容有哪些?
7. 压缩机常是设备中功率较大的关键设备之一,在平面布置时应考虑哪些方面?
8. 换热器布置的原则有哪些?
9. 平面布置中,立式容器主要考虑的安全问题有哪些?
10. 塔设备的布置原则有哪些?

6 化工管路设计

本章主要内容：
- 管道的管径计算。
- 工艺控制条件对管路设计的要求。
- 腐蚀性、安全规定及管路规格的要求。
- 化工车间管路布置设计。

管道是化工生产过程中不可缺少的组成部分，其主要作用是输送各种流体。管道设计与管道布置设计（又称配管设计）是化工设计中一项非常重要且相当复杂的工作。正确且合理的管道设计与布置，对减少工程投资、节约钢材、安装、操作、维修、保障安全生产及车间布置的整齐美观等方面都起着非常重要的作用。

管道设计计算的内容包括管道的设计计算和管道的布置两部分内容。

6.1 管道的设计计算

6.1.1 管径计算

据统计，一个化工装置的管路投资能占整个投资的 $10\%\sim20\%$，管路直径的大小又是影响管路投资的主要因素，因此化工装置的管径选择应慎重。在初步设计（基础设计）阶段因不具备详细计算压降来确定管径的条件，只能根据估计的数值初步选择管径，以满足管路及仪表流程图（PI&D）设计的需要；进入施工图设计（详细工程设计）时，工艺参数已确定，配管研究图也基本确定，此时应根据已确定的工艺参数以及配管设计的管长、管件数量等数据，详细核算管路的阻力降是否满足工艺流率、控制要求、泵吸入口条件以及其他安全要求，才能确定初步选择的管径是否合适或做相应的调整。目前有很多化工管路流体力学设计的应用软件，如 PRO/Ⅱ、ASPEN PLUS、CRANE、PDS 等，能使管路流体力学计算变得快速、准确。

管径可用式(6-1)计算：

$$d = \left[\frac{V_s}{\left(\frac{\pi\omega}{4}\right)} \right]^{0.5} \tag{6-1}$$

式中：d——管道直径，m；

V_s——通过管道的流体体积流量，m^3/s；

ω——通过管道流体的常用速度，m/s。

管内流体的常用速度范围见附录 3 化工管路流体力学计算数据。也可以根据附录 3 选定的流速,通过式(6-1)计算得到管道直径。

当直径大于 500mm,流量大于 $60000m^3/s$ 时,可查阅相关手册及资料进行确定。

从式(6-1)可以看出,流体流率一定的情况下,流速越小,管径越大。随着管径增大,对管道质量的要求也随之提高,一般要增大管壁厚度,从而增加管路的直接投资。另外,管径增大,阀门和管件的尺寸也要随之增大,保温材料的用量要随之增加,这也会增加投资,因此在计算管径时应尽量选用较高的流速,以减小管径。但是,随着流速的增高,管内摩擦阻力也加大,压缩机、泵的功率消耗及操作费用也会随之增加。因此,需要在投资和操作费用之间寻找最佳结合点,即成本最低点。成本最低点对应的管径为经济管径。如图 6-1 所示,总成本曲线最低点对应的管径就是经济管径。

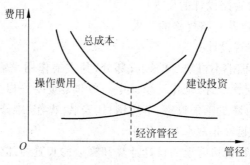

图 6-1　经济管径的确定

在初选管径时,采用经济管径的计算方法是可能的,但实际运用时较困难。因为此时还不具备从现有管材规格的价格求得适用的经济参数和有关附加参数。然而,作为工艺(或系统)工程师建立采用经济管径的概念却是十分重要的。目前普遍采用的方法是按推荐的常用流速的范围表和每百米管长压降控制值来初步选择管径,这样计算得到的管径比较接近经济管径。

6.1.2　工艺控制条件对管路设计的要求

在化工过程中,许多工艺系统要求精确的流率控制,尽管调节阀的计算属仪表专业范围,但工艺工程师应掌握工艺系统控制的要求。在实际操作时,流率是通过调节阀的阀杆行程变化调节的。如果调节阀压降很小,为了改变流率,调节阀阀杆行程需变化很大,因此当要控制至低流率时,调节阀几乎关闭,使流率很难被控制。为了较好地控制工艺系统的流率,一般要求调节阀压降应占整个控制系统总压降的 30% 左右,在流率比较平稳的管路系统中,调节阀压降约占系统总压降的 20%。

6.1.3　腐蚀性、安全规定及管路规格的要求

6.1.3.1　腐蚀性的要求

对于输送具有腐蚀性的介质的金属管路,由于其耐腐蚀性能主要依靠其接触腐蚀介质表面的一层保护膜,所以管内介质流速大小可以直接影响使用寿命。例如,当铜镍合金管内

为海水介质时,允许的流速为 1.5～3m/s,当流速达到 45m/s 时,其腐蚀速率太大会破坏管路。在进行管路工艺计算时,应该注意在下列条件下会使腐蚀速率加快,必须采取限制流速的措施。

(1) 腐蚀介质会引起管壁脆弱。

(2) 软金属(如铅或铜)。

(3) 工艺介质中存在的管路将导致高的湍流。

(4) 带有大量管件的管路将导致高的湍流。

在设计耐腐蚀性管路时可以采取限制流速的办法,一般建议液体最大流速为 2m/s。部分腐蚀介质的最大流速见表 6-1。

表 6-1 部分腐蚀介质的最大流速

介 质 名 称		最大流速/(m/s)	介 质 名 称	最大流速/(m/s)
氯气		25.0	碱液	1.2
二氧化硫		20.0	盐水和弱碱液	1.8
氨气	$p \leqslant 0.7\text{MPa}$	20.2	酚水	0.9
	$0.7\text{MPa} < p \leqslant 2\text{MPa}$	8.0	液氢	1.5
浓硫酸		1.2	液氯	1.5

6.1.3.2 流体安全输送的规定

管路设计应注意安全性,在进行工艺管路设计时注意查对有关安全规定或安全资料后采用可靠的数据。特殊介质的流速还应符合相应的国家标准,例如:氧气流速应符合《氧气站设计规范》(GB 50030—2013);氢气流速应符合《加氢站安全技术规范》(GB/T 34584—2017)。

6.1.3.3 满足噪声控制要求

管路系统在高流速、节流、气穴、湍流等情况下都会产生噪声。设计时应确定合适的流速,对管路系统在工作时由高流速、湍流引起的高噪声进行控制。管路内流速的限制值见表 6-2。

表 6-2 管内流速的限制值

管路周围的声压级/dB	防止噪声的流速值/(m/s)	管路周围的声压级/dB	防止噪声的流速值/(m/s)
70	33	90	57
80	45		

当无法用降低流速的办法控制噪声时,可查阅有关噪声控制设计规范如《工艺系统专业噪声控制设计》(HG/T 20570.10—1995),用其他方法控制管路系统噪声。

6.1.3.4 管材标准规格的要求

计算得出的管路的直径往往不是最终选择使用的管径,因为管路加工是有规格的,不是任意的尺寸。管路规格可分公制和英制,它们具有不同的外径和壁厚系列,常用公称直径的管路外径见表 6-3。由于与计算值不同,所以按管路规格选择后应做进一步的核算。

表 6-3　常用公称直径的管路外径

公称直径 DN		英制管路外径	公制管路外径	公称直径 DN		英制管路外径	公制管路外径
/mm	/in	/mm	/mm	/mm	/in	/mm	/mm
15	1/2	22	18	125	5	140	133
20	3/4	27	25	150	6	168	159
25	1	34	32	200	8	219	219
32	$1\frac{1}{4}$	42	38	250	10	273	273
40	$1\frac{1}{2}$	48	45	300	12	324	325
50	2	60	57	350	14	356	377
65	$2\frac{1}{2}$	76	76	400	16	405	426
80	3	89	89	450	18	457	480
100	4	114	108	500	20	508	530

6.2　化工车间管路布置设计

6.2.1　概述

　　管路布置设计的主要内容是设计绘制表示管道在空间位置的连接,阀件、管件及控制仪表安装情况的图样,是一个项目工艺专业设计的最后一项大内容。正确地设计管道和敷设管道,可以减少基建投资,节约金属材料以及保证正常生产。化工管道的正确安装,不单是将车间布置得整齐、美观的问题,还对操作的方便、检修的难易、经济的合理性,甚至生产的安全都起着极大的作用。由于化工生产的种类繁多,操作条件不一、要求较高(如高温、高压、真空或低温等),以及被输送物料性质的复杂性,化工生产过程还有易燃、易爆、有毒有害和腐蚀性等特点,故对化工管道的安装难以做出统一的规定,需要针对具体的生产流程特点,结合设备布置综合考虑。

　　化工车间管道布置设计的任务是:

　　(1) 确定车间中各个设备的管口方位和与之相连接的管段的接口位置;

　　(2) 确定管道的安装连接和铺设、支承方式;

　　(3) 确定各管段(包括管道、管件、阀门及控制仪表)在空间的位置;

　　(4) 画出管道布置图,表示出车间中所有管道在平面、立面的空间位置,作为管道安装的依据;

　　(5) 编制管道综合材料表,包括管道、管件、阀门、型钢等的材质、规格和数量。

6.2.2　化工车间管道布置设计的要求与应考虑的因素

　　化工车间管道布置设计应符合《化工装置管道布置设计规定》(HG/T 20549—1998)和

《石油化工金属管道布置设计规范》(SH 3012—2011)的规定。化工车间管道布置设计的要求是：

(1) 符合生产工艺流程的要求，并能满足生产的要求；

(2) 便于操作管理，并能保证安全生产；

(3) 便于管道的安装和维护；

(4) 要求整齐美观，并尽量节约材料和投资；

(5) 管道布置设计应符合管道及仪表流程图的要求。

化工管道布置除应符合以上要求外，还应考虑以下因素。

1. 物料

(1) 输送易燃易爆、有毒及有腐蚀性的物料管道不得铺设在生活间、楼梯、走廊和门等处，这些管道上还应设置安全阀、防爆膜、阻火器和水封等防火防爆装置，并应将放空管引至指定地点或高过屋面 2.2m 以上。

(2) 布置腐蚀性介质、有毒介质和高压管道时，应避免由于法兰、螺纹和填料密封等泄漏而造成对人身和设备的危害。易泄漏部位应避免位于人行通道或机泵上方，否则应设安全防护，不得铺设在通道上空和并列管线的上方或内侧。

(3) 全厂性管道敷设应有坡度，并宜与地面坡度一致。管道的最小坡度宜为 0.3%。管道变坡点宜设在转弯处或固定点附近。

(4) 真空管线应尽量短，尽量减少弯头和阀门，以降低阻力，达到更高的真空度。

2. 施工、操作及维修

(1) 永久性的工艺、热力管道不得穿越工厂的发展用地。

(2) 厂区内的全厂性管道的敷设，应与厂区内的装置(单元)、道路、建筑物、构筑物等协调，避免管道包围装置(单元)，减少管道与铁路、道路的交叉。

(3) 全厂性管架或管墩上(包括穿越涵洞)应留有 10%~30% 的空位，并考虑其荷重。装置主管廊管架宜留有 10%~20% 的空位，并考虑其荷重。

(4) 管道布置应使管道系统具有必要的柔性。在保证管道柔性及管道对设备、机泵管口作用力和力矩不超出允许值的情况下，应使管道最短，组成件最少。

(5) 管道应尽量集中布置在公用管架上，管道应平行走直线，少拐弯，少交叉，不妨碍门窗开启和设备、阀门及管件的安装和维修，并列管道的阀门应尽量错开排列。

(6) 支管多的管道应布置在并列管线的外侧，引出支管时气体管道应从上方引出，液体管道应从下方引出。管道布置宜做到"步步高"或"步步低"，减少气袋或液袋。否则应根据操作、检修要求设置放空、放净管线。管道应尽量避免出现"气袋"、"口袋"和"盲肠"[1]。

(7) 管道应尽量沿墙面铺设，或布置在固定在墙上的管架上，管道与墙面之间的距离以能容纳管件、阀门及方便安装维修为原则。弯管的最小弯曲半径见表 6-4。管道上的阀门和仪表的布置高度可参考以下数据：阀门(包括球阀、截止阀、闸阀)1.2~1.6m、安全阀 2.2m、温度计、压力计实际布置随管道高度且易于观察即可。

---

[1] "气袋"指管线最高弯管处气体排不干净；"口袋"指管线最低点液体排不干净；"盲肠"指管道中的死端，物料不流动。

表 6-4 弯管最小弯曲半径

管道设计压力/MPa	弯管制作方式	最小弯曲半径
<10.0	热弯	$3.5D_W$
	冷弯	$4.0D_W$
≥10.0	冷、热弯	$5.0D_W$

注：D_W 为外径。

（8）管道布置时管道焊缝的设置，应符合下列要求：管道对接焊缝的中心与弯管起弯点的距离不应小于管子外径，且不小于 100mm。管道上两相邻对接焊缝的中心间距，对于公称直径小于 150mm 的管道，不应小于外径，且不得小于 50mm；对于公称直径等于或大于 150mm 的管道，不应小于 150mm。

（9）管道除与阀门、仪表、设备等需要用法兰或螺纹连接者外，应采用焊接连接。下列情况应考虑法兰、螺纹或其他可拆卸连接：因检修、清洗、吹扫需拆卸的场合；衬里管道或夹套管道；管道由两段异种材料组成且不宜用焊接连接者；焊缝现场热处理有困难的管道连接点；公称直径小于或等于 100mm 的镀锌管道；设置盲板或"8"字盲板的位置。

（10）管道穿过建筑物的楼板、屋顶或墙面时，应加套管，套管与管道间的空隙应密封。套管的直径应大于管道隔热层的外径，并不得影响管道的热位移。管道上的焊缝不应在套管内，并距离套管端部不应小于 150mm。套管应高出楼板、屋顶面 50mm。管道穿过屋顶时应设防雨罩。管道不应穿过防火墙或防爆墙；为了方便管道的安装、检修及防止变形后碰撞，管道间应保持一定的间距。阀门、法兰应尽量错开排列，以减少间距。

3. 安全生产

（1）直接埋地或管沟中铺设的管道通过公路时应加套管等加以保护。

（2）为了防止介质在管内流动产生静电聚集而发生危险，易燃易爆介质的管道应采取接地措施，保证安全生产。

（3）长距离输送蒸汽或其他热物料的管道，应考虑热补偿问题，如在两个固定支架之间设置补偿器和滑动支架。有隔热层的管道，在管墩、管架处应设管托。无隔热层的管道，如无要求，可不设管托。当隔热层厚度小于或等于 80mm 时，选用高 100mm 的管托；隔热层厚度大于 80mm 且小于或等于 130mm 时，选用高 150mm 的管托；隔热层厚度大于 130mm 时，选用高 200mm 的管托。保冷管道应选用保冷管托。

（4）对于跨越、穿越厂区内铁路和道路的管道，在其跨越段或穿越段上不得装设阀门、金属波纹管补偿器和法兰、螺纹接头等管道组成件。

（5）有热位移的埋地管道，在管道强度允许的条件下可设置挡墩，否则应采取热补偿措施。

（6）玻璃管等脆性材料管道的外面最好用塑料薄膜包裹，避免管道破裂时溅出液体发生意外。

（7）为了避免发生电化学腐蚀，不锈钢管道不宜与碳钢管道直接接触，要采用胶垫隔离等措施。

4. 其他因素

(1) 管道和阀门一般不宜直接支撑在设备上；

(2) 距离较近的两设备之间的连接管道，不应直连，应用45°或90°弯接；

(3) 管道布置时应兼顾电缆、照明、仪表及采暖通风等其他非工艺管道的布置。

6.2.3　管架和管道的安装布置

管架已有标准设计，按《管架标准图》(HG/T 21629—2021)选用。管道支吊架也可按标准系列选用(见张德姜，王怀义，刘绍叶主编.《石油化工装置工艺管道安装设计施工图册》.北京：中国石化出版社，2005年)。

管道支架的类型有：

(1) 固定支架。固定支架用在管道上不允许有任何位移的地方。它除支撑管道的重量外，还承受管道的水平作用力。如在热力管线的各个补偿器之间设置固定支架，可以分配各补偿器分担的补偿量，并且两个固定支架之间必须安装补偿器，否则这段管子将会因热胀冷缩而损坏。在设备管口附近设置固定支架，可减少设备管口的受力。

(2) 滑动支架。滑动支架只起支撑作用，允许管道在平面上有一定的位移。

(3) 导向支架。用于允许轴向位移而不允许横向位移的地方，如Ⅱ型补偿器的两端和铸铁阀的两侧。

(4) 弹簧吊架。当管道有垂直位移时，例如热力管线的水平管段或垂直管段到顶部弯管处，以及沿楼板下面铺设的管道，均可采用弹簧吊架。弹簧有弹性，当管道垂直位移时仍然可以提供必要的支吊力。

6.2.3.1　管道在管架上的平面布置原则

(1) 较重的管道(大直径、液体管道等)应布置在靠近支柱处，这样梁和柱所受弯矩小，节约管架材料。公用工程管道布置在管架当中，支管引向上，左侧的布置在左侧，反之置于右侧。Ⅱ型补偿器应组合布置，将补偿器升高一定高度后水平地置于管道的上方，并将温度最高的直径大的管道放在最外边。

(2) 连接管廊同侧设备的管道布置在设备同侧的外边，连接管架两侧的设备的管道布置在公用工程管线的左右两边。进出车间的原料和产品管道可根据其转向布置在右侧或左侧。

(3) 当采取双层管架时，一般将公用工程管道置于上层，工艺管道置于下层。有腐蚀性介质的管道应布置在下层和外侧，防止泄漏到下面管道上，也便于发现问题和方便检修，小直径管道可支撑在大直径管道上，节约管架宽度，节省材料。

(4) 管架上支管上的切断阀应布置成一排，其位置应能从操作台或者管廊上的人行道上进行操作和维修。

(5) 高温或者低温的管道要用管托，将管道从管架上升高0.1m，以便于保温。

(6) 支架间的距离要适当(表6-5)，固定支架距离太大时，可能引起因热膨胀而产生弯曲变形；活动支架距离大时，两支架之间的管道会因管道自重而产生下垂。

表 6-5 管道支架间距

公称直径/mm	固定支架最大间距/m			活动支架最大间距/m	
	Ⅱ型补偿器	L 型补偿器		保温	不保温
		长边	短边		
20	—	—	—	4.0	2.0
25	30	—	—	4.5	2.0
32	35	—	—	5.5	3.0
40	45	15	2.0	6.0	3.0
50	50	18	2.5	6.5	4.0
80	60	20	3.0	6.5	6.0
100	65	24	3.5	11.0	6.5
125	70	30	5.0	12.0	7.5
150	80	30	5.0	13.0	9.0
200	90	30	6.0	15.0	12.0
250	100	30	6.0	17.0	14.0
300	115	—	—	19.0	16.0
350	135	—	—	21.0	18.0
400	145	—	—	21.0	19.0

6.2.3.2　管道和管架的立面布置原则

（1）当管架下方为通道时，管底距车行道路路面消防通道的距离要大于 4.5m；道路为主要干道时，不应小于 5m；遇人行道时要大于 2.2m；管廊下有泵时要大于 4m。

（2）通常使同方向的两层管道的标高相差 1.0～1.6m，从总管上引出的支管比总管高或低 0.5～0.8m。在管道改变方向时要同时改变标高。大口径管道需要在水平面上转向时，要将它布置在管架最外侧。

（3）管架下布置机泵时，其标高应符合机泵布置时的净空要求。若操作平台下面的管道进入管道上层，则上层管道标高可根据操作平台标高来确定。

（4）装有孔板的管道宜布置在管架外侧，并尽量靠近柱子。自动调节阀可靠近柱子布置，并固定在柱子上。若管廊上层设有局部平台或人行道时，需经常操作或维修的阀门和仪表宜布置在管架上层。

6.2.4　典型设备的管道布置

典型设备的管道布置要按照《化工装置管道布置设计规定》（HG/T 20549—1998）进行设计。

6.2.4.1　容器的管道布置

1. 立式容器（包括反应器）

1）管口方位

立式容器的管口方位取决于管道布置的需要。一般划分为操作区和配管区（图 6-2）。

加料口、温度计和视镜等经常操作及观察的管口布置在操作区,排出管布置在容器底部。

2) 管道布置

立式容器包括反应器一般成排布置。因此把操作相同的管道一起布置在容器的相应位置,可避免错误操作,比较安全。如两个容器成排布置时,可将管口对称布置。三个以上容器成排布置时,可将各管口布置在设备的相同位置。有搅拌装置的容器,管道不得妨碍搅拌器的拆卸和维修。

图 6-3 为立式容器的管道布置简图,其中图 6-3(a)表示距离较近的两设备间的管道不能直连而应采取 45°或 90°弯接;图 6-3(b)进料管置于设备的前面,便于站在地(楼)面上

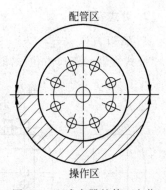

图 6-2 立式容器的管口方位

进行操作;图 6-3(c)出料管沿墙铺设时,设备间的距离大一些,人可进入设备间操作,离墙的距离就可小一些;图 6-3(d)出料从前部引入,经过阀门后引入地下(走地沟或埋地铺设),设备之间的距离及设备与墙之间的距离均可小一些;图 6-3(e)容器直径不大和底部离地(楼)面较高时,出料管从底部中心引出,可缩短管线,减小占地;图 6-3(f)两个设备的进料管对称布置,便于操作人员在操作台上进行操作。

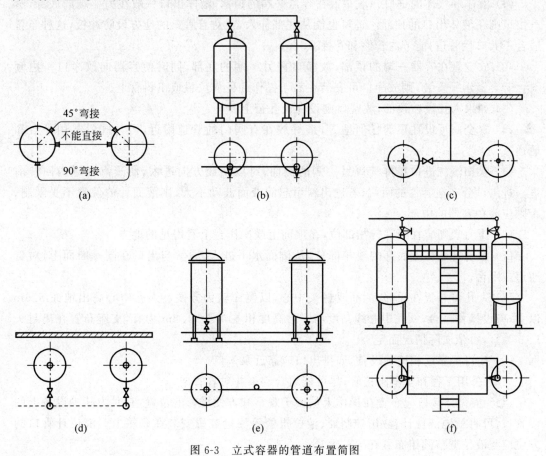

图 6-3 立式容器的管道布置简图

2. 卧式容器

1）管口方位

卧式容器的管口方位如图 6-4 所示。

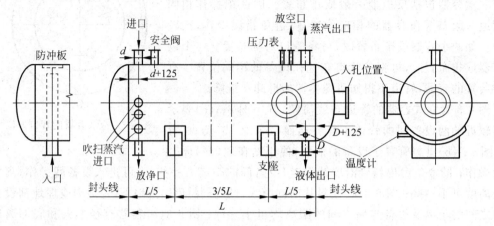

图 6-4　卧式容器的管口方位

　　(1) 液体和气体的进口一般布置在容器一端的顶部,液体出口一般在另一端的底部,蒸汽出口则在液体出口的顶部。进口也能从底部伸入,在对着管口的地方设防冲板,这种布置适合于大口径管道,能节约管路和管件。

　　(2) 放空管在容器一端的顶部,放净口在另一端的底部,同时使容器向放净口一边倾斜。若容器水平安装,则放净口可安装在易于操作的任何位置或出料管上。

　　(3) 如果人孔设在顶部,放空口则设在人孔盖上。

　　(4) 安全阀可设在顶部任何地方,最好放在有阀门的管道附近,可与阀门共用平台和通道。

　　(5) 吹扫蒸汽进口在排气口另一侧的侧面,可以切线方向进入,使蒸汽在罐内回转前进。进出口分布在容器的两端,若进出料引起的液面波动不大,则液面计的位置不受限制,否则应放在容器的中部。

　　(6) 压力表则装在顶部气相部位,在地面上或操作台上看得见的地方。

　　(7) 温度计装在近底部的液相部位,从侧面水平进入,通常与出口在同一断面上,对着通道或平台。

　　(8) 人孔可布置在顶部,侧面或封头中心,以侧面较为方便。人孔中心高出地面 3.6m 以上,应设操作平台,人孔中心线高度与平台高度相差 0.6～1.2m 为宜,支座布置在离封头 $L/5$ 为宜,可依实际情况而定。

　　(9) 接口要靠近相连的设备,如排出口应靠近泵入口。

　　(10) 公用工程和安全阀接管,尽可能组合起来并对着管架。

　　(11) 液位计接口应布置在操作人员便于观察和方便维修的位置,有时为减少设备上的接管口,可将就地液位计、液位控制器、液位报警等测量装置安装在联箱上。液位计管口的方位应与液位调节阀组布置在同一侧。

2）管道布置

卧式容器的管道布置如图 6-5 所示,管口一般布置在一条直线上,各种阀门也直接安装在管口上。若容器底部离操作台面较高,则可将出料管阀门布置在台面上,在台面上操作。

否则应将出料管阀门布置在台面下,并将阀杆接长,伸到台面上进行操作。卧室容器的液体出口与泵吸入口连接的管道如在通道上架空,配管时最小净空高度为 2200mm,在通道处还应加跨越桥,与卧式容器底部管口连接的管道,其低点排液口距地坪最小净空为 150mm。

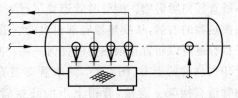

图 6-5　卧式容器的管道布置图

6.2.4.2　换热器的管道布置

1）流体流动方向与管口布置

合适的流动方向和管口布置,能简化和改善换热器管道布置的质量,节约管件,便于安装。例如图 6-6 中(a)、(c)、(e)是习惯的流向布置,实际上是不合理的。而(b)、(d)、(f)则是改变了流动方向的合理布置。(a)改成(b)后,简化了塔到冷凝器的大口径管道,而且节约了两个弯头和相应管道,(c)改成(d)后消除了泵吸入管道上的气袋,而且节约了四个弯头,一个排液阀和一个放空阀,缩短了管道,还改善了泵的吸入条件。(e)改成(f)后缩短了管道,流体的流动方向更为合理。

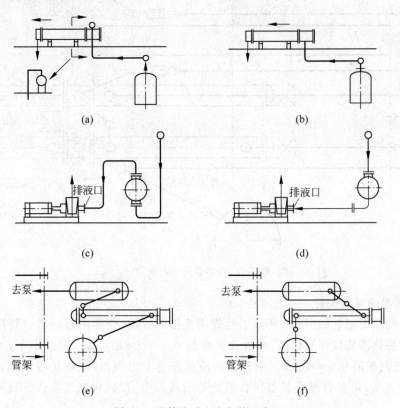

图 6-6　流体流动方向与管口布置

2）换热器的平面配管

换热器的平面配管如图 6-7 所示。平面布置时,换热器的管箱正对道路,便于抽出管箱,顶盖对着管廊。配管前先确定换热器两端和法兰周围的安装和维修空间,在这个空间内不能有任何障碍物。配管时管道要尽量短,操作、维修要方便,在管廊上有转弯的管道布置在换热器的右侧,从换热器底部引出的管道也从右侧转弯向上。从管廊的总管引来的公用工程管道可以布置在换热器的任何一侧。将管箱上的冷却水进口排齐,并将其布置在地下冷却水总管的上方(图 6-8),回水管布置在冷却水总管的管边。换热器与邻近设备间可用管道直接架空连接,管箱上下的连接管道要及早转弯,并设置短弯管,便于管箱的拆卸。阀门、自动调节阀及仪表应沿操作通道并靠近换热器布置,使人站在通道上可以进行操作。

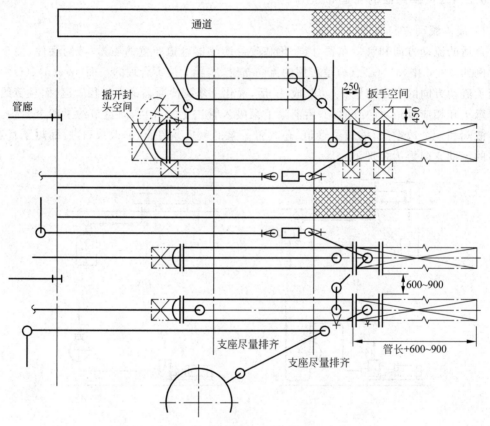

图 6-7　换热器的平面配管

3）换热器的立面配管

换热器的立面配管如图 6-8 所示。与管廊连接的管道、管廊下泵的出口管高度比管廊低的设备和换热器的接管的标高,均应比管廊低 0.5～0.8m。若一层排不下,可置于下一层时,两层之间相隔 0.5～0.8m。蒸汽总管应从总管上方引出,以防止凝液进入。换热器应有合适的支架,避免管道重量都压在换热器的接口上,仪表应布置在便于观测和维修的地方。

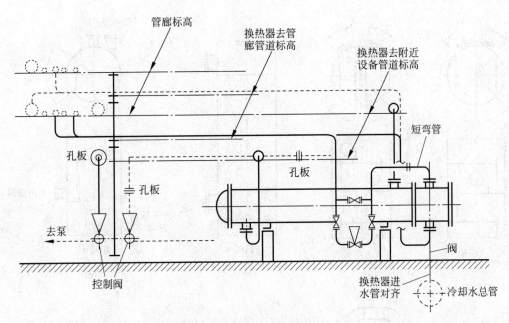

图 6-8　换热器的立面配管

6.2.4.3　塔的管道布置

1）塔的管口方位

塔的布置常分为操作区和配管区两部分，为运转操作和维修而设置的登塔的梯子、人孔、操作阀门、仪表、安全阀及塔顶上的吊柱和操作平台，均布置在操作区内，操作区与道路直连。塔与管廊、泵等设备连接的管道均铺设在配管区内。塔的管口布置如图 6-9 所示。

（1）人孔应布置在操作区，并将同一塔上的几个人孔布置在同一条直线上，正对着道路。人孔不能设在塔盘的降液管或密封盘处，只能按照图 6-9（a）所示，设在角度为 $b°$ 或 $c°$ 的扇形区域内，人孔中心离操作平台 0.6～1.2m。填料塔每段填料上应设有人孔和手孔，如图 6-9（b）所示。对于有塔板的塔，人孔应布置在与塔板溢流堰平行的塔直径上，条件不允许时可以不平行。但人孔与溢流堰在水平方向的净距离应大于 50mm，人孔吊柱的方位与梯子的设置应统一布置，在发生事故时，人孔盖顺利关闭的方向与人员疏散的方向应一致，使之不受阻挡。

（2）塔的出液口可布置在角度为 $2a°$ 的扇形区域内，如图 6-9（c）所示，再沸器返回管或塔底蒸汽进口气流不能对着液封板，最好与之平行。

（3）回流管上不需切断阀，故可以布置在配管区内任何地方。塔上有多个进料管口时，往往在进料的支管上设有切断阀，因此进料阀宜布置在操作区的边缘。

（4）塔的上升蒸汽可以从塔的顶部向上引出，如图 6-9（d）所示，也可采用内部弯管，从塔顶中心引向侧面，如图 6-9（e）所示，使塔顶出口蒸汽管口靠近塔顶操作平台。

（5）液位计、温度计及压力计等常规观测的仪表应布置在操作区的平台上方，便于观测，塔釜液位计不能布置在正对蒸汽进口的位置，如图 6-9（f）所示的角度为 $d°$ 的扇形区域，液位计的下侧管口应从塔身上引出，不能从出料管上引出。

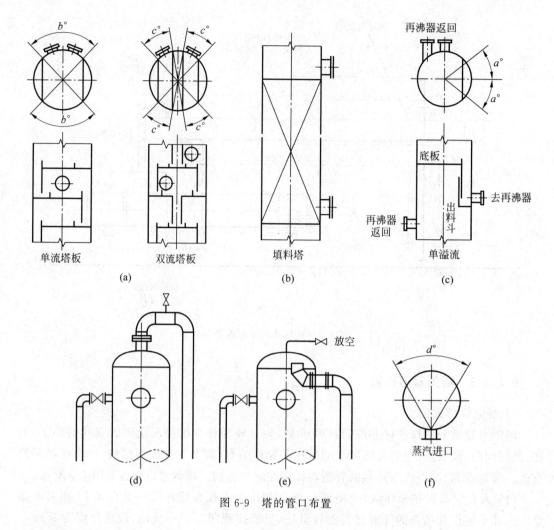

图 6-9 塔的管口布置

2）塔的平面配管

塔的管道、管口、人孔、操作平台、支架和梯子在平台的布置，可参考图 6-10(a)的方案，先要确定人孔方向，正对主要通道，人孔布置区内不能有任何管道占据，直梯的方位应使人面向塔壁，每段不得超过 10m，各段应左右交替布置。直梯下端与平台连接方式应能补偿塔体的轴向热膨胀量，梯子布置在 90°与 270°两个扇形区域内，也不能安排管道。没有仪表和阀门的管道布置在 180°处扇形区内，在管廊上左转弯的管道布置在塔的左边，右转弯的管道布置在塔的右边，与地面上的设备相连的管道布置在梯子与人孔的两侧。先将大口径的塔顶蒸汽管布置好，即在塔顶转弯后沿塔壁垂直下降，然后再布置其他管道。

3）塔的立面配管

塔的立面配管可参考图 6-10(b)。塔上管口的标高由工艺确定，人孔中心在平台上的距离一般在 600～1200mm 的范围内，最佳高度为 900mm。为了便于安装支架，塔的连接管道在离开管口后应立即向上或向下转弯，其垂直部分应尽量接近塔身。垂直管道在什么位置转成水平取决于管廊的高度，塔至管廊的管道的标高可高于或低于管廊标高 0.5～0.8m。

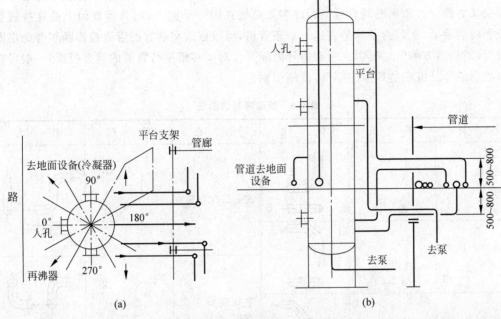

图 6-10 塔的配管示意图

塔的管道直管长,热变形大,配管时应处理好热膨胀问题。塔顶气相出口管和回流管是热变形较大的长直管,且重量较大。为防止管口受力过大,在靠近管口的地方设固定支架,在固定支架以下每隔 4.5～11m(DN25～300,DN 为公称直径)设导向支架,由较长的水平管形成二臂部很长的 L 形自然补偿器,吸收热变形。

6.2.5 管道布置图

管道布置图又称为管道安装图或配管图,它是车间内部管道安装施工的依据。管道布置图包括一组平、立面剖视图,有关尺寸及方位等内容。一般的管道布置图是在平面图上画出全部管道,设备、建筑物或构筑物的简单轮廓、管件、阀门、仪表控制点及有关的定位尺寸,只有在平面图上不能清楚地表达管道布置情况时,才酌情绘制部分立面图、剖视图或向视图。管道布置图是以带控制点工艺流程图、设备布置图、设备装配图及土建、自控、电气等专业的有关图样资料为依据,按照管道布置原则做出合理的布置设计并绘制的。管道布置图按照《化工工艺设计施工图内容和深度统一规定》(HG/T 20519—2009)进行绘制。

6.2.5.1 管道及附件的常用画法

1. 管道与管件

管道布置图的主要物料管道一般用粗实线单线画出,其他管道用中粗实线画出。对大直径或重要管道(DN≥400mm 或 DN≥250mm),可用中粗实线双线绘制(表 6-6)。管道的不同连接方式一般可不用一一绘出,只在管道布置图的适当地方或者在文件中统一说明。

管道转折而改变走向时可按表 6-6 所示的形式绘制,当上下或前后两根管道交叉,导致其投影相交时可按表 6-7 所示的形式绘制。当管道交叉或投影重叠时,可用两种方法表示:

一种方法是将下方或后方被遮住的管道投影在交叉处断开；另一种方法是将上方的管道投影在交叉处断裂并画出断裂符号。若许多管道处在同一平面上，则其垂直面上的这些管道的投影将会重叠，此时为了清楚表达每一条管道，可以依次将前方的管道投影断裂并画出断裂符号，而将后方的管道投影在断裂符号处断开。对于多根平行管道的重叠投影，一般可在各自投影的断开或断裂处标注字母，以便识别。

表 6-6　管道弯折的画法

名　　称	单　　线	双　　线	名　　称	单　　线	双　　线
管道向上弯折 90°			左右二次弯折		
管道向下弯折 90°					
管道大于 90° 弯折			左右前后二次弯折		

表 6-7　管道交叉和重叠的画法

名　　称	图　示　方　法	
	图　　例	说　　明
管道交叉		采用遮挡画法，将被遮挡管子断开
		采用断开画法，将可见管子断开使被遮挡管子可见
管道重叠		将前（或上）面的管子断开，后（或下）面的管子投影画至重影处留出一定间隙
		当管子转折后重叠，将前（或上）面可见的管子画完整，后（或下）面的管子画到重叠处留间隙
		多根管子重叠时，可采用将最前（或上）面管子用"双重断裂"符号表示
	a　b　c　b　a	存在多根重叠的管子时，也可以采用标注字母或管子代号区别

　　管道布置图中的管件通常用符号表示,这些符号与管道仪表流程图上所用的基本相同。常见的管道连接方法有 4 种：法兰连接、承插连接、螺纹连接和焊接。常见的管件符号与不同连接形式的管道连接画法见表 6-8。

表 6-8　管道、管件连接的画法

名　称		管道布置图	
		单线	双线
管道连接方式	法兰连接	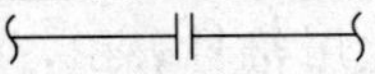	
	承插连接	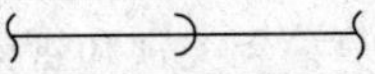	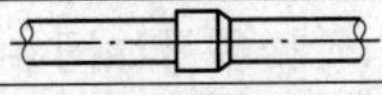
	螺纹连接	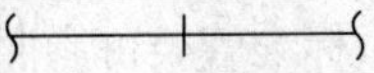	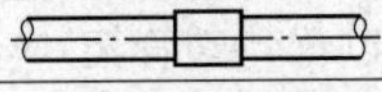
	焊接		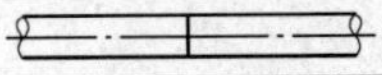
法兰盖	螺纹或承插焊连接		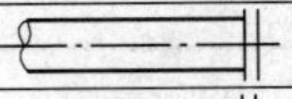
	与对焊法兰连接	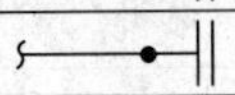	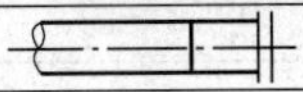
90°弯头	螺纹或承插焊连接	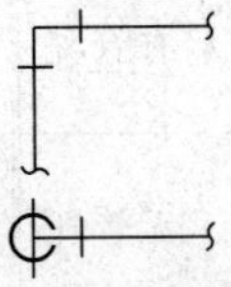	
	对焊连接	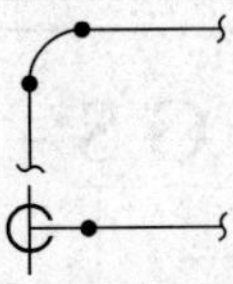	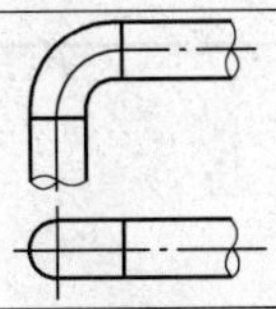
	法兰连接	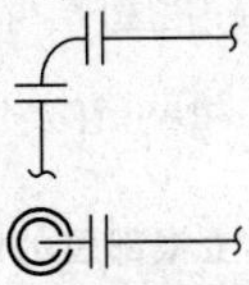	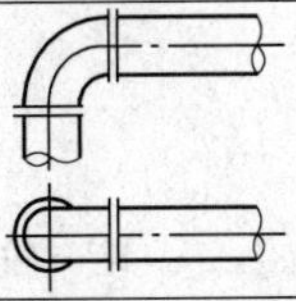
同心异径管	螺纹或承插焊连接	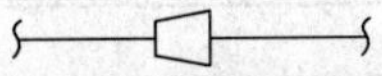	
	对焊连接	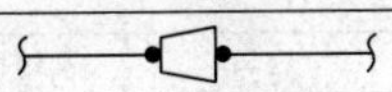	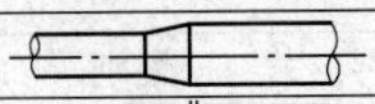
	法兰连接	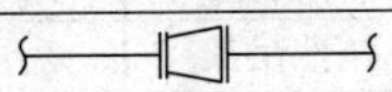	
三通	螺纹或承插焊连接	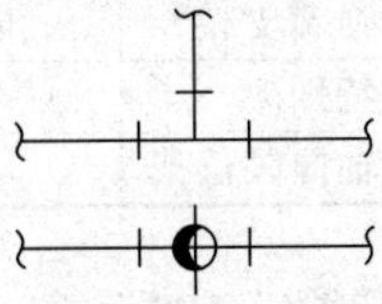	
	对焊连接	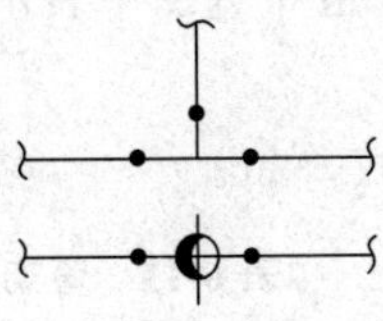	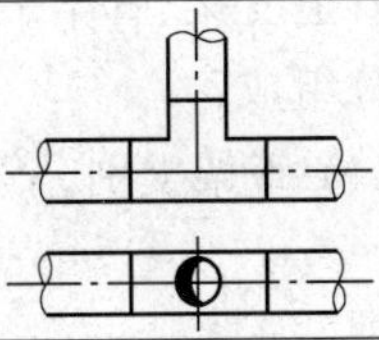
	法兰连接	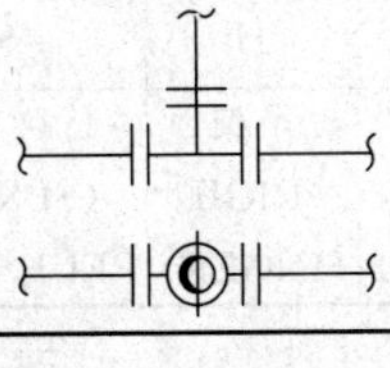	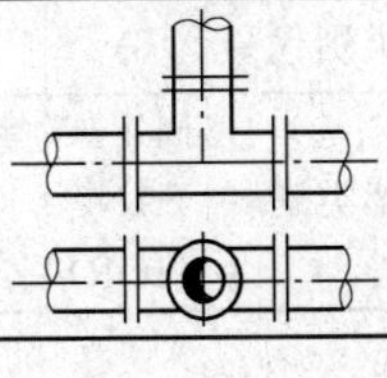

2. 仪表控制点

管道上的仪表控制点应用细实线按规定符号画出,每个控制点一般只在能清楚表达其安装位置的一个视图中画出。控制点的符号与管道仪表流程图的规定符号相同(见2.3.7节),有时其功能代号可以省略。

3. 管架

管架是用来支承、固定管子的,它采用各种不同形式安装并固定在建筑或基础之上。管架的形式和位置在管道平面图上用符号表示,并在其旁边标注管架的编号,管架画法见表6-9,管架编号如图6-10所示,其中管架类别和管架生根部位结构代号见表6-10。一般非标准的管架(称特殊管架)应绘制管架图,标准管架可参照《管架标准图》(HG/T 21629—2021)。

表 6-9 管架的画法(摘自 HG/T 21629—2021)

序号	图 例	说明	序号	图 例	说明
1	GS-1601	表示有管托	3	RF1901	表示弯头支架或侧向支架
2	AC-1013	表示无管托	4	RS1804	表示一个管架编号包括多根管道支架

图 6-10 管架号的标注方法

表 6-10 管架类别和管架生根部位的结构代号(摘自 HG/T 21629—2021)

管 架 类 别				管架生根部位的结构			
代号	类别	代号	类别	代号	结构	代号	结构
A	固定架	S	弹性吊架	C	混凝土结构	W	墙
G	导向架	P	弹簧支架	F	地面基础		
R	滑动架	E	特殊架	S	钢结构		
H	吊架	T	轴向限位架	V	设备		

管道支架、管架采用图例在管道布置图中表示,并在其旁标注管架编号。管架编号由五个部分组成:

(1)管架类别。管架类别见表6-11。

表 6-11 管架类别

管架类别代号	A	G	R	H	S	P	E	T
管架类别	固定架(ANCHOR)	导向架(GUIDE)	滑动架(RESTING)	吊架(RIGID HNGER)	弹吊(SPRING PEDESTAL)	弹簧支座(ESPECIAL SUPPORT)	特殊架(ESPECIAL SUPPORT)	轴向限位架(停止架)

（2）管架生根部位的结构。管架生根部位的结构见表 6-12。

表 6-12　管架生根部位的结构

管架生根部位的结构代号	C	F	S	V	W
管架生根部位的结构	混凝土结构（CONCRETE）	地面基础（FOUNDATION）	钢结构（STEEL）	设备（VESSEL）	墙（WALL）

（3）区号：以一位数字表示。

（4）管道布置图的尾号：以一位数字表示。

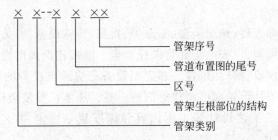

（5）管架序号。以两位数字表示，从 01 开始（应按管架类别及生根部位的结构分别编写）。

4．其他图例

管道布置图上用的其他图例见表 6-13。

表 6-13　设备管道布置图上常用图例（HG/T 20519.1—2009）

名　称	图　例	说　明
坐标原点		圆直径为 10mm
方位标		圆直径为 20mm
砾石（碎石）地面		
电动机		
仪表盘配电箱		
花纹钢板		
楼板及混凝土梁		剖面涂红色
柱子		剖面涂红色

6.2.5.2　视图的配置与画法

1. 管道平面布置图

管道平面布置图一般只画管道和设备的平面布置图,只有当平面布置图不能完全表达清楚时,才画出其立面图或剖面图。立面图或剖面图可以与平面布置图画在同一张图纸上,也可以单独画在另一张图纸上。

管道平面布置图一般应与设备的平面布置图一致,即按建筑标高平面分层绘制,各层管道平面布置图是将楼板以下的建(构)筑物、设备、管道等全部画出。当某一层的管道上下重叠过多,布置比较复杂时,应再分上下两层分别绘制。在各层平面布置图的下方应注明其相应的标高。

用细实线画出全部容器、热交换器、工业炉、机泵、特殊设备、有关管道、平台、梯子、建筑物外形、电缆托架、电缆沟、仪表电缆和管缆托架等。除按比例画出设备的外形轮廓,还要画出设备上连接管口和预留管口的位置。非定型设备还应画出设备的基础、支架。简单的定型设备,如泵、鼓风机等外形轮廓可画得更简略一些。压缩机等复杂机械可画出与配管有关的局部外形,详见《化工工艺设计施工图内容和深度统一规定　第2部分　工艺系统》(HG 20519.2—2009)。

2. 管道立面剖视图

在管道平面布置图上不能清楚表达的部位,可采用立面剖视图或向视图补充表达。剖视图尽可能与被剖切平面所在的管道平面布置图画在同一张图纸上,也可画在另一张图纸上。剖切平面位置线的画法及标注方式与设备布置图相同。剖视图可按 A—A,B—B,…或 Ⅰ—Ⅰ,Ⅱ—Ⅱ…顺序编号。向视图则按 A 向、B 向…顺序编号。

6.2.5.3　管道布置图的标注

1. 建(构)筑物的标注

建(构)筑物的结构构件常被用作管道布置的定位基准,因此在平面和立面剖视图上都应标注建筑定位轴线的编号,定位轴线间的分尺寸和总尺寸,平台和地面、楼板、屋盖、构筑物的标高,标注方法与设备布置图相同,地面设计标高为 EL±0.000m。

2. 设备的标注

设备是管道布置的主要定位基准,因此应标注设备位号、名称及定位尺寸,其标注方法与设备布置图相同。

3. 管道的标注

在平面布置图上除标注所有管道的定位尺寸、物料的流动方向和管号外,如绘有立面剖视图,还应在立面剖视图上标注所有管道的标高。定位尺寸以 mm 为单位,标高以 m 为单位。普通的定位尺寸可以以设备中心线、设备管口法兰、建筑定位轴线或者墙面、柱面为基准进行标注,同一管道的标注基准应一致。

管道上方标注(双线管道在中心线上方)介质代号、管道编号、公称通径、管道等级以及隔热形式,下方标注管道标高。标高以管道中心为基准时,只需标注数字,如 EL×××.××××,

以管底为基准时,在数字前面加注管底代号,如 BOP EL×××.×××。

$$\frac{SL1305\text{-}100}{EL\times\times\times.\times\times\times} \qquad \frac{SL1305\text{-}100B1A(H)}{BOP\ EL\times\times\times.\times\times\times}$$

对安装坡度有严格要求的管道,要在管道上方画出细线箭头,指出坡向,并写上坡度数值(图 6-12)。

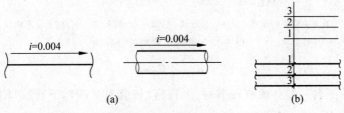

图 6-12　管道尺寸标注

4. 管件、阀门、仪表控制点

管接头、异径接头、弯头、三通、管堵、法兰等这些管件能使管道改变方向,变化口径,连通和分流以及调节和切换管道中的流体,在管道布置图中,应按规定符号画出管件,但一般不标注定位尺寸。在平面布置图上按规定符号画出各种阀门,一般也不标注定位尺寸,只在立面剖视图上标注阀门的安装标高。当管道上阀门种类较多时,在阀门符号旁应标注其公称直径、型式和序号。管道布置图中的仪表控制点的标注与带控制点的工艺流程图一致,除对安装有特殊要求的孔板等检测点外,一般不标注定位的尺寸。

6.2.5.4　管道布置图的绘制

1. 比例、图幅、尺寸单位、分区和图名

1)比例

比例常用 1∶50,也可采用 1∶25 或 1∶30;同区的或各分层的平面图,应采用同一比例;剖视图的绘制比例应与管道平面布置图一致。

2)图幅

管道布置图的图幅应尽量采用 A1,比较简单的也可采用 A2,较复杂的可采用 A0。同区的图应采用同一种图幅,图幅不宜加长或加宽。

3)尺寸单位

管道布置图标注的标高、坐标以米为单位,小数点后取三位数;其余的尺寸一律以毫米为单位,只注数字,不注单位。管子公称直径一律用毫米表示。地面设计标高为 EL±0.000m。

4)分区

由于车间(装置)范围比较大,为了清楚表达各工段管道布置情况,需要分区绘制管道布置图时,常常以各工段或工序为单位划分区段,每个区段以该区在车间内所占的墙或柱的定位轴线为分区界线。区域分界线用双点画线表示,在区域分界线的外侧标注分界线的代号、坐标与与该图标高相同的相邻部分的管道布置图图号(图 6-13)。一般的中小型车间,管道布置简单的,可直接绘制全车间的管道布置图。

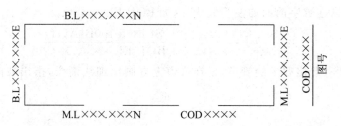

B.L—装置的边界；M.L—接续线；COD—接续图；E—东向；N—北向。

图 6-13　管道布置图的分界线

5）图名

标题栏中的图名一般分成两行书写，上行写"管道布置图"，下行写"EL×××.×××平面"或 "A—A、B—B…剖视"等。

2. 视图配置

管道布置图一般只绘平面图。当平面图中局部表示不够清楚时，可绘制剖视图或轴测图，该剖视图或轴测图可画在管道平面布置图边界线以外的空白处，或绘在单独的图纸上。绘制剖视图时要按比例画，可根据需要标注尺寸。轴测图可不按比例，但应标注尺寸。剖视符号规定用 A—A、B—B 等大写英文字母表示。在同一小区内符号不得重复。

对于多层建（构）筑物的管道平面布置图应按层次绘制，如在同一张图纸上绘制几层平面图时，应从最底层起，由下至上或由左至右依次排列，并于各平面图下注明 EL±0.000m 平面或 EL×××.×××平面。

在绘有平面图的图纸右上角管口表的左边，应画一个与设备布置图的设计北向一致的方向标，见表 6-13。在管口布置图右上方填写该管道布置图的设备管口表，包括设备位号、管口符号、公称直径、工程压力、密封面形式、连接法兰标注号、长度、标高、方位（°）、水平角等内容。管口的方位即管口的水平角度按方向标为基准标注，凡是在管口表中能注明管口方位时，平面图上可不标注管口方位，对于特殊方位的管口，管口表中实在无法表示的，可在图上标注，表中填写"见图"二字。管口的长度一般为设备中心至管口端面的距离，如图 6-14 中的 L 按设备图标注。

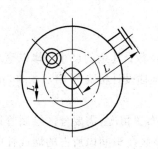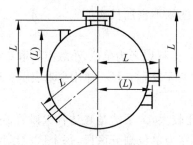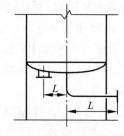

图 6-14　管口方位的标注

3. 管道布置图的画法

（1）用细实线画出厂房平面图。画法同设备布置图，标注柱网轴线编号和柱距尺寸。

（2）用细实线画出所有设备的简单外形和所有管口,加注设备位号和名称。

（3）用粗单实线画出所有工艺物料管道和辅助物料管道平面图,在管道上方或者左方标注管道编号、规格、物料代号及其流向箭头。

（4）用规定的符号或者代号在要求的部位画出管件、管架、阀门和仪表控制点。

（5）标注厂房定位轴线的分尺寸和总尺寸、设备的定位尺寸、管道定位尺寸和标高。

4. 管道立面剖视图的画法

（1）画出地平线或室内地面、各楼面和设备基础,标注其标高尺寸。

（2）用细实线按比例画出设备的简单外形及所有管口,并标注设备名称和位号。

（3）用粗单实线画出所有主物料和辅助物料管道,并标注管段编号、规格、物料代号及流向箭头和标高。

（4）用规定符号画出管道上的阀门和仪表控制点,标注阀门的公称直径、型式、编号和标高。

5. 管道布置平面图尺寸标注

（1）管道定位尺寸以建筑物或构筑物的轴线、设备中心线、设备管口中心线、区域界线（或接续图分界线）等作为基准进行标注。管道定位尺寸也可用坐标形式表示。

（2）对于异径管,应标出前后端管子的公称直径,如：DN80/50 或 80×50。

（3）非 $90°$ 的弯管和非 $90°$ 的支管连接,应标注角度。

（4）在管道布置平面图上,不标注管段的长度尺寸,只标注管子、管件、阀门、过滤器、限流孔板等元件的中心定位尺寸或以一端法兰面定位。

（5）在一个区域内,管道方向有改变时,支管和在管道上的管件位置尺寸应按容器、设备管口或临近管道的中心线来标注。

（6）标注仪表控制点的符号及定位尺寸。对于安全阀、疏水阀、分析取样点、特殊管件有标记时,应在 $\phi 10mm$ 圆内标注它们的符号。

（7）为了避免在间隔很小的管道之间标注管道号和标高而缩小书写尺寸,允许用附加线标注标高和管道号,此线穿越各管道并指向被标注的管道。

（8）水平管道上的异径管以大端定位,螺纹管件或承插焊管件以一端定位。

（9）按比例画出人孔、楼面开孔、吊柱（其中用细实双线表示吊柱的长度,用点画线表示吊柱的活动范围）,不需标注定位尺寸。

（10）有坡度的管道,应标注坡度（代号用 i）和坡向,如图 6-15 所示。当管道倾斜时,应标注工作点标高（WP EL）,并把尺寸线指向可以进行定位的地方。

（11）带有角度的偏置管和支管在水平方向标注线性尺寸,不标注角度尺寸。

6. 管口表

管口表在管道布置图的右上角,填写该管道布置图中的设备管口信息。

6.2.5.5 管道布置图的阅读

阅读管道布置图的目的是通过图样了解该工程设计的设计意图和确认管道、管件、阀

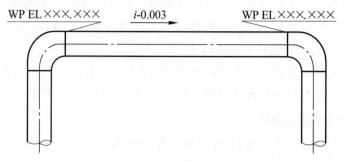

图 6-15　坡度和坡向的图面表示

门、仪表控制点及管架等在车间中的具体布置情况。在阅读管道布置图之前,应从带控制点的工艺流程图中,初步了解生产工艺过程和流程中的设备、管道的配置情况和规格型号,从设备布置图中了解厂房建筑的大致构造和各个设备的具体位置及管口方位。读图时建议按照下列步骤进行,可以获得事半功倍的效果。

1) 概括了解

首先要了解视图关系,了解平面图的分区情况,平面图、立面剖视图的数量及配置情况,在此基础上进了一步弄清各立面剖视图在平面图上剖切位置及各个视图之间的关系。注意管道布置图样的类型、数量、有关管段图、管件图及管架图等。

2) 详细分析,看懂管道的来龙去脉

对照带控制点的工艺流程图,按流程顺序,根据管道编号,逐条弄清楚各管道的起始设备和终点设备及其管口。从起点设备开始,找出这些设备所在标高平面的平面图及有关的立面剖(向)视图,然后根据投影关系和管道表达方法,逐条地弄清楚管道的走向,转弯和分支情况,具体安装位置及管件、阀门、仪表控制点及管架等的布置情况。分析图中的位置尺寸和标高,结合前面的分析,明确从起点设备到终点设备的管口,中间是如何用管道连接起来形成管道布置体系的。

例如,如图 6-16 是一张液氨贮罐在 -0.300 平面的管道平面布置图。主要设备是液氨贮罐和液氨压出罐,对应位号为 V0801 和 V0802。液氨贮罐及液氨压出罐之间有联合操作平台。为充分表达与液氨贮罐相连的管道布置情况,在图中配置 A 向视图表达管道高度方向的安装情况。同时,从图纸右下角的分区号可知,本平面布置图只是同一主项内的一张分区图,如果要了解主项全貌,还需阅读主项的分区索引和其他的分区布置图。通过仔细阅读图纸,还可进一步详细了解设备管口方位以及管道的走向和阀门等的设置情况与安装要求。

与其他设备相连的管道也可按照上述方法参照工艺流程图依次进行阅读和分析,直至全部阅读和了解清楚为止。图纸中操作平台以下的管道未分层绘制单独的平面布置图,所以采用了虚线表达在平台以下的管线。阅读完全部图纸后,再进行一次综合性的检查与总结,以全面了解管道及其附件的安装与布置情况,并审查一下是否还有遗漏之处。

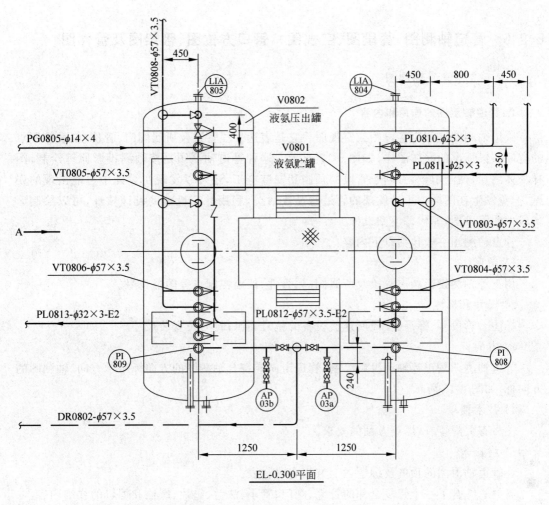

EL-0.300平面

A

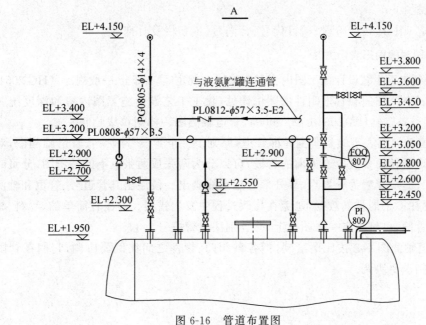

图 6-16 管道布置图

6.2.6 管道轴测图（管段图、空视图）、管口方位图、管架图及管件图

6.2.6.1 管道轴测图

1. 管道轴测图的作用和内容

管道轴测图又称为管段图或空视图。它是表达一段管道及所属阀门、管件、仪表控制点的空间布置情况的立体图样，如图 6-17 所示。这种管道轴测图是按轴测投影原理绘制，图样立体感强，便于识读，有利于管段的预制和安装施工，还可以发现在设计中可能出现的误差，避免发生在图样中不易发现的管道碰撞等情况，利用计算机辅助设计软件，可以绘制区域较大的管段图，能代替模型设计。

管道轴测图一般包括以下内容：

1）图形

用正等轴测投影画出管段及所属阀门、管件、仪表控制点等图形符号。

2）尺寸和标注

标注出管段号、标高、管段所连接设备的位号，管口符号及安装尺寸。

3）方向标

管道轴测图按正等轴测投影绘制，管道走向应符合轴测图的方向标所示方向，轴测图的方向标，如图 6-17 所示。

4）技术要求

注写有关焊接、试压等方面的要求。

5）材料表

在管道轴测图的顶侧及标题栏上方附有材料表。

材料表综合了一个管段全部的管件、阀门、管子、法兰、垫片、螺栓和螺母的详细内容。

6）标题栏

表示图名、图号、设计阶段、项目代号、合同号、签名栏及日期等。

2. 管道轴测图图形表示方法

（1）根据《化工工艺设计施工图内容和深度统一规定 第1部分 一般规定》（HG 20519.1—2009），管道、管件、阀门和管道附件的图例详见《化工工艺设计施工图内容和深度统一规定 第四部分 管道布置》（HG 20519.4—2009），管道轴测图一律用单线绘制。

（2）管道轴测图表示的是个别局部管道，原则上一个管段号画一张管道轴测图，对于比较复杂的管道或长而多次改变方向的管段，可以分为两张或两张以上的轴测图，分页时常以支管连接点、法兰、焊缝为分界点，界外部分用虚线画出一段注出其管道号、管位和轴测图图号，但不要标注多余的重复数据，避免在修改过程中发生错误。对比较简单的，物料、材质均相同的几个管段，也可画在一张图样上，并分别注出管段号。

（3）管道轴测图不必按比例绘制，但各种阀门、管件之间比例要协调，它们在管段中的位置相对比例也要协调。

管段号	起止点		管道等级	设计压力/MPa	设计温度/℃	管子			法兰						垫片(PN、DN同法兰)				螺柱·螺母	
	起点	终点				名称及规格	材料	数量	PN	DN	密封形式	材料	数量	标准号或图号	代号	厚度	密封代号	数量	连接套数	特殊长度
1060						φ100	10	14	0.6	100	RF板式	Q235-A	6	HGJ/T45	1Ad	3	MF	6	24	

	管段号	名称及规格	材料	数量	标准号或图号
阀门	1060	截止阀φ100		3	
管件	1060	弯头φ100	Q235	9	
特殊件	管段号	件号	名称及规格	材料	数量	标准号或图号

设计项目	××××工段
设计阶段	PL1060-100 管段图
比例	共 张 第 张

职责	签字	日期
设计		
制图		
校对		
审核		

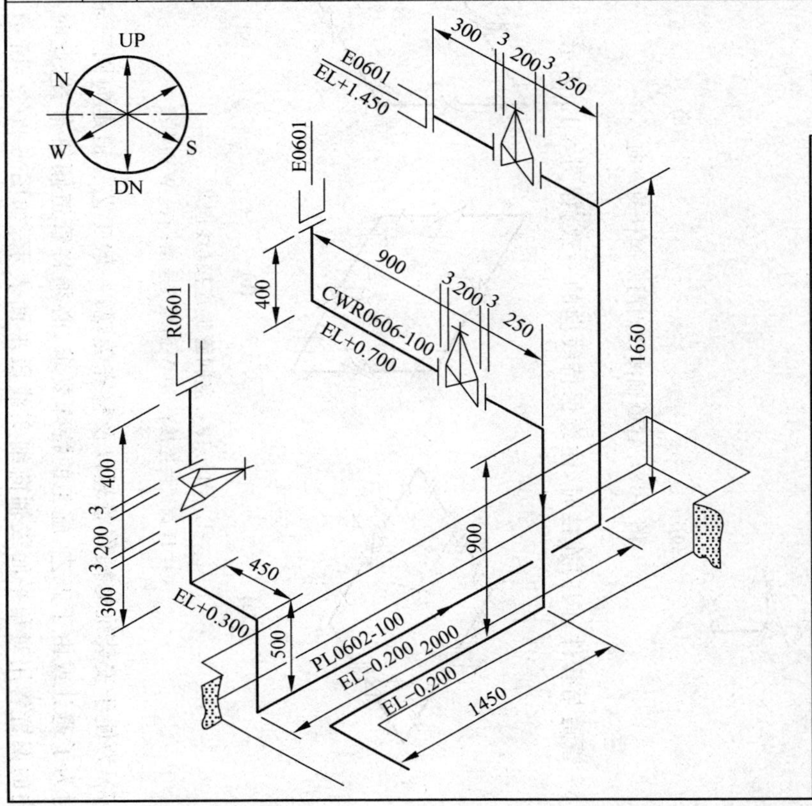

UP DN N S W E

1650
300 3 200 3 250
E0601 EL+1.450
900
3 200 3 250
CWR0606-100 EL+0.700
E0601
400
1450
EL-0.200 2000
PL0602-100 EL-0.200
500
450
R0601 EL+0.300
300 3 200 3 400

图 6-17 某工段管道轴测图

（4）管道对焊连接的环焊缝以小圆点表示，水平走向管段的法兰连接，法兰用垂直短线表示；垂直走向的管段法兰，可用与相邻的水平走向管段平行的短线表示；螺纹连接或承插连接均用一条短线表示水平，管段上的短线为垂直线，垂直管段上的短线与相邻的水平走向管段平行，如图 6-18 所示。

（5）阀门的手轮用短线表示，短线与管道平行，如图 6-18（a）所示；阀杆中心线按所设计的方向画出，如图 6-18（b）所示。

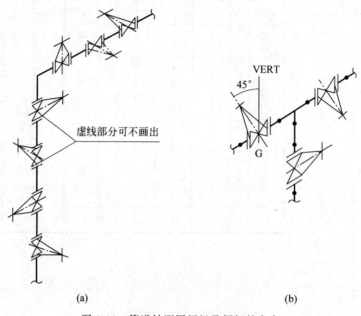

图 6-18　管道轴测图阀门及阀杆的方向

（6）管道与管件、阀门连接时，注意保持线向的一致，如图 6-19 所示。

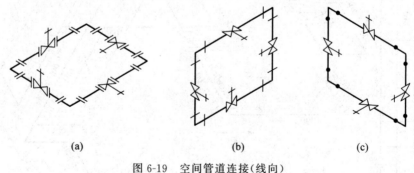

图 6-19　空间管道连接（线向）

（a）H 面法兰连接；（b）V 面螺纹连接；（c）W 面焊接

（7）为便于安装维修操作管理以及整齐美观，一般工艺管道走向同三轴测方向一致，但是有时为了避让或由于工艺、施工的特殊要求，必须将管道倾斜布置，此时称为偏置管。在平面内的偏置管用对角平面或轴向细实线段平面表示，如图 6-20（a）所示。对于立体偏置管，可将偏置管绘在由三个坐标组成的六面体内，如图 6-20（b）所示。

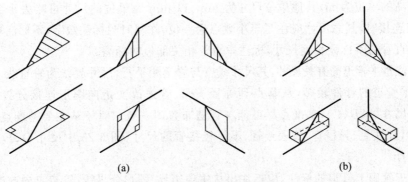

图 6-20 空间偏置管标注方法

(a) 平面内的偏置管；(b) 立体偏置管

3. 管道轴测图的尺寸与标注

（1）管道中物料的流向，可在管道的适当位置用箭头表示，管道号和管径标注在管道上方。水平管道的标高"EL"标注在管道下方，如图 6-21 所示。不需要标注管道号和管径只需要标注标高时，标高可标注在管道的上方或下方，如图 6-22 所示，该图中"FTF"指管道元件的位置是由管件与管件直接相接的尺寸所决定。

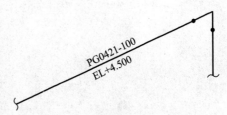

图 6-21 管道轴测图管道标注

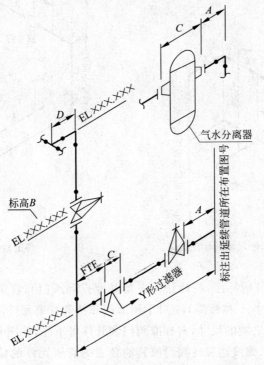

图 6-22 管道轴测图管道标高的标注方法

（2）标高的单位为 m，其他单位尺寸为 mm，以 mm 为单位的尺寸可略去小数点，但高压管线直接连接时，其总尺寸应注写至小数点后一位，注写时只标注数字，不标注单位。

（3）垂直管道不标注长度尺寸，标注垂直管相关部位的标高。

（4）标注水平管道的有关尺寸，其尺寸线应与管道相平行，尺寸界线为垂直线，如图 6-23 所示，当水平管道的管件较多，从基点到等径支管、管道改变走向图形连接分界点的尺寸（图 6-23 中尺寸 A、B、C），基准点尽可能与管道布置图一致。对于从主要基准点到各独立的管道元件，如法兰、异径管、仪表接管、不等径接管的尺寸（图 6-23 中尺寸 D、E、F），这些尺寸不应封闭。

（5）对于管廊上管道的标注，应标注出从主项边界、图形分界线、管道走向改变处、管帽或其他形式的管端到管道各端的管廊支柱轴线和到确定支管线或管道元件位置的其他支柱轴线的尺寸，并且从最近管廊支柱到支管或各个独立管道元件的尺寸不应封闭，如图 6-24 所示。

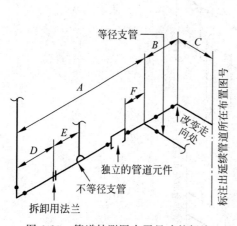

图 6-23　管道轴测图水平尺寸的标注

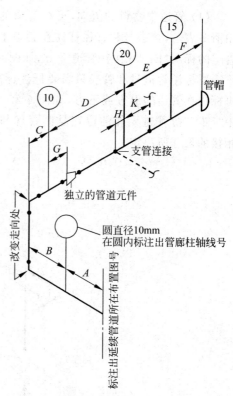

图 6-24　管道轴测图管廊上管道的标注

（6）阀门和管道元件的标注，应标注出主要基准点到阀门和管道元件的一个法兰的距离，如图 6-22 所示的尺寸 A 和标高 B；对于调节阀和特殊管道元件，如分离器和过滤器等，应标注法兰面至法兰面之间的尺寸，对标准阀门和管件可不注，如图 6-22 中的尺寸 C；管道上用法兰、对焊、承插焊、螺纹连接的阀门或其他独立的管道元件的位置是由管件与管件直接相接（FTF）的尺寸所决定时，不要标注出他们的定位尺寸，如图 6-22 中的 Y 型过滤器与弯头的连接；定型的管件与管件直接相接时，其长度尺寸一般可不必标注，但如涉及管道或支管的位置时,也应注出如图 6-22 中的尺寸 D。

(7) 螺纹连接和承插连接的阀门定位尺寸在水平尺寸应标注到阀门的中心线,垂直管道应标注到阀门中间线的标高,如图 6-25 所示。

(8) 偏置管的标注,无论偏置管是水平还是垂直方向,对于非 45°偏置管,应标注出两个偏移尺寸 A 和 B 而省略角度;对于 45°偏置管,应标注角度和一个偏移尺寸,如图 6-26 所示。对于立体偏置管应以三维坐标组成的六面体三维方向上的尺寸和标高表示,如图 6-27 所示。偏置管跨过分区界限时,其轴测图画到分界线为止,但延续部分要画虚线进入邻区,直到第一个改变走向处或管口为止,这样就可标注出整个偏置管的尺寸(图 6-28)。这种方法可用于两张轴测图互相匹配时。

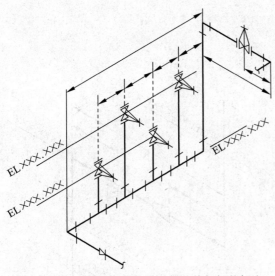

图 6-25 管道轴测图螺纹和承插连接阀门的标注

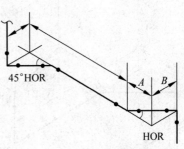

图 6-26 管道轴测图偏置管的标注

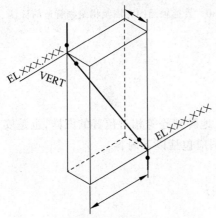

图 6-27 管道轴测图立体偏置管的标注

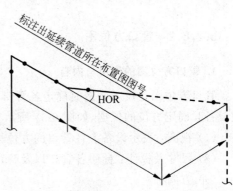

图 6-28 偏置管跨过分区界限时的画法

(9) 为标注管道尺寸的需要,应画出容器或设备的中心线,不需画外形,注出其位号,如图 6-29 右上角所示,若与标注尺寸无关时,可不画设备中心线。为标注与容器或设备管口相接的管道尺寸,对水平管口应画出管口和它的中心线,在管口近旁注出管口符号(按管道布置图上的管口表),在中心线上方注出设备的位号,同时做出中心线的标高"EL";对垂直管口应画出管口和它的中心线,注出设备位号和管口符号,再注出管口的法兰面或端面的标高"EL",如图 6-29 所示。

（10）穿墙或其他穿构筑物的管道标注,应注出构筑物与管道的关系尺寸。对于楼板、屋顶、平台等高度方向的尺寸,应标注出其标高,如图 6-30 所示;不是管件与管件直连时,异径管和锻制异径管一律以大端标注位置尺寸,如图 6-29 所示;对于不能准确计算或有待施工实测修正的尺寸,加注符号"～"作为参考尺寸,对于现场焊接时确定的尺寸,只需注明"F.W";注出管道所连接的设备位号及管口序号;列出材料表,说明管段所需的材料、尺寸、规格、数量等。

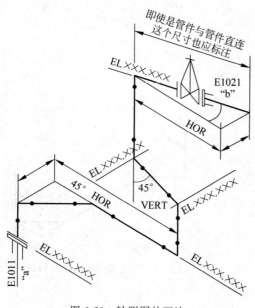

图 6-29　轴测图的画法

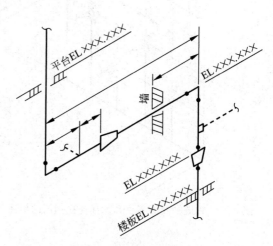

图 6-30　管道轴测图穿墙及构筑物管道的标注

6.2.6.2　管口方位图

1. 管口方位图的作用与内容

管口方位图是设备制造时确定各管口方位、支座及地脚螺栓等相对位置的图样,也是安装设备时确定方位的依据,如图 6-31 所示。管口方位图应包括以下内容:

（1）视图:表示设备上各管口的方位情况;

（2）尺寸及标注:标明各管口以及管口的方位情况;

（3）方向标;

（4）管口符号及管口表;

（5）必要的说明;

（6）标题栏。

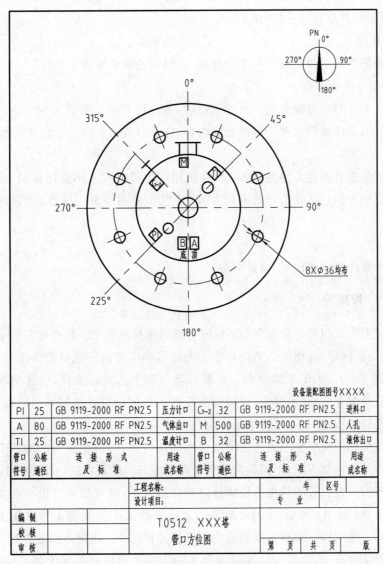

图 6-31 管口方位图

管口符号	公称通径	连接形式及标准	用途或名称	管口符号	公称通径	连接形式及标准	用途或名称
PI	25	GB 9119-2000 RF PN2.5	压力计口	C₁~₂	32	GB 9119-2000 RF PN2.5	进料口
A	80	GB 9119-2000 RF PN2.5	气体出口	M	500	GB 9119-2000 RF PN2.5	人孔
TI	25	GB 9119-2000 RF PN2.5	温度计口	B	32	GB 9119-2000 RF PN2.5	液体出口

工程名称：		年	区号
设计项目：		专 业	
编制		T0512 XXX塔	
校核		管口方位图	
审核		第 页 共 页 版	

2. 管口方位图的画法

1）视图

非定型设备应绘制管口方位图，采用 A4 图幅，以简化的平面图形绘制。每一位号的设备绘一张图，结构相同而仅是管口方位不同的设备，可绘在同一张图纸上，对于多层设备且管口较多时，则应分层画出管口方位图。用细点画线和粗实线画出设备中心线及设备轮廓外形，用细点画线和粗实线画出各个管口、吊柱、支腿或支耳、设备铭牌、塔裙座底部加强筋及裙座上人孔和地脚螺栓孔的位置。

2）尺寸及标注

在图上标出各管口及有关零部件的安装方位角，并标注各管口符号（用大写英文字母标注，与设备图上的管口符号一致）。

3）方向标

方向标在图纸右上角应画出一个方向标，方向标的形式见表6-14。

4）管口符号及管口表

在标题栏上方列出与设备图一致的管口表，表内注写各个管口的编号、公称直径、公称压力、连接标准、连接面形式及管口用途等内容，在管口表右上侧注出设备装配图图号。

5）必要的说明

在管口方位图有两点必要的要求：应在裙座或容器外壁上用油漆标明0°的位置，以便现场安装时识别方位；表示铭牌的方位及安装高度，表明绝热层厚度，使铭牌露在保温层之外。

6）标题栏

标题栏中要注写设备位号、设备名称。

6.2.6.3　管架图

管道布置图中采用的管架有两类：标准管架和非标准管架。标准管架可套用标准管架图，特殊管架可依据详见《化工工艺设计施工图内容和深度统一规定第5部分　管道机械》（HG/T 20519.5—2009）的要求绘制。如特殊管架图中选有标准件，应注明标准件的图号或标准号。其绘制方法、技术要求、焊接要求等技术参数应符合机械制图的要求，图面上除要求绘制管架的结构总图外，还需编制相应的材料表。

管架的结构总图应完整的表达管架的详细结构与尺寸，以供管架的制造安装使用。每一种管架都应单独绘制图纸，不同结构的管架图不得分区绘制在同一张图纸上，以便施工时分开使用。图面上表达管架结构的轮廓线以粗实线表示，被支撑的管道以细实线表示。管架图一般采用A4或A3图幅，比例一般采用1∶20或1∶10，图面上常采用主视图和俯视图结合表达其详细结构。编制明细表说明所需的各种配件。还应在标题栏标注该管架的代号。应注明焊条牌号，必要时应标注技术要求和施工要求以及采用的相关标准与规范，如图6-32所示。

6.2.6.4　管件图

标准管件一般不需要单独绘制图纸，在管道平面布置图编制相应材料表加以说明即可。非标准的特殊管件，例如加料斗、方圆接管、特殊法兰、法兰盖、弯头、三通异径管和其他形式的管道连接件等，应按《化工工艺设计施工图内容和深度统一规定第6部分　管道材料》（HG/T 20519.6—2009）单独绘制详细的结构图，并要求一种管件绘制一张图纸，以供制造和安装使用。如图6-33所示，管件图图面要求和管架图基本相同，在附注中应说明管件所需的数量，安装的位置和安装图号，以及加工制作的技术要求和采用的相关标准与规范。

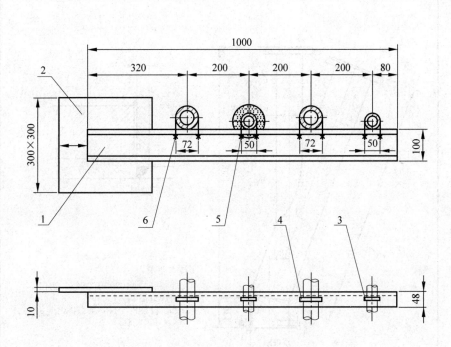

注：焊缝均采用电弧焊，焊条牌号为×××。管架总质量约为22kg。

6	GB/T 39—1988	方螺母M12	4	Q215			
5	GB/T 39—1988	方螺母M8	4	Q215			
4	×××-××	管卡 φ18 Q1-50	2	Q215			
3	×××-××	管卡 φ16 Q1-40	2	Q215			
2		钢板 300×300 δ=10	1	Q215			
1		槽钢 100×48×5.3 L=1000	1	Q215			
件号	图号或标准号	名称及规格	数量	材料	单重	总重	备注
（单位名称）				（工程名称）			

职责	签字	日期		设计项目	
设计			AS-1105 管架图	设计阶段	
绘图					
校核				（图号）	
审核					
年　　月		比例　　　1：10		第　张	共　张

图 6-32　管架图

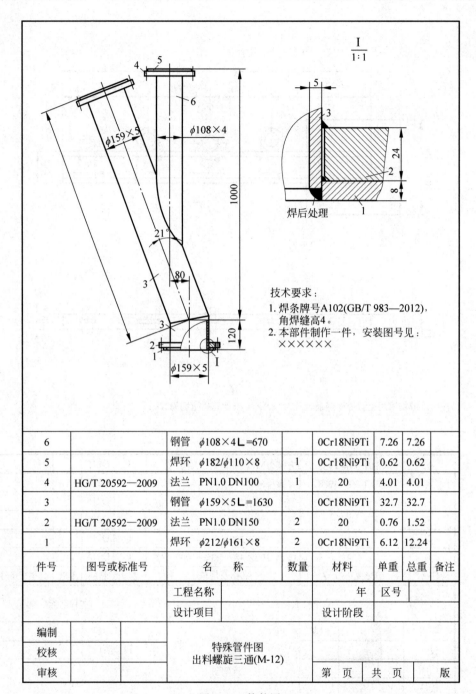

技术要求：
1. 焊条牌号A102(GB/T 983—2012)，
   角焊缝高4。
2. 本部件制作一件，安装图号见：
   ××××××

件号	图号或标准号	名　称	数量	材料	单重	总重	备注
6		钢管　$\phi108\times4$ L=670		0Cr18Ni9Ti	7.26	7.26	
5		焊环　$\phi182/\phi110\times8$	1	0Cr18Ni9Ti	0.62	0.62	
4	HG/T 20592—2009	法兰　PN1.0 DN100	1	20	4.01	4.01	
3		钢管　$\phi159\times5$ L=1630		0Cr18Ni9Ti	32.7	32.7	
2	HG/T 20592—2009	法兰　PN1.0 DN150	2	20	0.76	1.52	
1		焊环　$\phi212/\phi161\times8$	2	0Cr18Ni9Ti	6.12	12.24	

		工程名称			年	区号	
		设计项目		设计阶段			
编制							
校核		特殊管件图 出料螺旋三通(M-12)					
审核				第　页	共　页		版

图 6-33　管件图

本章思考题

答案

1. 化工车间管道布置设计的任务有哪些?
2. 简述化工管路设计的基本原则。
3. 什么是经济管径? 确定经济管径应从哪些方面考虑?
4. 什么条件下会使管道腐蚀速率加快,而必须采取限制流速的措施?
5. 管道支架的类型有哪些?
6. 输送易燃易爆、有毒及有腐蚀性的物料管道设计应注意哪些问题?
7. 管道和管架的立面布置原则有哪些?
8. 立式容器管道布置的原则有哪些?
9. 从安全生产角度出发,举例说明管道布置应注意的事项。
10. 管道布置图和管道轴测图的内容分别有哪些?

非工艺专业设计

本章主要内容：

- 公用工程。
- 安全与环境保护。

工艺专业是工艺设计的核心和龙头，非工艺专业根据工艺专业提出的要求完成配套工作。工艺专业的改变和完善过程，也是非工艺专业的改变和完善过程。工艺设计人员给设备、仪表、电气、土建（一般包括总图运输、结构、建筑）等专业提供设计条件资料。各专业设计人员不断反复进行数据交换和协同配合，最终完成化工厂的设计和建设任务。

7.1 公用工程

公用工程包括给排水、供电、供热及冷冻工程、采暖通风、空气调节、土建设计及自动控制等专业。从设计成果形式分为设计说明书与图纸表格两种；从设计内容讲，说明书主要包括所接收的工艺专业对本专业提出的设计条件、界定本专业的设计范围、采用的主要设计标准与规范、经论证与比较选择所确定的本专业技术方案、经分析计算以及选型所得出的有关设备、材料的规格型号、尺寸、数量等结果。在说明书编制过程中及编制结束后，按照工作顺序先后，完成制作相应表格与图纸。

7.1.1 给排水

化工企业的给水排水应依照《石油化工给水排水系统设计规范》（SH/T 3015—2019）、《建筑给水排水设计标准》（GB 50015—2019）和《化工企业给水排水详细工程设计内容深度规范》（HG/T 20572—2020）的规定进行设计，工艺人员应依照上述规定提供给排水设计条件。

7.1.1.1 给水

1. 给水系统的划分

工厂给水系统一般可划分为下列五个系统。

1）生产给水（新鲜水）系统

负责向软水站、脱盐水站、化学药剂设施、循环冷却水设施以及其他单元供给生产用水。生产用水应少用新鲜水，多用循环冷却水，最好串联使用、重复使用。

2）生活饮用水系统

生活饮用水系统应向食堂、浴室、化验室、生产单元、生活间、办公室等供给生活及劳保用水。

3）消防给水系统

消防给水系统根据全厂或装置消防要求不同，可分为低压与稳高压消防给水系统，其设置方式应符合现行《石油化工企业设计防火标准》（2018 年版）（GB 50160—2008）的规定。

4）循环冷却水系统

循环冷却水系统应向压缩机、冷凝器、冷却器、机泵以及需要直接冷却的物料供给冷却用水。工厂生产用水中，极大部分是作为物料和设备的冷却用水，如果将所有冷却水都采用循环冷却水，不仅可以节省水资源，而且有利于保护环境；经过水质处理过的循环冷却水，对设备的腐蚀及结垢速度都比新鲜水小，从而可以降低设备的维修费用，提高换热效率，降低成本。如果采用海水作冷却水、消防水时，应有防止海水对设备和管道的腐蚀、水生生物在设备和管道内繁殖及排水对海洋污染等的措施。

5）回用水系统

回用水系统包括：

（1）绿化用水；

（2）冲洗用水；

（3）循环冷却水系统或消防水系统的补充水；

（4）直流冷却水。

回用水系统应根据实际情况，在技术经济比较的基础上决定回用水的用途。

2. 给水系统的设计要求

1）给水系统的水质应符合下列要求

（1）生产用水的水质应符合《石油化工给水排水水质标准》（SH/T 3099—2021）的规定，对于化学水处理设计，要根据《化工企业化学水处理设计技术规定》（HG/T 20653—2011）进行。

（2）生活饮用水的水质应符合《生活饮用水卫生标准》（GB 5749—2022）的规定。

（3）循环冷却水的水质应符合《石油化工给水排水水质标准》（SH/T 3099—2021）的规定，必须按照《工业循环冷却水处理设计规范》（GB/T 50050—2017）对其进行水质稳定处理。

（4）特殊用途的给水系统的水质应符合有关生产工艺的要求。

2）给水系统的供水压力应符合下列要求

（1）生产给水系统的压力应根据工艺需要确定。当采用生产-消防给水系统时，还应按灭火时的流量与压力进行校核。

（2）生活饮用水系统应按最高时用水量及最不利点所需的压力进行计算。

（3）消防给水系统的压力应满足：稳高压消防给水系统的压力应保证在最大水量时、最不利点的压力仍能满足灭火要求；系统压力应由稳压设施维持；当工作压力大于1.0MPa 时，消防水泵的出水管道应设防止系统超压的安全设施；低压消防给水系统的压力应满足在设计最大水量时，最不利点消火栓的水压不低于 0.15MPa（自地面算起）。

（4）循环冷却水系统的压力应根据生产装置的需要和回水方式确定。

（5）特殊给水系统的压力应根据生产装置要求确定。

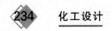

7.1.1.2　排水

工厂排水应清污分流,按质分类。清污分流可以减少污水处理量,节省污水处理设施的投资,提高污水处理效率。因此,应作为排水系统设计的原则。在清污分流的基础上,把生产污水进一步按质分类,有利于对各种污水进行针对性处理。污水的局部预处理应与全场、厂最终处理相结合;污水及其中有用物质的回收利用应与处理排放相结合。污水宜在科学实验、生产实践及经济基础比较的基础上,经过净化处理合格回收利用。

1. 排水系统的划分

工厂排水系统的划分应根据各种排水的水质、水量,结合要求处理的程度及方法综合确定。工厂排水系统一般可划分为生产污水系统、清净废水系统、生活排水系统和雨水系统。根据不同的排水水质和不同的处理要求,可适当合并或增设其他排水系统。

1) 生产污水系统

在工艺生产过程中,生产系统产生的污水中含有化学物质比较多,有时又叫化学污水。在工艺设计中,生产装置区、灌区、装卸油区都采用围堰或边沟将这些区域与其他地区加以区分,这些区域的初期雨水都含有化工物料或油品,应排入生产污水系统中或首先排入含油污水系统进行除油处理。

2) 清净废水系统

工厂中未受到油品及化工物料污染地区的雨水、融化的雪水以及锅炉排污水、脱盐水站的酸碱综合水、清水池的放空和溢流水可认为是清净废水。将其排入雨水系统或排入清净废水系统,不需要进行处理即可排放。循环冷却水系统正常运行时的排污直接排入清净废水系统;当发生事故时或确定有污染时,应排入生产污水系统。当生产废水被用于生产污水的处理时,生产废水系统可与生产污水系统合并。

3) 生活排水系统

为便于对生活排水进行生化处理,食堂、卫生间的排水应排入生活排水系统。生活排水也不宜与生产污水合并排放,但极个别的地方,如远离生活排水系统的门卫、油库等地方的卫生间,使用人数不多,生活排水量很少,若排入生活排水系统很不经济,且附近有清净废水系统或生产污水系统,可经化粪池截流后排入就近的排水系统。在排入生产污水系统之前应设水封井。

4) 雨水系统

低洼地区及受潮汐影响地区的工厂雨水也可设置独立的雨水系统。

2. 排水系统的设计要求

各排水系统的水质应按工艺装置正常生产时的排水水质设计,同时应符合《石油化工给水排水水质标准》(SH/T 3099—2021)的规定。各排水系统不得互相连通。如有少量生活污水需排入生产污水系统时,必须有防止生产污水中的有害气体窜入生活设施的措施。排放含有易燃、易爆、易挥发物质的污水系统应有相应的防爆通风措施,并应符合《石油化工企业设计防火标准》(2018 年版)(GB 50160—2008)的有关规定。在工艺装置内进行预处理或局部处理的污水应按《石油化工污水处理设计规范》(GB 50747—2012)的规定执行。

酸(碱)性污水应首先利用厂内废碱(酸)液进行中和处理。循环冷却水排污应在循环水场内进行,排污管上应设置计量仪表。工厂排水排入城镇排水系统时,应符合现行《室外排水设计标准》(GB 50014—2021)的规定。

在设计工厂的排水系统和处理单元时,应把污水的回收利用以及污水中有用物质的回收利用与污水的处理排放结合起来进行考虑,经过处理后的生产污水和生活排水,可以回用的应尽量回收利用。在设计中,回用处理后的生产污水时,应当有这方面的试验数据或生产实践资料作为依据。

7.1.1.3 给排水设计的基础条件

给排水设计的基础条件包括可提供地下水(井水、深井水等)、地表水(河水、江水、溪水、湖水、塘水、水库水及城市市政供水管网等)以及它们的水质、水温和可提供的水量,以及这些水源的上游或上风向有无污染源,下游或下风向对排污的要求等。在经过调查实地勘察测量工作基础上,取得可靠材料以后进行取水方案的确定工作,这是一个比较和选择的过程。按照可供采用的水源具体情况,从工程生产和生活对水质、水温、水量的要求出发,比较各种水源从取水处到提供本工程用水处所需取水、水处理、水输送等基建投资总费用(包括设备、建筑物、管道、占地、仪表、阀门等)和运行操作维修费用的关系,进行综合考虑各种取水方案的利弊,最终确定一种取水方案。

列出接收的给排水设计条件、采用的给排水设计标准规范,指出给排水设计范围以及相关部门/单位同给排水部门/单位的协作关系。建设单位提供有关自然条件资料。阐明生产对给排水在水量及水质方面的要求,并确定给排水的基本原则,指出该工程在给排水设计上的主要特点。同时根据生产、生活对给排水的水量水质要求,以及根据以上条件,确定工程水量平衡方案,并且绘制生产用水排水表(表 7-1)、生活用水排水表(表 7-2)。

表 7-1 生产用水排水

序号	厂房代号	车间或工段名称	设备名称	水的用途	用水量及其要求							
					用水量/(m³/h)		水质要求			需水情况		
					经常	最大	水温/℃	悬浮物/(mg/L)	化学成分	进水口水压/Pa	连续及间断情况	给水系统
1	2	3	4	5	6	7	8	9	10	11	12	13

排水量及其性质								备注
排水量/(m³/h)		水温/℃	污水性质		排水情况		排水系统	
			化学及物理成分		余压/Pa	连续及间断情况	排水系统	
经常	最大		名称	含量/(mg/L)				
14	15	16	17	18	19	20	21	22

表 7-2 生活用水排水

序号	用水项目	用水人数或单位数		用水量								排水量			备注
		每昼夜	最大班	定额/(L/人)	每昼夜/m³	最大班/m³	最大班平均/(m³/h)	参数系数	最大流量		每昼夜/m³	最大流量			
									m³/h	L/s		m³/h	L/s		
1	2	3	4	5	6	7	8	9	10	11	12	13	14	15	

7.1.1.4 冷却水的用量

冷却水用量计算见式(7-1)。

$$W = \frac{Q}{C(T_K - T_H)} \tag{7-1}$$

式中：Q——换热量，kJ；

C——冷却剂的比热容，kJ/(kg·K)，水的比热容可取 4.18kJ/(kg·K)；

T_H、T_K——分别为冷却剂进口和出口温度，K。

7.1.2 供电

化工企业的供电应按照《化工企业供电设计技术规定》(HG/T 20664—1999)、《石油化工企业供电系统设计规范》(SH/T 3060—2013)、《石油化工装置电力设计规范》(SH/T 3038—2017)、《化工企业腐蚀环境电力设计规程》(HG/T 20666—1999)和《化工企业电力设计施工图内容深度统一规定》(HG/T 21507—1992)进行设计，工艺人员应依照上述规定提供供电设计条件。

7.1.2.1 工厂电力负荷的划分

化工生产中常使用易燃、易爆物料，多数为连续化生产，中途不允许突然停电。为此，根据化工生产工艺特点及物料危险程度的不同，对供电的可靠性有不同的要求。按照电力设计规范，将电力负荷分成三级，按照用电要求从高到低分为一级、二级、三级。有特殊供电要求的负荷量应划入装置或企业的最高负荷等级。

1. 一级负荷

一级负荷指当企业正常工作电源突然中断时，企业的连续生产被打乱，使重大设备损坏，恢复供电后需长时间才能恢复生产，使重大产品报废，重要原料生产的产品大量报废，给重点企业造成重大经济损失的负荷。一级负荷要求最高，一级负荷应由两个电源供电；采用架空线路时，不宜共杆敷设。

2. 二级负荷

二级负荷指当企业正常工作电源突然中断时，企业的连续生产过程被打乱，使主要设备损坏，恢复供电后需较长时间才能恢复生产，产品大量报废、大量减产，给重点企业造成较大经济损失的负荷。

通常大中型化工企业就是这种二级负荷的重点企业。二级负荷宜由双回电源线路供电，当负荷较小且获得双回电源困难很大时，也可采用单回电源线路供电。有条件时，宜再从外部引入一回小容量电源。

3. 三级负荷

三级负荷指所有不属于一级和二级负荷的其他负荷。三级负荷可由单回电源线路供电。

4. 有特殊供电要求的负荷

当企业正常工作电源因故障突然中断或因火灾而人为切断正常工作电源时，为保证安全停产，避免发生爆炸及火灾蔓延、中毒及人身伤亡等事故，或一旦发生这类事故时，能及时处理事故，防止事故扩大，为抢救及撤离人员，而必须保证供电的负荷。

有特殊供电要求的负荷必须由应急电源系统供电。有特殊供电要求的直流负荷均由蓄电池装置供电。有特殊供电要求的交流负荷凡用快速起动的柴油发电机组能满足要求者，均以其供电；当其在时间上不能满足某些有特殊供电要求的负荷要求时，则需增设静止型交流不中断电源装置。严禁应急电源与正常工作电源并列运行。为此需设置有效的联锁；严禁将没有特殊供电要求的负荷接入应急电源系统。

化工工艺流程中，凡需要采取应急措施者，均应首先考虑在工艺和设备设计中采取非电气应急措施，仅当这些措施不能满足要求时，应由主导专业提条件列为有特殊供电要求的负荷。其负荷量应严格控制到最低限度。特别是用电设备为 6~10kV 电压，或多台大容量用电设备时，应由有关主导专业采取非电气方法处理。对多台电压大容量 6~10kV 电压的消防水泵，当应急电源供电困难时，宜将其中一部分改为柴油泵，余下的电泵由正常工作电源供电。由消防中心发出起动指令，起动顺序为先电泵后柴油泵。

大型化工企业一般均在各生产装置的变（配）电所内或附近设置应急电源系统。企业自备电站的、有特殊供电要求的负荷，应单独设置应急电源。而生产装置内的自备发电机组的特殊供电要求的负荷，一般均由该装置的应急电源系统供电。如确有必要也可单独设置应急电源。在正常工作电源中断供电时，应急电源必须在工艺允许停电的时间内迅速向有特殊供电要求的负荷供电。当化工流程有缓冲设备时，其前后的生产装置，宜由不同的变（配）电所分别供电。当化工工艺流程有多条生产流水线时，宜按流水线设置变（配）电接线方案。

7.1.2.2　供电方案的基本要求

（1）供电主结线力求简单可靠，运行安全，操作灵活和维修方便；

（2）经济合理，节约电能，力求减少投资（包括基建投资及贴费），降低运行费用（包括基本电费及电度电费），节约用地；

（3）满足近期（5~10 年）发展规划的要求；

（4）合理选用技术先进、运行可靠的电工产品；

（5）满足企业建设进度要求。

一般宜提出两个供电方案，进行技术经济比较，择优推荐选择。

7.1.2.3　供电方案设计阶段的主要工作内容

供电方案应根据企业的性质、规模，企业对供电可靠性的要求，企业供电电压等级，当地电力网的情况,当地的自然条件以及企业的总图布置,企业近期的发展规划等因素综合考虑确定。

(1) 参加厂址选择;

(2) 调查地区电力网情况及其向本企业供电的条件;

(3) 全厂负荷分级及负荷计算;

(4) 当企业有富余热能可供综合利用时,需会同有关专业研究是否设置自备电站及其具体方案,包括发电规模、机组选型、电气主结线等;

(5) 与当地电业部门磋商电源供电方案,在争取上级电力主管部门的批文后,协助业主与当地电力部门签订供电协议或意向书,包括供电回路数、供电电压等级及供电质量、与电力系统的通信方案、企业继电保护装置与电力系统的衔接以及电度计费设备的设置地点;

(6) 确定全厂的供电主接线方案、总变电所及自备电站位置和企业供电配电的进出线走廊;

(7) 绘制几个可供选择的供电方案单线图;

(8) 对供电方案进行技术经济比较;

(9) 编制设计文件。

7.1.2.4 工艺对电气专业提供设计条件

(1) 动力。包括:①设备布置平面图,图上注明电机位置及进线方向,就地安装的控制按钮位置;②用电设备表(表 7-3);③电加热表(温度、控制精度、热量、工作时间);④环境特性。

(2) 照明。包括:提出设备平面布置图,标出需照明位置;提出照明四周环境特性(介质、温度、相对湿度、对防爆防雷要求)。

(3) 弱电。包括电信设备、仪表仪器用电位置以及生产联系的信号。

表 7-3 用电设备

序号	设备位号	设备名称	介质名称	环境介质	负荷等级	数量/台		正反转要求	控制联锁	防护要求	计算轴功率/kW	电动设备							操作		备注
						常用	备用					型号	防爆标志	容量/kW	相	电压	成套或单机	立卧式	年工作时间	连续间断	
1	2	3	4	5	6	7	8	9	10	11	12	13	14	15	16	17	18	19	20	21	22

7.1.3 供热及冷冻系统

7.1.3.1 供热

化工生产中的热源供热作为公用工程在化工生产中普遍应用,比如对吸热化学反应,为加快反应速度和进行蒸发、蒸馏、预热、干燥等各种工序,供热都是必不可少的。化工设计中必须正确选用热源和充分利用热源。

化工热源可分为直接热源和间接热源。直接热源包括烟道气及电加热。烟道气加热的优点是温度高,可达 1000℃,使用方便,经济简单,缺点是温度不易控制、加热不均匀和带有明火及烟尘。电加热的优点是加热均匀、温度高、易于调节控制、清洁卫生,缺点是成本高。间接热源包括高温载热体及水蒸气。高温载热体加热温度范围可达 160～500℃,例如可用于加热温度在 160～370℃ 的常用联苯与联苯醚的混合物,加热温度在 350～500℃ 的常用熔盐混合物 HTS(即 NaNO₂40%、KNO₃53%、NaNO₃7%),熔点 142℃。

水蒸气是化工生产中使用最广的热源,其优点是使用方便、加热均匀、速度快及易控制,但温度高时压力过大,不安全,所以多用于 200℃ 以下的场合。下面以蒸汽加热(用燃煤产生蒸汽)为例,说明工艺专业应提供的设计条件。

(1) 供热系统与用热设备及设备布置设计按表 7-4 形式,以工艺专业为主填写"蒸汽、冷凝水条件表"。

(2) 列出全厂热负荷平衡表(表 7-5),必要时绘制各种工况下热负荷曲线。

(3) 节能技术设计尽量采用高压蒸汽系统,因为高压蒸汽的能量利用率高,如条件具备应尽量将锅炉与废热锅炉均设计为高压,蒸汽使用过程可设计成逐级利用,如表 7-6 所示。其次是回收余热,包括回收蒸汽冷凝水余热,回收工艺物料流中余热,回收化工生产废料(通过焚烧)的热量。在设计中要减少热量消耗和提高传热效率,采用节能高效设备等是节能的重要手段。

表 7-4 蒸汽、冷凝水条件

工程名称		工程代号			蒸汽、冷凝水条件		审计		设计阶段	
项目(或工段)名称							校核		提交日期	
							编制		编号	

序号	用汽设备名称	蒸汽用途	使用班次	用汽等级①	车间入口处		蒸汽用量/(t/h)						冷凝水回收				备注
					蒸汽压力(绝压)/MPa	蒸汽温度②/℃	Ⅰ期				Ⅱ期		回收量③/(t/h)	温度/℃	送出水压(绝压)/MPa	送出方式④	水质⑤
							冬季		夏季								
							平均	最大	平均	最大	平均	最大					
1	2	3	4	5	6	7	8	9	10	11	12	13	14	15	16	17	18	19

① Ⅰ级不允许间断供汽,Ⅱ级允许短时间断供汽。

② 如系饱和蒸汽,可不填写温度,注明饱和蒸汽。

③ 只考虑除工艺加热过程可能损失的汽量。

④ 填写连续间断回收,间断时间,自流或加压回收。

⑤ 填明清净回收(指无任何物料污染,可直接回锅炉)和有污染回水,有污染回水水质应在备注栏中注明。

表 7-5　全厂热负荷平衡

序号	用途	热介质参数		用蒸汽量/(t/h)								冷凝水回水量[2]/(t/h)				备注
				Ⅰ期				Ⅰ+Ⅱ期				Ⅰ			Ⅰ+Ⅱ期	
				夏季[3]		冬季[3]		夏季		冬季		夏季		冬季		
		压力(表压)/MPa	温度/℃	正常	最大	正常	最大	正常	最大	正常	最大	正常	最大	正常	最大	
1	2	3	4	5	6	7	8	9	10	11	12	13	14			15
1	生产[1]															标注出间断、连续用蒸汽量及不同时使用系数
2	采暖通风															
3	生活															
4	小计															
5	副产蒸汽量															
6	合计															
7	管道损失															
8	对外供汽量															
9	自用蒸汽量															
10	实际供汽量															

① 生产热负荷按车间或工段列出细目。

② 在备注中说明回收和处理方案。

③ 冬季指采暖；夏季指非采暖。

表 7-6　蒸汽能量的逐级利用

系　统	蒸汽压力(表压)/MPa	排出压力(表压)/MPa,相态	用　途
高压	10	1.0MPa,蒸汽	常压汽轮机发电或带动电泵
中压	4	0.17MPa,蒸汽	
低压	1.0	冷凝水	动力、工艺加热、服务用
废气	0.178		暖气服务用
冷凝水	0.035～0.07		回锅炉房

(4) 蒸汽的消耗量

间接蒸汽消耗量以式(7-2)计算。

$$D = \frac{Q}{[H - C(T_K - 273)]\eta} \tag{7-2}$$

式中：Q——加热量,kJ;

　　　H——水蒸气热焓,kJ/kg;

　　　T_K——冷凝水的温度,K;

　　　C——冷凝水的比热容,可取 $C=4.18$kJ/(kg·K);

　　　η——热利用率,保温设备为 0.97～0.98,不保温设备为 0.93～0.95。

(5) 加热电能的消耗量

加热电能的消耗量以式(7-3)计算。

$$E = \frac{Q}{3600\eta_K} \tag{7-3}$$

式中：η_K——电热装置的效率，取 $0.85\sim0.95$；

　　　Q——供热量，kJ。

（6）燃料的消耗量

燃料的消耗量按式(7-4)计算。

$$B = \frac{Q}{q\eta_T} \tag{7-4}$$

式中：Q——供热量，kJ；

　　　q——燃料的热值，kJ/kg，煤为 $16000\sim25000$kJ/kg，液体燃料约为 40000kJ/kg，天然
气约为 33000kJ/kg；

　　　η_T——炉灶的热效率，取 $0.3\sim0.5$。

7.1.3.2 冷冻系统

化工生产中的物料温度若需维持在周围环境（比如大气、水等）温度以下，则需要由冷冻
系统提供低温冷却介质（称载冷体），也可直接将制冷剂（如液氨、液态乙烯）送入工艺设备，
利用其蒸发吸热获取冷量。通过采用制冷剂蒸发来冷却载冷剂，然后由载冷剂提供生产所
需冷量，这种冷冻系统的优点是能集中供应，远距离输送，使用方便，易于管理，比较经济。
选用载冷剂的温度不宜过低，以避免动力消耗过多。选用载冷剂，其冰点要低于制冷剂的蒸
发温度，而使用温度通常比冰点高 $2\sim10℃$，常用的载冷剂有水、工业盐水及有机物。当冷
却物温度大于或等于 $5℃$ 时选用水，当冷却温度在 $-45\sim0℃$ 范围内，可选用工业盐水，NaCl
水溶液适用于 $-15\sim0℃$，CaCl$_2$ 水溶液适用于 $-45\sim0℃$，盐浓度越高，冰点越低。当冷却
温度更低时，则选用乙醇、乙二醇、丙醇及一氟三氯甲烷（F-11）等。

全工程各部分（即车间、工段、设备）用冷量、用冷方式、用冷温度等级（或范围）以及全年
用冷量变化情况（冬季、夏季、过渡季、最大、最小、平均）按表 7-7 形式填写。

表 7-7　工程用冷负荷及参数设计

工程名称			工程代号			工程用冷负荷及参数 设计条件			审核		设计阶段	
项目（或工段） 名称									校核		提交日期	
									编制		编号	

序号	设备位号及名称	冷冻量（MJ/h）							用冷情况			冷冻介质					最大流量/(t/h)或(m³/h)	备注
		产品耗冷		Ⅰ期		Ⅱ期			间断		操作时数/(h/年)	名称	温度/℃		压力/MPa			
		MJ/t	MJ/h	最大	平均	最小	平均	最大	连续	操作周期	持续时间			进入	返回	进入	返回		
1	2	3	4	5	6	7	8	9	10	11	12	13	14	15	16	17	18	19	20

注：冷冻介质名称栏，若采用制冷剂直接截流蒸发制冷，可把采用的制冷剂名称列入。

冷冻盐水的用量可按式(7-5)计算：

$$S = \frac{Q}{C(T_K - T_H)} \tag{7-5}$$

式中：Q——换热量，kJ；

　　　C——冷却剂的比热容，kJ/(kg·K)；

　　　T_H，T_k——分别为冷却剂的进口和出口温度，K。

7.1.4　采暖通风及空气调节

在采暖通风及空气调节设计中，须按《化工企业安全卫生设计规范》(HG 20571—2014)和《化工采暖通风与空气调节设计规范》(HG/T 20698—2009)的规定进行设计，工艺人员应提供采暖通风及空气调节设计条件。

7.1.4.1　采暖

采暖是指在冬季调节生产车间及生活场所的室内温度，从而达到生产工艺及人体生理的要求，实现化工生产的正常进行。

1. 温度

生产及辅助建筑采暖室内温度，应根据建筑物性质、生产特点及要求、劳动强度等因素确定。

2. 热介质

采暖的热介质选择应根据厂区供热条件及安全、卫生要求，经综合技术经济比较确定。宜首先采用热水、蒸汽或其他热介质。条件允许时热介质的制备，可考虑利用余热。工业上采暖系统按蒸汽压力分为低压和高压两种，界线是 0.07MPa，通常采用 0.05~0.07MPa 的低压蒸汽采暖系统。

3. 采暖方式

1) 散热器采暖

散热器采暖的热介质温度应根据建筑物性质、生产特点及安全卫生要求等因素确定。

2) 辐射采暖

辐射采暖适宜于生产厂房局部工作地点的采暖。工厂辐射采暖的热介质一般蒸汽压力宜不低于 0.2MPa；热水平均温度宜高于 110℃；辐射板不应布置在热敏感的设备附近。

3) 热风采暖

热风采暖是将空气加热至一定的温度(70℃)送入车间，它除采暖外还兼有通风作用。当散热器采暖不能满足安全、卫生要求时，生产车间需要设计机械排风。冬季需补风时，利用循环空气采暖；技术经济合理时，可采用热风采暖。

4) 采暖管道

热水和蒸汽采暖管道，一般采用明装。有燃烧和爆炸危险的生产车间，采暖管道不应设在地沟内，如必须设置在地沟内，地沟应填砂。采暖管道不得与输送可燃气体、腐蚀性气体或闪点低于或等于 120℃ 的可燃液体管道在同一管沟内敷设。采暖管道不应穿过放散与之接触能引起燃烧或爆炸危险物质的房间。如必须穿过，采暖管道应采用不燃烧材料保温。采暖管道的伸缩，应尽量利用系统的弯曲管段补偿，当不能满足要求时，应设置伸缩器。

7.1.4.2　通风

车间为排除余热、余湿、有害气体及粉尘，需要通风。通风方式主要包括以下几种。

1. 自然通风

利用室内外空气温差引起的相对密度差和风压进行的自然换气。设计中指的是可以调节和管理的自然通风。放散余热的生产车间,宜采用自然通风。夏季自然通风应有利于降低室内温度,冬季自然通风应尽量利用室内产生的余热提高车间的温度。根据有害气体在空气中的相对密度效应,利用上部排风将有害物质稀释到容许浓度时,应首先考虑采用自然通风。自然进风应不使脏空气吹向较清洁的地区,并应不影响空气的自然流动和排出。

2. 机械通风

自然通风不能满足工艺生产要求时,宜设计机械通风。设有集中采暖且有排风的生产厂房,应首先考虑自然补风,当自然补风不能满足要求或在技术经济上不合理时,宜设置机械送风。依靠机械通风排除有害气体时,由于空气中有害物质的比重效应不明显,应合理组织送、排风气流。

3. 局部通风

化工生产车间在下列部位应设计局部排风:
(1) 输送有毒液体的泵及压缩机的填函附近;
(2) 不连续的化工生产过程的设备进料、卸料及包装口;
(3) 放散热、湿及有害气体的工艺设备上;
(4) 固体物料加工运输设备的不严密处。
在可能散出有害气体、蒸汽或粉尘的工艺设备上,宜设计与工艺设备连在一起的密闭式排风罩;由于操作原因不许可设置时,可考虑设计其他形式的排气罩。当放散有害物质敞露于生产过程,无法设计密闭罩或局部排风排除有害物质时,应设置可供给室外空气的局部送风。

4. 防爆通风

对于具有放散爆炸和火灾危险的物质,并有防火、防爆要求的场所,要求通风良好时,通风量应能使放散的爆炸危险物质很快稀释到爆炸下限 1/4 以下。敞开式或半敞开式厂房宜首先设计有组织的自然通风;对非敞开式厂房,自然通风不能满足要求时,应设计机械通风。属于爆炸和火灾危险的场所,其机械通风量不应低于每小时 6 次换气。对生产连续或周期释放易燃易爆气体和蒸汽的工艺设备的局部地区,宜设计局部排风。凡空气中含有易燃或有爆炸危险物质的场所,应设置独立的通风系统。

5. 事故通风

可能突然大量放散有害气体或爆炸危险气体的生产车间应设计事故通风。事故通风系统的吸风口应设在有害气体或爆炸性物质散发量最大的或聚集最多的地点。事故排风量应按工艺提供的设计资料通过计算确定。当工艺不能提供有关设计资料时,风量可按由正常通风系统和事故通风系统共同保证每小时换气次数不低于 8 次计算。事故通风的排风口,不应布置在人员经常停留或通行的地点。并距机械送风进风口 20m 以上,当水平距离不足 20m 时,必须高出进风口 6m。如排放的空气中含有可燃气体和蒸汽时,事故通风系统的排风口应距发火源 20m 以外。

6. 除尘与净化

放散粉尘的工艺设备应尽量采取密闭措施。其密闭型式应结合实际情况,分别采用局部密团、整体密闭或大容积密闭。密闭罩吸风口风速不宜过大,以免将物料带走。粉尘净化系统宜优先选用干法除尘。如必须选用湿法除尘,含尘污水的排放应符合环保标准的规定。除尘净化设备应根据排除有害物性质、含尘浓度、粉尘的相对密度、颗粒度、温湿度、粉尘的特性(黏性、纤维性、腐蚀性、吸水性等)以及回收价值来选定。除尘系统应根据粉尘的性质及温、湿度等特性,采取保温和排水等防止结块、堵塞管道的措施,并在管道的适当位置设置清扫口。

7.1.4.3　空气调节

对于生产及辅助建筑物,当采用一般采暖通风技术措施达不到室内温度、湿度及洁净度要求时,应设计空气调节。

空气调节用冷源应根据工厂具体条件,经技术经济比较确定。空调冷负荷较大,且用户比较集中的可设计集中制冷站供冷;空调冷负荷不大,且工艺生产装置中具有适合空调要的冷介质时,可由工艺制冷系统供冷;空调冷负荷不大,且用户分散或使用时间和要求不同时,宜采用整体式空调机组。

产生有害物质的房间,应设单独的系统;室内温、湿度允许波动范围小的,空气洁净度要求高的房间,宜设单独的系统;对不允许采用循环风的空调系统,应尽量减少通风量,经技术经济比较合理时,可采用能量回收装置,回收排风中的能量。

根据具体情况填写采暖通风与空调、局部通风设计条件如表 7-8 所示。

表 7-8　采暖通风与空调、局部通风设计条件工程代号

工程名称					工程代号						审核		设计阶段	
项目(或工段)名称								采暖通风与空调、局部通风设计条件			校核		提交日期	
											编制		编号	
采暖通风与空调								局部通风						
序号	房间名称	防爆等级	生产类别	室温/℃		温度		有害气体或灰尘		事故排风设备位号	其他要求		备注	序号	设备位号及名称	有害物及粉尘		密闭设备		敞开设备		要求通风方式		特殊要求(风量、风压、温度、湿度等)	备注
				冬季	夏季	冬季	夏季	名称	数量/(mg/m³)		正、负压/Pa	洁净级别					名称	数量/(mg/m³)	操作面积/m²	排气温度/℃	有害物源	温度/℃	通风或排风	间断或连续		

7.1.4.4　项目的能量消耗

1. 风机的单位风量耗功率(W_S)

风机的单位风量耗功率(W_S)应按式(7-6)计算:

$$W_S = P/(3600\eta_t) \tag{7-6}$$

式中:W_S——单位风量耗功率,W/(m³/h);

　　　P——风机全风压值,Pa;

η_t——包含风机、电机及传动效率在内的总效率,%。

2. 空气调节冷热水系统的输送能效比(ER)

空气调节冷热水系统的输送能效比(ER)应按式(7-7)计算:

$$ER = 0.00468H / (\Delta T \cdot \eta) \tag{7-7}$$

式中: H——水泵设计扬程,m;

ΔT——供水、回水温差,℃;

η——水泵在设计工作点的效率,%。

7.1.5　土建设计

土建设计包括全厂所有的建筑物、构筑物(框架、平台、设备基础、爬梯等)设计。在化工厂的土建设计中,结构功能比式样重要得多,建筑形式与需要的结构功能相比应是次要的。结构功能要适用于工艺要求,如设备安装要求、扩建要求和安全要求等。建筑物结构应按承载能力极限状态和正常使用极限状态进行设计。应根据工作条件分别满足防振抗震、防火、防爆、防腐等要求。建筑物结构布置、选型和构造处理等应考虑工艺生产和安装、检修的要求。结构方案应具有受力明确、传力简捷及较好的整体性。结构设计宜按统一模数进行设计,在同一工程中选用构件力求统一,减少类型。对行之有效的新技术、新结构、新材料,应积极推广采用,并合理利用地方材料和工业废料。目前,构件预制化、施工机械化和工业建筑模数制已为设计标准化提供必要的条件。

7.1.5.1　土建设计的确定因素

建筑物选型应根据下列条件综合分析确定。

(1) 生产特点,如易燃、易爆、腐蚀、毒害、振动、高温、低温、粉尘、潮湿、管线穿墙多等。

(2) 工程地质条件、气象条件、抗震设防烈度。

(3) 房屋的跨度、高度、柱距、有无吊车及吊车吨位。

(4) 确定各生产厂房楼面、办公室、走道、平台、皮带栈桥、栏杆的荷载标准值,荷载的分类及楼面、屋面荷载均应符合现行国家标准《建筑结构荷载规范》(GB 50009—2012)的规定。地震作用应符合现行国家标准《建筑抗震设计规范(2016 年版)》(GB 50011—2010)的规定。设置于楼面上的动力设备(如离心机、破碎机、振动筛、挤压机、反应器、蒸发器、纺丝机、大型通风机等)宜采取隔振措施。各类动力设备的动力荷载参数可由制造厂提供。

(5) 施工技术条件、材料供应情况。

(6) 技术经济指标。

7.1.5.2　土建设计的设计要求

1. 主要生产厂房

主要生产厂房(如生产装置的压缩机、过滤机、成型机等厂房,全厂系统的动力站、锅炉房、空压站、空分站等,包装及成品仓库)和《石油化工建(构)筑物抗震设防分类标准》(GB 50453—2008)中的乙类建筑及腐蚀性严重的厂房宜优先采用钢筋混凝土结构。

2. 高大的和有特殊要求的建筑物

对高大的和有特殊要求的建筑物,当采用钢筋混凝土结构不合理或不经济时,可采用钢结构。

3. 有高温的厂房

有高温的厂房可采用钢结构或钢筋混凝土结构。当采用钢结构时,如果构件表面长期受辐射热达 100℃ 以上或在短时间内可能受到火焰作用时,则必须采取有效的隔热、降温措施。

4. 钢筋混凝土结构

当采用钢筋混凝土结构时,如果构件表面温度超过 60℃,必须考虑其受热影响,采取隔热措施。

5. 砖混结构

对无防爆要求,跨度不大于 12m、柱距不大于 4m、柱高不大于 7m 的封闭式单层厂房,可采用砖混结构。

多层建筑物符合下列条件之一时宜选用砖混结构:

(1) 除顶层以外,各层主梁跨度不大于 6.6m,开间不大于 4.0m,楼面荷载不大于 $4kN/m^2$,承重横墙较密的五层和五层以下或承重横墙较疏的四层以下的试验楼、办公楼、生产辅助建筑等。

(2) 除顶层以外,各层主梁跨度不大于 9.0m,开间不大于 4.0m,楼面荷载不大于 $4kN/m^2$,承重横墙较密的四层和四层以下的试验楼、办公楼、生活辅助建筑等。

(3) 除顶层以外,各层主梁跨度不大于 7.5m,楼面荷载不大于 $10kN/m^2$,楼层总高度不大于 15m 四层和四层以下的厂房和试验楼。

(4) 侵蚀性不严重的非主要厂房。

建筑物承重结构的选型,应符合现行《建筑抗震设计规范(2016 年版)》(GB 50011—2010)中的有关规定。

7.1.5.3 向土建设计提供的条件

在车间设计过程中,化工工艺专业人员向土建专业设计人员提供设计所必需的条件,一般分两次集中提出。第一次在管道及仪表流程图和设备布置图基本完成和各专业布局布置方案基本落实后提出。第二次是在土建专业设计人员提供建筑及结构设计基本完成,化工工艺专业人员据此绘出管道布置图后提交。

1. 一次条件

一次条件中必须向土建专业设计人员介绍工艺生产过程、物料特性、物料运入、输出和管路关系情况,防火、防爆、防腐、防毒等要求,设备布置,厂房与工艺的关系和要求,厂房内设备吊装要求等。具体书面条件包括以下几项。

1) 提供工艺流程图及简述

应提供工艺流程图,并对工艺流程进行简要说明与描述。

2) 提供设备布置平面、剖面布置图

应在图中加入对土建有要求的各项说明及附图,主要包括以下内容:

(1) 车间或工段的区域划分,防火、防爆、防腐和卫生等级;

(2) 门和楼梯的位置,安装孔、防爆孔的位置、尺寸;

（3）操作台的位置、尺寸及其上面的设备位号、位置；

（4）吊装梁、吊车梁、吊钩的位置，梁底标高及起重能力；

（5）各层楼板上各个区域的安装荷重、堆料位置及荷重，主要设备的安装方式及安装路线（楼板安装荷重：一般生活室为 $250kg/cm^2$，生产厂房为 $400kg/cm^2$、$600kg\ cm^2$、$800kg/\ cm^2$ 或 $1000kg/cm^2$）；

（6）设备位号、位置及其他建筑物的关系尺寸和设备的支承方式；

（7）有毒、有腐蚀性等物料的放空管路与建筑物的关系尺寸、标高等；

（8）楼板上所有设备基础的位置、尺寸和支承点；

（9）悬挂或放在楼板上超过 1t 的管道及阀门的重量及位置；

（10）悬挂在楼板上或穿过楼板的设备和楼板的开孔尺寸，楼板上孔径大于或等于 500mm 的穿孔位置及尺寸，对影响建筑物结构的强振动设备应提出必要的设计条件。

3）人员表

列出车间中各类人员的设计定员、各班人数、工作特点、生活福利要求、男女比例等，以此配置相应的生活行政设施。

4）设备重量表

列出设备位号、规格、总量和分项重量（自重、物料重、保温层重、充水重）。

2. 二次条件

二次条件包括预埋件、开孔条件、设备基础、地脚螺栓条件图、全部管架基础和管沟等。

（1）提出所有设备（包括室外设备）的基础位置尺寸，基础螺栓孔位置和大小、预埋螺栓和预埋钢板的规格、位置及伸出地面长度等要求；

（2）在梁、柱和墙上的管架支承方式、荷重及所有预埋件的规格和位置；

（3）所有的管沟位置、尺寸、深度、坡度、预埋支架及对沟盖材料、下水等要求；

（4）管架、管沟及基础条件；

（5）各层楼板及地坪上的上下水的位置及尺寸；

（6）在楼板上管径小于 500mm 的穿孔位置及尺寸；

（7）在墙上管径大于 200mm 和长方孔大于 200mm×100mm 的穿管预留孔位置及尺寸。

7.1.6　自动控制

7.1.6.1　自动控制设计的内容

我国新建的化工厂，采用计算机集中自动控制已比较普遍，可以方便实现对工艺变量的指示、记录和调节。设计中首先要确定达到何种自动控制水平，这要根据工厂规模、重要性、投资情况等各方面因素决定，以便制定具体的控制方案。化工厂的自动控制设计大致包括以下方面。

1. 自动检测系统设计

设计自动检测系统以实现对生产各参数（温度、压力、流量、液位等）的自动、连续测量，并将结果自动地指示或记录下来。

2. 自动信号联锁保护系统设计

对化工生产过程的某些关键参数设计信号自动联锁装置，即在事故即将发生前，信号系统就能自动发出声、光信号(例如合成氨厂的半水煤气气柜压力低于某值就发生声、光报警),当工况已接近危险状态时联锁系统立即采取紧急措施,打开安全阀或切断某些通路,必要时紧急停车以防事故的发生和扩大。

3. 自动操纵系统设计

自动操纵系统是根据预先规定的步骤,自动地对生产设备进行某种周期性操作。例如合成氨厂的煤气发生炉的周期性操作就是由自动操纵系统来完成的。

4. 自动调节系统设计

化工生产中采用自动调节装置对某些重要参数进行自动调节,当偏离正常操作状态时,能自动地恢复到规定的数值范围内。

对化工生产来说,常常同时包括上述各个方面,即对某一设备,往往既有测量,也有警报信号,还有自动调节装置。

7.1.6.2　自动控制设计条件

化工厂连续化、自动化水平较高,生产中采用自动控制技术较多。因此,设计现代化的化工厂,工艺设计更需与自控专业密切配合。为使自控专业人员了解工艺设计的意图,以便开展工作,化工工艺设计人员应向仪表及自控专业人员提供如下设计条件。

(1) 提出拟建项目的自控水平。

(2) 提出各工段或操作岗位的控制点及温度、压力、数量等控制指标,控制方式(就地或集中控制)以及自控调节系统的种类(指示、记录、累积、报警),控制点数量与控制范围,作为自控专业选择仪表及确定控制室面积的依据。自控设计条件如表 7-9 所示。

表 7-9　自控设计条件

序号	仪表名称	物料名称及组成	物料或混合物密度/(kg/m³)	自动分析			温度/℃
				黏度	密度	pH 值	

序号	压力/MPa	流量/(m³/h)或液面/m			指示、遥控记录,调节或累计	控制情况			管道及设备规格	备注
		最大	正常	最小		就地集中	控制室	就地		

(3) 提出调节阀计算数据表,包括受控介质的名称、化学成分、流量控制范围、有关物理性质和化学性质及所连接的管材、管径等。

(4) 提供设备布置图及需自控仪表控制的具体位置和现场控制箱位置的设置。

(5) 提供管道及仪表流程图,并做必要的解释和说明,最后由自控专业人员根据工艺要求补充完善控制点,共同完成管道及仪表流程图。

(6) 提出开、停车时对自控仪表的特殊要求。

(7) 提供车间公用工程总耗量的计量条件,以便自控专业在进入车间的蒸汽,水、压缩空气、氮气等主管线上考虑设置一定数量的指示和累积控制仪表,便于车间投产后进行独立的经济核算。

(8) 提供环境特性表。

7.2 安全与环境保护

7.2.1 燃烧爆炸及防火防爆

7.2.1.1 化工生产中安全防火设计的重要性

任何生产活动中如果设计、施工建设、生产组织管理、生产操作忽视了安全防火都必然造成火灾或由爆炸引发的安全事故,目前这方面的案例和教训是很多的。明确规定任何一种违背安全原则的设计方案都不能采用,无论其技术是多么先进、经济效益是多么诱人。火灾与爆炸所造成的损失不仅是事故工厂本身财产的损失和人员的伤亡损失,而且会带来原料供应工厂和产品加工企业的损失。我国一贯执行"生产必须安全、安全为了生产"的方针,设计人员应该清楚地认识各种可能引发火灾与爆炸危险的原因及其后果。在设计的全过程中必须严格遵守各级政府与主管部门制订的法规、标准及规范,并在各个方面积极采取预防和减少损失的措施。

7.2.1.2 燃烧与爆炸的起因及其危险程度

1)燃烧

物质的燃烧必须具备三个条件,即物质本身具有可燃烧性、环境中气体含有助燃物(如氧气等)、明火(或火花)。而物质的可燃性,即燃烧危险性取决于其闪点、自燃点、爆炸(燃烧)极限及燃烧热四个因素。

闪点是液体是否容易着火的标志,它是物质在明火中能点燃的最低温度,液体的闪点如果等于或低于环境温度的则称为易燃液体。

自燃点是指物质在没有外界引燃的条件下,在空气中能自燃的温度,它表示该物质在空气中能加热的极限温度。

燃烧热是可燃物质在氧气(或空气)中完全燃烧时所释放的全部热量。

在火灾危险环境中能引起火灾危险的可燃物质有下列四种:

(1)可燃液体,如柴油、润滑油、变压器油等;

(2)可燃粉尘,如铝粉、焦炭粉、煤矿粉、面粉、合成树脂粉等;

(3)固体状可燃物质,如煤、焦炭、木等;

(4)可燃纤维,如棉花纤维、麻纤维、丝纤维、毛纤维、木质纤维、合成纤维等。

2)爆炸

爆炸是指由于巨大能量在瞬间突然释放造成的一种冲击波。一般爆炸是和燃烧紧密相连的,当燃烧非常剧烈时燃烧物释放出大量能量,使周围体积剧烈膨胀而引起爆炸;而由于其他原因引起爆炸时,因为逸出的可燃性气体遇到火种就会燃烧。因此要减少爆炸和燃烧危险就应消除引起爆炸燃烧的直接原因与间接原因。比如明火、静电导致的火花、转动电气设备可能造成的火花、设备管道的操作压力超过允许值等都是引起爆炸燃烧的直接原因;而由于反应器加热器的温度上升失去控制使设备遭到破坏,或者由于放热反应速度急剧增加导致爆炸则是其间接原因。爆炸极限是指在常温常压的条件下,该物质在空气中能燃烧的最低至最高浓度范围,即在该浓度范围内,火焰能在空气混合物中传播。

表 7-10～表 7-13 列出了部分液体的闪点、部分物质的自燃点和一些气体和粉尘的爆炸极限。

表 7-10　物质的闪点

物 质 名 称	闪点/℃	物 质 名 称	闪点/℃	物 质 名 称	闪点/℃
甲醇	7	苯	−14	乙酸戊酯	25
乙醇	11	甲苯	1	二硫化碳	−45
乙二醇	112	氯苯	25	甘油	176.5
丁醇	35	石油	−21	二氯乙烯	8
戊醇	46	乙酸	40	二乙胺	26
乙醚	−45	乙酸乙酯	1		
丙酮	−20	乙酸丁酯	13		

表 7-11　液体与气体的自燃点

物 质 名 称	自燃点/℃	物 质 名 称	自燃点/℃	物 质 名 称	自燃点/℃
甲烷	650	硝基苯	482	丁醇	337
乙烷	540	蒽	470	乙二醇	378
丙烷	530	石油醚	246	醋酸	500
丁烷	429	松节油	250	醋酐	185
乙炔	406	乙醚	180	乙酸乙酯	451
苯	625	丙酮	612	乙酸戊酯	563
甲苯	600	甘油	343	氨	651
乙苯	553	甲醇	430	一氧化碳	644
二甲苯	590	乙醇(96%)	421	二硫化碳	112
苯胺	620	丙醇	377	硫化氢	264

表 7-12　液体与气体的爆炸极限(20℃ 及 101.325kPa)

物质名称	爆炸极限(体积分数)/%		物质名称	爆炸极限(体积分数)/%	
	下限	上限		下限	上限
甲烷	5.00	15.00	丙酮	2.55	12.80
乙烷	3.22	12.45	氰酸	5.60	40.00
丙烷	2.37	9.50	乙酸	4.05	—
乙烯	2.75	28.60	乙酸甲酯	3.15	15.60
丙烯	2.00	11.10	乙酸乙酯	2.18	11.40
乙炔	2.50	80.00	乙酸戊酯	1.10	—
苯	1.41	6.75	氢	4.00	74.20
甲苯	1.27	7.75	一氧化碳	12.5	74.20
二甲苯	1.00	6.00	氨	15.5	27.00
甲醇	6.72	36.50	二硫化碳	1.25	50.00
乙醇	3.28	18.95	硫化氢	4.30	45.50
丙醇	2.55	13.50	乙醚	1.85	36.50
异丙醇	2.65	11.80	一氯甲烷	8.25	18.70
甲醛	3.97	57.00	溴甲烷	13.50	14.50
糠醛	5.10	—	苯胺	1.58	—

表 7-13 粉尘的爆炸下限

物 质 名 称	爆炸下限/(g/m³)	物 质 名 称	爆炸下限/(g/m³)
铝粉	58.0	甜菜淀粉	8.9
木粉	30.2	硫粉	2.3
松香粉	5.0	烟草粉尘	101.0
马铃薯淀粉	40.3	锌粉	800.0
小麦粉	35.3	硬橡皮粉	7.6

3）燃烧与爆炸的危险程度

燃烧和爆炸的危险性可划分第一次危险和第二次危险两种。第一次危险是指系统或设备内潜在的有发生火灾爆炸可能的危险,在正常状态下不会危及安全,但当误操作或外部偶然直接、间接原因会引起燃烧和爆炸。第二次危险是指由第一次危险引起的后果,直接危害人身、设备以及建(构)筑物的危险。例如由第一次危险引起的火灾、爆炸、毒物泄漏以及由此造成人员的跌倒、坠落和碰撞等。美国陶氏化学工业公司曾经提出一个计算燃烧及爆炸危险程度的指数,以下简称F.E.指数,用以研究一个生产过程的潜在危险程度,这个指数由物性和生产过程的性质计算得到。根据F.E.指数可以估计生产的危险性。在化工设计中,评价工艺流程方案时,可以指出哪一个方案的危险程度较小,在设备布置图和管道及仪表流程图完成后,用以指导决定安全措施。

F.E.指数等于物料因子(又称物质系数)乘以物料危险性因子,再乘以过程共性危险因子和过程特性危险因子。影响F.E.指数的基本因数是主要工艺物料的燃烧热,也就是物料因子占重要位置。表 7-14 列出了燃烧与爆炸指数计算因子建议值。

表 7-14 燃烧与爆炸指数计算因子建议值

（1）物料因子(可由有关手册中查取)		（4）过程的特性危险因子	因子(建议值)
（2）物料危险因子	因子(建议值)	a. 低压(0.1MPa 以下)	0～100%
		b. 在爆炸极限范围内或附近操作	0～150%
a. 氧化剂	0～20%	c. 低温,对碳钢—30～10℃	15%
		＜—30℃	25%
b. 与水反应产生可燃性气体	0～30%	d. 高温(只能用其中之一)	
		高于闪点	10%～20%
c. 自发加热	30%	高于沸点	25%
d. 自发加速聚合	52%～75%	高于自燃点	35%
e. 有分解爆炸危险性	125%	e. 高压	30%
f. 爆炸性物质	150%	对于 1.5～20MPa	
		＞20MPa	60%
g. 其他	0～150%	f. 难以控制的反应过程	50%～100%
（3）过程的共性危险因子	因子(建议值)	g. 粉尘或雾状危险物	30%～60%
a. 仅有可燃性液体的物理变化过程	0～50%	h. 大于平均爆炸危险性	60%～100%
		i. 大量(贮存或生产)可燃性液体(只能用其中之一)	
b. 连续反应	25%～50%	10～25m³	40%～55%
		25～75m³	55%～75%
c. 间歇反应	25%～60%	75～200m³	57%～100%
		＞200m³	100%以上
d. 多种反应	0～50%	j. 其他	0～20%

7.2.1.3　安全防火防爆设计

化工设计中,须严格按照《石油化工企业设计防火标准》(2018 年版)(GB 50160—2008)和《建筑设计防火规范》(2018 年版)(GB 50016—2014)及《石油化工静电接地设计规范》(SH/T 3097—2017)的规定进行设计。

1. 火灾和爆炸危险区域划分

火灾危险环境应根据火灾事故发生的可能性和产生的后果,以及危险程度和物质状态的不同,按下列规定进行分区。具有闪点高于环境温度的可燃液体,在数量和配置上能引起火灾的环境定为 21 区;具有悬浮状、堆积状的可燃粉尘或可燃纤维,虽不可能形成爆炸混合物,但在数量和配置上能引起火灾危险的环境定为 22 区;具有固定状可燃物质,在数量和配置上能引起火灾危险的环境定为 23 区。

爆炸危险区域的划分是根据爆炸性气体混合物出现的频繁程度与持续时间进行分区的。对于连续出现或长时间出现爆炸性气体混合物的环境定为 0 区;对于在正常运行时可能出现爆炸性气体混合物的环境定为 1 区,对于在正常运行时不可能出现爆炸性气体混合物的环境,或即使出现也仅是短时存在的情况定为 2 区。爆炸性粉尘环境应根据爆炸性粉尘混合物出现的频繁程度和持续时间进行分区:连续出现或长期出现爆炸性粉尘环境定为 10 区;有时会将积留下的粉尘扬起而偶然出现爆炸性粉尘混合物的环境定为 11 区。

2. 工艺设计中的防火防爆

在工艺设计中,考虑安全防火的因素较多,诸如在选择工艺操作条件时,对物料配比要避免可燃气体或蒸汽同空气的混合物处于爆炸极限范围内;需要使用溶剂时,在工艺生产允许的前提下,设计上尽量选用火灾危险性小的溶剂;使用的热源尽量不用明火(可采用蒸汽或熔盐加热);在易燃易爆车间设置氮气贮罐,用氮气作为事故发生时的安全用气;在工艺的设备管道布置和车间厂房布置设计中,严格遵守安全距离要求等。工艺人员应按表 7-15 的格式给安全防火设计人员提供原料、中间体、成品的火灾危险性特征、用量和贮存量等数据资料。

表 7-15　安全防火设计数据资料

项目 品名	闪点 /℃	燃点 /℃	爆炸极限 (体积分数)/%		相对密度		用量 /(t/d)	储量 /t	沸点 /℃	溶解性	备注
			下限	上限	液体与水比	蒸汽与空气比					

3. 供电中的防火

1) 火灾危险环境电力设计的条件确定

对于生产、加工、处理、转运和贮存过程中出现或可能出现下列火灾危险物质之一时,应进行火灾危险环境的电力设计。

(1) 闪点高于环境温度的可燃液体;在物料操作温度高于可燃液体闪点的情况下,有可能泄漏但不能形成爆炸性气体混合物的可燃液体。

(2) 不可能形成爆炸性粉尘混合物的悬浮状、堆积状可燃粉尘或可燃纤维以及其他固体状可燃物质。

2）火灾危险环境对电气装置的要求

在火灾危险环境中的电气设备和线路，应符合周围环境化学的、机械的、热的、霉菌及风沙等环境条件对电气设备的要求。

在火灾危险环境中，可采用非铠装电缆或钢管配线明敷设。在火灾危险环境 21 区或 23 区内，可采用硬塑料管配线。在火灾危险环境 23 区内，当远离可燃物质时，可采用绝缘导线在针式或鼓形次绝缘子上敷设。沿着没抹灰的木质吊顶和木质墙壁敷设的以及木质闷顶内的电气线路应穿钢管明设。在火灾危险环境内，电力、照明线路的绝缘导线和电缆的额定电压，不应低于线路的额定电压，且不低于 500V。在火灾危险环境内，当采用铝芯绝缘导线和电缆时，应有可靠的连接和封端。在火灾危险环境 21 区或 22 区内，电动起重机不应采用滑触线供电；在火灾危险环境 23 区内，电动起重机可采用滑触线供电，但在滑触线下方不应堆置可燃物质。移动式和携带式电气设备的线路，应采用移动电缆或橡套软线。10kV及以下架空线路严禁跨越火灾危险区域。在火灾危险环境内的电气设备的金属外壳应可靠接地，接地干线应不少于两处与接地体连接。

在火灾危险环境内，当需采用裸铝、裸铜母线时，应符合下列要求：

（1）不需拆卸检修的母线连接处，应采用熔焊或钎焊；

（2）母线与电气设备的螺栓连接应可靠，并应防止自动松脱；

（3）在火灾危险环境 21 区和 23 区内，母线宜装设保护罩，当采用金属网保护罩时，应采用 IP2X 结构；在火灾危险环境 22 区内母线应有 IP5X 结构的外罩；

（4）当露天安装时，应有防雨雪措施。

正常运行时有火花和外壳表面温度较高的电气设备，应远离可燃物质；在火灾危险环境内，不宜使用电热器，当生产要求必须使用电热器时，应将其安装在非燃材料的底板上；具体的电气设备防护结构的选型见表 7-16。

表 7-16 不同火灾危险区域电气设备防护结构的选型

电 气 设 备		防护结构型式		
		火灾危险环境 21 区	火灾危险环境 22 区	火灾危险环境 23 区
电机	固定安装	IP44	IP54	IP21
	移动式、携带式	IP54		IP54
电器和仪表	固定安装	充油型、IP54、IP44	IP54	IP44
	移动式、携带式	IP54		IP44
照明灯具	固定安装	IP2X	IP5X	IP2X
	移动式、携带式			
配电装置		IP5X		
接线盒				

注：1. 在火灾危险环境 21 区内固定安装的正常运行时有滑环等火花部件的电机，不宜采用 IP44 型结构。

2. 在火灾危险环境 23 区内固定安装的正常运行有滑环等火花部件的电机，不应采用 IP21 型结构，而应采用 IP44 型结构。

3. 在火灾危险环境 21 区内固定安装的正常运行时有火花部件的电器和仪表，不宜采用 IP44 型结构。

4. 移动式和携带式照明灯具的玻璃罩，应有金属网保护。

5. 表中防护等级的标志应符合现行国家标准《外壳防护等级》（GB/T 4208—2017）规定。

从化工生产用电电压等级而言,一般最高为 6000V,中小型电机通常为 380V,而输电网中都是高压电(有 10～330kV 范围内 7 个高压等级),所以从输电网引入电源必须经变压后方能使用。由工厂变电所供电时,小型或用电量小的车间,可直接引入低压线;用电量较大的车间,为减少输电损耗和节约电线,通常用较高的电压将电流送到车间变电室,经降压后再使用。一般车间高压电为 6000V 或 3000V,低压电为 380V。当高压为 6000V 时,对于 150kW 以上电机选用 6000V;对于 150kW 以下电机选用 380V。高压为 3000V 时,100kW 及以上电机选用 3000V,100kW 及以下电机选用 380V。电压为 10kV 及以下的变电所、配电所,不宜设在有火灾区域的正上面或正下面。若与火灾危险区域的建筑物毗连时,应符合下列要求:电压为 1～10kV 配电所可通过走廊或套间与火灾危险环境的建筑物相通,通向走廊或套间的门应为难燃烧体的;变电所与火灾危险环境建筑物共用的隔墙应是密实的非燃烧体,管道和沟道穿过墙和楼板处,应采用非燃烧性材料严密堵塞;变压器室的门窗应通向非火灾危险环境。

在易沉积可燃粉尘或可燃纤维的露天环境,设置变压器或配电装置时应采用密闭型的。露天安装的变压器或配电装置的外廓距火灾危险环境建筑物的外墙在 10m 以内时,应符合下列要求:火灾危险环境靠变压器或配电装置一侧的墙应为非燃烧体;在变压器或配电装置高度加 3m 的水平线上,其宽度为变压器或配电装置外廓两侧各加 3m 的墙上,可安装非燃烧体的装有铁丝玻璃的固定窗。

4. 供电中的防爆

按照《爆炸危险环境电力装置设计规范》(GB 50058—2014),对区域爆炸危险等级确定以后,根据不同情况选择相应防爆电器。属于 0 区和 1 区场所都应选用防爆电器,线路应按防爆要求敷设。电气设备的防爆标志是由类型、级别和组别构成。类型是指防爆电器的防爆结构,共分 6 类:防爆安全型(标志 A)、隔爆型(标志 B)、防爆充油型(标志 C)、防爆通风(或充气)型(标志 F)、防爆安全火花型(标志 H)、防爆特殊型(标志 T)。

级别和组别是指爆炸及火灾危险物质的分类,按传爆能力分为 4 级,以 1、2、3、4 表示;按自然温度分为 5 组,以 a、b、c、d、e 表示。类别、级别和组别按主体和部件顺序标出。比如主体隔爆型 3 级 b 组,部件Ⅱ级,则标志为"B3Ⅱb"。关于防爆电器的选型,可参照表 7-17。

表 7-17　防爆电器选型

区　　域		0 区、1 区(Q-1 级)	2 区(Q-2 级)	2 区(Q-3 级)
电机类型		隔爆、防爆通风（或充气）型	任何一种防爆型	防尘型、封闭式
电器和仪表	固定安装	隔爆、防爆充油、防爆通风(或充气)、防爆安全火花型	任何一种防爆型	防尘型
	移动式	隔爆、防爆充气、防爆安全火花型	隔爆、防爆充气、防爆安全火花型	除防爆充油型外任何一种防爆或密封型
	携带式	隔爆、防爆安全火花型	隔爆、防爆安全火花型	隔爆乃至密封型
照明灯具	固定安装及移动式	隔爆、防爆充气型	防爆安全火花型	防尘型
	携带式	隔爆型	隔爆型	隔爆、防爆安全火花型乃至密封型

续表

区　　域	0 区、1 区（Q-1 级）	2 区（Q-2 级）	2 区（Q-3 级）
变压器	隔爆、防爆通风型	防爆安全火花型、防爆充油型	防尘型
通信电器	隔爆、防爆充油、防爆通风、安全火花型	防爆安全火花型	密封型
配电装置	隔爆、防爆通风充气型	任何一种防爆型	密封型

工程上常用的防爆电机有 AJO_2 和 BJO_2 防爆隔爆电机，它们在中小功率范围内应用较广，是 JO_2 电机的派生系列，其功率及安装尺寸与 JO_2 基本系列完全相同，可以互换。AJO_2 系列为防爆安全型，适用于在正常情况下没有爆炸性混合物的场所（2 区或 Q-2 级）。BJO_2 系列为隔爆型，适用于正常情况下能周期形成或短期形成爆炸性混合物场所（0 区、1 区或 Q-1 级）。

在设计中如遇下列情况则危险区域等级要作相应变动，离开危险介质设备在 7.5m 之内的立体空间，对于通风良好的敞开式、半敞开式厂房或露天装置区可降低一级；封闭式厂房中爆炸和火灾危险场所范围由以上条件按建筑空间分隔划分，与其相邻的隔一道有门墙的场所，可降低一级；如果通过走廊或套间隔开两道有门的墙，则可作为无爆炸及火灾危险区。而对坑、地沟因通风不良及易积聚可燃介质区要比所在场所提高一级。

5. 建筑的防火防爆

化工生产有易燃、易爆、腐蚀性等特点，因此对化工建筑有某些特殊要求，可参照《建筑设计防火规范（2018 年版）》（GB 50016—2014）。生产中火灾危险分成甲、乙、丙、丁、戊五类。其中甲、乙两类是有燃烧与爆炸危险的，甲类是生产和使用闪点低于 28℃ 的易燃液体或爆炸下限小于 10% 的可燃性气体的生产；乙类是生产和使用闪点大于或等于 28℃ 或低于 60℃ 的易燃、可燃液体或爆炸下限大于或等于 10% 的可燃气体的生产。一般石油化工厂都属于甲、乙类生产，建筑设计应考虑相应的耐燃与防爆的措施。

建筑物的耐火等级分为一、二、三、四等 4 个等级。耐火等级是根据建筑物的重要性和在使用中火灾危险性确定的。各个建筑构件的耐火极限按其在建筑中的重要性有不同的要求，具体划分以楼板为基准，如钢筋混凝土楼板的耐火极限为 1.5h，称此 1.5h 为该类楼板的一级耐火极限，依次定义，二级为 1.0h，三级为 0.5h，四级为 0.25h。然后再配备楼板以外的构件，并按构件在安全上的重要性分级规定耐火极限，梁比楼板重要，定为 2.0h，柱比梁还重要，定为 2～3h，防火墙则需 4h。

甲、乙类生产采用一、二级的耐火建筑，它们由钢筋混凝土楼盖、屋盖和砌体墙等组成。为了减小火灾时的损失，厂房的层数、防火墙内的占地面积都有限制，依厂房的耐火等级和生产的火灾危险类别而不同。

为了减小爆炸事故对建筑物的破坏作用，建筑设计中的基本措施就是采用泄压和抗爆结构。

7.2.2　防雷设计

按《建筑物防雷设计规范》（GB 50057—2010），工业建筑的防雷等级根据其重要性、使用性质、发生雷电事故的可能性及后果分为三类，针对不同情况采取相应的防雷措施。

第一类防雷等级：凡制造、使用或贮存火炸药及其制品的危险建筑物，因电火花而引起爆炸、爆轰，会造成巨大破坏和人身伤亡者；具有 0 区或 20 区爆炸危险场所的建筑物；具有 1 区或 21 区爆炸危险场所的建筑物，因电火花而引起爆炸，会造成巨大破坏和人身伤亡者。

第二类防雷等级：制造、使用或贮存火炸药及其制品的危险建筑物，且电火花不易引起爆炸或不致造成巨大破坏和人身伤亡者；具有 1 区或 21 区爆炸危险场所的建筑物，且电火花不易引起爆炸或不致造成巨大破坏和人身伤亡者；具有 2 区或 22 区爆炸危险场所的建筑物；有爆炸危险的露天钢质封闭气罐；预计雷击次数大于 0.25 次/a 的住宅、办公楼等一般性民用建筑物或一般性工业建筑物；预计雷击次数大于 0.05 次/a 的其他重要或人员密集的公共建筑物以及火灾危险场所；大型城市的重要给水水泵房等特别重要的建筑物；其他国家级重要建筑物。

第三类防雷等级：预计雷击次数大于或等于 0.05 次/a 且小于或等于 0.25 次/a 的住宅、办公楼等一般性民用建筑物或一般性工业建筑物；预计雷击次数大于或等于 0.01 次/a 且小于或等于 0.05 次/a 的人员密集的公共建筑物以及火灾危险场所；在平均雷暴日大于 15d/a 的地区，高度在 15m 及以上的烟囱、水塔等孤立的高耸建筑物；在平均雷暴日小于或等于 15d/a 的地区，高度在 20m 及以上的烟囱、水塔等孤立的高耸建筑物；需加保护的木材加工场所和省级重要建筑物。

7.2.3　环境污染及其治理

众所周知，化学工业所涉及的原料、材料、中间产品及最终产品大多数是易燃、易爆、有毒、有臭味、有酸碱性的物质，在它们的贮存运输、使用及生产过程中如不采用得当的防护措施都会造成环境污染。化工设计必须依照《化工建设项目环境保护工程设计标准》(GB/T 50483—2019)和《石油化工污水处理设计规范》(GB 50747—2012)、《石油化工噪声控制设计规范》(SH/T 3146—2004)进行设计，使其排放物达到《污水综合排放标准》(GB 8978—1996)和《大气污染物综合排放标准》(GB 16297—1996)的规定要求。

一个化工生产装置从设计开始，就意味着有一个污染人们生存环境的实体即将诞生，那么在设计中同时考虑如何尽可能减少和控制生产过程所产生的污染物，并且设计对这些污染物加以工程治理的手段，使之减少或完全消除，是完全必要的。因此，在设计过程应该注意以下几个方面：

1. 自然环境和社会环境

厂址选择必须全面考虑建设地区的自然环境和社会环境，对其地理位置、地形地貌、地质、水文气象、城乡规划、工农业布局、资源分布、自然保护区及其发展规划等进行调查研究；并在收集建设地区的大气、水体、土壤等环境要素背景资料的基础上，结合拟建项目的性质、规模和排污特征，根据地区环境容量充分进行综合分析论证，优选对环境影响最小的厂址方案。

2. 源头治理

根据"以防为主，防治结合"的原则，污染应尽量消灭在源头。在设计时，就要考虑合理地选择转化率高、技术先进的工艺流程和设备，尽量做到少排或不排废物，把废渣污染物消灭在生产过程中是最理想的处理效果。

3. "三同时"制度

化工建设项目的设计必须按国家规定的设计程序进行,严格执行环境影响报告书(表)编审制度和建设项目需要配套建设的环境保护设施与主体工程同时设计、同时施工、同时投产使用的"三同时"制度。

4. "以新带老"的原则

对老厂进行新建、扩建、改建或技术改造的化工建设项目,应贯彻执行"以新带老"的原则,在严格控制新污染的同时,必须采取措施。治理与该项目有关的原有环境污染和生态破坏。

5. 经济效益、社会效益和环境效益

化工建设项目的方案设计必须符合经济效益、社会效益和环境效益相统一的原则。对项目进行经济评价、方案比较等可行性研究时,要对环境效益进行充分论证。

6. 清洁生产工艺

化工建设项目应当采用能耗物耗小、污染物产生量小的清洁生产工艺,在设计中做到:

(1)采用无毒无害、低毒低害的原料和能源;

(2)采用能够使资源最大限度地转化为产品,污染物排放量最少的新技术、新工艺;

(3)采用无污染或少污染、低噪声、节能降耗的新型设备;

(4)产品结构合理,发展对环境无污染、少污染的新产品;

(5)采用技术先进适用、效率高、经济合理的资源和能源回收利用及"三废"处理设施。

设计人员应按照项目建议书、可行性研究报告、结合工艺专业提出"三废"排放条件,根据环境影响报告书(表)及其批文编写环保设计的编制依据;按照国家(部门)环保设计标准规范,根据建设项目具体情况及厂址区域位置决定"三废"排放应达到的等级、决定经过治理后当地(厂边界或车间工作场所)应达到的环境质量等级;阐明本工程主要污染源及排放污染物详细情况,并根据这些条件采取相应的环保措施。

本章思考题

1. 简述非工艺专业与工艺专业在进行工艺设计时的关系。
2. 工艺设计人员应向哪些专业提供设计条件?
3. 公用工程包括哪些项目?
4. 在哪些情况下必须进行局部强制通风设计?
5. 可燃烧物质燃烧的条件是什么? 物质的可燃性,即燃烧危险性取决于哪些因素?
6. 爆炸的实质是什么? 什么是爆炸极限?
7. 以煤基甲醇合成为例,试从环境保护的角度阐述化工设计中应注意的方面。

答案

化工项目的技术经济分析

本章主要内容：
- 化工技术经济在化工设计中的地位。
- 化工项目的投资。
- 化工产品的成本。
- 销售收入、税金、利润。
- 资金的时间价值。
- 化工项目的财务评价。

8.1　化工技术经济在化工设计中的地位

　　一个成功的、有生命力的设计，不单是意味着工程方案能得以实现，工艺设备能顺利运行，还应有充分的市场条件和竞争力。在进行化工过程开发及过程设计之前，应详细了解与课题相关的整个经济系统，以正确地进行市场需求与价格预测，为方案的选择和经济评价奠定基础。所谓经济效益，是指经济活动中所取得的使用价值或经济成果与获取该使用价值或经济成果所消耗的劳动的比较，或说经济效益是经济活动中产出与投入的比较。其表达形式为

$$相对经济效益 = 使用价值 / 劳动消耗$$
$$绝对经济效益 = 使用价值 - 劳动消耗$$

经济效益的基本原则是：
（1）技术、经济和政策相结合；
（2）宏观经济效益与微观经济效益相结合；
（3）短期经济效益与长期经济效益相结合；
（4）定性分析与定量分析相结合。

8.1.1　化工技术经济的定义

　　化工技术经济是指结合化工生产过程技术上的特征（特点），研究由这些特征所决定的化工过程的经济规律，探讨提高某个化工过程或设备，乃至整个化工工业经济效益的有关问题。

　　如图8-1所示，化工技术经济贯穿一个化工项目从基建到其寿命期结束的全过程。

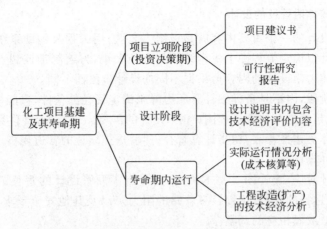

图 8-1　化工技术经济贯穿化工项目全过程

8.1.2　化工技术经济的产生与发展

化工技术经济问题将化工过程的技术问题、经济问题紧密联系在一起。世界最早的有关化工技术经济的专著是美国人 Chaplin Tyler 于 1926 年出版的 *Chemical Engineering Economics*。相对于 18 世纪中叶，欧洲大规模的玻璃、造纸、肥皂等近代化工工业而言，化工技术经济的理论就显得相对"年轻"。到了 20 世纪四五十年代，人们发现用化工技术经济的原理和观点来进行化工厂设计和工程方案的挑选，能获得巨大的经济效益。化工技术经济开始得到重视与迅猛的发展，并真正成为技术经济学的一个重要分支。由于化工技术经济问题的重要性，到目前为止，它仍然是一门十分活跃的研究领域。我国从 20 世纪 80 年代末期，才开始重视把化工技术经济的原理、观点运用于化工过程。

8.1.3　化工技术经济的研究对象

化工技术经济的研究对象包括宏观对象和微观对象。宏观对象是研究某个地区乃至整个国家化工行业的布局及其技术经济分析，微观对象研究某个化工厂、化工厂的某个车间、车间的某个工段或者仅仅是某个单元操作的技术经济分析。宏观对象相对复杂，牵涉到国家的有关政治问题、经济政策问题。作为一名化学工程师，一般侧重于用化工技术经济来研究微观对象。

8.1.4　化工过程的典型化工技术经济问题

1. 精馏塔设计时回流比的选定

技术层面上，只要回流比 R 大于最小回流比 $R_{\min}$，技术就可行。那么，R 分别为 $1.2R_{\min}$、$1.5R_{\min}$、$2.0R_{\min}$ 时有什么不同？实际上，有一个技术经济问题。R 增大，塔板数少，投资少，但能耗高，操作费用大。R 减小，塔板数多，投资大，但能耗低，操作费用小。现在，可以使用计算机模拟软件，以 $R > R_{\min}$ 为约束条件，以经济指标为最终目标，寻求到最优的回流比 R_{OPT}。

2. 输送化工流体时管径的设计

在化工工艺设计的一个重要内容就是根据工艺、公用工程及辅助系统的条件来进行管路的流体力学设计以确定流程图上每个管路的直径大小,为绘制带控制点的工艺流程图提供依据。管路流体力学设计的内容可根据不同的设计阶段而不同:

在初步设计阶段,因不具备详细计算压力降来确定管径的条件,只能根据估计的数值初步选择管径,以满足管道及仪表流程图(PID)设计的需要。无管长,管件数据也不全。此阶段,可按"常见流体流速推荐表"初步计算管径,然后选择靠近的管道规格。就完成了某个管道的初步管径选择设计。

在施工图设计阶段,配管图也基本确定,已经有了配管设计的管长、管件数量等数据。此时,要针对初步选择的管径,详细核算管路的阻力降以及其他安全要求,才能确定初步选择的管径是否合适或做相应的调整。

阻力降的计算可利用不可压缩流体的伯努力方程式(8-1),

$$\Delta p = (p_1 - p_2) = \rho g \Delta Z + \rho \frac{\Delta u^2}{2} + \rho \sum h_f - \rho W_e \qquad (8-1)$$

式中,W_e——通过流体输送机械所获得的外加能量,J/kg;

ΔZ——界面的高度差,m;

ρ——流体的密度,kg/m³;

u——流速,m/s;

p——系统压力,N/m²;

p_1——截面 1 处的压力,N/m²;

p_2——截面 2 处的压力,N/m²;

$\sum h_f$——总摩擦损失,J/kg。

摩擦阻力降 $\rho \sum h_f$ 包括直管阻力降和管件的局部阻力降。直管阻力降可根据管道相对粗糙度、Re、查(算)摩擦系数等得到。管件的局部阻力降一般采用当量长度法得到。

"常见流体流速推荐表""流体适宜流速表",它们是根据什么得来(确定)的?这里面实际也体现了一个技术经济问题。流速的技术问题包括易燃易爆流体流速限制、腐蚀性流体的流速限制和工艺上允许的管路压降限制。

如第 6 章图 6-1 所示的流速的经济问题,在某个流股的输送量、输送距离一定的情况下:如果流速下降,管径增大,那么投资增大,阻力压降小,泵功率会适当降低,操作与运行费用会适当降低。如果流速增大,管径减小,那么投资减少,阻力压降大,泵功率会适当增大,操作与运行费用也会适当增加。

从设计资料中和实际运行的化工工程项目中,结合化工技术问题,提取哪些经济分析用的数据,如何提取?提取出经济分析数据后,用什么方法和指标体系去评价一个化工项目?以上两个问题就是化工技术经济在研究微观对象时要解决的问题。

8.2　化工项目的投资

要想建成一个化工项目(工程),并把它运行起来,就得投入一定的资金。这些投入的资金,就是化工项目的投资。(按投资支出先后顺序)化工项目投资内容如图 8-2 所示。

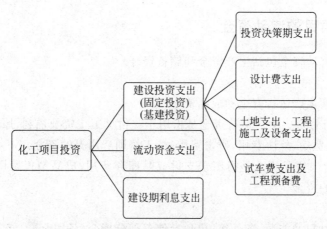

图 8-2　化工项目投资内容(按投资支出先后顺序)

按投资的资金使用方向,化工项目的投资内容如图 8-3 所示,包括建设投资、流动资金和建设期利息支出等。其中,建设投资由固定投资和基建投资组成,包括工程费用、设计费用、试车费用、预备费用和其他费用等。工程费用包括土建费、设备费、材料费和安装费。

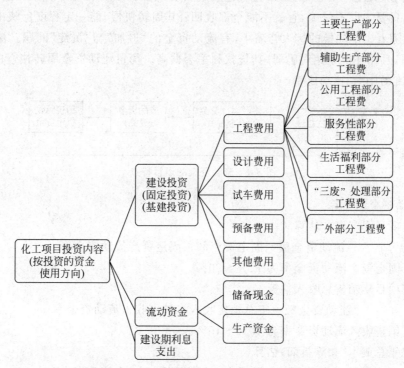

图 8-3　化工项目投资内容(按投资的资金使用方向)

化工项目的投资应大于固定资产。国家有关部门规定,固定资产必须同时满足以下两个条件:单项价值必须在 800 元人民币以上;使用寿命必须在一年以上。一般不能形成固定资产的投资内容有:因返工而报废的工程部分、临时建筑、人员培训。化工项目一般投产稳定后,才进行竣工验收,才进行资产核算。

8.2.1 化工项目的流动资金

化工项目的流动资金包括生产资金和储备资金。

1）生产资金

生产资金包括生产运行资金和成品资金。

（1）生产运行资金。生产运行资金是指用于支付员工工资及福利、原材料、能源（水等）等费用，日常管理费用，外协费用，研发费用，员工培训费用等的资金。

（2）成品资金。成品资金是指用于支付成品库存费用、成品销售费用、成品运输费用、广告宣传费用等的资金。

2）储备资金

用于储备原材料及能源、备件等，也包括储备部分现金（备用金）。储备资金对连续生产企业尤其重要。

流动资金的运行特点及估算如下。

1）流动资金的运行特点

流动资金（其生产资金部分）的整体运行特点是"循环"。如图 8-4 所示，"循环"特点具体体现在：只要工厂不停工，它就不能全部收回；其周转快慢，能一定程度反映出企业的经营状况；但随着生产规模的扩大与缩小，有流动资金的"追加"与"沉淀"问题。流动资金不能马上收回，且循环链条相对脆弱，其贷款利率会偏高。衡量流动资金周转快慢的指标：年周转次数、流动比率、速动比率。

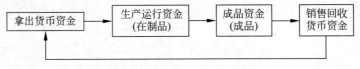

图 8-4　流动资金的运行特点

2）流动资金的估算

（1）按项目固定资产估算

$$流动资金额 = 固定资产额 \times 固定资产流动资金率$$

其中：固定资产流动资金率为 $12\% \sim 20\%$。

（2）按项目年销售总收入估算

$$流动资金额 = 年总销售收入 \times 销售收入流动资金率$$

其中：销售收入流动资金率为 $10\% \sim 15\%$。

（3）按年总成本（扣除折旧）估算

$$流动资金额 = 年总成本（扣除折旧） \times 成本流动资金率$$

其中：成本流动资金率为 $12.5\% \sim 25\%$。

（4）按流动资产和流动负债估算

$$流动资产 = 应收账款 + 存货 + 账面流动现金$$
$$流动负债 = 应付账款$$
$$流动资金额 = 流动资产 - 流动负债$$

8.2.2　化工项目总投资的估算方法

一个化工工程项目或一套化工装置的建成并运行,需要多少总投资,是经营者和投资者都十分关心的问题。初步估算是指在投资决策期(如项目建议书、可行性研究报告阶段)和初步设计阶段进行的估算。详细(较精确)估算在施工设计期可以完成。

投资决策期经常使用的总投资初步估算方法有单位生产能力投资估算法和化工品种(或设备)指数投资估算法。

1. 单位生产能力投资估算法

在拟建厂与现有厂的产品品种和工艺技术路线基本相同、生产能力差别不大的情况下,可以用现有工厂的已知投资来估算拟建厂的投资额。

设 Q_1 为拟建厂的投资额;Q_2 为现有厂的已知投资额;C_1 为拟建厂的生产能力;C_2 为现有厂的已知生产能力;则单位生产能力投资估算法的计算见式(8-2):

$$Q_1 = \left(\frac{Q_2}{C_2}\right)C_1 \tag{8-2}$$

式中:$\left(\frac{Q_2}{C_2}\right)$——单位生产能力的投资额。

注意:单位生产能力投资估算法的运用条件是:

(1) 生产品种、工艺路线基本相同或相似;

(2) 两者之间生产能力不能相差太大(一般在两倍以内);

(3) 厂址的选择会影响估算精度;

(4) 要注意修正投资年份的影响。

2. 化工品种(或设备)指数投资估算法

单位生产能力投资估算法,最大的优点是直观,最大的缺点是没有考虑规模效应对总投资的影响。即使生产品种、工艺路线完全相同,生产规模大的工厂与规模小的工厂相比,前者的单位生产能力投资费用要低。

人们很早就注意到了规模效应对投资额的影响。为了克服单位生产能力投资估算法的缺点,1947 年,美国人 Williams 就提出所谓的"指数估算法"[式(8-3)]:

$$Q_1 = \left(\frac{C_1}{C_2}\right)^n Q_2 \tag{8-3}$$

式中,n——某种类型工厂或某种化工产品或某种化工装置(设备)的规模指数。在有关化工领域的文献、投资年鉴中,可以查到许多化工品种、化工装置(设备)的规模指数值。当查不到规模指数值时,可以采用以下比较常用的规模指数值:

对某个产品或工厂类型:$n = 0.7$;

对某种装置或设备:$n = 0.6$。

因此,规模指数投资估算法又称为"0.6 次方法则"。规模指数 n 越小,表明其规模效应越明显。若 $n = 1$,表明没有规模效应,此时以上两种投资估算方法就相同了。

规模指数投资估算法也要注意以下两点:厂址的选择会影响估算精度;要注意修正投资年份的影响。

资金的筹措渠道主要有以下几种：

（1）企业各年盈利积累的自筹资金；

（2）银行贷款；

（3）财政拨款补贴；

（4）企业重组融资（包括风险投资）；

（5）企业无偿拆借；

（6）发行公共债券；

（7）上市募集资金。

8.3　化工产品的成本

投资针对某个工程项目，成本针对工程项目生产出的某个化工产品。某个化工产品的成本，反映的是这个产品在出厂时，其凝聚的价值支出。

8.3.1　化工产品成本的主要组成

1. 主要原材料费用

主要原材料费用指经过加工后，构成化工产品实体的各个物料费用。主要原材料的原子（原子基团）进入了产品分子式中。例如：

$$C_2H_5OH + CH_3COOH \xrightarrow[\triangle]{H_2SO_4} CH_3COOC_2H_5 + H_2O$$

其中：C_2H_5OH 和 CH_3COOH 就是主要原材料。

2. 辅助原材料费用

在化工生产过程中，不进入产品实体，但在生产中起重要作用的诸如催化剂、溶剂、助剂等原材料。辅助原材料的原子（原子基团）不进入产品分子式中。上述例子中的 H_2SO_4 就是辅助原材料。

3. 燃料及动力费用

为生产过程提供能量的燃料和消耗的水、电、汽（气）等费用。

4. 生产员工的工资及相应的附加费

直接从事生产操作的一线员工（不包括车间管理人员和厂级管理人员）的工资，以及与他们工资成一定比例的附加费（住房公积金、养老保险、医疗保险、失业保险以及其他劳保、福利）。

5. 固定资产折旧费及大修基金

化工企业的大修，指对化工厂全厂或某些车间进行大规模的修理或改造。化工企业选择在哪年、什么时间进行大修，以及确定大修之间的间隔周期都比较重要。针对大型的连续生产流程，化工企业的大修指对重要问题随时进行不停产大修，对小型连续化生产和间歇流程而言，化工企业的大修指对重要问题，集中时间进行全面停产大修。例如医药原料药生产企业一般选择一年之中的销售淡季或不利于生产的月份进行停产大修，其大修间隔周期一般为 2～4 年。

大修是需要资金的,例如虽然今年不大修,但也必须在今年的产品中分摊一部分基金,供后续年份需要大修时集中使用,这就是"大修基金"。每年的大修基金数额一般按与固定资产原值的适当比例来提取。

1) 化工企业的大修基金

化工企业大修的实质是投入固定投资而形成的固定资产,采取折旧的形式摊销到每吨(个)化工产品中,而达到逐步收回企业固定资产(绝大部分固定投资)的目的。

2) 化工企业的折旧

固定资产折旧包括加速折旧和直线折旧(匀速折旧)。加速折旧指年折旧率由高到低,例如第一年折旧率 30%,第二年 20%,第三年 10%……短短几年就折旧完毕。一般适用于技术、设备更新较快的行业,如 IT 业。头几年折旧率高、后几年折旧率低,这也是一些新颖的 IT 设备刚出现时价格偏高,而后价格可急剧降低的原因。加速折旧,是国家暂时损失部分税收,但能促进一些行业快速发展的政策性措施。

直线折旧(匀速折旧)指在项目寿命期内,每年采取相同的年折旧率对固定资产进行折旧,按下式计算:

$$直线折旧的年折旧率 = (1 - 固定资产残值率) / 折旧年限$$

$$直线折旧每年的折旧费 = 固定资产原值 \times 年折旧率$$

化工企业的固定资产残值率一般取 3%～8%;化工企业的折旧年限一般为 15 年。

6. 专利(或专有技术)费用

化工企业生产过程中因许可使用别人的专利技术(或专有技术)所应支付的费用。

关于专利(或专有技术)费用,分以下两种情况:

(1) 一次性买断专利(或专有技术)。将所支付的费用打入(计入)固定资产,采取固定资产折旧的形式反映到产品成本中去。

(2) 只买专利(或专有技术)的使用权,按产量交使用费。每年按实际产量或每年定量交技术使用费,然后按实际年产量分摊的方式,反映到产品成本中去。

7. 车间经费费用

车间内部的管理费及业务费用。主要包括车间管理人员(车间二线人员)的工资及相应附加费用包括车间办公费用、车间分析化验费、车间试验研发费用、日常小型修理费用等。车间成本反映的是某个化工产品到达车间成品库房时,企业的付出。车间成本的高低最能反映出化工企业的生产技术水平,它在技术层面上可用于各企业之间同类产品生产技术水平的对比。

8. 企业管理费用

企业厂级的管理费及业务费用。主要包括厂级管理人员的工资及相应附加费用、企业厂级办公费用、研发费用、职工教育费用、财务费用等。

$$车间成本 + 企业管理费用 = 工厂成本$$

9. 销售费用

销售费用指化工产品从进入企业成品库一直到销售出去,所发生的费用。一般包括营销费(包括销售人员工资及附加、销售提成等)、广告费、运输费(及运输保险费)、运输包装费、展览费等。

$$工厂成本＋销售费用＝销售成本$$

产品的最终成本,是产品定价的最低底线。

成本内容的划分方式还有很多细节值得考虑:

(1) 全企业员工工资及附加费合并计算;

(2) 全企业管理类费用合并计算;

(3) 副产品按其销售价格冲抵主产品成本。

8.3.2 几个重要的成本概念

1. 车间成本、工厂成本、销售成本

成本是为取得物质资源所需付出的经济价值。对化工企业而言,成本按生产过程中的顺序关系可分为车间成本和工厂成本;按生产经营范围,可分为生产成本和销售成本。

2. 年总成本、单位产品成本

年总成本包括年车间总成本、年工厂总成本和年销售总成本;单位产品成本包括单位产品车间成本、单位产品工厂成本和单位产品销售成本。年总成本与单位产品成本的关系为:

$$单位产品成本 ＝年总成本／年产量$$

3. 设计成本、实际成本

设计成本指按施工设计资料计算(加上一些估算)出的产品成本。实际成本指按正常投产运行后,实际核算出来的产品成本。

4. 可变成本、不变成本(固定成本)

可变成本指年总成本中,那些随产量的变化而按比例相应变化的成本内容。企业总物料消耗、总能耗,就属于可变成本的内容。

不变成本(固定成本)指年总成本中,那些不随产量的变化而按比例相应变化的成本内容。企业年折旧费及大修基金、车间管理费、企业管理费就基本属于不变成本(固定成本)的内容。

例如,一个企业固定资产1500万元,每年折旧率接近10%,年总折旧费为150万元。当这个企业年产量为500t产品时,每吨产品内包含的折旧费为0.3万元,这是不变成本内容。当这个企业年产量增加到1000t产品时,每吨产品内包含的折旧费为:0.15万元。这也是同一条生产线,开工100%和开工50%,它们出来的产品成本是不同的原因。对同一套流程装置,增加其产品产量,可以起到降低单位产品成本的目的。

8.4 销售收入、税金、利润

投资及成本是从不同侧面反映出来的企业"投入",反映企业"产出"的指标有产量、销售量、产值、销售收入、上交的税金、利润等具体指标。

8.4.1　产量、销售量、产值、销售收入

1. 产量

产量是以实物形式表现出的企业实际生产成果的数量。

2. 销售量

销售量是以实物形式表现的企业实际销售出的生产成果数量。一般而言,销售量小于或等于产量。在初步技术经济分析时,可以假设销售量＝产量。

3. 产值

产值是指产量与单位产品价格的乘积。单位产品价格指以某年为基准的不变价格或随行就市的市场价格。

$$产值＝产量×不变价格$$
$$产值＝产量×市场价格$$

4. 销售收入

销售收入指企业将产品销售出去后收回的货币。

$$销售收入＝销售量×单位产品市场价格$$

8.4.2　税前利润（毛利、利税）

$$利税（毛利、税前利润）＝企业年总销售收入－年总销售成本$$

$$税前利润（毛利）＝\sum_{i=1}^{N}（单位产品销售价格－单位产品销售成本）×某种产品年销售量$$

毛利是企业为整个社会创造出的新增价值。毛利只有扣除各种税金后,剩余的部分才是企业留下的利润。

$$利润＝毛利－各种税金的总和$$

8.4.3　与化工企业有关的税金

税金指国家按税法无偿征收企业的部分盈利,以筹集公共财政资金、并对社会经济活动进行调节的经济手段。与化工企业有关的税种有：增值税、所得税、资源税、关税、城市建设附加税、教育附加税等。

1. 增值税

增值税：对企业按照其货物销售额征收的税种,在开出增值税发票时征收。例如,对于化工原材料、中间产品和成品,增值税税率为16％；对于少数产品增值税税率为13％,增值税税金通过式(8-4)计算。

$$增值税税金＝货物价值×16\%＝\frac{增值税票面总值（价税合计）}{1.16}×16\% \qquad (8-4)$$

增值税是可以抵扣的。例如,甲公司某年总销售成本80万元,总销售收入120万元(需对外开具16％的增值税发票),它没有可抵扣的增值税。

则：

甲公司应交增值税金＝（120×10⁴/1.16）×16％元＝165517.24元

乙公司从甲公司购买120万元的货物（有甲公司开来的增值税发票），乙公司加工后，向另外一方以180万元销售出去（需对外开具16％的增值税发票），乙公司本应交增值税金的计算为：

乙公司本应交增值税金＝（180×10⁴/1.16）×16％元＝248275.86元，但因为它从甲公司进货时有一张增值税发票（内含有165517.24元增值税税金）。则乙公司只需交增值税金＝（248275.86－165517.24）元＝82758.62元，即

$$\left(\frac{180 \times 10^4}{1.16} - \frac{120 \times 10^4}{1.16} \right) \times 16\% 元 = 82758.62 元$$

2. 企业所得税

企业所得税是对我国境内的企业和其他取得收入的组织的生产经营所得和其他所得征收的一种所得税。

企业所得税税金＝（毛利－增值税税金－其他小税税金）×企业所得税率

根据我国现行税法对于一般企业，企业所得税税率为25％；对于国家需要重点扶持的高新技术企业，企业所得税税率为15％。现实经济活动中，一个企业应该交哪些税种、税种的税率，可随国家、地方税收政策而变。

8.5 资金的时间价值

8.5.1 资金的时间价值及其产生

资金的时间价值指资金在运动（运作）过程中，随时间的推移，而发生了增值。资金时间价值最常见表现形式是在银行存款得到的利息和投资得到的利润。资金时间价值产生的原理通俗地讲是出借资金的"代价"或"补偿"，即剩余价值理论（马克思《资本论》）。投资人者十分关心"资金的时间价值"问题。金融资本获利的来源是从产业资本家及商业资本家的利润中分得。投资利润是剩余价值的转化形式。

8.5.2 利息及其计算

利息的计算方式有单利、复利、短期复利和连续复利。

1. 单利

单利指仅本金生息，利息不累计进本金而不再计息的方式。其计算公式为式（8-5）：

$$S_n = P(1 + n \times i) \tag{8-5}$$

式中：P——本金；

$\quad i$——利率；

$\quad n$——计息周期数；

$\quad S_n$——第n个计息周期末的本利和。

银行吸收储户存款一般都采用单利方式计算利息。

2. 复利

复利是指除本金外,将前一个计息期内的利息累加到本金中,作为扩大的本金在下一个计息期内再计息的方式。除本金生息外,利息也生息。复利的计算公式为式(8-6):

$$S_n = P(1+i)^n \qquad (8-6)$$

注意:

(1) 复利可以分为年复利、月复利、周复利、日复利;

(2) 一般经济分析与评价均采用年复利;

(3) 银行对预期收不回的利息,采用复利方式重新计息。

3. 短期复利

短期复利是指在一个名义年利率已知的前提下,将计息周期缩短为月(或周或日),并采取相应的月复利、周复利、日复利的形式计算利息。通常,名义利率指的就是名义年利率(或称年名义利率)。短期复利计算办法是:

第一步:从名义利率计算出缩短后计息周期的利率;

第二步:计算出实际计息周期数;

第三步:按复利方式计算利息及本利和。

4. 连续复利

设:短期复利计算中年利率(名义利率)为 r,将一年划分为 m 个计息周期

则:每个计息期内利率为 r/m;一年末本利和 S_m 可表达为式(8-7):

$$S_m = P\left(1+\frac{r}{m}\right)^m \qquad (8-7)$$

一年得到的利息: $P\left[\left(1+\dfrac{r}{m}\right)^m - 1\right]$

一年连续复利的实际年利率 (i): $\left(1+\dfrac{r}{m}\right)^m - 1$

将时间连续表达,即一年内分成无穷个计息周期数, $m \to \infty$;则一年的实际年利率 (i) 为式(8-8):

$$\lim_{m \to \infty}\left[\left(1+\frac{r}{m}\right)^m - 1\right] \mathrm{e}^r - 1 \qquad (8-8)$$

所以,以年内连续复利计算方式,年间采取年复利计算 n 年末的本利和为式(8-9):

$$S_n = P(1+i)^n = P(1+\mathrm{e}^r-1)^n = P\mathrm{e}^{nr} \qquad (8-9)$$

8.5.3　资金等效值

不同时间点、绝对值不等的两笔资金,在特定利率的条件下,这两笔资金可能具有同等的实际经济效用。例如,去年的 1000 元人民币,当年利率为 3% 时,它和今年的 1030 元人民币的经济效用相当(等效)。

注意:

(1) 资金等效值计算,通常采用复利方式计算;

(2) 在资金等效值计算时,一般把第一笔资金发生的时刻(时间)定为等效值计算的时

间基准点；

（3）一笔资金在基准点时刻的价值，称为"期初值"或"初值"或"现值"；

（4）一笔资金在特定利率的条件下，经过一段时间，在将来某一时刻的本利和，称为这笔资金的"将来值"或"终值"。

已知利率(i)、计息周期数(n)及资金的现值(P)，基准时刻的资金数量，求将来某一时刻这笔资金的终值(F)，复利终值计算用式(8-10)：

$$F = P(1+i)^n \tag{8-10}$$

已知利率(i)、计息周期数(n)及资金在将来某一时刻的终值(F)，求这笔资金在基准时刻的现值(P)，复利现值计算用式(8-11)：

$$P = F(1+i)^{-n} \tag{8-11}$$

其中，$(1+i)^{-n}$ 称为现值系数（或称贴现因子、贴现系数、折现系数、折现因子），$(1+i)^n$ 称为终值系数。

8.6 化工项目的财务评价

财务评价是从微观投资主体角度分析项目可以给投资主体带来的效益及投资风险。财务评价的作用体现在：

（1）衡量项目的盈利能力和清偿能力；

（2）项目资金规划的重要依据；

（3）为协调企业利益和国家利益提供依据。

化工项目的财务评价是指一个实际运行的化工项目或它建成运行前的设计资料。首先，从其中提取出来项目投资、产品成本、销售收入、税金、利润等基本经济数据；然后，针对这些基本经济数据，用技术经济的观点归纳、分析出其技术经济指标（投资利润率、投资还本期等）；最后，判断其经济合理性。财务评价的程序如图8-5所示。

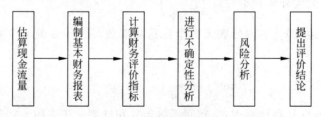

图 8-5 财务评价的程序

一个项目的技术经济分析与评价包括项目的财务分析与评价与项目的国民经济分析与评价两个方面，项目的财务分析与评价是从企业角度分析投资、盈利能力等，项目的国民经济分析与评价是从国家角度分析宏观经济效益。

财务评价的内容是编制财务报表，并计算相应的评价指标。财务评价是对项目的盈利能力、偿债能力、不确定性分析和风险分析等四个方面的评价，来判断项目的财务可行性。

8.6.1 财务基础数据测算

对工程建设项目来说，总投资包括固定资产投资和流动资金。总投资所形成的资产，根据其特性可分为固定资产、无形资产、流动资产、递延资产。

1. 建设项目投资估算

1）固定资产投资估算

固定资产投资估算的方法有：

（1）生产能力指数法。这种方法是根据已建成的、性质类似的工程或装置的实际投资额和生产能力 Q_2，按拟建项目的生产能力推算拟建项目的投资 Q_1。计算用式（8-12）：

$$C_2 = C_1 \left(\frac{Q_2}{Q_1}\right)^n f \tag{8-12}$$

（2）资金周转率法。该种方法是从资金周转的定义出发推算建设投资 C 的一种方法。当资金周转率 T 为已知时，则以式（8-13）计算：

$$C = \frac{Q \times P}{T} \tag{8-13}$$

式中：Q——产品年产量；

P——产品单价。

（3）分项比例估算法。这种方法是以拟建项目的设备费为基数，根据已建成的同类项目的建筑安装工程费和其他费用等占设备价值的百分比，求出相应的建筑安装工程费及其他有关费用，其总和即为拟建项目建设投资 C，计算用式（8-14）：

$$C = E(1 + f_1 P_2 + f_2 P_2 + f_3 P_3) + I \tag{8-14}$$

式中：E——根据拟建项目或装置的设备清单按当时当地价格计算的设备费总和；

P_1、P_2、P_3——分别为已建项目中的建筑、安装及其他工程费用等占设备费百分比；

f_1、f_2、f_3——分别为由于时间因素引起定额、价格、费用标准等变化的综合调整系数；

I——拟建项目其他费用。

2）流动资金估算

流动资金估算一般采用分项详细估算法，个别小型项目采用扩大指标估算法。

（1）分项详细估算法。对计算流动资金需要掌握的流动资产和流动负债这两类因素应分别进行估算。在可行性研究中，为简化计算，仅对存货、现金、应收账款这三项流动资产和应付账款这项流动负债进行估算，计算如下：

流动资金＝流动资产－流动负债

（2）扩大指标估算法。扩大指标估算法一般有 4 种：①按建设投资的一定比例估算；②按经营成本的一定比例估算；③按年销售收入的一定比例估算；④按单位产量占用流动资金的比例估算。

流动资金一般在投产前开始筹措，从投产第一年开始按生产负荷进行安排，借款部分按全年计算利息。流动资金利息应计入财务费用。项目计算期末回收全部流动资金。

2. 项目计算期、折旧、摊销测算

1）项目寿命周期

项目寿命周期是指工程项目在正常生产经营能够持续的年限，一般用年表示。项目寿命周期是工程项目投资决策分析的基本参数，寿命周期长短对投资方案的经济效益影响很大。确定项目的寿命周期可以按产品的寿命周期、主要工艺设备的经济寿命或综合分析加以确定。

2）工程项目经济分析中的计算期

工程项目的计算周期一般包括两部分：建设期和项目的寿命周期（即生产经营期）。其中，生产经营期又分为投产期和达到设计生产能力期。建设期是经济主体为获得未来的经济效益而筹措资金、垫付资金或其他资源的过程。在此期间，只有投资，没有收入，因此要求项目建设期越短越好。生产经营期是投资的回收期和回报期，因而投资者希望其越长越好。

3）固定资产折旧测算

项目建成时，固定资产投资、固定资产投资方向调节税和建设期利息形成固定资产、无形资产、递延资产。固定资产随其在使用过程中的磨损和损耗而将其价值逐次转移到产品中，计入产品成本费用，从产品的销售收入中计提的折旧是对这种磨损和损耗的补偿。

4）无形资产和递延资产的摊销

无形资产和递延资产均是以摊销的方式补偿和回收的。无形资产按规定期限分期平均摊入管理费用，没有规定期限的，按不小于 10 年期限分期平均摊销。递延资产包括开办费和以经营租赁方式租入的固定资产改良支出等。开办费从开始生产经营起，按不少于 5 年期限分期平均摊入管理费用；以经营租赁方式租入的固定资产改良支出在租赁有效期内分期平均摊销。

3. 销售收入和税金测算

企业生产经营阶段的主要收入来源是销售收入，它是指企业销售产品或提供劳务等取得的收入，计算用式（8-15）：

$$销售收入 ＝ 产品的销售数量 \times 销售价格 \tag{8-15}$$

销售税金及附加是指增值税、消费税、城市维护建设税、资源费和教育费附加等，均要按照规定从销售收入中扣除。

4. 产品费用成本的测算

财务评价需要计算的成本项目有生产成本、总成本费用和经营成本。

1）生产成本

生产成本是指与生产经营最直接和最密切相关的费用，计算用式（8-16）：

$$生产成本 ＝ 外购原材料、燃料及动力费 ＋ 生产人员工资及福利费 ＋ 制造费用 \tag{8-16}$$

其中：制造费用＝折旧费＋修理费＋其他费用

2）总成本费用

总成本费用是一定时期生产经营活动所发生的全部费用总和，计算用式（8-17）：

$$总成本费用 ＝ 生产成本 ＋ 销售费用 ＋ 管理费用 ＋ 财务费用 \tag{8-17}$$

3）经营成本

经营成本是指在总成本中剔除了折旧费、摊销费及利息支出后的成本费用支出，计算用式（8-18）：

$$经营成本 ＝ 总成本费用 － 折旧 － 摊销费 － 利息支出 \tag{8-18}$$

5. 利润、利润分配及借款还本付息的测算

1）利润、利润分配的测算

$$利润总额 ＝ 销售收入 － 销售税金及附加 － 总成本费用 \tag{8-19}$$

2）借款还本付息测算

项目借款的偿债资金来源主要包括固定资产折旧、企业的未分配利润、无形资产和递延资产摊销及其他还款资金来源。借款的偿还可用等额利息法、等额本金法、等额摊还法、一次性偿付法和偿债基金法等方式。借款利息的计算方法如下。

（1）固定资产投资借款利息的计算。

在项目建设期，由于项目正在建设而无偿还能力，可以将建设期所欠利息作为贷款资金转入本金，到投产后一并偿还。计算用式(8-20)：

$$\text{每年应计利息} = （\text{年初借款本息累计} + \text{本年借款额} /2）\times \text{年利率} \qquad (8\text{-}20)$$

对生产期各年的还款均按年末偿还考虑，每年应计利息用式(8-21)：

$$\text{每年应计利息} = \text{年初借款本息累计} \times \text{年利率} \qquad (8\text{-}21)$$

（2）流动资金借款利息的计算。

流动资金从投产第一年开始按生产负荷用于安排生产，其借款部分按全年计算利息，即假设为年初支用，计算用式(8-22)。流动资金利息计入财务费用，项目计算期末回收全部流动资金，偿还流动资金借款本金。

$$\text{流动资金利息} = \text{流动资金借款累计金额} \times \text{年利率} \qquad (8\text{-}22)$$

8.6.2 工程项目不确定性分析

盈亏平衡分析是在完全竞争或垄断竞争的市场条件下，研究工程项目特别是工业项目产品生产成本、产销量与盈利的平衡关系的方法。对于一个工程项目而言，随着产销量的变化，盈利与亏损之间一般至少有一个转折点，称为盈亏平衡点。盈亏平衡分析可分为线性平衡分析和非线性平衡分析。

1. 盈亏平衡分析

盈亏平衡分析的基本方法是建立成本 C 与产量 Q、销售收入 P 与产量之间的函数关系，通过对这两个函数及其图形的分析，找出盈亏平衡点。盈亏平衡点取决于三个因素：固定成本 F、可变成本 V 和单位产品价格。线性平衡分析的计算如下：

年销售收入 R 方程：$\qquad R = PQ \qquad\qquad\qquad (8\text{-}23)$

年总成本费用 C 方程：$\qquad C = F + VQ \qquad\qquad\qquad (8\text{-}24)$

年利润 E 方程：$\qquad E = R - C = (P - V) \times Q - F \qquad (8\text{-}25)$

在盈亏平衡点处，利润为零，即

$$R = C$$

$$PQ = F + VQ$$

则盈亏平衡点产量 $\qquad Q^* = F/(P - V) \qquad\qquad\qquad (8\text{-}26)$

以上分析如图 8-6 所示。

2. 敏感性分析

敏感性分析是通过分析、预测项目主要因素发生变化时对经济评价指标的影响，从中找出敏感性因素，并确定其影响程度。

在项目计算期内可能发生变化的因素有：投资额，包括固定资产投资与流动资金占用；项目建设期限、投产期限；产品产量及销售量；产品价格或主要原材料与劳动力价格；经营

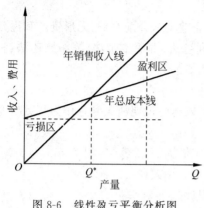

图 8-6　线性盈亏平衡分析图

成本,特别是其中的变动成本;项目寿命期;项目寿命期末的资产残值;折现率;外币汇率。

1) 单因素敏感性分析

单因素敏感性分析是每次只变动一个因素,而其他因素保持不变时所进行的敏感性分析。单因素敏感性分析的基本步骤如下:

(1) 确定方案敏感性分析的具体经济效果评价指标,一般可采用净现值、净年值、内部收益率、投资回收期等作为分析评价指标,主要针对项目的具体情况进行选择;

(2) 选择影响方案经济效果指标的主要变量因素,并设定这些因素的变动范围;

(3) 计算各变量因素在可能的变动范围内发生不同幅度变动所导致的方案经济效果指标的变动结果,建立起一一对应的数量关系,并用图或表的形式表示出来;

(4) 确定敏感因素,对方案的风险情况做出分析。

2) 双因素敏感性分析

双因素敏感性分析是指设方案的其他因素不变,每次仅考虑两个因素同时变化对经济效益的影响。双因素敏感性分析是通过进行单因素分析确定两个敏感性大的因素,然后通过双因素敏感性分析考察这两个因素同时变化时对项目经济效益的影响。双因素敏感性分析主要借助作图法和解析法相结合的方法进行,其分析步骤如下:

(1) 建立直角坐标系,横轴 x 与纵轴 y 表示两个因素的变化率;

(2) 建立项目经济效益评价指标(NPV,NAV 或 IRR)与两因素变化率 x 和 y 的关系式,令该指标值为临界值(即 NPV$=0$,NAV$=0$ 或 IRR$=i_0$),即可得到一个关于 x、y 的函数式,称为临界方程;

(3) 在直角坐标系上画出这个临界方程的曲线,它表明两个变化率之间的约束关系。该临界线把平面分成两个部分,一部分是方案的可行区域,另一部分则是方案的不可行区域,据此可对具体情况进行分析。

3) 敏感性分析的局限性

敏感性分析有其局限性,它只考虑了各个不确定因素对方案经济效果的影响程度,而没有考虑各个不确定因素在未来发生变动的概率,这可能会影响分析结论的准确性。实际上,各个不确定因素在未来发生变动的概率一般是不同的,有些因素非常敏感,一旦发生变动,对方案的经济效果影响很大,但它发生变动的可能性(概率)很小,以至于可以忽略不计;而另一些因素可能不是很敏感,但它发生变动的可能性(概率)很大,实际所带来的风险比那些敏感因素更大。

3. 概率分析

概率分析是借助概率来研究预测不确定因素和风险因素对项目经济评价指标影响的一种定量分析技术,一般应用于大中型工程投资项目。概率分析的目的是确定影响项目经济效益的关键变量及其可能的变动范围,并确定关键变量在此范围内的概率分布,然后进行期望值与离差等计算,得出定量分析的结果。

在项目评价中,常用的概率分析方法是期望值法。期望值分析法一般是计算项目的NPV 的期望值及 NPV≥0 的累计概率,为项目决策提供依据。项目评价中的概率是指各种基本变量(如投资、成本、价格等)出现的频率。期望值分析的一般步骤如下:

(1) 确定 1 个或 2 个不确定因素,如收益、成本等;

(2) 估算每个不确定性因素可能出现的概率;

(3) 按式(8-27)计算变量的期望值:

$$E(x) = \sum_{t=0}^{n} x_i p_i \tag{8-27}$$

式中：$E(x)$——随机变量 x 的期望值；

$\quad\quad x_i$——随机变量 x 的各种可能取值；

$\quad\quad p_i$——对应于出现 x_i 的概率值。

(4) 根据各变量因素的期望值,求项目经济评价指标的期望值,如式(8-28):

$$E[\text{NPV}(i)] = \sum_{t=0}^{n} E_t(x)(1+i)^{-t} \tag{8-28}$$

(5) 根据期望值,如根据 $E[\text{NPV}(i)]≥0$ 或 NPV≥0 的累计概率来判断项目抗风险能力。

8.6.3 化工项目的财务分析与评价方法

项目的财务分析与评价方法通常有静态财务分析方法(不考虑资金的时间价值)和动态财务分析方法(考虑资金的时间价值)。相比而言,静态方法简单、直观,对短期投资、获利的项目分析比较有效;动态方法相对复杂一些,对长期投资、获利的项目进行分析,结果更准确。对化工项目的财务分析,经常同时采用静态和动态的方法。

1. 化工项目的静态财务分析与评价

静态分析与评价指标包括投资利润率、投资利税率、基准投资利润率、差额投资利润率等。

1) 投资利润率(return on investment,ROI)

投资利润率是指项目投产后一个正常生产年度,其获得的利润与其总投资的比值,即式(8-29):

$$投资利润率 = \frac{年利润额}{总投资(固定投资 + 流动资金 + 建设期利息)} \times 100\% \tag{8-29}$$

2) 投资利税率

投资利税率是指项目投产后一个正常生产年度,其获得的利税与其总投资的比值,即式(8-30):

$$投资利税率 = \frac{年利税额}{总投资(固定投资 + 流动资金 + 建设期利息)} \times 100\% \tag{8-30}$$

3) 基准投资利润率(minimum acceptable ratio of returns,MARR)

基准投资利润率是用静态投资利润率方法评价一个项目时衡量该项目从投资利润率观点来看是否可取的最低标准。项目投资利润率只有高于此值时,才可取。影响基准投资利润率的因素有行业类型、项目风险程度、国家经济发展态势与政策等。在项目的实际财务评价时,MARR 最小不能低于一个国家某个行业前几年的行业平均投资利润率。

4) 差额投资利润率（ΔROI）

差额投资利润率方法是将一个项目计算出来的投资利润率数值与基准投资利润率进行比较。经济学有一个规律：边际投资收益递减律，即针对某个项目，随着投资额的增加，利润增长速度降低。当同时有几个投资方案均满足基准投资利润率的要求，而且由于这几个方案的投资额不同。就会出现"边际投资利润递减律"现象。判断各方案之间增量投资带来的利润率是否还满足 MARR 的要求。增量投资两个端点之间的斜率就是 ΔROI。在化工领域，也存在所谓"边际投资递减律"现象。

用 ROI 和 ΔROI 进行多方案分析与评价的步骤如下：

① 将各投资方案按投资额由小到大重新排序；

② 分别计算各方案的 ROI，将不满足 ROI＞MARR 的方案剔除；

③ 从余下的投资额最小的方案开始，和与其相邻的投资额较大的方案之间，计算二者的增量（差额）投资利润率 $(\Delta ROI)_{1-2}$：

$$\Delta(ROI)_{1-2} = \frac{\Delta R_{1-2}}{\Delta I_{1-2}}$$

若 $(\Delta ROI)_{1-2}$＜MARR，则保留投资额较小的方案；若 $(\Delta ROI)_{1-2}$≥MARR，则保留投资额较大的方案；

④ 将③中保留的方案与相邻的下一个投资额较大方案用 ΔROI 方法进行比较筛选（保留方案的确定原则同③）；

⑤ 依④进行下去，直至比较完所有②中余下的方案。得到一个最终的保留投资方案，该方案即为 ROI 和 ΔROI 方法共同推荐的投资方案。

2. 化工项目的动态财务分析与评价方法

动态财务分析指标包括动态投资回收期、净现值、内部收益率和年值法。化工厂在其寿命期内典型的资金流运动规律如下：

（1）征地、设计费、设备订货；

（2）土木基建、设备陆续到货；

（3）设备安装、单体及联动试车；

（4）投入流动资金，进行试生产；

（5）正常生产；

（6）停产清理、收回残值。

图 8-7 所示为企业寿命期内各年的化工厂典型的累计现金流量和累计折现现金流量随年份的变化曲线。

图 8-7 中，静态盈亏平衡点（P）是在累计现金流量曲线上，累计现金为零时对应的时间点。动态盈亏平衡点（P'）是在累计折现现金流量曲线上，累计折现现金为零时对应的时间点。

等效最大投资周期（equivalent maximum investment period，EMIP）是指从基准时刻到静态盈亏平衡点，由累计现金流量曲线和累计现金流量为零的水平线形成的面积，与项目最大累计负现金流量之间的比值。EMIP 的物理意义为最大累计债务保持的时间。反映的是投资时间结构问题。

如图 8-8 所示，把一个项目在其寿命期内各年发生的现金流量，按规定的折现率分别折算成基准时刻（一般为项目投资的起始点）的现值，其流入资金的现值与流出资金现值的代

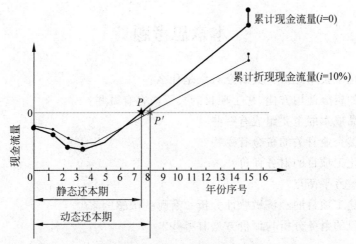

图 8-7 历年累计现金流量和累计折现现金流量图

数和称为净现值(net present value, NPV)。

图 8-8 净现值示意图

净现值的计算用式(8-31):

$$\text{NPV} \equiv \sum 流入资金的现值 - \sum 流出资金的现值 \tag{8-31}$$

实际上,累加折现现金流量曲线在其最后一个时间点对应的累加折现现金流量值,就是这个项目的净现值。根据净现值的定义可以看出净现值的物理意义为一个项目的净现值大于零,表示该项目在资金时间等效值的意义上,该项目是盈利的。该项目在偿还全部贷款的本金及利息后仍然有盈余,而且净现值越大,项目的盈利能力越强。

用 NPV 方法进行项目的经济分析时,其折现率(i)选取的原则如下:

(1) 当项目投资全部来源于自有资金时,计算 NPV 的折现率(i)可取为基准投资利润率(MARR);

(2) 当项目投资全部(或绝大部分)来源于银行贷款时,计算 NPV 的折现率(i)可取为银行贷款年利率与适当风险补贴率之和;

(3) 当项目投资部分来源于银行贷款、部分来源于企业自有资金时,计算 NPV 的折现率(i)可取为上述两种情况的合理中间值;

(4) 当项目投资部分来源政府财政拨款资助时,计算 NPV 的折现率(i)可能必须按政府有关部门指定值。

本章思考题

答案

1. 什么是化工技术经济？其研究对象是什么？
2. 按投资的资金使用方向，化工项目的投资内容有哪些？
3. 化工产品成本的主要组成有哪些？
4. 与化工类企业有关的税金有哪些？
5. 什么是化工项目的财务评价？
6. 什么是盈亏平衡点？
7. 什么是化工项目的经济敏感性分析？有哪些敏感因素？
8. 化工项目的财务分析与评价方法有哪些？

9

计算机辅助化工设计

本章主要内容：
- 化工设计软件概述。
- 化工流程模拟软件。
- 化工装置及系统设计软件。
- 化工装置布置设计软件。
- 计算机绘图软件。

化工行业具有技术领域广、流程问题复杂等的特殊性。随着化工行业飞速发展，化工工艺设计面临更多更新的要求。在化工工艺设计中，无论是工艺计算、流程模拟、设备管道配置，还是图纸绘制等都离不开计算机的辅助设计。针对化工设计，借助计算机辅助的系统化手段，将化工设计内容转化为工程语言。因此，计算机辅助化工设计成为设计人员必须掌握的方法之一。

9.1 化工设计软件概述

9.1.1 化工设计软件主要作用

1955年，计算机开始进入化工设计过程，20世纪50年代主要用于化工单元过程的计算。1963年，凯洛格（Kellogg）公司开发了第一个化工流程模拟软件，实现了全流程的物料和能量衡算。60年代开始出现化工专业软件公司。70年代，基于计算机图形学的CAD方法用于化工设备和工厂设计，过程控制CAD进入实用阶段。80年代，化工过程设计实现了流程拓扑结构设计，物性计算、过程稳态模拟、动态模拟和优化的CAD集成软件工具；3D实体模型法用于化工设备和工厂的设计。90年代基于高性能PC和GUI（图形用户界面）的集成化环境得到了普及应用，虚拟工厂设计方法进入实用阶段。

当前许多化工工艺软件在设计中已经扮演着重要的角色，设计者普遍认为应用高级设计软件是设计能力的一种体现。化工设计软件的出现，给广大化工设计者带来了一场革命性的变化，由过去的笔算、查图到现在的计算机数据输入输出，由过去的手动绘制纷繁复杂的图纸线条到现在用计算机绘制三维立体模型，不但使设计者从大量的体力工作中解脱出来，而且可以令设计的结果一目了然地出现在计算机中。但有一点需要说明的是，无论多么高级的设计软件，都不是万能的，只能作为设计工作的辅助工具。对于设计者来说，最重要的是掌握好设计的基本功，能够在应用计算机的同时知道设计原理，能够根据设计要求的实际情况灵活应用、改进和创新，这样才能使设计工作更进一步，才能成为优秀的设计人才。

9.1.2　常用化工设计软件

常用化工设计软件名称及作用见表 9-1。

表 9-1　常用化工设计软件名称及作用

设 计 类 型	软 件 名 称	作　用
过程设计	Aspen Tech 的 Aspen Plus、Aspen Energy Analyzer 等系列软件工具 SimSci 的 PRO/Ⅱ Chemstations 的 ChemCAD WinSim 的 DesignⅡ PSE 的 gPROMS Virtual Materials Group 的 VMGSim	建立可行的工艺流程拓扑结构 计算物质的化学和物理性质 进行过程的物料、能量衡算 过程运行状态仿真模拟 设备工艺计算(确定设备的工艺条件参数) 过程运行特性分析(灵敏度、操作弹性分析) 过程参数优化 设计文档的编绘
控制设计	Aspen Tech 的 Aspen HYSYS SimSci 的 DYNSIM Honeywell 的 UniSim Mathworks 的 Simulink	过程控制系统设计:设计控制系统的拓扑结构、控制方案,并进行系统控制性能的仿真模拟。 仪表和自控项目的施工设计:对每个具体的测控点进行仪表选型、仪表回路图绘制、安装图绘制和材料统计等
设备设计	Aspen EDR Cup-Tower	标准设备的选型设计:根据过程设计提出的设备工艺条件参数,选择适用结构和规格的标准化设备,设计设备安装方式。 非标设备的机械设计:机械结构设计、机械性能设计、加工工艺设计、安装方式设计
工厂设计	Intergraph 的 Smart Plant3D——基于网络数据库的大型协同设计平台 Vantage 的 PDMS——基于数据库的(协同)设计平台 COADE 的 CADWorx——基于 AutoCAD 的 3D 设计软件 Rebis 的 AutoPlant——基于 AutoCAD 的 3D 设计软件	设备布置设计:设备在三维空间的合理布置。 配管设计:管道及管件的规格选择和在三维空间的合理布置,管段的加工图。 钢结构支架、平台设计。 工厂的可视化模型

9.1.3　应用化工设计软件的重要性

　　化工工艺设计是化工设计的核心,它决定着整个设计的概貌,起着组织和协调非工艺设计的主导作用。而工艺计算又是化工工艺设计的前提和必要条件,化工工艺计算即根据既定的设计要求进行物料、能量衡算,进一步确定设备的工艺尺寸、原材料的消耗及其他工艺管道等设计计算。化工工艺计算存在着以下几个突出的特点:计算公式多且复杂,大部分为非线性、多变量,设计计算量大;许多设计参数的查询范围较大,影响计算结果的合理性和可靠性;工艺工程设计需要许多设计方案反复比较,进行调优。采用传统的设计方案已经难于实现工程的高效率、低成本等多方面的最优化过程,因此应用化工设计软件变得越来越重要。

9.2 化工过程模拟软件

化工过程模拟实际上就是使用计算机程序定量计算一个化学过程中的特性方程。其主要过程是根据化工过程的数据,采用适当的模拟软件,将由多个单元操作组成的化工流程用数学模型描述,模拟实际的生产过程,并在计算机上通过改变各种有效条件得到所需要的结果。模拟涉及的化工过程中的数据一般包括进料的温度、压力、流率、组成,有关的工艺操作条件、工艺规定、产品规格,以及相关的设备参数。

化工过程模拟是在计算机上"再现"实际的生产过程。但是这一"再现"过程并不涉及实际装置的任何管线、设备以及能源的变动,因而给了化工模拟人员最大的自由度,使其可以在计算机上进行不同方案和工艺条件的探讨、分析。因此,过程模拟可以节省大量资金和操作费用;同时过程模拟系统还可对经济效益、过程优化、环境评价进行全面的分析和精确评估;并可对化工过程的规划、研究与开发及技术可靠性做出分析。

化工过程模拟可以用来进行新工艺流程的开发研究、新装置设计、旧装置改造、生产调优以及故障诊断,同时过程模拟还可以为企业装置的生产管理提供可靠的理论依据,是企业生产管理从经验型走向科学型的有力工具。

目前,国内主要的化工过程模拟软件有美国 SimSci 公司的 PRO/Ⅱ,美国 AspenTech 公司的 Aspen Plus、Aspen HYSYS,英国 PSE 公司的 gPROMS,美国 Chemstations 公司的 ChemCAD,美国 WinSim 公司的 Design Ⅱ,加拿大 Virtual Materials Group 公司的 VMGSim。

9.2.1 化工过程模拟软件用途

1. 科学研究、开发新工艺

20 世纪六七十年代以前,炼油、化工行业新流程的开发研究,需要依靠各种不同规模的小试、中试。随着过程模拟技术的不断发展,工艺开发已经逐渐转变为完全或部分利用模拟技术,仅在某些必要环节进行个别的试验研究和验证。

2. 新装置设计

化工过程模拟的主要应用之一是进行新装置的设计。随着科学技术的进步,在石油化工和炼油领域,绝大多数过程模拟的结果可以直接运用于工业装置的设计,而无需小试或中试。国外从 20 世纪 60 年代末开始,已经在工程设计中应用过程模拟技术,而国内开始较晚,到 20 世纪 80 年代才开始广泛应用。进入 21 世纪以来,相关设计单位开始大量使用化工模拟软件,高等院校也纷纷引进模拟软件,用于科学研究和教学工作。

3. 旧装置改造

化工过程模拟也是旧装置改造必不可少的工具,旧装置的改造既涉及已有设备的利用,也可能需要增添新设备,其计算往往比设计还要复杂。改造过程中,由于产品分布和处理量发生了改变,所以已有的塔、换热器、泵、管线等旧设备能否仍旧适用是一个很大的问题,这些问题都必须在过程模拟的基础上才能得到解决。

4. 生产调优、故障诊断

在生产装置调优以及故障诊断的问题上，过程模拟起着不可替代的作用，通过过程模拟可以寻求最佳工艺条件，从而达到节能、降耗、增效的目的；通过全系统的总体调优，以经济效益为目标函数，可求得关键工艺参数的最佳匹配，革新了传统观念。

9.2.2　化工过程模拟系统的组成

化工过程模拟系统主要包括输入系统、数据检查系统、调度系统以及数据库，其模拟步骤如图 9-1 所示。

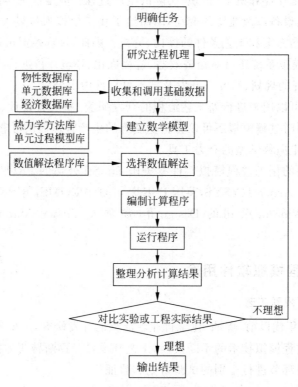

图 9-1　化工过程模拟步骤简图

现代模拟系统既可以采用图形界面，也可采用数据文件的方式输入，并且这两种方式之间可以相互转换。图形输入简单直观，需要先做出所需计算的模拟流程图，然后再输入相关数据。由于图形输入无需记忆输入格式和关键字，比较方便，现已成为主要的输入方式。数据输入完成后，由数据检查系统进行流程拓扑分析和数据检查，这一阶段的检查只分析数据的合理性、完整性，而不涉及正确性。若发现错误或是数据输入不完整，则返回输入系统，提示用户进行修改。数据检查完之后进入调度系统，调度系统是程序中所有模块调用以及程序运行的指挥中心。调度系统的考虑是否完善，编制是否灵活，是否为用户提供最大的方便，对于模拟软件的性能至关重要。通用的化工过程模拟系统都会具备物性数据库、热力学方法库、化工单元过程模型库、功能模块库、数值解法程序库、经济评价库等数据库。

9.2.3 稳态模拟和动态模拟

过程模拟是过程系统工程的重要内容和基础,它以过程流程水平信息为输入,用计算机辅助进行能量和物料衡算、设备尺寸计算、成本核算、经济评价等,对工艺流程开发、设计和操作进行分析。模拟分为稳态模拟和动态模拟。稳态模拟已经发展了近 50 年,已趋于成熟。而动态模拟从 20 世纪 70 年代才发展起来,以前主要对个别设备的动态特性有所研究。

9.2.3.1 稳态模拟

化工过程稳态模拟又称静态模拟(steady state simulation)或离线模拟(off-line simulation)。通常所说的化工过程模拟或流程模拟多指稳态模拟。它是根据化工过程的稳态数据,诸如物料的压力、温度、流量、组成和有关的工艺操作条件、工艺规定、产品规格以及一定的设备参数,如蒸馏塔的板数、进料位置等,采用适当的模拟软件,用计算机模拟实际的稳态生产过程,得出详细的物料平衡和热量平衡,从而得到原材料消耗、公用工程消耗和产品、副产品的产量和质量等重要数据。化工过程稳态模拟已成为研究、开发、设计、改造、节能增效、生产指导,甚至企业管理等工作必不可少的工具,并且在科研和实际生产中发挥着越来越大的作用。

化工过程稳态模拟的基本方法可分为三类:序贯模块法(sequential modular method)、联立方程法(equation oriented method)、联立模块法(simultaneous modular method)

1. 序贯模块法

序贯模块法的模块是指用以描述单元操作、物性及系统其他功能的子程序。序贯模块法是按照过程系统的结构对组合起来的各种单元模块序贯进行模拟计算。过程系统由各种单元操作连接而成,所以序贯模块法的基本思想便是依据单元操作模块,前一模块的输出即后一模块的输入,这时模拟是逐模块进行的,按这一思维模式建立的解决过程系统稳态模拟的方法就是序贯模块法。

序贯模块法的基本问题就是在单元数学模型及流程基础上确定流程计算顺序、识别不可分割系统、对不可分割系统进行断裂迭代求解以及断裂物流变量的收敛解法。

序贯模块法在应用中具有很突出的优点。首先,其应用十分方便,具体表现在易于建模;其次,其先期工作比较充分,可充分利用前人所研究程序进行求解;最后,它是一种便于调试的方法,物理意义明确,易于在计算出错时纠正。因此,这是目前最广泛使用的方法。然而,由于其模型物理意义的明确,序贯模块法与收敛模块、控制模块、优化模块直接相关,所以这种计算方法比较复杂,计算量很大,效率偏低。同时由于其迭代的计算方式,每个模块的运算都需要进行 5 轮迭代(图 9-2)完成,计算量过大,而且变量须是固定的、设计好的

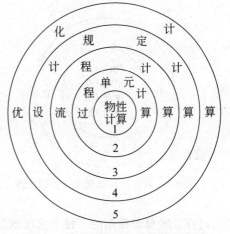

图 9-2 序贯模块法迭代计算层次图

变量,因此使其应用范围限于解决模拟型问题,若涉及设计型或者优化型问题会变得过于复杂。

2. 联立方程法

联立方程法又称面向方程法,是一种将描述过程系统所有方程联立起来求解的模拟方法,即列出一个作为整个复杂流程系统的模型的庞大方程组,并直接对方程组求解。这样,对流程的模拟问题成为一个方程组的求解问题,工程问题变为一个纯数学问题,所谓的模拟型问题、设计型问题在这里就没有区别了。用不同符号区分一般变量和设计变量即可,即对设计变量求初值,进行迭代计算最后求解,这种方法的难点在于解方程组。

联立方程法是通过迭代方法求解的,所以初值的选取很复杂,而且不可能人工对成千上万的变量赋初值,故需用计算机程序进行。但是良好的初值可以保证收敛,并大大地缩短收敛时间。

联立方程法相较于序贯模块法对求解模拟型、设计型、优化型问题无区别,其处理方法是相同的,而且其计算效率高,避免了多层次的迭代(图 9-3),在计算程序独立的情况下,易于增加模块,而且易于实现稳态模拟与动态模拟结合,对两者进行平滑切换。联立方程法的缺点有:第一,需建立庞大的方程组;第二,没有可以继承的大量模块,较难实现;第三,对于一个大的方程组,在求不到真解的情况下难以对症纠错,内存需求也大。这些缺点是制约其发展的主要原因。

3. 联立模块法

联立模块法对序贯模块法和联立方程法进行了取长补短。该方法将模拟计算分为两种模型:严格模型为模块化水平,简化模型为过程水平。在确定简化模型的基础上,通过一定计算得到一定精度的解,带入系统简化模型得到物流数据基本解,再进入模块化水平去计算真解,其计算层次如图 9-4 所示。

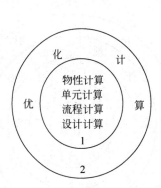

图 9-3　联立方程法迭代计算层次图

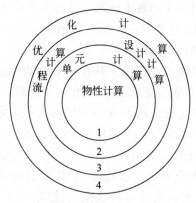

图 9-4　联立模块法迭代计算层次图

过程系统稳态模拟的三种方法比较见表 9-2。

表 9-2　过程系统稳态模拟三种方法的比较

方法	优　点	缺　点	代表软件系统
序贯模块法	与工程师直观经验一致,便于学习使用; 易于通用化,已积累了丰富的单元模块; 需要计算机内存较小; 错误易于诊断检查	再循环引起的收敛迭代很费机时; 进行设计型计算时,很费机时; 不宜用于最优化计算	PRO/Ⅱ(美) Concept(英) CAPES(日) ASPEN(美) FLOWTRAN(美)
联立方程法	解算快; 模拟型计算与设计型计算一样; 适合最优化计算,效率高; 便于与动态模拟联合实现	要求给定较好的初值,否则可能得不到解; 计算失败后诊断错误所在困难; 形成通用化程序有困难; 难以继承已有的单元操作模块	ASCEND-Ⅱ(美) SPEEDUP(英)
联立模块法	可以利用前人开发的单元操作模块; 可以避免序贯模块法中的循环流迭代; 比较容易实现通用	将严格模型做成简化模型时,需要花费机时; 用简化模型来寻求优化时,其解与严格模型优化解是否一致,有争论	TISFLO(德) FLOWPACK-Ⅱ(英)

9.2.3.2　动态模拟

随着化工过程稳态模拟的发展,动态模拟逐渐被提到日程上来。由于化工过程的稳态只是相对的、暂时的,实际过程中总是存在各种各样的波动、干扰以及条件的变化。因而化工过程的动态变化是必然的、经常发生的。

1. 过程的动态特性

过程的动态特性主要由以下几个因素引起:

(1) 计划内的变更,如原料变化、负荷调整、设备定期切换等;

(2) 事物本身的不稳定性,如同一批原料性质上的差异和波动,冷却水温度随季节的变化、随生产的增加而引起的催化剂活性的降低,设备的结垢等;

(3) 意外事故、设备故障、人为的误操作等;

(4) 装置的开停车等。

这些问题就不是稳态模拟所能解决的,而必须由化工过程动态模拟来回答。也正是在这样一个背景下,动态模拟在进入 20 世纪 90 年代后获得了长足的进展和广泛的应用。

2. 动态模拟的功能

动态模拟主要是应对以下需求而逐渐发展起来的:

(1) 了解过程装置经受动态负荷变化的能力,可操作性分析和安全分析;

(2) 分析开车、停车及外部干扰作用下的动态行为,为控制系统的设计或改进提供依据;

(3) 用过程动态模拟代替实际装置对操作做出动态响应,开发用于培训的过程仿真系统;

(4) 精细化工、生物化工、医药等行业产品附加值高,小批量化品和生物化学品间歇操作技术发展,要求用动态模拟分析各种装置构型、各种操作模式进行最优设计、最优控制、

最优调度;

(5) 新型节能流程的开发集成度越来越高,过程控制更加复杂,要求用动态模拟技术对各种设计方案进行筛选、评价。

3. 动态模拟的应用

事实上,所有化工生产装置的运行均处于动态过程中,即稳态是相对的,动态是绝对的。要客观准确地描述实际过程,仅依靠物料及能量平衡的稳态模拟,在设计、培训、生产运行等许多方面均无法满足要求,因此必须借助于动态模拟。动态模拟在工程设计上的应用主要有:

(1) 过程设计方案的开车可行性试验;

(2) 过程设计方案的停车可行性试验;

(3) 过程设计方案在各种干扰影响下的整体适应性和稳定性试验;

(4) 过程自控方案可行性分析及试验;

(5) 自控方案与工艺设计方案的协调性试验;

(6) 联锁保护系统及安全系统设计方案在工艺过程中的可行性试验;

(7) 集散控制系统(DCS)组态方案可行性试验;

(8) 工艺、自控技术改造方案可行性试验。

9.2.3.3 稳态模拟和动态模拟的异同

稳态模拟是在装置的所有工艺条件都不随时间而变化的情况下进行的模拟,而动态模拟是用来预测当某个干扰出现时,系统的各工艺参数如何随时间而变化。就模拟系统构成而言,它们之间的比较如表 9-3 所示。

表 9-3　稳态模拟与动态模拟的比较

稳 态 模 拟	动 态 模 拟
仅有代数方程	同时有微分方程和代数方程
物料平衡用代数方程描述	物料平衡用微分方程描述
能量平衡用代数方程描述	能量平衡用微分方程描述
严格的热力学方法	严格的热力学方法
无控制器	有控制器
无水力学限制	有水力学限制
不需要输入设备尺寸	需要输入设备尺寸
常用序贯模块算法	用联立方程法解算

对于稳态模拟,尽管从理论上讲,存在多种流程计算的方法,但几乎所有的商业化的稳态模拟软件都采用序贯法(sequential method)来进行流程计算。序贯法要求将每一单元过程的模型(model)和算法(algorithm)组合在一起,构成所谓的模块(module)。计算过程按模块逐一进行,每次只能解算一个模块,处于后面的模块必须待前面的模块解算完毕才能进行计算。如果流程中存在返回物料,就需要通过多次迭代,才能获得收敛解。

对于动态模拟,其单元过程的模型则仅仅是描述该过程的一组方程组。每一单元过程中并不包括该方程组的任何解法。模型的组集方式称之为开放型式的方程(open form equation)或面向方程的型式(equation-oriented form)。其特点是可以随意指定约束和变量,流程的计算采用通用的解法软件,同时处理所有单元过程的全部方程组,并联立解所有的方程。

由于动态模拟是联立解所有的方程,它的计算速度很快,但必须要求有较好的初值,否则无法收敛,故通常都采用稳态模拟的结果作为动态模拟的初值。

9.2.4 常用化工流程模拟软件简介

9.2.4.1 Aspen Plus

Aspen Plus 是一款功能强大的集化工设计、动态模拟等计算于一体的大型通用流程模拟软件。它起源于 20 世纪 70 年代后期,当时美国能源部在麻省理工学院(MIT)组织人员,要求开发新型第三代流程模拟软件,这个项目称为"先进过程工程系统"(advanced system for process engineering,ASPEN)。这一大型项目于 1981 年年底完成。1982 年 AspenTech 公司成立,将其商品化,称为 Aspen Plus。这一软件经过历次的不断改进、扩充和提高,成为全世界公认的标准大型化工流程模拟软件。

Aspen Plus 是基于稳态化工模拟、优化、灵敏度分析和经济评价的大型化工流程模拟软件,为用户提供了一套完整的单元操作模块,可用于各种操作过程的模拟及从单个操作单元到整个工艺流程的模拟。

1. Aspen Plus 的组成

Aspen Plus 主要由物性数据库、单元操作模块及系统实现策略三部分组成。

1) 物性数据库

Aspen Plus 自身拥有两个通用的数据库 Aspen CD(AspenTech 公司自己开发的数据库)和 DIPPR(美国化工协会物性数据设计院的数据库),还有多个专用的数据库。这些专用的数据库结合一些专用的状态方程和专用的单元操作模块,使得 Aspen Plus 软件可应用于固体加工、电解质等特殊的领域,拓宽了软件的适用范围。

Aspen Plus 具有工业上最适用且完备的物性系统,其中包含多种有机物、无机物、固体、水溶电解质的基本物性参数。Aspen Plus 计算时可自动从数据库中调用基础物性进行传递性质和热力学性质的计算。此外,Aspen Plus 还提供了几十种用于计算传递性质和热力学性质的模型方法,其含有的物性常数估算系统(PCES)能够通过输入分子结构和易测性质来估算缺少的物性参数。

2) 单元操作模块

Aspen Plus 拥有 50 多种单元操作模块,通过这些模块和模型的组合,可以模拟用户所需要的流程。除此之外,Aspen Plus 还提供了多种模型分析工具,如灵敏度分析和工况分析模块。利用灵敏度分析模块,用户可以设置某一变量作为灵敏度分析变量,通过改变此变量的值模拟操作结果的变化情况。采用工况分析模块,用户可以对同一流程的几种操作工况进行运行分析。

3) 系统实现策略

对于完整的模拟系统软件,除数据库和单元模块外,还应包括以下几部分:

(1) 数据输入。Aspen Plus 的数据输入是由命令方式进行的,即通过三级命令关键字书写的语段、语句及输入数据对各种流程数据进行输入。输入文件中还可包括注解和插入的 Fortran 语句,输入文件命令解释程序可转化成用于模拟计算的各种信息,这种输入方式使得用户使用软件特别方便。

(2) 解算策略。Aspen Plus 所用的解算方法为序贯模块法和联立方程法,流程的计算顺序可由程序自动产生,也可由用户自己定义。对于有循环回路或设计规定的流程必须迭代收敛。

(3) 结果输出。可把各种输入数据及模拟结果存放在报告文件中,可通过命令控制输出报告文件的形式及报告文件的内容,并可在某些情况下对输出结果作图。

2. Aspen Plus 的特性

全世界各大化工、石化生产厂家及著名工程公司都使用 Aspen Plus。Aspen Plus 以严格的机理模型和先进的技术赢得广大用户的信赖,它具有以下特性:

(1) Aspen Plus 具有最完备的物性系统,可以处理固体以及电解质系统;

(2) Aspen Plus 具有完整的单元操作模型库,可以模拟各种操作过程,可以完成单塔至整个工艺装置的模拟;

(3) Aspen Plus 具有快速可靠的流程模拟功能;

(4) Aspen Plus 具有先进的计算方法和先进的流程方法,同时还可以进行过程优化计算。

3. Aspen Plus 的主要功能

Aspen Plus 可以用于多种化工过程的模拟,其主要的功能有以下几种:

(1) 对工艺过程进行严格的质量和能量平衡计算;

(2) 可以预测物流的流率、组成以及性质;

(3) 可以预测操作条件、设备尺寸;

(4) 可以减少装置的设计时间并进行装置各种设计方案的比较;

(5) 帮助改进当前工艺,主要包括可以回答"如果……,那会怎么样"的问题,在给定的约束内优化工艺条件,辅助确定一个工艺的约束部位,即消除瓶颈。

9.2.4.2 PRO/Ⅱ

PRO/Ⅱ是美国 SimSci 公司开发的化工流程模拟软件,最早起源于 1967 年 SimSci 公司开发的世界上第一个炼油蒸馏模拟器 SP05。1973 年,SimSci 推出基于流程图的模拟器,1979 年,又推出基于 PC 机的流程模拟软件 Process(即 PRO/Ⅱ的前身)。PRO/Ⅱ在炼油厂可广泛应用于工厂设计、工艺方案比较、老装置改造、开车指导、可行性研究、脱瓶颈、职工培训等过程。PRO/Ⅱ在石油炼制方面的主要功能主要有:各种原油评价数据的表征、计算各种中间馏分油和最终产品的 API、ASTM、TBP、RVP、闪点等物性数据、根据 RON/MON 预测油品的调和性质、用 Inside/Out 和 SURE 算法对精馏塔进行严格的计算、可以模拟原油预热、常减压蒸馏、FCC、重整、加氢、气体装置等多套装置及全厂工艺流程。此外,PRO/Ⅱ还提供与 KBC 公司的炼油厂反应器模型 Profimatics REFSIM、HTRSIM、FCCSIM 的接口。

PRO/Ⅱ主要由物性数据库、单元操作模块及热力学物性计算系统三部分组成。

1) 物性数据库

(1) 组分数据库。拥有 2000 多种纯组分库、以 DIPPR 为基础的库、1900 多种组分/种类电解质库、非库组分、虚拟组分和性质化验描述、用户库、基于 Van Krevelen 方法的聚合物物性数据的组分数据库。

(2) 混合物数据。拥有 3000 多组 VLE 二元参数、300 多组 LLE 二元参数、2200 多种二元共沸物数据、多个专用的物性数据包,酒精脱水,天然气的三乙醇脱水,来自 GPA (GPSWAT)的酸水包,氨处理、硫醇的混合物数据。

(3) 二元交互参数数据库。二元交互参数数据库主要有 Soave-Redlich-Kwong(SRK)、Peng-Robinson(PR)、Huron-Vidal mixing rule(for SRK&PR)、Panagiotopoulos and Reid mixing rule(for SRK and PR)、SIMSCI mixing rule(for SRK)、BWRS、UNIQUAC、NRTL-8 coefficient form、Henry's Law for non-condensibles、混合热、Hayden-O'Connell 和 Hexamer。

2) 单元操作模块

(1) 界面模块。HTFS、PRO/Ⅱ-HTFS Interface 自动从 PRO/Ⅱ 数据库检索物流物性数据,并用该数据创建一个 HTFS 输入文件。HTFS 输出该文件,以访问各种物流物性数据。

HTRI、PRO/Ⅱ-HTRI Interface 从 PRO/Ⅱ 数据库检索数据,并创建一个用于各种 HTRI 程序的 HTRI 输入文件。来自 PRO/Ⅱ 热物理性质计算的物流性质分配表提供给 HTRI 的严格换热器设计程序。这减少了在两个程序之间重复地输入数据。

Linnhoff March,来自 PRO/Ⅱ 的严格质量和能量平衡结果能传送给 SuperTarget(tm) 塔模块,以分析整个分离过程的能量效率。所建议的改进方案就能在随后的 PRO/Ⅱ 运行中求出值来。

(2) 应用模块。

Batch 模块,搅拌釜反应器和间歇蒸馏模型能够独立运行或作为常规 PRO/Ⅱ 流程的一部分运行。操作可通过一系列的操作方案来说明,灵活性较强。

Electrolytes 模块,该模块结合了由 OLI Systems Inc. 开发的严格电解质热力学算法。电解质应用包作为该模块的一部分,进一步扩展了一些功能,如生成用户电解质模型和创建、维护私有类数据库。

Polymers 模块,能模拟和分析从单体提纯和聚合反应到分离和后处理范围内的工业聚合工艺。对于 PRO/Ⅱ 的独到之处是通过一系列平均分子重量分率来描述聚合物组成,可以准确模拟聚合物的混合和分馏。

Profimatics 模块,KBC Profimatics 重整器和加氢器模型被添加到 PRO/Ⅱ 单元操作。PRO/Ⅱ 的独到之处是,由这些反应修改的基础组分和热力学性质数据被自动录入。

3) 热力学物性计算系统

PRO/Ⅱ 包括 40 多种相平衡 K 值计算方法,20 多种焓计算方法,可以处理含有固体、电解质、聚合物体系的热学物性计算系统。

9.2.4.3　ChemCAD

ChemCAD 是美国 Chemstations 公司开发的化工流程模拟软件,可以在计算机上建立与现场装置吻合的数据模型,并通过运算模拟装置的稳态或动态运行,为工艺开发、工程设计、优化操作和技术改造提供理论指导。ChemCAD 是一个用于对化学和石油工业、炼油、油气加工等领域中的工艺过程进行计算机模拟的应用软件,是工程技术人员用来对连续操作单元进行物料平衡和能量平衡核算的有力工具。

ChemCAD 主要由四部分组成,简述如下:

1. 物性库

ChemCAD 提供了标准物性、用户、原油评价三种数据库。

1)标准物性数据库

标准物性数据库以 AIChE 的 DIPPR 数据库为基础,加上电解质共约 2000 多种纯物质。

2)用户数据库

ChemCAD 允许用户添加多达 2000 个组分到数据库中,可以定义烃类虚拟组分用于炼油计算,也可以通过中立文件嵌入物性数据。

3)原油评价数据库

ChemCAD 提供了 200 多种原油的评价数据库。

2. 热力学

(1)ChemCAD 提供了大量的最新的热平衡和相平衡的计算方法,包含 39 种 K 值计算方法、13 种焓计算方法。这些计算方法可以应用于天然气加工厂、炼油厂以及石油化工厂,可以处理直链烃以及电解质、盐、胺、酸水等特殊系统。

(2)ChemCAD 热力学数据库收录有 8000 多对二元交互作用参数供 NRTL、UNIQUAC、MARGULES、WILSON 和 VAN LAAR 活度系数方法来使用。也可以采用 ChemCAD 提供的回归功能回归二元交互作用参数。

(3)ChemCAD 提供了热力学专家系统帮助用户选择合适的 K 值和焓值计算方法。

(4)ChemCAD 可以处理多相系统,也可以考虑汽相缔合的影响,有处理固体功能。对含氢系统,ChemCAD 采用一种特殊方法进行处理,可以可靠预测含氢混合物的反常泡点现象。

(5)ChemCAD 对于不同单元或不同塔板可以应用不同的热力学方法或不同的二元交互作用参数。

3. 单元操作

ChemCAD 提供了大量的单元操作供用户选择,并且可以将每个单元操作组织起来,形成整个车间或全厂的流程图,进而完成整个模拟计算,基本能够满足一般化工厂的需要。ChemCAD 可以模拟的单元操作主要包括稳态单元操作和动态单元操作。

(1)稳态单元操作:蒸馏、汽提、吸收、萃取、共沸、三相共沸、共沸蒸馏、三相蒸馏、电解质蒸馏、反应蒸馏、热交换器、压缩机、泵、加热炉、透平、膨胀机、结晶罐、离心机、旋风分离器、湿式旋风分离器、文氏洗气器、袋式过滤机、真空过滤机、压碎机、研磨机、静电收集器、洗涤机、沉淀分离器、间歇蒸馏、间歇反应器等。

(2)稳态单元操作:动态精馏塔、动态反应器、动态缓冲槽、动态三相分相槽、换热器、混合器、分流器、一般阀、流量控制阀、PID 控制器、On-Off 控制器、斜坡控制器、时间转换控制模组等。

4. 设备设计和核算

ChemCAD 可以对板式塔（包含筛板、泡罩、浮阀）、填料塔、管线、换热器、压力容器、孔板、调节阀和安全阀（DIERS）进行设计和核算。这些模块共享流程模拟中的数据，使得用户完成工艺计算后，可以方便地进行各种主要设备的核算和设计。

ChemCAD 还具有以下特性：

1）结果输出

ChemCAD 支持各种输出设备，用以生成流程、单元操作图表、符号、工艺流程图和绘图的硬拷贝。可以输出到点阵打印机、激光打印机、支持 Adobe Postscript 语言的任何设备以及绘图机等，也可以直接输出到文件，还可以将输出转换为 AutoCAD 的 DXF 格式。如果 AutoCAD 和 ChemCAD 都安装在同一个计算机上，用户可以规定包含 AutoCAD 的位置，所有由 ChemCAD 产生的 DXF 文件都会自动存到 AutoCAD 目录中。

2）数据输入

输入系统采用了专家检测系统，使用户不必费心检查输入是否有遗漏或语句错误。专家系统会自动指引你下一步应当输入什么数据，并显示每一步骤是否已正确地完成。

3）自动计算功能

ChemCAD 的自动计算功能具备先进的交互特性，允许用户不定义物流的流率来确定物流的组成。

4）先进的优化和分析功能

灵敏度分析模块可以定义 2 个自变量和多至 12 个因变量，优化模块可以求解有 10 个自变量的函数的最大最小值。

5）即时生成物料流程图（PFD）

ChemCAD 为用户形成物料流程图提供了集成工具，使用它可以迅速有效地建立物料流程图。对指定流程，可以建立多个物料流程图。如果以某种方式改变了流程，此改变情况会自动影响到所有相关的物料流程图，如果重新进行了计算，新结果也会自动传送到所有相关的物料流程图。在物料流程图中，可以方便地加入数据框（热量和物料平衡数据）、单元数据框（单元操作规定和结果）、标题、文字注释、公司代号等。

6）报告格式可选

ChemCAD 允许用户按照要求输出报告。在报告中，可以选择输出的流股、单元操作，对流股中包含的数据也可以进行定义。对蒸馏塔，可以输出包括回流比、温度、压力、每块板上的气液相流率等详细数据；对换热器，可以输出加热曲线。报告的格式也可以进行定义，可以由用户决定小数点后的位数等。

7）集成了设备标定模块及工具模块

ChemCAD 集成了对蒸馏塔、管线、换热器、压力容器、孔板和调节阀进行设计和核算的功能模块，包括专门进行空气冷却器和管壳式换热器设计与核算的 CC-Therm 模块。这些模块共享流程模拟中的数据，使得用户完成工艺计算后，可以方便地进行各种主要设备的核算和设计。

ChemCAD 的主要功能介绍如下：

1）工程设计

在工程设计中,无论是建立一个新厂还是对老厂进行改造,ChemCAD 都可以用来选择方案,研究非设计工况的操作及工厂处理原料范围的灵活性。工艺设计模拟研究不仅可以避免工厂设备交付前的费用估算错误,还可以用模拟模型来优化工艺设计,同时通过进行一系列的工况研究,来确保工厂能在较大范围的操作条件内良好运行。即使是在工程设计的最初阶段,也可以用这个模型来估计工艺条件变化对整个装置性能的影响。

2）优化操作

对于老厂,由 ChemCAD 建立的模型可作为工程技术人员用来改进工厂操作、提高产量的产率以及减少能量消耗的有力工具。可用模拟的方法来确定操作条件的变化以适应原料、产品要求和环境条件的变化。

3）技术改造

ChemCAD 也可以通过模拟研究工厂合理化方案以消除"瓶颈"问题,或采用先进技术改善工厂状况的可行性,如采用改进的催化剂、新溶剂或新的工艺过程操作单元。

4）动态模拟

Chemstations 公司开发了大量的动态操作单元,包括动态蒸馏模拟 CC-DCOLUMN、动态反应器模拟 CC-ReACS、间歇蒸馏模拟 CC-Batch、聚合反应器动态模拟 CC-Polymer,这些模块都完全集成到 ChemCAD 中,共享 ChemCAD 的数据库、热力学模型、公用工程和设备核算模块。

在动态模拟过程中,用户可以随时调整温度、压力等各种工艺变量,观察它们对产品的影响和变化规律,还可以随时停下来,转回静态。ChemCAD 提供了 PID 控制器、传递函数发生器、数控开关、变量计算表等进行动态模拟的控制单元,利用它们可以完成对流程中任何指定变量的控制。利用动态模拟,用户可以进行以下设计。

（1）确定开停工方案。使装置安全、平稳地开车启动或停工是生产中的关键技术。用 ChemCAD 可以模拟开停工过程,看到开停工过程中的各种工艺参数的变化,从而研究各种开停工方案。

（2）计算特殊的非稳态过程。当系统内部压力、温度不稳定时,用稳态软件不能计算系统紧急放空,只能靠 ChemCAD Dynamical 的过程传递函数,利用微分逼近的原理来完成。利用这一新型工具,工程师可以解决许多以前无法解决的工程难题。

（3）生产指导和调优。由于 ChemCAD 的动态计算完全采用严格的热力学模型,所以能准确完全地模拟装置的动态操作过程,还可以将装置的工艺参数调到各种极限状态,以确定装置的优化状态或分析装置出现生产问题的原因。

9.3　化工装置及系统设计软件

9.3.1　换热器设计软件

在化工装置中,换热设备占设备数量的 40% 左右,占总投资的 35%～46%。换热器的工艺设计一般是指通过传热计算和压降（或流动）优化,提出最适宜的换热器结构形式供设备专业进行机械结构设计。计算机模拟基于强大的物性数据库和精细的数学模型,依赖于计算机的运算速度和存储能力,因此它的计算结果应该是更准确、更接近实际情况的。

9.3.1.1　Aspen EDR 软件

1. Aspen EDR 的产生与发展

Aspen Exchanger Design & Rating(Aspen EDR),是美国 AspenTech 公司推出的一款传热计算工程软件套件,包含在 AspenONE 产品之中。Aspen EDR 包括原 HTFS 的 TASC 和 ACOL 两款软件,还包括原 Aspen 的 B-JAC 软件,软件采用 B-JAC 的窗口模式,页面同 Aspen Plus 一样友好,而计算内核主要移植 HTFS 的引擎并结合了 B-JAC 计算的优点。HTFS 原是英国 AEA 工程咨询公司(简称 AEA 公司)的产品,AEA 公司创始于1967 年,在世界同行业中始终处于领先地位。1997 年 AEA 公司和加拿大 Hyprotech 公司合并,Hyprotech 成为 AEA 公司的一个子公司,HTFS 由 Hyprotech 公司接管。2002 年,Hyprotech 公司与 AspenTech 公司合并,HTFS 成为 AspenTech 公司的产品,AspenTech公司将流程模拟软件 Aspen Plus 与 HTFS 系列软件进行了集成,与 Aspen Plus 集成的HTFS 称作 HTFS+,Aspen7.0 以后版本名称改为 Aspen EDR。

Aspen EDR 能够为用户提供较优的换热器设计方案,AspenTech 将工艺流程模拟软件和综合工具进行整合,大大降低了人工输入导致的数据在软件间的传输错误,最大限度地保证了数据的一致性,提高了计算结果的可信度,有效地减少了错误操作。对于 Aspen EDR的冷热流体的物性计算,原 B-JAC 和 Aspen HYSYS 的流体物性计算系统作为 Aspen EDR内置的物性计算系统,可直接使用。Aspen7.0 以后的版本已经实现了 Aspen Plus、AspenHYSYS 和 Aspen EDR 的对接,即 Aspen Plus 可以在流程模拟工艺计算之后直接无缝集成转入换热器的设计计算,使 Aspen Plus、Aspen HYSYS 流程计算与换热器详细设计一体化,不必单独地将 Aspen Plus 计算的数据导出后再导入换热器设计软件,用户可以很方便地进行数据传递并对换热器详细尺寸在流程中带来的影响进行分析。

2. Aspen EDR 的组成部分

Aspen EDR 的主要设计程序有:

(1) Aspen Shell & Tube Exchanger:能够设计、校核和模拟管壳式换热器的传热过程。

(2) Aspen Shell & Tube Mechanical:能够为管壳式换热器和基础压力容器提供完整的机械设计和校核。

(3) HTFS Research Network:用于在线访问 HTFS 的设计报告、研究报告、用户手册和数据库。

(4) Aspen Air Cooled Exchanger:能够设计、校核和模拟空气冷却器。

(5) Aspen Fired Heater:能够模拟和校核包括辐射和对流的完整加热系统,排除操作故障,最大限度地提高效率或者找出潜在的炉管烧毁或过度焦化隐患。

(6) Aspen Plate Exchanger:能够设计、校核和模拟板式换热器。

(7) Aspen Plate Fin Exchanger:能够设计、校核和模拟多股流板翅式换热器。

除了以上主要设计程序,下面的辅助程序为换热器设计提供支持:

（1）Metals：金属材料性质数据库；

（2）Ensea：管板布置程序；

（3）Qchex：价格预算程序；

（4）Props：化学物理性质数据库；

（5）Component Mechanical Design：零部件设计程序。

在以上程序的支持下，Aspen EDR 可应用于热力设计（适用于热能计算、相关几何参数计算以及布管）和机械设计（适用于各种压力条件下详细的机械设计）两种模式。

3．Aspen EDR 的功能特点

1）Aspen EDR 的计算模式

Aspen EDR 的计算模式包括 Design（设计）、Rating/Checking（校核）、Simulation（模拟）、Find Fouling（寻找污垢）即 Maximum Fouling（最大污垢）四种模式，具体如下：

（1）Design（设计）。用于换热器的设计，它回答了"怎样的换热器能够满足给定的工况需要"这样的问题。在设计模式下，用户需提供换热器整体配置的基本信息，如换热器型式、折流板类型及管子排布方式等信息，用户也可以设定壳径范围和管长范围等信息使得设计出的换热器更符合要求。对于设计模式的计算，最关键的结果是换热器的几何信息。

（2）Rating/Checking（校核）。用于校核已知的换热器，它回答了"这台换热器能否达到这样的热负荷"这样的问题。需要设定热负荷，同时给出流体入口条件和压降估计值，软件会确定某台特定的换热器是否有足够的换热面积以满足用户要求（一般以实际传热面积与理论需要传热面积的比值作为判定标准），同时计算流体的实际压降。

在此计算模式下，需要提供换热器尺寸和用于定义热负荷的过程流体信息（每股流体的流量和进出流体的条件状况），即由流体条件状况所表征的热负荷是固定的，进料压力也是固定的，但是出料压力是基于换热器的压降预测来计算的。

（3）Simulation（模拟）。用于模拟已知的换热器，它回答了"这台换热器能够达到多大的热负荷"这样的问题。需要提供换热器尺寸和大致估算的热负荷，通常将换热器尺寸和进料热/冷流体条件以及流量固定，软件会计算出另一股流体的条件以及相应的热负荷，结果往往以实际热负荷与所需热负荷的比值来表示。

一般标准的模拟过程都是已知入口流体的条件状况确定出口流体的条件状况（流体的条件状况是指特定焓值，通常的表现形式就是温度和气相质量分率，或者用户估算的压力变化），当然有时也可以反过来，已知出口条件状况根据热平衡反推进口状况，Aspen EDR 也提供了这样的功能。对于模拟模式的计算，最为关键的结果是流体的换热过程数据，特别是计算出的出口条件状况。

注意：在该模式中，每个流体的进料条件状况、出料条件状况和流量都作为已知量来计算面积余量；在模拟模式下，进料压力作为已知量，而出口压力由计算得出。

（4）Find Fouling（寻找污垢）。用于计算换热器的污垢热阻，它回答了"对于已知的换热器，多大的污垢热阻值能够使其达到需要的热负荷"这样的问题。用户指定热负荷，同时也提供流体入口条件和压降估计值，确定某台特定换热器要达到指定热负荷所需的污垢热阻值，同时计算流体的实际压降。在计算中用户可以指定管壳程一侧的污垢热阻进行计算，也可以设定管壳程两侧污垢热阻的初值。对于最大污垢热阻模式的计算，关键结果是管壳程的污垢热阻数值。之所以命名为最大污垢热阻是指该污垢热阻值是该换热器在现有换热能力下污垢热阻的最大数值,是一种保守的计算方式。

Find Fouling 和 Checking 计算模式有些类似,区别是前者靠调整污垢热阻来使现有的换热器达到特定的热负荷,而后者仅仅具有校核现有换热器热负荷与指定热负荷之间差值的能力。

值得一提的是,同 TASC 相比,在 Aspen EDR 中,Thermosiphon(热虹吸模式)不再作为一种独立的计算模式出现,取而代之的是用户可以在冷流体一侧的 Vaporization 类型规定中将其规定为 Thermosiphon,然后再按照上述四种计算模式独立求解。这种将计算模式和换热器类型分开处理的方法,更加有利于程序的标准化。

2)Aspen EDR 可计算的换热器类型

Aspen EDR 的功能强大,可方便地对各种各样的换热器进行全方位的计算。可应用于管壳式换热器、套管式换热器(套管或夹套式)和多管马蹄型套管式换热器(发夹型、U 形)、空气冷却器、省煤器、板框式换热器、板翅式换热器和燃烧式加热炉。

它用于管壳式换热器热力设计(Aspen Shell & Tube Exchanger),从概念设计到解决操作疑难均可运用,可较好地应用于多组分冷凝、废热锅炉热回收和空气去湿器、反冲回流冷凝器、釜式再沸器、热虹吸式再沸器、降膜蒸发器和多台换热器组;可处理的工业流体可以是单相、沸腾或冷凝气相以及在任何条件下的单组分或有/无不可压缩气体的任意混合组分(包括过热蒸汽、饱和蒸汽或过冷液体)。

具体来说可计算的换热器类型包括:

(1)所有 TEMA 式的换热器,即前端(A、B、C、D),后端(L、M、N、P、S、T、U、W),壳体(E、F、G、H、I、K、X);

(2)单台换热器或换热器组(串联最多为 12 台,并联无限制),换热器可以是卧式或立式;

(3)管型可以是光滑管、低翅片管、纵向翅片管等;

(4)非 TEMA 式的换热器,如套管式换热器(套管或夹套式)和多管马蹄型套管式换热器(发夹型、U 形)等;

(5)立式和卧式热虹吸换热器。

3)Aspen EDR 的计算方法

Aspen EDR 提供两种计算方法:标准算法和高级算法。其中,标准算法是首先规定一系列壳侧的焓/压力点,然后结合相对应的管侧的点来确定这些焓/压力点的位置。高级算法是首先定义换热器内的一系列位置,然后计算壳侧及管侧流体流经这些点的状态(焓和压力)。

高级算法适用于全部的计算模式(设计、模拟、校核和最大污垢热阻模式),并且适用于除釜式(kettles)和满液式蒸发器(flooded evaporators)之外的所有壳体类型,另外诸如可变折流板间距(variable baffle pitch)、收敛算法(convergence algorithm)、误差精度(tolerances)和迭代次数(number of iterations)这样的功能选项也只能适用于高级算法。一般来说,标准算法和高级算法计算出来的结果是相似的,但在计算末端空间较大的换热器时,推荐采用高级算法。

4）Aspen EDR 的物性数据来源

物性数据是决定换热器计算结果正确性的关键。物性计算的一般步骤：选择物性数据库—定义组分—指定组分分率—选择物性计算方法—指定温度、压力范围—规定间隔点个数（将温度区间分成多少个点）—获得物性数据。

Aspen EDR 自身带有庞大的纯组分物性数据库，为用户提供四种物性数据库：软件默认的 B-JAC-Databank、油气加工领域中处于领先地位的物性数据库 COMThermo、Aspen Properties 以及需要用户自行输入物性数据的用户自定义属性（user specified properties）选项。

5）Aspen EDR 的其他功能

采用 Aspen EDR 进行换热器计算非常方便，该软件除具有一些主要功能外，还有一些附加功能，具体包括：

（1）Aspen EDR 有一个高级的优化算法能够找到满足所有工艺要求且成本最低的换热器，程序在优化过程中进行详细的成本计算，用户可以交互式地分析优化路径和评价可选的设计方案；

（2）Aspen EDR 输出振动分析报告（vibration & resonance analysis report），可以方便用户进行振动检查；

（3）Aspen EDR 确定较合理的换热器设计方案，并在热力设计过程中进行初步的机械设计，从而检查各部件之间是否冲突；

（4）Aspen EDR 可进行完整的机械设计（包括综合应力分析及外部负载计算），它包括详细的代码依从计算、详细材料及人工成本估算和比例放大制造图；

（5）对于通过壳程的气相、液相或两相流体，Aspen EDR 可检查由流体流动引起振动的可能性，该方法可预测流体弹性稳定性、共振和流体冲击等，也可以预测热虹吸式再沸器的流动稳定性；

（6）Aspen EDR 的图形化的输出报告，可以方便用户查看换热器几何结构图。

9.3.1.2 HTRI 软件

HTRI Xchanger Suite 是 HTRI 开发的换热器设计及校核的集成图形化用户环境，采用了标准的 Windows 用户页面，其计算方法是基于多年来 HTRI 广泛收集的工业级传热设备的试验数据而研发的，并采用在全球处于领导地位的工艺热传递及换热器技术，包含了换热器和燃烧式加热炉的热传递计算及其他相关的计算软件。HTRI Xchanger Suite 已应用多年，其所有组件均很灵活，用户可以严格规定换热器的几何结构，从而利用 HTRI 所专有的热传递计算和压降计算的经验公式，对换热器性能进行精确预测。

1. HTRI 的组成部分

HTRI Xchanger Suite 主要包括以下几个部分：

（1）Air Cooler 和 Economizer（Xace）：分别能够设计、校核、模拟空冷器和省煤器；

（2）Plate and Frame Exchanger（Xpfe）：能够设计、校核、模拟板式换热器；

（3）Shell and Tube Exchanger（Xste）：能够设计、校核、模拟管壳式换热器；

（4）Spiral Plate Exchanger（Xspe）：能够校核、模拟单相螺旋板式换热器；

（5）Hairpin Exchanger（Xhpe）：能够设计、校核、模拟马蹄型套管式换热器；

（6）Jacketed Pipe Exchanger(Xjpe)：能够设计、校核、模拟套管式换热器；

（7）Tube Layout(Xtlo)：管壳式换热器严格的换热管排布软件；

（8）Vibration Analysis(Xvib)：对换热器管束中单管进行流体引发振动分析的软件；

（9）Fired Heaters(Xfh)：模拟火焰加热炉的软件。

2. HTRI 的功能特点

1）HTRI 的计算模式

HTRI 的计算模式包括 Design(设计)、Rating/Checking(校核)、Simulation(模拟)三种模式，具体如下：

（1）Design(设计)。对于经典设计方法，程序在满足所输入的几何参数、工艺数据和物性数据要求的基础上，设计出串、并联数最少，并且尺寸最小的换热器；对于网格设计方法，可以通过指定某些关键参数的范围和变化步长以达到对设计过程进行较为严格控制的目的，最终程序会设计出满足工艺要求的尺寸最小的换热器。

（2）Rating/Checking(校核)。定义换热器的几何参数和足够的工艺数据，程序计算传热系数和压降，并把计算结果与需要的热负荷进行对比，校核热负荷是否满足要求。

（3）Simulation(模拟)。定义换热器的几何参数和比 Rating 模式更少的工艺数据后，软件来计算换热性能，包括传热系数、压降和热负荷，给出的热负荷是换热器所能达到的最大热负荷。

2）HTRI 可计算的换热器类型

HTRI 可计算多种类型的换热设备，包括管壳式换热器和非管式换热器(non-tubular exchangers)、空冷器和省煤器、热回收管束(heat recovery bundles)、火焰加热炉等。

9.3.2　化工过程热集成设计软件

化工过程热集成是以合理利用热量为目标的全过程系统综合问题，它从总体上考虑过程中热量的供求关系、过程机构、操作参数的调优处理，达到全过程系统热量的优化综合。化工过程热集成设计的对象是换热系统的拓扑结构和公用工程的规格配套设计。

9.3.2.1　Aspen energy analyzer

换热网络优化设计软件 Aspen energy analyzer 是 AspenTech 公司旗下的产品，是进行换热网络优化设计的一个功能强大的概念设计包，提供了夹点分析和换热网络优化设计的环境，是 Aspen 在工程应用上的一个重要工具。主要包括如下功能：

（1）计算能量和设备投资目标；

（2）进一步改善能量热集成项目，从而减少操作费用、设备投资费用并使能量利用最大化；

（3）提供过程能量优化的工具；

（4）提供图表结合使用的方法。

9.3.2.2　夹点技术

夹点技术(pinch technology)，又译作狭点技术、挟点技术，是英国 Bodo Linnhoff 等于

20 世纪 70 年代末提出的换热网络优化设计方法,后来又逐步发展成为化工过程综合的方法论。夹点技术是以热力学为基础,从宏观角度分析过程系统中能量流沿温度曲线的分布,从中发现系统用能的"瓶颈"(bottleneck)所在,并给以"解瓶颈"(debottleneck)的一种方法,主要通过构造冷、热物流组合曲线、总组合曲线和平衡组合曲线来对工艺过程进行能量分析,制定节能设计和改造方案。夹点技术是能量回收系统分析的重大突破,20 世纪 80 年代以来夹点技术在欧洲、美国、日本等工业发达国家迅速得到推广应用,现已成功地用于各种工业生产的连续和间歇工艺过程,应用领域十分广阔,在世界各地产生了巨大的经济效益。

工艺过程存在多股冷、热物流,过程综合就是要设计出能使冷、热物流充分换热以尽可能回收热量,并同时满足投资费用、可操作性等方面的约束条件的过程系统。冷、热物流间的换热量与公用工程耗量的关系可用温-焓(T-H)图表示,如图 9-5 所示。

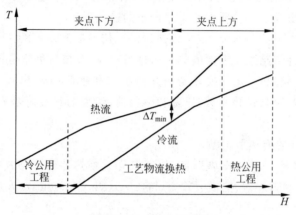

图 9-5　温-焓(T-H)图

多股冷、热物流在 T-H 图上可分别合并为冷、热物流复合曲线,两条曲线在 H 轴上投影的重叠部分即为冷、热物流间的换热量,不重叠部分即为冷热公用工程耗量。当两曲线在水平方向上相互移近时,热回收量 Q_X 增大,而公用工程耗量 Q_C 和 Q_H 减小,各部位的传热温差也减小。当曲线互相接近至某一点达到最小允许传热功当量温差 $\Delta T_{\min}$ 时,热回收量达到最大($Q_{X,\max}$),冷、热公用工程耗量达到最小($Q_{C,\min}$,$Q_{H,\min}$),两曲线运动纵坐标最接近的位置叫作夹点。

为了使公用工程消耗最小,设计时需遵循以下三个基本原则:

(1) 尽量避免热量穿过夹点;

(2) 在夹点上方(或称热端),尽量避免引入公用工程冷却物流;

(3) 在夹点下方(或称冷端),尽量避免引入公用工程加热物流。

$\Delta T_{\min}$ 是对整个网络的最小传热温差,为保证实现能量目标,要求夹点处传热温差等于 $\Delta T_{\min}$,远离夹点处的传热温差不得小于 $\Delta T_{\min}$。$\Delta T_{\min}$ 等于零是冷热物流能量回收达到最大的极限值,此时冷、热公用工程负荷均达到最小值。$\Delta T_{\min}$ 越大,冷、热公用工程最小负荷越大,随着 $\Delta T_{\min}$ 增大,能量回收减少,同时增加冷、热公用工程最小负荷,且能量回收的减少量正好等于冷、热公用工程最小负荷的增加量。

9.3.3 塔内件水力学计算软件

塔设备是炼油、石化、化工等部门广泛应用的工艺设备,其主要功能是通过气液或液液两相的接触,实现物料的提纯和分离,达到流体间传质与传热的目的。塔器通过壳体和壳体内的内件实现物料分离,具有结构简单、效率高、操作方便和稳定可靠等特点。蒸馏、吸收、解吸、汽提、萃取等过程一般均在塔设备中进行。塔设备的设计过程不仅受到具体参数、工艺要求等的制约,还受到设计人员实际经验和研发手段的制约。传统的设计过程存在对人员要求高、工作量大、效率低、难以保证数据的准确性、信息不能共享等诸多不利因素。

9.3.3.1 CUP-TOWER 简介

CUP-TOWER 是中国石油大学(华东)分离研究中心通过对各类板式塔、筛板萃取塔、散装填料塔、规整填料塔和填料萃取塔的设计进行全面分析,并根据工程经验与实验结果总结规律,开发出的一款塔的水力学综合计算软件。该软件具有设计和校核的功能,支持多种方式的输入、输出,支持负荷性能图和塔板布置图(CD)的自动生成,能够帮助用户直观地分析塔设备的操作情况,具有较高的实用价值。

9.3.3.2 CUP-TOWER 的主要功能特点

1. 塔板种类繁多,计算模型准确

CUP-TOWER 塔板部分(表 9-4)包含浮阀型、筛孔型、泡罩型、斜喷型、无溢流型、多降液管型、垂直筛板、旋流板和固阀型 9 类 20 多种塔板的设计计算,填料部分包含常见的散装填料和规整填料,遴选了许多文章和书籍中的研究成果,借助电算程序,高效、省时地设计和校核塔设备。

表 9-4 塔内件种类一览表

塔设备类型	塔内件种类
板式塔	浮阀(圆阀、条阀)、固阀、垂直筛板、固舌、浮舌、斜孔、筛板、泡罩、穿流筛板、折流塔板、多降液管塔板以及 FI 型浮阀塔板系列塔板
筛板萃取塔	筛板塔
散装填料塔	拉西环、阶梯环、鲍尔环、矩鞍环
规整填料塔	Mellapak 金属板波纹、Mellagrid 金属格栅板、金属丝网波纹
填料萃取塔	拉西环、鲍尔环、阶梯环、矩鞍环等散堆填料 丝网、板波纹等规整填料

2. 界面友好,人机对话方便

软件程序系统整体功能的好坏与软件界面有很大的关系,一个良好的程序系统必须有友好的人机对话界面,否则即使内部功能非常优秀也不能为人所知晓。为此,CUP-TOWER 对界面进行了一番精心的设计,界面具有良好的引导操作功能。软件采用 Visual Basic 6.0 作为开发工具,利用其丰富的控件,对其窗体、菜单栏和工具栏等界面进行设计。

3. 塔板程序独立性强

每种塔板都单独作为一个子窗体,调用时只需要选择相应的塔板类型即可,每种塔板的计算程序都放在相应的标准模块中,当对各种塔板进行计算时,只需要调用相应的塔板计算程序,因此具有多任务的优点。用户可以同时打开多个不同的塔板类型进行设计,并显示不同的设计结果,进行直观的比较,选择最优的设计结果。

4. 数据输入

由于气液相流量、气液相密度、黏度、表面张力等数据很多是通过模拟软件 Aspen Plus 和 PRO/Ⅱ 获得,CUP-TOWER 可以把 PRO/Ⅱ 和 Aspen Plus 的模拟结果输入到软件相应界面中,这样就减少了数据的输入误差,使烦琐的数据输入过程变得简单,提高了工作效率。在计算过程中可以应用单击菜单系统中的"文件—输入数据—来自 Aspen Plus(或来自 PRO/Ⅱ)"或单击工具栏中的▓(或▓)图标从 Aspen Plus(或 PRO/Ⅱ)数据文件中获得所需要的数据,导入到 CUP-TOWER 中。

5. 结果输出

CUP-TOWER 利用预先编制的 Excel 和 Word 模板,应用 VBA(Visual Basic 宏语言)技术输出各种塔板的计算参数表,同时方便用户对数据结果进行编辑和修改。通过单击菜单系统中的"文件—输出结果—输出到 Excel(或输出到 Word)"或单击工具栏中的▓(或▓)图标来实现。

对得到的 Excel 文件和 Word 文件可以进行保存和修改,其结果包括设计基本信息、工艺条件、塔的结构参数、水力学参数、负荷性能图等。

6. 人性化的参数提示

在塔板设计或校核中需要用户自行输入某些参数,设计结果需要判断有关参数的值是否符合设计要求,这些参数都有一定的取值标准,如安全因子的选择标准等,CUP-TOWER 在输入界面都有提示。

9.3.4 管网计算软件

PIPENET 管网流体分析软件起源于 20 世纪 70 年代的剑桥大学。1979 年,AVEVA 公司(旗下拥有 TRIBON、PDMS 等卓越的软件产品)将其收购并命名为 PIPENET。1985 年 SUNRISE 公司成立,独立进行 PIPENET 软件的研发和拓展。PIPENET 系列软件具有广泛的工业用途,以及强大的工程管网系统的数值计算、模拟仿真和系统优化等功能。它能够使工程管网系统的设计更科学、更合理、更经济、更安全;同时有效地提高设计效率、增加工程收益、降低事故发生率。

PIPENET 系列软件包括标准模块、消防模块以及瞬态模块,其中每个模块都是独立运行的软件。

1. 标准模块

PIPENET 标准模块用于工业管网稳态设计的数值计算及模拟仿真。其具体功能包括:

(1) 依照设计流速或管道比摩阻计算所需管道直径;

(2) 流场计算(计算管网中每个节点压力、每条管道的流量、流速、压损等参数);

(3) 计算管网入口(即泵出口)参数用于确定泵;输入泵的曲线后,计算泵的工作点;泵的串联、并联及变速泵模拟计算；

（4）依照分支所需流量要求计算阀门开度，用于调节分支流量；

（5）由孔板大小计算其产生压降或由所需压降计算孔板大小；

（6）异常工况（堵、漏等）的模拟；

（7）稳压阀、稳流阀的模拟；

（8）方管模型，用于通风系统计算。

标准模块适用流体为液体、气体、烃类混合物及变物性流体等，适用于树状管网、环状管网及多水源系统等复杂结构管网。

PIPENET 软件标准模块主要用于炼油厂、化工厂、电厂、海洋平台、船舶、工厂等行业的循环冷却水系统水力平衡计算及通风系统计算，以及城市供水管网、供热管网、建筑给水系统、冷却塔配水系统等复杂流体管网的水力计算。

2. 消防模块

PIPENET 消防模块用于消防管网稳态设计的数值计算及模拟仿真。其功用与标准模块大致相同，但遵循与标准模块完全不同的消防标准（如 NFPA——美国消防协会标准、FOC——英联邦国家消防标准、我国消防国家标准），并符合上述标准对各行业消防系统设计的严格而特殊的各种强制性计算和布置要求，同时生成国际通用的 NFPA 格式的消防计算书。

3. 瞬态模块

PIPENET 的瞬态模块又分为瞬态标准子模块和瞬态消防子模块，分别用于工业管网和消防管网的动态分析、模拟仿真和数值计算。其具体功能包括：

（1）停泵、启泵、开关阀等动作导致的水锤（汽锤）分析，计算管网内最大最小压力值及发生位置，判断系统最大压力是否超过管道设计压力，判断管路系统是否有负压；

（2）水击预防措施的模拟分析，例如泄压阀、安全阀、爆破片、呼吸阀、缓冲罐（闭式、开式、带溢流）、虹吸井等部件的响应分析，在满足设计要求的情况下，确定上述设备大小；

（3）管路 PID 控制系统的模拟分析，通过传感器采集压力、流量及压差信号，采用等比例、积分、微分等控制原则的组合设置，系统自动调整阀门、泵等部件的参数，确保系统始终处于稳定状态，可实现管路系统的自动控制调整，避免人为调整的滞后性；

（4）动态力的数值计算；

（5）消防罐及泵房前池的液位波动模拟及泄放时间计算；

（6）模拟空化、汽蚀、段塞流等现象；

（7）模拟管网充水及泄放过程分析，可计算管路的充水时间；

（8）消防联动系统模拟分析，从而计算消防系统的响应时间。

PIPENET 软件可用于火电及核电厂主蒸汽管道及热段管道的气锤分析及气锤力计算、循环水系统的稳态水力计算及水锤分析、相关工艺管道瞬态分析及电厂的消防系统的水力计算。在石油化工行业，可用于冷却塔配水系统、循环水系统、液化天然气（LNG）接收站工艺系统、海洋平台循环水系统、消防水系统、长距离输油系统、油田注水系统的水击分析。

9.3.5 CFD 软件

9.3.5.1 CFD 软件简介

计算流体动力学（computational fluid dynamics，CFD）是通过计算机数值计算和图像显示，对包含有流体流动和热传导等相关物理现象的系统进行分析。CFD 的基本思想是把原来在时间域及空间域上连续的物理量的场，如速度场和压力场，用一系列有限个离散点上的变量值的集合来代替，通过一定的原则和方式建立起关于这些离散点上场变量之间关系的代数方程组，然后求解代数方程组，获得场变量的近似值。

1. CFD 软件的基本原理

CFD 软件可以看作在流动基本方程（质量守恒方程、动量守恒方程、能量守恒方程）控制下对流动的数值仿真模拟。通过这种数值模拟，可以得到极其复杂问题的流场内各个位置上的基本物理量（如速度、压力、温度、浓度等）的分布，以及这些物理量随时间的变化情况，确定旋涡分布特性、空化特性及脱流区等；也可以据此算出相关的其他物理量，如旋转式流体机械的转矩、水力损失和效率等；此外，联合 CFD 与 CAD，还可以进行结构优化设计等。

2. CFD 软件在现代设计中的应用

CFD 软件可以应用于新产品设计的概念研究、产品开发的细节、产品的重新设计；还可以发现并解决故障。应用 CFD 软件可以提高企业的竞争能力和设计水平，是企业数字化的重要部分，也可以为企业带来崭新的设计理念和提供新的发展途径。

9.3.5.2 CFD 软件结构

CFD 软件结构由前处理、求解器、后处理组成。前处理通常要生成计算模型所必需的数据。这一过程通常包括建模，数据录入（或从 CAD 软件中导入），生成网格等；做完了前处理后，CFD 软件的核心求解器将根据具体的模型，完成相应的计算任务，并生成结果数据；后处理过程通常是对生成的结果数据进行组织和诠释，以直观可视的图形形式输出，如图 9-6 所示。

1. 前处理器

前处理器（preprocessor）用于完成前处理工作。前处理环节是向 CFD 软件输入所求问题的相关数据，该过程一般是借助与求解器相对应的对话框等图形界面来完成的。在前处理阶段需要用户进行以下工作：

（1）定义所求问题的几何计算域；

（2）将计算域划分成多个互不重叠的子区域，形成由单元组成的网格，选择需要被模拟的物理及化学现象；

（3）定义流体的属性参数；

（4）为计算域边界处的单元指定边界条件；

（5）对于瞬态问题，指定初始条件。

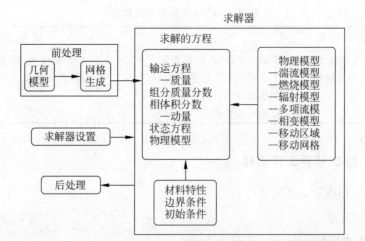

图 9-6　CFD 软件结构图

　　流动问题的解是在单元内部的节点上定义的,解的精度由网格中单元的数量决定。一般来讲,单元越多、尺寸越小,所得到的解的精度越高,但所需要的计算机内存资源及 CPU 时间也相应增加。为了提高计算精度,在物理量梯度较大的区域,以及我们感兴趣的区域,往往要加密计算网格。在前处理阶段生成计算网格时,关键是要把握好计算精度与计算成本之间的平衡。此外,指定流体参数的任务也是在前处理阶段进行的。

2. 求解器

　　求解器(solver)的核心是数值求解方案。常用的数值求解方案包括有限差分、有限元、谱方法和有限体积法等。总体上讲,这些方法的求解过程大致相同,包括以下步骤:

　　(1) 借助简单函数来近似待求的流动变量;

　　(2) 将该近似关系代入连续型的控制方程中,形成离散方程组;

　　(3) 求解代数方程组。

　　各种数值求解方案的主要差别在于流动变量被近似的方式及相应的离散化过程。

3. 后处理器

　　后处理的目的是有效地观察和分析流动计算结果。随着计算机图形功能的提高,目前的 CFD 软件均配备了后处理器(postprocessor),提供了较为完善的后处理功能,包括:

　　(1) 计算域的几何模型及网格显示;

　　(2) 矢量图(如速度矢量线);

　　(3) 等值线图;

　　(4) 填充型的等值线图(云图);

　　(5) XY 散点图;

　　(6) 粒子轨迹图;

　　(7) 图像处理功能(平移、缩放、旋转等)。

　　借助后处理功能,还可动态模拟流动效果,直观地了解 CFD 软件的计算结果。

　　表 9-5 为 CFD 软件前处理器、求解器和后处理器三大模块的功能。

表 9-5　CFD 软件的模块功能

模块	前处理器	求解器	后处理器
功能	① 几何模型； ② 划分网格	① 确定 CFD 方法的控制方程； ② 选择离散方法进行离散； ③ 选用数值计算方法； ④ 输入相关参数	速度场、温度场、压力场及其他参数的计算机可视化及动画处理

9.3.5.3　CFD 软件工作流程

CFD 软件工作流程如图 9-7 所示。

1. 建立控制方程

（1）给出物理模型（physical model/description）。

（2）借助如下基本原理/定律给出数学模型（mathematical model）：

质量守恒定律（mass conservation law）；

能量守恒定律（energy conservation law）；

动量守恒定律（momentum conservation law）；

傅里叶定律（Fourier law）；

菲克定律（Fick's law）；

摩擦定律（friction law）。

2. 确定初始条件与边界条件

初始条件是所研究对象在过程开始时刻各个求解变量的空间分布情况。对于瞬态问题，必须给定初始条件，对于稳态问题，不需要初始条件。边界条件是在求解区域的边界上所求解的变量或其导数随地点和时间的变化规律。对于任何问题，都需要给定边界条件。例如，在锥管内的流动，在锥管进口断面上，我们可给定速度、压力沿半径方向的分布，而在管壁上，对速度取无滑移边界条件。

初始条件与边界条件是控制方程有确定解的前提，控制方程与相应的初始条件、边界条件的组合构成对一个物理过程完整的数学描述。对于初始条件和边界条件的处理，直接影响计算结果的精度。

3. 划分计算网格，生成计算节点

采用数值方法求解控制方程时，都是想办法将控制方程在空间区域上进行离散，然后求解得到的离散方程组。要想在空间域上离散控制方程，必须使用网格。现已发展出多种对各种区域进行离散以生成网格的方法，统称为网格生成技术。

不同的问题采用不同数值解法时，所需要的网格形式是有一定区别的，但生成网格的方法基本是一致的。目前，网格分结构网格和非结构网格两大类。简单地讲，结构网格在空间上比较规范，如对一个四边形区域，网格往往是成行成列分布的，行线和列线比较明显。而

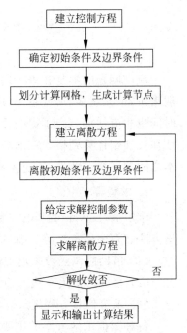

图 9-7　CFD 软件工作流程

对非结构网格在空间分布上没有明显的行线和列线。对于二维问题,常用的网格单元有三角形和四边形等形式;对于三维问题,常用的网格单元有四面体、六面体、三棱体等形式。在整个计算域上,网格通过节点联系在一起。

目前各种 CFD 软件都配有专用的网格生成工具,如 FLUENT 使用 GAMBIT 作为前处理软件。多数 CFD 软件可接收采用其他 CAD 或 CFD/FEM 软件产生的网格模型,如 FLUENT 可以接收 ANSYS 所生成的网格。若问题不是特别复杂,用户也可自行编程生成网格。

4. 建立离散方程

对于在求解域内所建立的偏微分方程,理论上是有真解(或称精确解或解析解)的。但由于所处理的问题自身的复杂性,一般很难获得方程的真解。因此,就需要通过数值方法把计算域内有限数量位置(网格节点或网格中心点)上的因变量值当作基本未知量来处理,从而建立一组关于这些未知量的代数方程组,然后通过求解代数方程组来得到这些节点值,而计算域内其他位置上的值则根据节点位置上的值来确定。由于所引入的应变量在节点之间的分布假设及推导离散化方程的方法不同,就形成了有限差分法、有限元法、有限元体积法等不同类型的离散化方法。

5. 离散初始条件及边界条件

前面所给定的初始条件和边界条件是连续性的,如在静止壁面上速度为 0,现在需要针对所生成的网格,将连续型的初始条件和边界条件转化为特定节点上的值,如静止壁面上共有 90 个节点,则这些节点上的速度值应均设为 0。这样,连同在各节点处所建立的离散的控制方程,才能对方程组进行求解。

在商用 CFD 软件中,往往在前处理阶段完成了网格划分后,直接在边界上指定初始条件和边界条件,然后由前处理软件自动将这些初始条件和边界条件按离散的方式分配到相应的节点上去。

6. 给定求解控制参数

在离散空间上建立了离散化的代数方程组,并施加离散化的初始条件和边界条件后,还需要给定流体的物理参数和紊流模型的经验系数等。此外,还要给定迭代计算的控制精度、瞬态问题的时间步长和输出频率等。在 CFD 的理论中,这些参数并不值得去探讨和研究,但在实际计算时,它们对计算的精度和效率有着重要的影响。

7. 求解离散方程

在进行了上述设置后,生成了具有定解条件的代数方程组。对于这些方程组,数学上已有相应的解法,如线性方程组可采用高斯(Guass)消去法或高斯-赛德尔(Guass-Seidel)迭代法求解,而对非线性方程组,可采用牛顿-拉夫森(Newton-Raphson)法。在商用 CFD 软件中,往往提供多种不同的解法,以适应不同类型的问题。

8. 判断解的收敛性

对于稳态问题的解,或是瞬态问题在某个特定时间步上的解,往往要通过多次迭代才能得到。有时,因网格形式或网格大小、对流项的离散插值格式等原因,可能导致解的发散。对于瞬态问题,若采用显式格式进行时间域上的积分,当时间步长过大时,也可能造成解的振荡或发散。因此,在迭代过程中,要对解的收敛性随时进行监视,并在系统达到指定精度后,结束迭代过程。这部分内容属于经验性的,需要针对不同情况进行分析。

9. 显示和输出计算结果

(1)线值图:在二维或三维空间上,将横坐标取为空间长度或时间历程,将纵坐标取为某一物理量,然后用光滑曲线或曲面在坐标系内绘制出某一物理量沿空间或时间的变化情况。

(2)矢量图:直接给出二维或三维空间里矢量(如速度)的方向及大小,一般用不同颜色和长度的箭头表示速度矢量。矢量图可以比较容易地让用户发现其中存在的旋涡区。

(3)等值线图:用不同颜色的线条表示相等物理量(如温度)的一条线。

(4)流线图:用不同颜色线条表示质点运动轨迹。

(5)云图:使用渲染的方式,将流场某个截面上的物理量(如压力或温度)用连续变化的颜色块表示其分布。

CFD 软件可求解很多种问题,比如定常流动、非定常流动、层流、紊流、不可压缩流动、可压缩流动、传热、化学反应等。对每一种物理问题的流动特点,都有适合它的数值解法,用户可对显式或隐式差分格式进行选择,以便在计算速度、稳定性和精度等方面达到最佳效果。CFD 软件之间可以方便地进行数值交换,并采用统一的前处理和后处理工具,这就省了工作者在计算机方法、编程、前后处理等方面投入的重复低效的工作。

目前常见的 CFD 软件有:FLUENT、CFX、PHOENICS、STAR-CD 等,其中 FLUENT 是目前国际上最常用的商用 CFD 软件包,凡是与流体、热传递及化学反应等有关的问题均可使用,在美国的市场占有率为 60%。它具有丰富的物理模型、先进的数值方法以及强大的前后处理能力,在航空航天、汽车设计、石油天然气、涡轮机设计等方面都有着广泛的应用。

9.4 化工设备布置设计软件

9.4.1 设备布置设计软件

在设备布置的过程中,塔设备、泵设备、卧式容器的建立(气液分离器、碘分离器)、换热器、立式换热器的建立要根据《化工装置设备布置设计规定》(HG/T 20546—2009)布置。其中,三维空间的定位要求严密的逻辑思维和空间想象能力。借助正交模式下的辅助线精确完成设备的定位。设备定位的过程中要协调钢结构平台,不断在标准范围内微调定位。

CADWorx Plant Professional 软件是 Hexagon PPM 公司基于 AutoCAD 平台研发的3D 工厂设计软件。其作为一款中级 3D 工厂设计软件被广泛地应用于工程领域。

9.4.2 管道应力计算软件

CAESARII 软件是由美国 Intergraph ICAS 公司于 1984 年开发出来的管道应力分析软件,既可以分析计算静态分析,也可以进行动态分析,在工程项目的管道设计中得到广泛应用。CAESARII 软件的理论基础是材料力学、结构力学、弹塑性力学、有限元、管道应力分析与计算等。应用 CAESARII 软件可以在管系承受自重、压力荷载、热荷载、地震荷载和其他静态和动态荷载作用的情况下进行快速、正确的分析,还可以分析任何尺寸或复杂程序的管系。无论是设计一个新的管系还是分析已存在的管系,CAESARII 生成的计算结果完全描述了基于指导下管系的行为和满足所选择的工业标准的设计限制。

CAESARII 软件功能及特点如下。

1. 输入和建模

CAESARII 软件的输入格式大大减少了建模时间。在线帮助与较少使用的一些功能的套装分层结构确保工程师不被打开过多的屏幕或干扰选项所迷惑,工程师可以只查看自己所关心的问题。模型一旦建成,自动错误检查将检查输入。从管系的透视图和可能的错误警告中确保建立的模型是正确的。错误检查完成后,工程师只要告诉 CAESARII 软件,将自动进行分析。

(1) 交互式图形输入,使用户更直观地查看模型。CAESARII 支持单线图、双线图、线框图和实体图。

(2) 扩充的在线帮助。对每一个输入区域都提供方便的、相关的信息。

(3) 丰富的约束类型。包括是否有附加位移的固支;单向或双向作用的平动、转动;双线性作用的平动;导向和限位架;带摩擦的支撑等。

(4) 用户可修改材料数据库,包括随温度变化的许用应力。

(5) 内置阀门库、弹簧库、膨胀节库和法兰库,并且允许用户扩展自己的库。

(6) 交互式的列表编辑输入格式。用户可查看和编辑多个单元数据,因为具有块编辑特性,例如旋转、复制、影射,删除和节点重新编号,用户经常使用这种功能。

(7) 自动的膨胀节建模。调用膨胀节供应商提供的数据库建立膨胀节的相关参数。

(8) 其他的输入和建模包括:冷紧单元;弯头、三通应力强度因子(stress intensity factor,SIF)的计算;多任务批处理功能;英制/公制/国际单位制的转换,用户可定义自己的单位。

2. 静态分析

应用 CAESARII 软件进行静态分析时通常使用软件推荐的荷载工况来满足管道应力要求。对于特殊情况,用户可改变荷载工况,增加或减少荷载工况。目前,CAESARII 软件最多可定义 99 个不同的荷载工况。CAESARII 软件可分析管道和钢结构一体的复合模型,用户可得到管道-钢结构非线性作用计算和图形结果。

(1) 自动错误检查。

(2) 非"错误检查"程序可自动或让用户定义荷载工况。在模型中使用定义的荷载分量所推荐的荷载工况来满足所选择的管道规范。如果程序推荐的分析不能满足,用户可以建立自己的荷载工况。

(3) 弹簧设计选择。程序提供许多制造商的弹簧库。CAESARII 允许在多个热工况下,选择冷态或热态吊零,使用标准或扩充的荷载范围来选择弹簧。它根据建议的操作和安装位置从弹簧制造商提供的弹簧库中选择合适的弹簧支架。

(4) ASCE 风载的生成。程序根据 ASCE♯7 或用户自己定义的风压或风速数据自动作用和分析风荷载。

（5）考虑热弯曲。提供考虑热梯度的影响。

（6）管嘴柔性和应力的计算。程序包括 WRC297、API650 和 BS5500 定义的管嘴柔性，根据 WRC297、WRC107 和 ASME Section Ⅷ Division2 计算管嘴和容器应力。

（7）法兰泄漏及应力。程序包括简单的法兰泄漏检查，根据《钢制管法兰及法兰管件》法兰标准（ANSI B16.5）和 ASME 锅炉压力容器规范第八篇第一分篇（ASME Section Ⅷ Division1）计算应力、评估法兰荷载。

（8）设备荷载检查。程序按如下标准进行检查：

蒸汽轮机——国家电气制造协会（NEMA）标准 SM23。

离心泵——美国石油学（API）标准 610 第 6 版和第 7 版。

离心压缩机——API 标准 617。

空冷器——API 标准 661。

封闭式给水加热器——热交换学会（HEI）标准。

3. 动态分析

输入动态分析所需的参数，如不均匀质量、强迫振动、减振器和频谱定义，可以使用内置的地震频谱或用户自己定义反应谱。动态分析功能包括：

（1）振型和自然频率的计算。通过评价系统振动振型，可以检查或避免许多操作问题以节省时间。

（2）谐振力和位移。评价一个阻尼系统在谐振力或位移下的振动响应以模拟机械和声学的振动。

（3）地震反应谱分析和独立支承运动（包括固支运动），程序缺省采用的是标准计算方法，用户也可自己定义计算方法。

4. 输出功能

CAESARII 软件输出报告包括：输入数据、弹簧选择和各个工况下的位移、力、力矩和规范定义的应力与它们的许用应力的比较。可以通过屏幕查看部分或整体信息，也可以将信息保存为一个文件或 Word 文档。通过显示有用的输出报告可加速设计周期。

CAESARII 软件输出模块提供灵活方便的交互方式。程序给用户提供一个完善的工具来分析计算结果，如选择荷载工况、输出报告和标题控制下的计算结果。输出图形显示结构的变形形状、力、力矩、应力和振动的动画显示。用户需要哪一部分的结果就可以选择相应部分的输出结果。

CAESARII 提供双向的数据输入和输出接口，可减少数据输入时间、提高程序和已有数据的利用率。

CAESARII 具有可与美国 COADE 公司开发的基于 AutoCAD 上的管道绘图和设计软件 CADWorx/PIPE 相匹配的接口，这是在 CAD 和管道应力分析程序之间的第一个智能化的完全双向接口。

CAESARII 可以通过接口与以下程序连接：PDMS、CADWorx/Pipe、PiPeCAD、CATIA CCPlant、AutoPLANT、Computer Vision、Pro-ISO、PDS。

CAESARII 还提供一个中间数据格式，在与其他程序如 Cadcentre 公司的 PDMS 和 Jacobus 公司的 3DM 进行数据交换时可单独使用，也可生成 AutoCAD DXF 文件。

CAESARII还可以通过ODBC和数据库进行全部输入和输出数据的交换。确保用户可以根据实际工作需要获得期望的数据。如客户有支吊架程序,可以通过访问数据库获得该点的支架受力、弯矩和位移。

　　CAESARII还新添了向AutoCAD输出图纸功能,用户可以控制输入信息、输出信息,选择哪些节点需要标注信息。用户可以根据自己的需要,定义自己的图框形式。

9.5　计算机绘图软件

9.5.1　AutoCAD软件

　　CAD(computer aided design)的含义是计算机辅助设计,是计算机技术的一个重要应用领域。AutoCAD是美国Autodesk公司开发的一个交互式绘图软件,是用于二维及三维设计、绘图的系统工具,用户可以使用它来创建、浏览、管理、打印、输出、共享设计图形。AutoCAD是目前世界上应用最广的CAD软件,市场占有率位居世界第一。AutoCAD软件具有如下特点:具有完善的图形绘制功能;具有强大的图形编辑功能;可以采用多种方式进行二次开发或用户定制;可以进行多种图形格式的转换,具有较强的数据交换能力;支持多种硬件设备;支持多种操作平台;具有通用性、易用性,适用于各类用户。

　　此外,从AutoCAD 2000开始,该系统又增添了许多强大的功能,如AutoCAD设计中心(ADC)、多文档设计环境(MDE)、Internet驱动、新的对象捕捉功能、增强的标注功能以及局部打开和局部加载的功能,从而使AutoCAD系统更加完善。

　　虽然AutoCAD本身的功能集已经足以协助用户完成各种设计工作,但用户还可以通过Autodesk以及数千家软件开发商开发的5000多种应用软件把AutoCAD改造成为满足各专业领域的专用设计工具。这些领域中包括建筑、机械、测绘、电子以及航空航天等。

9.5.2　SmartPlant P&ID软件

　　SmartPlant P&ID是美国Intergraph(鹰图)公司开发的基于Oracle/SQL数据库的智能工艺管道仪表流程图绘制软件,属于工程设计类软件,是目前得到业内公认的功能强大的智能P&ID,支持Oracle、SQL Server数据库、Visual Basic高级语言结合编程技术应用SmartPlant P&ID中的Automation自动化开发工具来扩展SmartPlant P&ID的功能。开发的程序可以提高绘图和属性完善的效率。例如国核电力规划设计研究院的热控辅助设计软件、SmartPlant P&ID数据处理软件等。

　　SmartPlant P&ID软件不仅描述工艺流程的图例符号本身带有属性,而且图上包含的所有对象例如设备、管道、仪表等都对应一系列的物理尺寸、工艺参数等多种数据信息,使图形信息与数据紧密结合,从而为后续的查询、批量修改、报表(管线表、设备表、阀门表、仪表清册、保温规格表等)自动生成和材料自动统计工作打下基础,也为接收上游计算软件数据做好准备,实现了集成系统数据的一次性输入、重复利用,减少了中间错误,提高了数据的一致性,从而提高了整体的设计质量和效率。

参考文献

[1] 中石化上海工程有限公司.化工工艺设计手册[M].5版.北京:化学工业出版社,2018.

[2] 袁渭康,王静康,费维扬,等.化学工程手册[M].3版.北京:化学工业出版社,2019.

[3] 王子宗.石油化工设计手册:第三卷 化工单元过程[M].修订版.北京:化学工业出版社,2015.

[4] 徐宝东.化工管路设计手册[M].北京:化学工业出版社,2021.

[5] 王静康.化工过程设计[M].2版.北京:化学工业出版社,2022.

[6] 梁志武,陈声宗.化工设计[M].4版.北京:化学工业出版社,2022.

[7] 李国庭.化工设计概论[M].2版.北京:化学工业出版社,2022.

[8] 李国庭,胡永琪.化工设计及案例分析[M].北京:化学工业出版社,2020.

[9] 陈砺,王红林,严宗诚.化工设计[M].北京:化学工业出版社,2019.

[10] 娄爱娟,吴志泉,吴叙美.化工设计[M].上海:华东理工大学出版社,2002.

[11] 杨秀琴,徐绍红.化工设计概论[M].2版.北京:化学工业出版社,2019.

[12] 韩冬冰,王文华,赵旗.化工开发与工程设计概论[M].北京:中国石化出版社,2010.

[13] 陈声宗.化工设计[M].3版.北京:化学工业出版社,2015.

[14] 尹先清.化工设计[M].北京:石油工业出版社,2010.

[15] 傅启民.化工设计[M].合肥:中国科学技术大学出版社,1995.

[16] 胡庆福.化工设计概论[M].北京:中国科学技术出版社,1990.

[17] 侯文顺.化工设计概论[M].3版.北京:化学工业出版社,2011.

[18] RAY M S,SNEESBY M G.化工项目设计训练:通过案例研究学习设计[M].2版.余立新,彭勇,译.北京:清华大学出版社,2003.

[19] 王杭州,陈丙珍,赵劲松,等.面向本质安全化的化工过程设计[M].北京:清华大学出版社,2017.

[20] 陈声宗.化工过程开发与设计[M].北京:化学工业出版社,2009.

[21] CUSSLER E L,MOGGRIDGE G D.化学产品设计[M].刘铮,余立新,王运东,等译.北京:清华大学出版社,2003.

[22] SEIDER W D,SEADER J D,LEWIN D R.产品与过程设计原理:合成、分析与评估[M].朱开宏,李伟,钱四海,译.上海:华东理工大学出版社,2006.

[23] 柴诚敬,贾绍义.化工原理(上册)[M].4版.北京:高等教育出版社,2022.

[24] 陈敏恒,丛德滋,齐鸣斋,等.化工原理[M].5版.北京:化学工业出版社,2020.

[25] 任永胜,王淑杰,田永华,等.化工原理:上册[M].北京:清华大学出版社,2018.

[26] 任永胜,田永华,于辉,等.化工原理:下册[M].北京:清华大学出版社,2018.

[27] 李平,钱可强,蒋丹.化工工程制图[M].2版.北京:清华大学出版社,2017.

[28] 李平,周洁.化工制图[M].2版.北京:高等教育出版社,2018.

[29] 包宗宏,武文良.化工计算与软件应用[M].2版.北京:化学工业出版社,2019.

[30] 陈甘棠.化学反应工程[M].4版.北京:化学工业出版社,2021.

[31] 吴元欣,丁一刚,刘生鹏.化学反应工程[M].2版.北京:化学工业出版社,2019.

[32] 孙兰义.化工流程模拟实训:Aspen Plus教程[M].2版.北京:化学工业出版社,2022.

[33] 方利国.计算机在化学化工中的应用[M].4版.北京:化学工业出版社,2019.

[34] 张桂军,沈发治,薛雪.化工计算[M].2版.北京:化学工业出版社,2022.

[35] 田文德,刘彬,孔会启,等.化工安全系统分析[M].北京:高等教育出版社,2022.

[36] 赵宗易.化工计算与Aspen Plus应用[M].北京:化学工业出版社,2020.

［37］ 梁志武.化工安全与环保［M］.北京：化学工业出版社,2022.

［38］ FINLAYSON B A.化工计算导论［M］.2版.朱开宏,译.上海：华东理工大学出版社,2014.

［39］ 杨友麒,项曙光.化工过程模拟与优化［M］.北京：化学工业出版社,2006.

［40］ 宋岢岢.工业管道配管设计与工程应用［M］.北京：化学工业出版社,2017.

［41］ 教育部高等教育司,北京市教育委员会.高等学校毕业设计（论文）指导手册：化工卷［M］.修订版.北京：高等教育出版社,2007.

附录 1 管道及仪表流程图中设备、机器图例(摘自《化工工艺设计施工图内容和深度统一规定 第 2 部分：工艺系统》(HG/T 20519.2—2009))

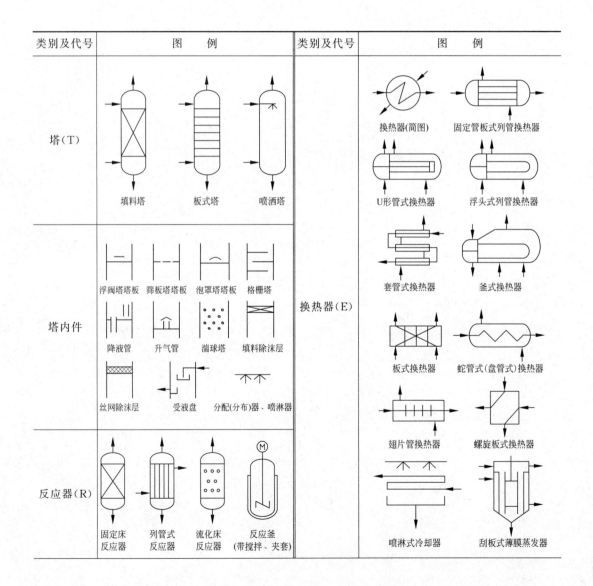

类别及代号	图　例	类别及代号	图　例
泵（P）	离心泵　水环式真空泵　旋转泵、齿轮泵 螺杆泵　往复泵　隔膜泵 液下泵　喷射泵　漩涡泵	鼓风机 压缩机 （C）	鼓风机　旋转式压缩机（卧式）（立式） 离心式压缩机　往复式压缩机 二段往复式压缩机（L型）　四段往复式压缩机
容器（V）	锥顶罐　（地下/半地下）池、槽、坑　浮顶罐 圆顶锥底容器　蝶形封头容器　平顶容器 干式气柜　湿式气柜　球罐 卧式容器　卧式容器 填料除沫分离器　丝网除沫分离器　旋风分离器 干式电除尘器　湿式电除尘器 固定床过滤器　带滤筒的过滤器	起重运 输机械 （L）	旋转式起重机　单梁起重机（手动） 手推车　单梁起重机（电动） 吊钩桥式起重机　斗式提升机 带式输送机　刮板输送机
		动力机 （M、E、 S、D）	电动机　内燃机、燃气机　汽轮机　其他动力机 离心式膨胀机、透平机　活塞式膨胀机
		火炬 （S）	烟囱　火炬

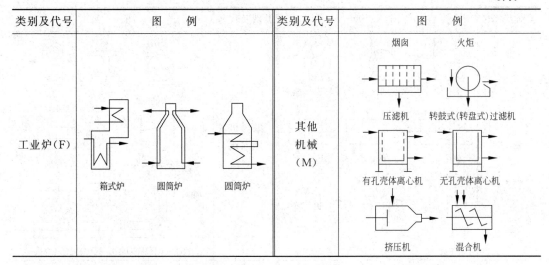

类别及代号	图 例	类别及代号	图 例
工业炉(F)	箱式炉 圆筒炉 圆筒炉	其他机械（M）	烟囱 火炬 压滤机 转鼓式(转盘式)过滤机 有孔壳体离心机 无孔壳体离心机 挤压机 混合机

附录2 管道上的阀门、管件和管道附件（按《化工工艺设计施工图内容和深度统一规定 第2部分：工艺系统》(HG/T 20519.2—2009)规定的图形符号）

附录2(a) 管道及管道附件的图形符号化工工艺设计施工图内容和深度统一规定
第2部分：工艺系统(HG/T 20519.2—2009)

名　称	符　号	备　注
主物料管道		粗实线
次要物料管道,辅助物料管道		中粗线
引线、设备、管件、阀门、仪表图形符号和仪表管线等		细实线
原有管道(原有设备轮廓线)		管线宽度与其相接的新管线宽度相同
地下管道(埋地或地下管沟)		
蒸汽伴热管道		
电伴热管道		
夹套管		夹套管只表示一段
管道绝热层		绝热层只表示一段
翅片管		
柔性管		
管道相接		
管道交叉(不相连)		
地面		仅用于绘制地下、半地下设备

续表

名　　称	符　　号	备　　注
管道等级管道编号分界		××××表示管道编号或等级代号
责任范围分界线		WE 随设备成套供应 B.B买方负责；B.V制造厂负责； B.S买方负责；B.I仪表专业负责
绝热层分界线	X	绝热层分界线的标识字母"X"与绝热层功能类型代号相同
伴管分界线	X	伴管分界层的标识字母"X"与伴管的功能类型代号相同
流向箭头		
坡度	$i=$	
进、出装置或主项的管道或仪表信号线的图纸接续标志,相应图纸编号填在空心箭头内	进 40 3 6 / 出 3 40 6	尺寸单位:mm 在空心箭头上方注明来或去的设备位号或管道号或仪表位号
同一装置或主项内的管道或仪表信号线的图纸接续标志,相应图纸编号填在空心箭头内	进 10 3 6 / 出 3 10 6	尺寸单位:mm 在空心箭头附件注明来或去的设备位号或管道号或仪表位号
修改标记符号	△1	三角形内的"1"表示为第一次修改
修改范围符号		云线用细实线表示
取样、特殊管(阀)件的编号框	A SV SP	A:取样；SV:特殊阀门； SP:特殊管件；圆直径:10mm

附录 2(b)　阀门、管件等的图形符号(HG/T 20519.2—2009)

名　　称	符　号	名　　称	符　号
闸阀		减压阀	
截止阀		疏水阀	

名　称	符　号	名　称	符　号
节流阀		针形阀	
球阀		插板阀	
旋塞阀		底阀	
隔膜阀		呼吸阀	
止回阀		带阻火器呼吸阀	
柱塞阀		蝶阀	
直流截止阀		角式截止阀	
角式节流阀		四通截止阀	
角式球阀		四通球阀	
三通截止阀		四通旋塞阀	
三通球阀		角式重锤安全阀	
三通旋塞阀		角式弹簧安全阀	
阻火器		视镜、视盅	
消声器(在管道中)		膨胀节	
Y型过滤器		管道混合器	
锥形过滤器		喷射器	
T型过滤器		文氏管	
罐式(篮式)过滤器		放空帽(管)	(帽)　(管)
喷淋管		管端(盖)	
焊接连接		阀端法兰(盖)	
螺纹管帽		阀端丝堵	
法兰连接		管端丝堵	

名　　称	符　　号	名　　称	符　　号
软管接头		管端盲板	
管帽		同心异径管	
圆形盲板	正常开启　正常关闭	偏心异径管	(底平)　(顶平)
8字盲板	正常开启　正常关闭	爆破片	真空式　压力式
漏斗	敞口　封闭	消声器	(放大气)
鹤管		洗眼器	
安全淋浴管		安全喷淋 洗眼器	
限流孔板	R0　R0 多板　单板	未经批准,不得关闭 (加锁或铅封)	C.S.O
		未经批准,不得开启 (加锁或铅封)	C.S.C

注:阀门图例尺寸一般为长4mm,宽2mm或长6mm,宽3mm;球阀图例中圆直径4mm;旋塞阀图例中圆黑点直径2mm;过滤器图例中正方形边长为5mm。

附录3　化工管路流体力学计算数据

附录3(a)　常用介质流速范围推荐表

介质名称	流速/(m/s)	介质名称	流速/(m/s)
饱和蒸汽　主管	30～40	氯化甲烷　气体	20
支管	20～30	液体	2
低压蒸汽<1.0MPa(绝压)	15～20	氯乙烯	
中压蒸汽1.0～4.0MPa(绝压)	20～40	二氯乙烯	2
高压蒸汽4.0～12.0MPa(绝压)	40～60	三氯乙烯	
过压蒸汽　主管	40～60	乙二醇	2
支管	35～40	苯乙烯	2
一般气体　常压	10～20	二溴乙烯(玻璃管)	1
高压乏汽	80～100	自来水　主管 0.3MPa	1.5～3.5
蒸汽　加热蛇管入口管	30～40	支管 0.3MPa	1.0～1.5

介 质 名 称	流速/(m/s)	介 质 名 称	流速/(m/s)
氧气　0~0.5MPa	5.0~8.0	工业供水<0.8MPa	1.5~3.5
0.5~0.6MPa	6.0~8.0	压力回水	0.5~2.0
0.6~1.0MPa	4.0~6.0	水和碱液<0.6MPa	1.5~2.5
1.0~2.0MPa	4.0~5.0	自流回水(有黏性)	0.2~0.5
2.0~3.0MPa	3.0~4.0	黏度与水相仿的液体	取值与水相同
车间换气通道　主管	4.0~15	自流回水和碱液	0.7~1.2
支管	2.0~8.0	锅炉给水　>0.8MPa	>3.0
风管距风机　最远处	1.0~4.0	蒸汽冷凝水	0.5~1.5
最近处	8.0~12.0	凝结水(自流)	0.2~0.5
压缩空气 0.1~0.2MPa	10~15	气压冷凝器排水	1.0~1.5
压缩气体(真空)	5.0~10.0	油及黏度较大的液体	0.5~2.0
0.1~0.2MPa(绝压)	8.0~12.0	黏度较大的液体(盐类溶液)	0.5~1.0
0.2~0.6MPa(绝压)	10~20	液氨(真空)	0.05~0.3
0.6~1.0MPa(绝压)	10~15	<0.6MPa	0.3~0.5
1.0~2.0MPa(绝压)	8.0~10.0	0.6~2.0MPa	0.5~1.0
2.0~3.0MPa(绝压)	3.0~6.0	盐水	1.0~2.0
3.0~25.0MPa(绝压)	0.5~3.0	制冷设备中的盐水	0.6~0.8
煤气	2.5~15.0	过热水	2
	8.0~10.0	海水,微碱水<0.6MPa	1.5~2.5
	(经济流速)	氢氧化钠(体积分数) 0~30%	2.0
煤气　初压 0.0266MPa	0.75~3.0	30%~50%	1.5
煤气　初压 0.8MPa		50%~73%	1.2
(以上主、支管长 50~100mm)	3.0~12.0		
半水煤气 0.01~0.15MPa(绝压)	10~15	四氯化碳	2
烟道气　烟道内	3.0~6.0		
管道内	3.0~4.0		
工业烟囱(自然通风)	2.0~3.0	离心泵　吸入口	1.0~2.0
	实际 3.0~4.0	排出口	1.5~2.5
石灰窑窑气管	10~12	往复式真空泵　吸入口	13~15
乙炔气	<15		最大 25~30
<0.1MPa 低压乙炔	<8	油封式真空泵　吸入口	10~13
0.1~0.15MPa 低压乙炔	≤4	空气压缩机　吸入口	10~15
>0.15MPa 低压乙炔		排出口	15~20
氨气(真空)	15~25	通风机　吸入口	10~15
0.1~0.2MPa(绝压)	8~15	排出口	15~20
0.35MPa(绝压)	10~20	旋风分离器　入气	15~25
<0.06MPa	10~20	出气	4~15
<1.0~2.0MPa	3.0~8.0	结晶母液　泵前速度	2.5~3.5
氨气　5.0~10.0MPa(绝压)	2~5	泵后速度	3.0~4.0
变换气　0.1~1.5MPa(绝压)	10~15	齿轮泵　吸入口	<1.0
真空管	<10	排出口	1.0~2.0

续表

介 质 名 称	流速/(m/s)	介 质 名 称	流速/(m/s)
真空度 0.087～0.095MPa	80～130	往复泵(水类液体) 吸入口	0.7～1.2
废气 低压	20～30	排出口	1.0～2.0
高压	80～100	黏度 0.05Pa·s 液体(φ25mm 以下)	0.5～0.9
化工设备排气管	20～25	黏度 0.05Pa·s 液体(φ25～50mm)	0.7～1.0
氢气	≤8.0	黏度 0.05Pa·s 液体(φ50～100mm)	1.0～1.6
氨 气体	10～25	黏度 0.1Pa·s 液体(φ25mm 以下)	0.3～0.6
液体	1.5	黏度 0.1Pa·s 液体(φ25～50mm)	0.5～0.7
氯仿 气体	10	黏度 0.1Pa·s 液体(φ50～100mm 以下)	0.7～1.0
液体	2	黏度 1Pa·s 液体(φ25mm 以下)	0.1～0.2
氯化氢 气体(钢衬胶管)	20	黏度 1Pa·s 液体(φ25～50mm)	0.16～0.25
液体(橡胶管)	1.5	黏度 1Pa·s 液体(φ50～100mm)	0.25～0.35
溴 气体(玻璃管)	10	黏度 1Pa·s 液体(φ100～200mm)	0.35～0.55
液体(玻璃管)	1.2	易燃易爆液体	<1
硫酸 88%～93%(铅管)	≤1.2		
93%～100% (铸铁管,钢管)	≤1.2		
盐酸 (衬胶管)	1.5		

附录 3(b) 一般工程设计中每 100m 管长的压力控制值

管 路 类 别	最大摩擦压降/kPa	总压降/kPa
液体		
泵进口管	8	
泵出口管		
DN40、DN50	93	
DN80	70	
DN100 及以上	50	
蒸汽和气体		
公用物料总管		按进口压力的 5%
公用物料支管		按进口压力的 2%
压缩机进口管		
≤350kPa(表压)		1.8～3.5
>350kPa(表压)		3.5～7
压缩机出口管		14～20
蒸汽		按进口压力的 3%

附录 3(c)　每 100m 管长压降的推荐表

介　　质	管　道　种　类	压降/kPa
输送气体的管路	负压管路[①]	
	$P \leqslant 49\text{kPa}$	1.13
	$49\text{kPa} < P \leqslant 101\text{kPa}$	1.96
	通风机管路 $P = 101\text{kPa}$	1.96
	压缩机的吸入管路	
	$101\text{kPa} < P \leqslant 111\text{kPa}$	1.96
	$111\text{kPa} < P \leqslant 0.45\text{MPa}$	4.50
	$P > 0.45\text{MPa}$	0.01
	压缩机的排出管及其他压力管路	
	$P \leqslant 0.45\text{MPa}$	4.50
	$P > 0.45\text{MPa}$	0.01
	工艺用的加热蒸汽管路	
	$P \leqslant 0.3\text{MPa}$	10.0
	$0.3\text{MPa} < P \leqslant 0.6\text{MPa}$	15.0
	$0.6\text{MPa} < P \leqslant 1.0\text{MPa}$	20.0
输送液体的管路	自流的液体管路	5.0
	泵的吸入管路	
	饱和液体	10.0~11.0
	不饱和液体	20.0~22.0
	泵的排出管路	
	流率$< 150\text{m}^3/\text{h}$	45.0~50.0
	流率$\geqslant 150\text{m}^3/\text{h}$	45.0
	循环冷却水管路	30.0

①　P——管路进口端流体的绝对压力。